안전관리 최고의 전문가가 집필한

연구실 안전관리사

1차 시험 과목별 적중예상+기출문제집

강병규 이홍주 강지영 이덕재 장지웅 지음

BM (주)도서출판 성안당

도서 A/S 안내

성안당에서 발행하는 모든 도서는 저자와 출판사, 그리고 독자가 함께 만들어 나갑니다.

좋은 책을 펴내기 위해 많은 노력을 기울이고 있습니다. 혹시라도 내용상의 오류나 오탈자 등이 발견되면 "좋은 책은 나라의 보배"로서 우리 모두가 함께 만들어 간다는 마음으로 연락주시기 바랍니다. 수정 보완하여 더 나은 책이 되도록 최선을 다하겠습니다.

성안당은 늘 독자 여러분들의 소중한 의견을 기다리고 있습니다. 좋은 의견을 보내주시는 분께는 성안당 쇼핑몰의 포인트(3,000포인트)를 적립해 드립니다.

잘못 만들어진 책이나 부록 등이 파손된 경우에는 교환해 드립니다.

본서 기획자 e-mail : coh@cyber.co.kr(최옥현)

홈페이지 : http://www.cyber.co.kr

전화 : 031) 950-6300

머리말

연구실은 안전이 검증되지 않은 새로운 재료나 기계, 공정을 개발하는 과정이 많아 일반 사업장보다 다양한 잠재 위험요소들을 갖고 있지만, 유사 안전분야 자격취득자나 연구실 경력자가 연구실 안전업무를 수행하는 경우가 많았습니다.

이에 연구실 환경의 특수성을 인식하여 2005년 연구실안전법이 제정되었지만, 350여 개 대학 및 6천여 개 연구실의 안전환경관리자들은 안전점검과 진단, 안전교육 등 연구실사고 방지를 위한 기술적 지도와 조언을 아끼지 않는 노력에도 불구하고, 연구실안전에 특화된 국가기술자격의 도입은 늦어져 그동안의 경력관리를 제대로 하지 못했습니다.

이러한 안타까운 현실에 본 수험서의 주 저자이자 전국연구실안전환경관리자협의회 초대회장인 강병규 박사를 비롯하여 각 분야의 전문가인 공저자가 10여 년 동안 정부 관할부서와 함께 참여한 결과, 2022년 연구실관리사 첫 시험을 통하여 이제는 국가공인 자격을 갖춘 관리자로서 경력관리를 할 수 있게 되었습니다.

2022년 첫 시험의 낮은 합격률로 인해, 연구실 안전 관련 법령, 이론 및 체계, 화학·가스, 기계·물리, 생물, 전기·소방, 보건·위생, 인간공학적 안전관리 등에서 낯선 과목의 과락에 대한 두려움이 있을 것입니다.

본 수험서는 연구실안전법의 태동부터 제도 개선에 참여하여 연구실안전의 경험과 흐름을 파악하고 있는 각 분야 최고의 전문가가 연구실안전관리사 자격시험에 합격할 수 있는 문제를 엄선하여 제공합니다.

특히 현실적으로 전 분야를 전공하기 어려운 수험생은 비전공 과목에 대한 과락에 유의하면서, 상대적으로 난이도가 쉬운 연구실 안전 관련 법령과 안전관리 이론 및 체계, 그리고 각자에게 익숙한 과목에서 최대한 고득점을 얻는 전략으로 준비해야 하며, 나머지 과목은 반복된 문제풀이를 통해 핵심이론을 암기하면 단기간에도 합격의 영예가 주어질 것입니다.

끝으로 본 도서의 출간되기까지 애써 주신 성안당 임직원 여러분께 감사드리며, 수험생 여러분의 분투와 노력이 결실을 거두길 진심으로 기원합니다.

저자 일동

시험안내

시험소개

연구실안전관리사 자격시험은 「연구실 안전환경 조성에 관한 법률」에 따라 연구실 안전의 전문 지식을 갖춘 인력을 양성하기 위해 과학기술정보통신부에서 2022년 신설된 국가자격시험이다.

시험절차

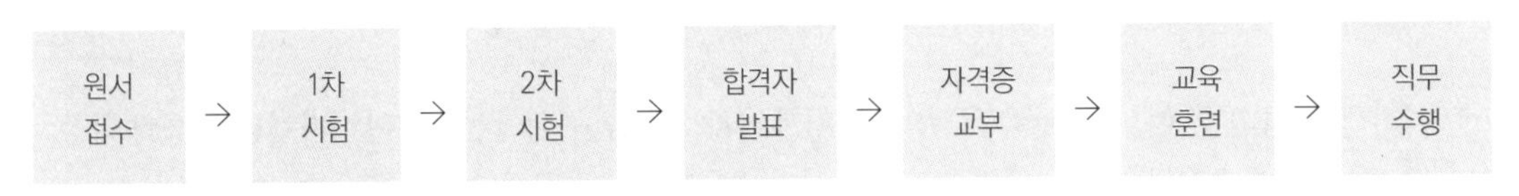

※ 원서 접수 및 응시자격 서류 제출은 자격시험 홈페이지(safelab.kpc.or.kr)에서만 가능하며, 우편 및 방문 접수는 불가

응시자격

구분	응시 자격
안전관리(유사)분야	① 안전관리(유사)분야 기사 이상의 자격을 취득한 사람 ② 안전관리(유사)분야 산업기사 이상의 자격 취득 후 안전업무 경력이 1년 이상인 사람 ③ 안전관리(유사)분야 기능사 자격 취득 후 안전업무 경력이 3년 이상인 사람
안전관련 학과	④ 안전관련 학과의 4년제 대학 졸업자 또는 졸업예정자 ⑤ 안전관련 학과의 3년제 대학 졸업 후 안전업무 경력이 1년 이상인 사람 ⑥ 안전관련 학과의 2년제 대학 졸업 후 안전업무 경력이 2년 이상인 사람
이공계 학과	⑦ 이공계 학과의 석사학위를 취득한 사람 ⑧ 이공계 학과의 4년제 대학 졸업 후 안전업무 경력이 1년 이상인 사람 ⑨ 이공계 학과의 3년제 대학 졸업 후 안전업무 경력이 2년 이상인 사람 ⑩ 이공계 학과의 2년제 대학 졸업 후 안전업무 경력이 3년 이상인 사람
안전업무 경력자	⑪ 안전업무 경력이 5년 이상인 사람

※ 응시자격은 제1차 시험일 기준으로 검토
※ 안전관리분야 : 「국가기술자격법」에 따른 국가기술자격의 직무분야 중 안전관리 분야
※ 안전관리유사분야 : 직무분야가 기계, 화학, 전기·전자, 환경·에너지인 경우로 한정
※ 안전업무 : 과학기술분야 안전사고로부터 사람의 생명·신체 및 재산의 안전을 확보하기 위한 업무

시험방법

구분	출제 유형	문항수/배점	시험 시간	시험접수비
제1차 시험	객관식, 4지 택일형	과목별 20문항/100점	총 150분	25,100원
제2차 시험	주관식, 서술형	12문항/100점	총 120분	35,700원

※ 제1차 시험에 합격한 사람은 다음 회의 시험에 한하여 제1차 시험이 면제

시험장소

구분	시험지역	시험장소
제1차 시험	전국 7개 지역 (서울, 경기, 대전, 부산, 대구, 광주, 제주)	접수 시 응시자가 직접 선택
제2차 시험	서울, 대구, 광주	접수 시 응시자가 직접 선택

※ 제주지역은 접수인원, 고사장 상황에 따라 변경될 수 있습니다.

합격자 결정

- 제1차 시험 : 과목당 100점을 만점으로 하여 각 과목의 점수가 40점 이상이고, 전 과목 평균 점수가 60점 이상인 응시자
  ※ 합격점 이상의 점수를 획득하더라도 제출 기간 내 응시자격 증빙서류를 제출하지 않거나, 응시자격 미달, 서류 미흡 등의 사유가 확인될 경우 불합격 처리됨.
- 제2차 시험 : 100점을 만점으로 하여 60점 이상을 득점한 응시자
  ※ 제1차 및 제2차 시험을 모두 합격한 경우라도, 연구실안전법 제36조에 따른 결격사유에 해당하는 경우 최종 불합격 처리됨.

응시자격 서류 제출

- 안전관리분야 또는 안전관리유사분야의 기사, 산업기사, 기능사 자격을 취득한 경우 자격증 사본(또는 자격취득사항 확인서)
- 안전관련 학과의 대학 졸업자 또는 졸업예정자의 경우 졸업(재학)증명서
- 안전업무 경력을 증명할 수 있는 서류 : 경력(재직)증명서, 기타 안전업무 경력증명서 등

시험과목 및 시험범위

제1차 시험 (객관식, 4지 택일형)

과목명	시험범위
연구실 안전 관련 법령	•「연구실 안전환경 조성에 관한 법률」 •「산업안전보건법」 등 안전 관련 법령
연구실 안전관리 이론 및 체계	• 연구활동 및 연구실안전의 특성 이해 • 연구실 안전관리 시스템 구축·이행 역량 • 연구실 유해·위험요인 파악 및 사전유해인자위험분석 방법 • 연구실 안전교육 • 연구실사고 대응 및 관리
연구실 화학(가스) 안전관리	• 화학·가스 안전관리 일반 • 연구실 내 화학물질 관련 폐기물 안전관리 • 연구실 내 화학물질 누출 및 폭발 방지 대책 • 화학시설(설비) 설치·운영 및 관리
연구실 기계·물리 안전관리	• 기계 안전관리 일반 • 연구실 내 위험기계·기구 및 연구장비 안전관리 • 연구실 내 레이저, 방사선 등 물리적 위험요인에 대한 안전관리
연구실 생물 안전관리	• 생물(유전자변형생물체 포함) 안전관리 일반 • 연구실 내 생물체 관련 폐기물 안전관리 • 연구실 내 생물체 누출 및 감염 방지 대책 • 생물시설(설비) 설치·운영 및 관리
연구실 전기·소방 안전관리	• 소방 및 전기 안전관리 일반 • 연구실 내 화재, 감전, 정전기 예방 및 방폭·소화 대책 • 소방, 전기시설(설비) 설치·운영 및 관리
연구활동종사자 보건·위생관리 및 인간공학적 안전관리	• 보건·위생관리 및 인간공학적 안전관리 일반 • 연구활동종사자 질환 및 인적 과실(Human error) 예방·관리 • 안전보호구 및 연구환경 관리 • 환기시설(설비) 설치·운영 및 관리

제2차 시험(주관식, 서술형)

과목명	시험범위
연구실 안전관리 실무	• 연구실 안전 관련 법령 • 연구실 화학·가스 안전관리 • 연구실 기계·물리 안전관리 • 연구실 생물 안전관리 • 연구실 전기·소방 안전관리 • 연구활동종사자 보건·위생관리에 관한 사항

목 차

과목별 적중예상문제

실전 모의고사 & 최신 기출문제

과목별/챕터별 적중예상문제

7개 전 과목을 시험 범위에 맞게 챕터별로 구성하고, 해당 챕터별로 적중예상문제를 엄선하여 부족한 과목과 범위를 집중적으로 학습할 수 있습니다.

해설을 통한 핵심이론 학습

핵심이론을 바로 아래에 수록하여 해당 문제의 출제 의도를 파악하고, 핵심이론을 암기하여 유사문제도 놓치지 않도록 하였습니다.

실전 모의고사

출제 가능성이 높은 문제를 모의고사로 구성하여 시험 보기 전에 마무리 점검을 하고, 부족한 부분은 해설을 통해 다시 한번 암기할 수 있습니다.

최신 기출문제

2022년 제1회 기출문제를 상세한 해설과 법령 및 이론에 대한 참고와 함께 수록하여 연관된 문제도 대비할 수 있도록 하였습니다.

제1과목

연구실 안전 관련 법령

CHAPTER 01 연구실안전법의 개요 및 총칙

01 다음 중 연구실안전법에서 정의하는 '대학·연구기관등'이 아닌 것은?

① 국·공립연구기관
② 기업 부설연구소
③ 광주과학기술원
④ 한국해양환경기술원

해설 대학·연구기관등 : 대학·산업대학·교육대학·전문대학·방송대학·통신대학·방송통신대학·사이버대학 및 기술대학, 대학원대학, 기능대학, 한국과학기술원, 광주과학기술원, 대구경북과학기술원 및 울산과학기술원, 국·공립연구기관, 연구기관, 특정연구기관, 기업부설연구소 및 연구개발전담부서, 과학기술분야의 법인인 연구기관 화학물질 및 물리적 인자의 노출기준(우리나라)

02 연구실안전보건법의 용어 정의 중 보기에서 설명하는 용어는?

〈보기〉
각 대학·연구기관등에서 연구실 안전과 관련한 기술적인 사항에 대하여 연구주체의 장을 보좌하고 연구실책임자 등 연구활동종사자에게 조언·지도하는 업무를 수행하는 사람

① 연구주체의 장
② 연구실안전환경관리자
③ 연구실안전관리담당자
④ 연구실안전관리사

해설 ㉠ 연구주체의 장 : 대학·연구기관등의 대표자 또는 해당 연구실의 소유자 ㉡ 연구실안전관리담당자 : 각 연구실에서 안전관리 및 연구실사고 예방 업무를 수행하는 연구활동종사자 ㉢ 연구실안전관리사 : 제34조제1항에 따라 연구실안전관리사 자격시험에 합격하여 자격증을 발급받은 사람

03 연구실안전보건법의 용어 정의 중 보기에서 설명하는 용어는?

〈보기〉
각 연구실에서 안전관리 및 연구실사고 예방 업무를 수행하는 연구활동종사자

① 연구실안전관리담당자
② 연구실안전관리사
③ 연구실활동종사자
④ 연구실책임자

해설 ㉠ 연구실안전관리사 : 제34조제1항에 따라 연구실안전관리사 자격시험에 합격하여 자격증을 발급받은 사람 ㉡ 연구실활동종사자 : 제3호에 따른 연구활동에 종사하는 사람으로서 각 대학·연구기관등에 소속된 연구원·대학생·대학원생 및 연구보조원 등 ㉢ 연구실책임자 : 연구실 소속 연구활동종사자를 직접 지도·관리·감독하는 연구활동종사자

정답 01.④ 02.② 03.①

04 연구실안전보건법의 용어 정의 중 보기에서 설명하는 용어는?

〈보기〉
연구실사고를 예방하기 위하여 잠재적 위험성의 발견과 그 개선대책의 수립을 목적으로 실시하는 조사·평가

① 유해인자
② 중대연구실사고
③ 정밀안전진단
④ 연구실사고

해설 ㉠ 유해인자 : 화학적·물리적·생물학적 위험요인 등 연구실사고를 발생시키거나 연구활동종사자의 건강을 저해할 가능성이 있는 인자 ㉡ 중대연구실사고 : 연구실사고 중 손해 또는 훼손의 정도가 심한 사고로서 사망사고 등 과학기술정보통신부령으로 정하는 사고 ㉢ 연구실사고 : 연구실에서 연구활동과 관련하여 연구활동종사자가 부상·질병·신체장해·사망 등 생명 및 신체상의 손해를 입거나 연구실의 시설·장비 등이 훼손되는 것

05 연구실안전법령에서 '중대연구실사고'의 정의 중 틀린 것은?

① 사망자가 발생한 사고
② 2일 이상의 입원이 발생한 사고
③ 3개월 이상의 요양이 필요한 부상자가 동시에 2명 이상 발생한 사고
④ 연구실의 중대한 결함으로 인한 사고

해설 중대연구실 사고의 정의 : 3일 이상의 입원이 필요한 부상을 입거나, 질병에 걸린 사람이 동시에 5명 이상 발생한 사고

06 다음 중 연구실안전법령의 적용범위에 해당되지 않는 것은?

① 산업안전보건법
② 고압가스 안전관리법
③ 화학물질관리법
④ 감염병의 예방 및 관리에 관한 법률

해설 적용받는 관련 법의 범위 : 산업안전보건법, 고압가스 안전관리법, 액화석유가스의 안전관리 및 사업법, 도시가스사업법, 원자력안전법, 유전자변형생물체의 국가간 이동 등에 관한 법률, 감염병의 예방 및 관리에 관한 법률

07 다음 중 연구실안전법령상 '국가의 책무' 중 실태조사 시기는?

① 6개월
② 1년
③ 2년
④ 3년

해설 과학기술정보통신부장관은 2년마다 연구실 안전환경 및 안전관리 현황 등에 대한 실태조사를 실시한다.

정답 04.③ 05.② 06.③ 07.③

08 연구실안전법령상 '국가의 책무' 중 실태조사에 포함되지 않는 것은?

① 연구실 및 연구활동종사자 현황
② 연구실사고 발생 현황
③ 연구실 안전관리 현황
④ 연구실 시설 규모 현황

해설 실태조사에 포함 사항

㉠ 연구실 및 연구활동종사자 현황 ㉡ 연구실 안전관리 현황 ㉢ 연구실사고 발생 현황 ㉣ 그 밖에 연구실 안전환경 및 안전관리의 현황 파악을 위하여 과학기술정보통신부장관이 필요하다고 인정하는 사항

09 다음 중 연구실안전관리법에서 연구주체의 장 등의 책무에 해당되지 않는 것은?

① 환경부장관이 정하여 고시하는 연구실 설치·운영 기준에 따라 연구실 설치·운영
② 연구실의 안전에 관한 유지·관리 및 연구실사고 예방
③ 연구활동종사자가 연구활동 수행 중 발생한 상해·사망으로 인한 피해를 구제 노력
④ 연구실 안전관리 및 연구실사고 예방을 위한 각종 기준과 규범 등 준수

해설 연구주체의 장 등의 책무

㉠ 연구실의 안전에 관한 유지·관리 및 연구실사고 예방을 철저히 함으로써 연구실의 안전환경을 확보할 책임을 지며, 연구실사고 예방시책에 적극 협조하여야 함. ㉡ 연구활동종사자가 연구활동 수행 중 발생한 상해·사망으로 인한 피해를 구제하기 위하여 노력하여야 함. ㉢ 과학기술정보통신부장관이 정하여 고시하는 연구실 설치·운영 기준에 따라 연구실을 설치·운영하여야 함. ㉣ 연구실책임자는 연구실 내에서 이루어지는 교육 및 연구활동의 안전에 관한 책임을 지며, 연구실사고 예방시책에 적극 참여하여야 함. ㉤ 연구활동종사자는 연구실안전법에서 정하는 연구실 안전관리 및 연구실사고 예방을 위한 각종 기준과 규범 등을 준수하고 연구실 안전환경 증진활동에 적극 참여하여야 함.

정답 08.④ 09.①

연구실 안전환경 기반 조성

01 다음 중 연구실안전법에 따라 '연구실 안전환경 조성 기본계획'에 포함되지 않는 것은?

① 연구실 안전관리 연구 실적
② 연구실 유형별 안전관리 표준화 모델 개발
③ 연구실 안전관리의 정보화 추진
④ 연구활동종사자의 안전 및 건강 증진

해설 기본계획에 포함 사항

㉠ 연구실 안전환경 조성을 위한 발전목표 및 정책의 기본방향 ㉡ 연구실 안전관리 기술 고도화 및 연구실사고 예방을 위한 연구개발 ㉢ 연구실 유형별 안전관리 표준화 모델 개발 ㉣ 연구실 안전교육 교재의 개발·보급 및 안전교육 실시 ㉤ 연구실 안전관리의 정보화 추진 ㉥ 안전관리 우수연구실 인증제 운영 ㉦ 연구실의 안전환경 조성 및 개선을 위한 사업 추진 ㉧ 연구안전 지원체계 구축·개선 ㉨ 연구활동종사자의 안전 및 건강 증진 ㉩ 그 밖에 연구실사고 예방 및 안전환경 조성에 관한 중요사항

02 다음 중 연구실안전법에서 '연구실안전심의위원회'에 대해서 틀리게 설명한 것은?

① 연구실사고 예방 및 대응에 관한 사항
② 심의위원회는 위원장 1명을 포함한 15명 이내의 위원으로 구성
③ 심의위원회의 회의는 출석위원 과반수의 찬성으로 의결
④ 심의위원회의 회의는 정기회의, 수시회의, 특별회의로 구분

해설 심의위원회의 회의는 정기회의와 임시회의로 구분된다.

03 다음 중 연구실안전법상 연구실안전정보시스템을 구축하는 경우 포함 사항에 해당하는 것은?

① 기본계획 및 연구실 안전 정책에 관한 사항
② 연구실 안전관리의 정보화 추진
③ 연구안전 지원체계 구축·개선
④ 연구실 안전교육 교재의 개발·보급

해설 연구실 안전관리의 정보화

㉠ 대학·연구기관등의 현황 ㉡ 분야별 연구실사고 발생 현황, 연구실사고 원인 및 피해 현황 등 연구실사고에 관한 통계 ㉢ 기본계획 및 연구실 안전 정책에 관한 사항 ㉣ 연구실 내 유해인자에 관한 정보 ㉤ 안전점검지침 및 정밀안전진단지침 ㉥ 안전점검 및 정밀안전진단 대행기관의 등록 현황 ㉦ 안전관리 우수연구실 인증 현황 ㉧ 권역별연구안전지원센터의 지정 현황 ㉨ 연구실안전환경관리자 지정 내용 등 법 및 이 영에 따른 제출·보고 사항 ㉩ 그 밖에 연구실 안전환경 조성에 필요한 사항

04 다음 중 연구실안전법상 연구실책임자의 자격요건으로 틀린 것은?

① 대학·연구기관등에서 연구책임자 또는 조교수 이상의 직에 재직하는 사람일 것
② 해당 연구실의 연구활동과 연구활동종사자를 직접 지도·관리·감독하는 사람일 것
③ 연구실 안전이나 일반 안전 분야에 관한 지식과 경험이 풍부한 사람
④ 해당 연구실의 사용 및 안전에 관한 권한과 책임을 가진 사람일 것

정답 01.① 02.④ 03.① 04.③

해설 연구실책임자의 자격 요건

㉠ 대학·연구기관등에서 연구책임자 또는 조교수 이상의 직에 재직하는 사람일 것 ㉡ 해당 연구실의 연구활동과 연구활동종사자를 직접 지도·관리·감독하는 사람일 것 ㉢ 해당 연구실의 사용 및 안전에 관한 권한과 책임을 가진 사람일 것

05 연구실안전법 시행규칙에서 연구실책임자는 연구활동에 적합한 보호구를 비치하여야 한다. 다음 중 분야별 연구활동과 보호구가 틀린 것은?

① 독성가스, 발암성 물질, 생식독성 물질 취급 : 내화학성 장갑
② 방사성 물질 취급 : 호흡보호구
③ 고온의 액체, 장비, 화기 취급 : 내열장갑
④ 감염성이 있는 혈액 : 방진마스크

해설 보호구의 비치(방사선 물질 취급) : 방사선보호복, 보안경 또는 고글, 보호장갑

06 다음 중 연구실안전법규에서 명시하고 있는 물리분야에서 비치되어야 할 보호구가 틀린 것은?

① 초저온 액체 취급 : 방한장갑
② 진동이 발생하는 장비 취급 : 방진마스크
③ 레이저, 자외선 취급 : 방염복
④ 전기기계·기구 취급 : 보호장갑

해설 보호구의 비치(물리분야 – 진동이 발생하는 장비 취급) : 방진장갑

07 연구실안전관리법규에서 연구실안전환경관리자의 신규·보수교육 내용 중 해당되지 않는 것은?

① 연구실 안전환경 조성 관련 법령에 관한 사항
② 연구실 안전 관련 제도 및 정책에 관한 사항
③ 연구실 예산에 관한 사항
④ 기술인력의 직무윤리에 관한 사항

해설 연구실안전환경관리자의 교육내용

㉠ 연구실 안전환경 조성 관련 법령에 관한 사항 ㉡ 연구실 안전 관련 제도 및 정책에 관한 사항 ㉢ 연구실 유해인자에 관한 사항 ㉣ 주요 위험요인별 안전점검 및 정밀안전진단 내용에 관한 사항 ㉤ 유해인자별 노출도 평가, 사전유해인자위험분석에 관한 사항 ㉥ 연구실사고 사례, 사고 예방 및 대처에 관한 사항 ㉦ 기술인력의 직무윤리에 관한 사항

08 다음 중 연구실안전법령상 연구실책임자를 지정하지 않은 경우의 과태료 부과기준이 틀린 것은?

① 1차 위반 : 250만원
② 2차 위반 : 300만원
③ 3차 이상 위반 : 400만원
④ 4차 이상 이상 : 500만원

해설 연구실 책임자를 지정하지 않은 경우

과태료 금액(만원)		
1차 위반	2차 위반	3차 이상 위반
250	300	400

09 다음 중 연구실안전법령상 연구실안전환경관리자 지정 기준에서 연구활동종사자가 1천명 미만인 경우에 지정 기준은?

① 1명 이상 ② 2명 이상
③ 3명 이상 ④ 4명 이상

정답 05.② 06.② 07.③ 08.④ 09.①

해설 연구실안전환경관리자의 지정

㉠ 연구활동종사자가 1천명 미만인 경우 1명 이상 ㉡ 연구활동종사자가 1천명 이상 3천명 미만인 경우 2명 이상 ㉢ 연구활동종사자가 3천명 이상인 경우 3명 이상

10 다음 중 연구실안전관리법령에서 연구실안전환경관리자의 업무가 틀린 것은?

① 연구실 안전교육계획 수립 및 실시
② 안전점검·정밀안전진단 실시 계획의 수립 및 실시
③ 안전환경 조성 기본계획 수립 및 실시
④ 연구실 안전환경 및 안전관리 현황에 관한 통계의 유지·관리

해설 연구실안전환경관리자의 업무

㉠ 안전점검·정밀안전진단 실시 계획의 수립 및 실시 ㉡ 연구실 안전교육계획 수립 및 실시 ㉢ 연구실사고 발생의 원인조사 및 재발 방지를 위한 기술적 지도·조언 ㉣ 연구실 안전환경 및 안전관리 현황에 관한 통계의 유지·관리 ㉤ 안전관리규정을 위반한 연구활동종사자에 대한 조치의 건의

11 다음 중 연구실안전관리법규에서 연구실안전환경관리자의 지정하거나 변경한 경우에 제출 서류에 포함되지 않는 것은?

① 자격기준을 갖추었음을 증명할 수 있는 서류
② 건강검진 증명서
③ 담당업무를 기술한 서류
④ 재직증명서

해설 연구실안전환경관리자 지정 또는 변경 시 제출 서류

① 자격기준을 갖추었음을 증명할 수 있는 서류(신규·보수교육) ② 재직증명서 ③ 담당 업무(연구실안전환경관리자가 영 제8조제4항에 따른 업무가 아닌 업무를 겸임하고 있는 경우 그 겸임하고 있는 업무를 포함)를 기술한 서류

12 다음 중 연구실안전관리법 시행령에서 연구실안전환경관리자의 직무 대리자에 해당되지 않는 것은?

① 연구실 안전관리 업무 실무경력이 5년 이상인 사람
② 안전관리 분야의 국가기술자격을 취득한 사람
③ 연구실 안전관리 업무 실무경력이 1년 이상인 사람
④ 연구실 안전관리 업무에서 연구실안전환경관리자를 지휘·감독하는 지위에 있는 사람

해설 연구실안전환경관리자 직무 대리자의 자격 요건

㉠ 안전관리 분야의 국가기술자격을 취득한 사람 ㉡ 연구실 안전관리 업무 실무경력이 1년 이상인 사람 ㉢ 연구실 안전관리 업무에서 연구실안전환경관리자를 지휘·감독하는 지위에 있는 사람 ㉣ 별표 2 제6호 각 목의 어느 하나에 해당하는 안전관리자로 선임되어 있는 사람

• 「고압가스 안전관리법」 제15조에 따른 안전관리자 • 「산업안전보건법」 제17조에 따른 안전관리자 • 「도시가스사업법」 제29조에 따른 안전관리자 • 「전기안전관리법」 제22조에 따른 전기안전관리자 • 「화재예방, 소방시설 설치·유지 및 안전관리에 관한 법률」 제20조에 따른 소방안전관리자 • 「위험물안전관리법」 제15조에 따른 위험물안전관리자

13 다음 중 연구실안전법령상 연구실 안전환경관리자를 지정하지 않은 경우에서 1차 위반의 과태료 부과기준은?

① 200만원 ② 250만원
③ 300만원 ④ 400만원

정답 10.③ 11.② 12.① 13.②

해설 연구실 안전환경관리자를 지정하지 않은 경우

과태료 금액(만원)		
1차 위반	2차 위반	3차 이상 위반
250	300	400

14 다음 중 연구실안전법령상 연구실 안전환경관리자의 대리자를 지정하지 않은 경우에서 3차 이상 위반의 과태료 부과기준은?

① 200만원 ② 250만원
③ 300만원 ④ 400만원

해설 연구실 안전환경관리자의 대리자를 지정하지 않은 경우

과태료 금액(만원)		
1차 위반	2차 위반	3차 이상 위반
250	300	400

15 다음 중 연구실안전관리법에서 연구실안전관리위원회의 협의 사항에 해당되지 않는 것은?

① 안전관리규정의 작성 또는 변경
② 연구실 안전관리의 정보화 추진
③ 안전점검 실시 계획의 수립
④ 연구실 안전관리 계획의 심의

해설 연구실안전관리위원회의 협의 사항

㉠ 안전관리규정의 작성 또는 변경 ㉡ 안전점검 실시 계획의 수립 ㉢ 정밀안전진단 실시 계획의 수립 ㉣ 안전 관련 예산의 계상 및 집행 계획의 수립 ㉤ 연구실 안전관리 계획의 심의 ㉥ 그 밖에 연구실 안전에 관한 주요사항

16 연구실안전관리법에서 연구실안전관리위원회의 구성에 해당되지 않는 것은?

① 위원장 1명을 포함한 10명 이내의 위원으로 구성
② 연구실 안전 관련 예산 편성 부서의 장
③ 연구실안전환경관리자
④ 연구실활동종사자

해설 연구실안전관리위원회의 구성

㉠ 연구실안전관리위원회는 위원장 1명을 포함한 15명 이내의 위원으로 구성 ㉡ 위원회의 위원은 법 제10조에 따라 지정된 연구실안전환경관리자와 연구주체의 장이 지명하는 사람 • 연구실안전환경관리자가 소속된 부서의 장 • 연구활동종사자 • 연구실책임자 • 연구실 안전 관련 예산 편성 부서의 장

17 다음 중 연구실안전관리법에서 연구실안전관리위원회의 회의 개최 사항에 해당되지 않는 것은?

① 정기회의 : 연 2회 이상
② 임시회의 : 위원회의 위원장이 필요하다고 인정할 때 또는 위원회의 위원 과반수가 요구할 때
③ 회의는 재적위원 과반수의 출석으로 개의(開議)
④ 회의는 출석위원 과반수의 찬성으로 의결

해설 연구실안전관리위원회의 정기회의는 연 1회 이상 개최한다.

정답 14.④ 15.② 16.① 17.①

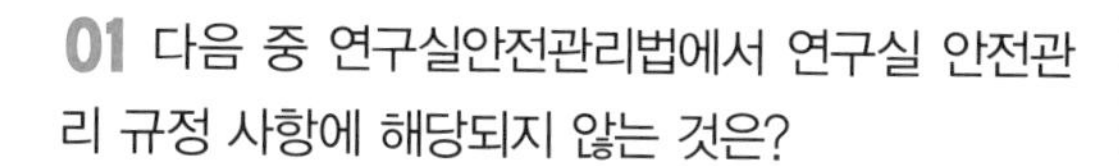

CHAPTER 03 연구실 안전조치

01 다음 중 연구실안전관리법에서 연구실 안전관리 규정 사항에 해당되지 않는 것은?

① 안전관리기기의 설치에 관한 사항
② 안전관리 조직체계 및 그 직무에 관한 사항
③ 연구실안전관리담당자의 지정에 관한 사항
④ 연구실 유형별 안전관리에 관한 사항

해설 연구실 안전관리 규정의 작성 사항

㉠ 안전관리 조직체계 및 그 직무에 관한 사항 ㉡ 연구실안전환경관리자 및 연구실책임자의 권한과 책임에 관한 사항 ㉢ 연구실안전관리담당자의 지정에 관한 사항 ㉣ 안전교육의 주기적 실시에 관한 사항 ㉤ 연구실 안전표식의 설치 또는 부착 ㉥ 중대연구실사고 및 그 밖의 연구실사고의 발생을 대비한 긴급대처 방안과 행동 요령 ㉦ 연구실사고 조사 및 후속대책 수립에 관한 사항 ㉧ 연구실 안전 관련 예산 계상 및 사용에 관한 사항 ㉨ 연구실 유형별 안전관리에 관한 사항 ㉩ 그 밖의 안전관리에 관한 사항

02 다음 중 연구실안전법령상 안전관리규정을 성실하게 준수하지 않은 경우 1차 위반의 과태료 부과기준은?

① 200만원 ② 250만원
③ 300만원 ④ 400만원

해설 안전관리규정을 성실하게 준수하지 않은 경우

과태료 금액(만원)		
1차 위반	2차 위반	3차 이상 위반
250	300	400

03 다음 중 연구실안전법령상 안전관리규정을 작성하지 않은 경우 2차 위반의 과태료 부과기준은?

① 200만원 ② 250만원
③ 300만원 ④ 400만원

해설 안전관리규정을 작성하지 않은 경우

과태료 금액(만원)		
1차 위반	2차 위반	3차 이상 위반
250	300	400

04 다음 중 연구실안전관리법에서 정밀안전진단 지침의 포함 사항에 해당되지 않는 것은?

① 유해인자별 노출도평가에 관한 사항
② 유해인자별 건강 위험도에 관한 사항
③ 유해인자별 사전 영향 평가·분석에 관한 사항
④ 유해인자별 취급 및 관리에 관한 사항

해설 정밀안전진단지침의 포함 사항

㉠ 유해인자별 노출도평가에 관한 사항 ㉡ 유해인자별 사전 영향 평가·분석에 관한 사항 ㉢ 유해인자별 취급 및 관리에 관한 사항

05 다음 중 연구실안전관리법에서 유해인자별 취급 및 관리대장의 포함 사항에 해당되지 않는 것은?

① 물질명(장비명) ② 보관장소
③ 취급 유의사항 ④ 제조일자

정답 01.① 02.② 03.③ 04.② 05.④

해설 유해인자별 취급 및 관리대장에 포함 사항

㉠ 물질명(장비명) ㉡ 보관장소 ㉢ 현재 보유량 ㉣ 취급 유의사항 ㉤ 그 밖에 연구실책임자가 필요하다고 판단한 사항

06 다음 중 연구실안전관리법령에서 안전점검의 종류와 실시시기가 바르게 연결된 것은?

① 일상점검 – 매월 1회 이상
② 정기점검 – 분기 1회 이상
③ 특별점검 – 폭발·화재사고 등 치명적인 위험이 야기할 가능성이 예상될 경우
④ 수시점검 – 연구주체의 장이 필요하다고 인정할 때

해설 안전점검의 종류와 실시시기

㉠ 일상점검 : 연구활동에 사용되는 기계·기구·전기·약품·병원체 등의 보관상태 및 보호장비의 관리실태 등을 직접 눈으로 확인하는 점검으로서, 연구활동 시작 전에 매일 1회 실시. 다만, 저위험연구실의 경우에는 매주 1회 이상 실시 ㉡ 정기점검 : 연구활동에 사용되는 기계·기구·전기·약품·병원체 등의 보관상태 및 보호장비의 관리실태 등을 안전점검기기를 이용하여 실시하는 세부적인 점검으로서, 매년 1회 이상 실시 ㉢ 특별점검 : 폭발사고·화재사고 등 연구활동종사자의 안전에 치명적인 위험을 야기할 가능성이 있을 것으로 예상되는 경우에 실시하는 점검으로서, 연구주체의 장이 필요하다고 인정하는 경우 실시

07 다음 중 연구실안전관리법령에서 연구실 안전점검 중 일상점검 시 물적 장비 요건에 해당되는 것은?

① 정전기 전하량 측정기
② 일산화탄소농도측정기
③ 산소농도측정기
④ 별도 장비 불필요

해설 연구실 안전점검 중 일상점검 시 장비 요건

점검 실시자의 인적 자격 요건	물적 장비 요건
연구활동종사자	별도 장비 불필요

08 다음 중 연구실안전관리법령에서 규정하는 저위험연구실에서 제외 연구실에 해당되지 않는 것은?

① 화학물질을 취급하거나 보관하는 연구실
② 기계·기구 및 설비를 취급, 보관하는 연구실
③ 방호장비가 장착된 기계·기구 및 설비를 취급, 보관하는 연구실
④ 방사성 물질을 취급, 보관하는 연구실

해설 저위험연구실에서 제외 연구실

㉠ 시행령 제11조제2항 다음의 연구실 • 연구활동에 「화학물질관리법」 제2조제7호에 따른 유해화학물질을 취급하는 연구실 • 연구활동에 「산업안전보건법」 제104조에 따른 유해인자를 취급하는 연구실 • 연구활동에 과학기술정보통신부령으로 정하는 독성가스를 취급하는 연구실 ㉡ 화학물질, 가스, 생물체, 생물체의 조직 등 적출물, 세포 또는 혈액을 취급, 보관하는 연구실 ㉢ 기계·기구 및 설비를 취급하거나 보관하는 연구실 ㉣ 방호장치가 장착된 기계·기구 및 설비를 취급하거나 보관하는 연구실

09 다음 중 연구실안전법령상 안전점검을 실시하지 않거나 성실하게 수행하지 않은 경우 3차 위반의 과태료 부과기준은?

① 500만원 ② 600만원
③ 700만원 ④ 800만원

해설 안전점검을 실시하지 않거나 성실하게 수행하지 않은 경우

과태료 금액(만원)		
1차 위반	2차 위반	3차 이상 위반
500	600	800

정답 06.③ 07.④ 08.④ 09.④

10 연구실안전관리법령에서 연구실 안전점검의 직접 실시요건 중 산업위생 및 생물분야의 정기특별 안전점검에 대해 해당되지 않는 사람은?

① 산업위생관리기술사
② 인간공학기술사
③ 산업위생관리기사 자격 취득 후 경력이 1년 이상인 사람
④ 연구실안전환경관리자

해설 산업위생 및 생물분야 ㉠ 산업위생관리기술사 ㉡ 산업위생, 보건위생 또는 생물 분야의 박사학위 취득 후 안전업무 경력이 1년 이상인 사람 ㉢ 산업위생관리기사 자격 취득 후 관련 경력 1년 이상인 사람, 또는 산업위생관리산업기사 자격 취득 후 관련 경력 3년 이상인 사람 ㉣ 연구실안전환경관리자

11 연구실안전관리법령에서 연구실 안전점검의 직접 실시요건 중 소방 및 가스분야의 물적 장비 요건에 해당되지 않는 것은?

① 산소농도측정기
② 가스누출검출기
③ 가스농도측정기
④ 일산화탄소농도측정기

해설 소방 및 가스분야의 물적 장비 요건 : 가스누출검출기, 가스농도측정기, 일산화탄소농도측정기

12 연구실안전관리법에서 연구실 안전점검의 직접 실시요건 중 산업위생 및 생물분야의 물적 장비 요건에 해당되지 않는 것은?

① 일산화탄소농도측정기
② 분진측정기
③ 풍속계
④ 소음측정기

해설 산업위생 및 생물분야의 물적 장비 요건 : 분진측정기, 소음측정기, 산소농도측정기, 풍속계, 조도계(밝기측정기)

13 다음 중 연구실안전관리법에서 정기적으로 정밀안전진단을 실시해야할 연구실에 해당되지 않는 것은?

① 유해화학물질을 취급하는 연구실
② 유해인자를 취급하는 연구실
③ 독성가스를 취급하는 연구실
④ 저위험연구실

해설 정기적으로 정밀안전진단을 실시해야할 연구실
㉠ 유해화학물질을 취급하는 연구실 ㉡ 유해인자를 취급하는 연구실 ㉢ 독성가스를 취급하는 연구실

14 다음 중 연구실안전법령상에서 정기적으로 정밀안전진단을 실시하는 시기는?

① 2년마다 1회 이상
② 3년마다 1회 이상
③ 4년마다 1회 이상
④ 5년마다 2회 이상

해설 정밀안전진단은 2년마다 1회 이상 정기적으로 실시해야 한다.

15 다음 중 연구실안전관리법에서 정밀안전진단의 실시 사항에 해당되지 않는 것은?

① 유해인자별 노출도평가의 적정성
② 유해인자별 취급 및 관리의 적정성
③ 유해인자별 건강 위험도에 관한 사항
④ 연구실 사전유해인자위험분석의 적정성

정답 10.② 11.① 12.① 13.④ 14.① 15.③

해설 정밀안전진단의 실시 사항

㉠ 유해인자별 노출도평가의 적정성 ㉡ 유해인자별 취급 및 관리의 적정성 ㉢ 연구실 사전유해인자위험분석의 적정성 ㉣ 과학기술정보통신부, 연구실 안전점검 및 정밀안전진단에 관한 지침, 별표 3의 정기점검 실시 내용 • 일반안전 • 기계안전 • 전기안전 • 화공안전 • 소방안전 • 가스안전 • 산업위생 • 생물안전

16 다음 중 연구실안전법령상 정밀안전진단을 실시하지 않거나 성실하게 수행하지 않은 경우 2차 위반의 과태료 부과기준은?

① 500만원　② 1,000만원
③ 1,200만원　④ 1,500만원

해설 정밀안전진단을 실시하지 않거나 성실하게 수행하지 않은 경우

과태료 금액(만원)		
1차 위반	2차 위반	3차 이상 위반
1,000	1,200	1,500

17 다음 중 연구실안전법에서 연구실의 중대한 결함이 경우에 해당되지 않는 것은?

① 「원자력안전법」의 방사성물질
② 「화학물질관리법」의 유해화학물질, 「산업안전보건법」의 유해인자, 과학기술정보통신부령으로 정하는 독성가스 등 유해·위험물질의 누출 또는 관리 부실
③ 연구활동에 사용되는 유해·위험설비의 부식·균열 또는 파손
④ 인체에 심각한 위험을 끼칠 수 있는 병원체의 누출

해설 연구실의 중대한 결함 사항

㉠ 「화학물질관리법」의 유해화학물질, 「산업안전보건법」의 유해인자, 과학기술정보통신부령으로 정하는 독성가스 등 유해·위험물질의 누출 또는 관리 부실 ㉡ 「전기사업법」전기설비의 안전관리 부실 ㉢ 연구활동에 사용되는 유해·위험설비의 부식·균열 또는 파손 ㉣ 연구실 시설물의 구조안전에 영향을 미치는 지반침하·균열·누수 또는 부식 ㉤ 인체에 심각한 위험을 끼칠 수 있는 병원체의 누출

18 다음 중 안전진단 또는 정밀안전진단에 관한 법령을 위반하여 보고를 하지 않거나 거짓으로 보고한 경우에서 2차 위반의 과태료 부과기준은?

① 200만원　② 250만원
③ 300만원　④ 400만원

해설 안전진단 또는 정밀안전진단에 관한 법령을 위반하여 보고를 하지 않거나 거짓으로 보고한 경우

과태료 금액(만원)		
1차 위반	2차 위반	3차 이상 위반
250	300	400

19 연구실안전관리법령에서 연구실 안전점검 대행기관의 등록요건 중 산업위생 및 생물분야의 자격요건에 해당되지 않는 사람은?

① 산업보건지도사
② 산업위생관리기술사
③ 산업위생관리기사 자격 취득 후 안전 업무 경력이 1년 이상인 사람
④ 산업위생관리산업기사 자격 취득 후 안전 업무 경력이 2년 이상인 사람

정답 16.③ 17.① 18.③ 19.④

해설 산업위생 및 생물분야의 자격 요건
㉠ 산업보건지도사 ㉡ 산업위생관리기술사 ㉢ 산업위생관리기사 자격 취득 후 안전 업무 경력이 1년 이상인 사람 ㉣ 산업위생관리산업기사 자격 취득 후 안전 업무 경력이 3년 이상인 사람

20 연구실안전관리법령에서 연구실 정밀안전점검 대행기관의 등록요건 중 화공 및 위험물관리분야의 자격요건에 해당되지 않는 것은?

① 산업보건지도사
② 화공안전기술사
③ 화공기사 또는 위험물기능장 자격 취득 후 안전 업무 경력이 3년 이상인 사람
④ 화공산업기사 또는 위험물산업기사 자격 취득 후 안전 업무 경력이 5년 이상인 사람

해설 화공 및 위험물관리분야의 자격 요건
㉠ 산업안전지도사(화공안전 분야로 한정) ㉡ 화공안전기술사 ㉢ 화공기사 또는 위험물기능장 자격 취득 후 안전 업무 경력이 3년 이상인 사람 ㉣ 화공산업기사 또는 위험물산업기사 자격 취득 후 안전 업무 경력이 5년 이상인 사람

21 연구실안전관리법에서 과학기술정보통신부장관은 등록한 대행기관에 대해서 등록취소, 6개월 이내 업무정지 또는 시정명령을 할 수 있다. 다음 중 해당되지 않는 것은?

① 거짓 또는 그 밖의 부정한 방법으로 등록 또는 변경등록을 한 경우
② 등록사항의 변경이 있은 날부터 12개월 이내에 변경등록을 하지 아니한 경우
③ 대행기관의 등록기준에 미달하는 경우
④ 안전점검 또는 정밀안전진단을 성실하게 대행하지 아니한 경우

해설 등록한 대행기관에 대해서 등록취소, 6개월 이내 업무정지 또는 시정명령
㉠ 거짓 또는 그 밖의 부정한 방법으로 등록 또는 변경등록을 한 경우 ㉡ 타인에게 대행기관 등록증을 대여한 경우 ㉢ 대행기관의 등록기준에 미달하는 경우 ㉣ 등록사항의 변경이 있은 날부터 6개월 이내에 변경등록을 하지 아니한 경우 ㉤ 대행기관이 제13조제1항의 안전점검지침 또는 정밀안전진단지침을 준수하지 아니한 경우 ㉥ 등록된 기술인력이 아닌 자로 안전점검 또는 정밀안전진단을 대행한 경우 ㉦ 안전점검 또는 정밀안전진단을 성실하게 대행하지 아니한 경우 ㉧ 업무정지 기간에 안전점검 또는 정밀안전진단을 대행한 경우

22 다음 중 연구실안전관리법령에서 안전점검 및 정밀안전진단 대행기관으로 등록하지 않고 안전점검 및 정밀안전진단을 실시한 경우 3차 위반 이상의 과태료 부과기준은?

① 200만원 ② 250만원
③ 300만원 ④ 400만원

해설 안전점검 및 정밀안전진단 대행기관으로 등록하지 않고 안전점검 및 정밀안전진단을 실시한 경우

과태료 금액(만원)		
1차 위반	2차 위반	3차 이상 위반
250	300	400

23 다음 중 연구실안전관리법에서 연구실 안전점검 또는 정밀안전점검 대행기관으로 등록하는 경우 등록신청서의 서류에 해당되는 것은?

① 등록증 ② 장비명세서
③ 국가기술자격증 ④ 건강검진확인서

해설 안전점검 또는 정밀안전점검 대행기관 등록신청서의 서류 : 기술인력 보유 현황, 장비명세서

정답 20.① 21.② 22.④ 23.②

24 연구실안전관리법령에서 연구실 안전점검 또는 정밀안전점검 대행기관에 소속된 기술인력은 권역별연구안전지원센터에서 실시하는 교육을 받아야 한다. 다음 중 바르게 연결된 것은?

① 신규교육 : 기술인력이 등록된 날부터 3개월 이내에 받아야 하는 교육
② 신규교육 : 기술인력이 등록된 날부터 6개월 이내에 받아야 하는 교육
③ 보수교육 : 기술인력이 신규교육을 이수한 날을 기준으로 3년마다 받아야 하는 교육
④ 보수교육 : 매 2년이 되는 날을 기준으로 전후 3개월 이내

해설 연구실 안전점검 또는 정밀안전점검 대행기관에 소속된 기술인력이 받아야 하는 교육
㉠ 신규교육 : 기술인력이 등록된 날부터 6개월 이내에 받아야 하는 교육 ㉡ 보수교육 : 기술인력이 신규교육을 이수한 날을 기준으로 2년마다 받아야 하는 교육. 이 경우 매 2년이 되는 날을 기준으로 전후 6개월 이내에 보수교육을 받도록 해야 함.

25 과학기술정보통신부장관은 그 처분기준이 업무정지인 경우로서 다음의 가중사유 또는 감경사유에 해당되지 않는 경우는?

① 가중사유 – 위반행위가 고의나 중대한 과실에 의한 것으로 인정되는 경우
② 가중사유 – 위반의 내용·정도가 중대하여 연구실 안전에 미치는 피해가 크다고 인정되는 경우
③ 감경사유 – 위반행위자가 처음 해당 위반행위를 한 경우로서 5년 이상 안전점검 및 정밀안전진단 대행기관 업무를 모범적으로 해 온 사실이 인정되는 경우
④ 감경사유 – 위반행위가 사소한 부주의나 오류로 인한 것으로 인정되는 경우

해설 ㉠ 가중사유 • 위반행위가 고의나 중대한 과실에 의한 것으로 인정되는 경우 • 위반의 내용·정도가 중대하여 연구실 안전에 미치는 피해가 크다고 인정되는 경우 ㉡ 감경사유 • 위반행위가 사소한 부주의나 오류로 인한 것으로 인정되는 경우 • 위반의 내용·정도가 경미하여 연구실 안전에 미치는 영향이 적다고 인정되는 경우 • 위반행위자가 처음 해당 위반행위를 한 경우로서 3년 이상 안전점검 및 정밀안전진단 대행기관 업무를 모범적으로 해 온 사실이 인정되는 경우 • 그 밖에 안전점검 및 정밀안전진단 대행기관에 대한 정부 정책상 필요하다고 인정되는 경우

26 과학기술정보통신부장관의 처분기준이 업무정지인 경우 중 감경사유에 해당되지 않는 경우는?

① 위반의 내용·정도가 경미하여 연구실 안전에 미치는 영향이 적다고 인정되는 경우
② 위반행위가 사소한 부주의나 오류로 인한 것으로 인정되는 경우
③ 2년 이상 안전점검 및 정밀안전진단 대행기관 업무를 모범적으로 해 온 사실이 인정되는 경우
④ 안전점검 및 정밀안전진단 대행기관에 대한 정부 정책상 필요하다고 인정되는 경우

해설 ㉠ 가중사유 • 위반행위가 고의나 중대한 과실에 의한 것으로 인정되는 경우 • 위반의 내용·정도가 중대하여 연구실 안전에 미치는 피해가 크다고 인정되는 경우 ㉡ 감경사유 • 위반행위가 사소한 부주의나 오류로 인한 것으로 인정되는 경우 • 위반의 내용·정도가 경미하여 연구실 안전에 미치는 영향이 적다고 인정되는 경우 • 위반행위자가 처음 해당 위반행위를 한 경우로서 3년 이상 안전점검 및 정밀안전진단 대행기관 업무를 모범적으로 해 온 사실이 인정되는 경우 • 그 밖에 안전점검 및 정밀안전진단 대행기관에 대한 정부 정책상 필요하다고 인정되는 경우

정답 24.② 25.③ 26.③

27 연구실안전관리법령에서 안전점검 및 정밀안전진단 대행기관에 대한 행정처분기준 중 타인에게 대행기관 등록증을 대여한 경우 행정처분기준으로 바르게 연결된 것은?

① 1차 위반 – 시정명령
② 2차 위반 – 업무정지 3개월
③ 3차 위반 – 업무정지 6개월
④ 4차 위반 – 등록취소

해설 타인에게 대행기관 등록증을 대여한 경우

행정처분기준			
1차 위반	2차 위반	3차 위반	4차 이상 위반
업무정지 3개월	업무정지 6개월	등록취소	

28 안전점검 및 정밀안전진단 대행기관에 대한 행정처분기준 중 거짓 또는 그 밖의 부정한 방법으로 등록 또는 변경등록을 한 경우 1차 위반의 행정처분 기준은?

① 시정명령 ② 업무정지 3개월
③ 업무정지 6개월 ④ 등록취소

해설 거짓 또는 그 밖의 부정한 방법으로 등록 또는 변경등록을 한 경우

행정처분기준			
1차 위반	2차 위반	3차 위반	4차 이상 위반
등록취소			

29 안전점검 및 정밀안전진단 대행기관에 대한 행정처분기준 중 안전점검지침 및 정밀안전진단지침을 준수하지 않은 경우 3차 위반의 행정처분 기준은?

① 시정명령 ② 업무정지 3개월
③ 업무정지 6개월 ④ 등록취소

해설 안전점검지침 및 정밀안전진단지침을 준수하지 않은 경우

행정처분기준			
1차 위반	2차 위반	3차 위반	4차 이상 위반
시정명령	업무정지 3개월	업무정지 6개월	등록취소

30 안전점검 및 정밀안전진단 대행기관에 대한 행정처분기준 중 업무정지 기간에 안전점검 및 정밀안전진단을 대행한 경우 2차 위반의 행정처분 기준은?

① 시정명령 ② 업무정지 3개월
③ 업무정지 6개월 ④ 등록취소

해설 업무정지 기간에 안전점검 및 정밀안전진단을 대행한 경우

행정처분기준			
1차 위반	2차 위반	3차 위반	4차 이상 위반
업무정지 6개월	등록취소		

31 연구실안전관리법령에서 연구실책임자는 사전유해인자위험분석을 실시해야 한다. 다음 중 사전유해인자위험분석 실시 절차에 포함되지 않는 것은?

① 해당 연구실의 안전 현황 분석
② 유해인자별 노출도평가의 적정성 분석
③ 해당 연구실의 유해인자별 위험 분석
④ 비상조치계획 수립

해설 연구실책임자의 사전유해인자위험분석 실시 절차(순서)
㉠ 해당 연구실의 안전 현황 분석 ㉡ 해당 연구실의 유해인자별 위험 분석 ㉢ 연구실안전계획 수립 ㉣ 비상조치계획 수립

정답 27.④ 28.④ 29.③ 30.④ 31.②

32 다음 중 연구실 사전유해인자위험분석 실시에 관한 지침에서 연구실책임자의 연구실 안전계획에 포함되지 않는 경우는?

① 안전한 취급 및 보관 등을 위한 조치
② 안전교육 수료증
③ 폐기방법
④ 안전설비 및 개인보호구 활용 방안

해설 연구실 안전계획에 포함 사항 : 연구실책임자는 연구개발활동별 유해인자 위험분석 실시 후 유해인자에 대한 안전한 취급 및 보관 등을 위한 조치, 폐기방법, 안전설비 및 개인보호구 활용 방안 등

33 연구실 사전유해인자위험분석 실시에 관한 지침 중 안전현황 분석, 결과에 포함되지 않는 것은?

① 비상조치계획
② 기계·기구·설비 등의 사양서
③ 물질안전보건자료(MSDS)
④ 안전 확보를 위해 필요한 보호구 및 안전설비에 관한 정보

해설 연구실 안전현황 분석, 결과에 포함되는 사항
㉠ 기계·기구·설비 등의 사양서 ㉡ 물질안전보건자료(MSDS) ㉢ 연구·실험·실습 등의 연구내용, 방법(기계·기구 등 사용법 포함), 사용되는 물질 등에 관한 정보 ㉣ 안전 확보를 위해 필요한 보호구 및 안전설비에 관한 정보 ㉤ 그 밖에 사전유해인자위험분석에 참고가 되는 자료 등

34 다음 중 연구실안전관리법령에서 연구활동종사자 등에 대한 교육·훈련을 담당하는 사람이 아닌 것은?

① 연구실책임자
② 대학의 조교수 이상으로서 안전에 관한 경험과 학식이 풍부한 사람
③ 연구실안전환경관리자
④ 연구실안전환경관리자가 소속된 부서의 장

해설 연구활동종사자 등에 대한 교육·훈련을 담당하는 사람
㉠ 별표 4 제2호에 따른 점검 실시자의 인적 자격 요건 중 어느 하나에 해당하는 사람으로서 해당 기관의 정기점검 또는 특별안전점검을 실시한 경험이 있는 사람. 다만, 연구활동종사자 제외 ㉡ 대학의 조교수 이상으로서 안전에 관한 경험과 학식이 풍부한 사람 ㉢ 연구실책임자 ㉣ 법 제10조에 따라 지정된 연구실안전환경관리자 ㉤ 법 제30조에 따라 지정된 권역별연구안전지원센터에서 실시하는 전문강사 양성 교육·훈련을 이수한 사람

35 다음 중 연구실안전관리법령에서 연구활동종사자 등의 교육·훈련에 해당되지 않는 것은?

① 보수교육·훈련 ② 특별안전교육·훈련
③ 정기교육·훈련 ④ 신규교육·훈련

해설 연구활동종사자의 교육·훈련 구분
㉠ 신규교육·훈련 : 연구활동에 신규로 참여하는 연구활동종사자에게 실시하는 교육·훈련 ㉡ 정기교육·훈련 : 연구활동에 참여하고 있는 연구활동종사자에게 과학기술정보통신부령으로 정하는 주기에 따라 실시하는 교육·훈련 ㉢ 특별안전교육·훈련 : 연구실사고가 발생했거나 발생할 우려가 있다고 연구주체의 장이 인정하는 경우 연구실의 연구활동종사자에게 실시하는 교육·훈련

정답 32.② 33.① 34.④ 35.①

36 연구활동종사자의 신규교육·훈련 중 정기 정밀안전진단 실시 대상 연구실에 신규로 채용된 연구활동종사자가 받아야 하는 교육시간과 시기가 올바르게 연결된 것은?

① 4시간 이상 – 채용 후 6개월 이내
② 4시간 이상 – 채용 후 12개월 이내
③ 8시간 이상 – 채용 후 6개월 이내
④ 8시간 이상 – 채용 후 12개월 이내

해설 연구활동종사자의 교육·훈련시간 및 시기(신규교육·훈련)

교육대상		교육시간 (교육시기)
근로자	㉠ 정기 정밀안전진단 실시 대상 연구실에 신규로 채용된 연구활동종사자	8시간 이상 (채용 후 6개월 이내)
	㉡ ㉠의 연구실이 아닌 연구실에 신규로 채용된 연구활동종사자	4시간 이상 (채용 후 6개월 이내)
근로자가 아닌 사람	㉢ 대학생, 대학원생 등 연구활동에 참여하는 연구활동종사자	2시간 이상 (연구활동 참여 후 3개월 이내)

37 연구활동종사자의 정기교육·훈련 중 정기 정밀안전진단 실시 대상 연구실의 연구활동종사자가 받아야 하는 교육시간으로 옳은 것은?

① 반기별 3시간 이상
② 연간 3시간 이상
③ 반기별 6시간 이상
④ 연간 6시간 이상

해설 연구활동종사자의 교육·훈련시간 및 시기(정기교육·훈련)

교육대상	교육시간
㉠ 저위험연구실의 연구활동종사자	연간 3시간 이상
㉡ 정기 정밀안전진단 실시 대상 연구실의 연구활동종사자	반기별 6시간 이상
㉢ ㉠, ㉡에서 규정한 연구실이 아닌 연구실의 연구활동종사자	반기별 3시간 이상

38 연구실안전환경관리자 전문교육 중 보수교육의 주기로 옳은 것은?

① 신규교육을 이수한 후 매 1년이 되는 날을 기준으로 전후 1개월 이내
② 신규교육을 이수한 후 매 1년이 되는 날을 기준으로 전후 3개월 이내
③ 신규교육을 이수한 후 매 1년이 되는 날을 기준으로 전후 6개월 이내
④ 신규교육을 이수한 후 매 2년이 되는 날을 기준으로 전후 6개월 이내

해설 연구실안전환경관리자가 이수해야 하는 전문교육의 시간

구분	교육시기·주기	교육시간
신규교육	연구실안전환경관리자로 지정된 후 6개월 이내	18시간 이상
보수교육	신규교육을 이수한 후 매 2년이 되는 날을 기준으로 전후 6개월 이내	12시간 이상

39 다음 중 연구실안전관리법령에서 연구활동종사자에 대하여 연구실사고 예방 및 대응에 필요한 교육·훈련을 실시하지 않은 경우 1차 위반의 과태료 부과기준은?

① 300만원 ② 500만원
③ 600만원 ④ 800만원

해설 연구활동종사자에 대하여 연구실사고 예방 및 대응에 필요한 교육·훈련을 실시하지 않은 경우

과태료 금액(만원)		
1차 위반	2차 위반	3차 이상 위반
500	600	800

정답 36.③ 37.③ 38.④ 39.②

40 다음 중 연구실안전관리법령에서 연구실안전환경관리자가 전문교육을 이수하도록 하지 않은 경우 1차 위반의 과태료 부과기준은?

① 250만원　② 300만원
③ 500만원　④ 600만원

해설 연구실안전환경관리자가 전문교육을 이수하도록 하지 않은 경우

과태료 금액(만원)		
1차 위반	2차 위반	3차 이상 위반
250	300	400

41 다음 중 연구실안전관리법령에서 연구실안전환경관리자가 건강검진을 실시하지 않은 경우, 3차 이상 위반의 과태료 부과기준은?

① 500만원　② 600만원
③ 800만원　④ 1,000만원

해설 건강검진을 실시하지 않은 경우

과태료 금액(만원)		
1차 위반	2차 위반	3차 이상 위반
500	600	800

42 다음 중 연구실안전관리법령에서 연구실의 안전 및 유지·관리비의 계상에 포함되지 않는 것은?

① 연구활동종사자의 연구활동비
② 연구실안전환경관리자에 대한 전문교육
③ 건강검진
④ 보험료

해설 연구실의 안전 및 유지·관리비의 계상에 포함되는 사항
㉠ 안전관리에 관한 정보제공 및 연구활동종사자에 대한 교육·훈련 ㉡ 법 제20조제3항에 따른 연구실안전환경관리자에 대한 전문교육 ㉢ 법 제21조제1항에 따른 건강검진 ㉣ 법 제26조에 따른 보험료 ㉤ 연구실의 안전을 유지·관리하기 위한 설비의 설치·유지 및 보수 ㉥ 연구활동종사자의 보호장비 구입 ㉦ 안전점검 및 정밀안전진단 ㉧ 그 밖에 연구실의 안전환경 조성을 위하여 필요한 사항으로서 과학기술정보통신부장관이 고시하는 용도

43 다음 중 연구실안전관리법령에서 연구실에 필요한 안전 관련 예산을 배정 및 집행하지 않은 경우 3차 이상 위반의 과태료 부과기준은?

① 300만원　② 400만원
③ 500만원　④ 600만원

해설 소관 연구실에 필요한 안전 관련 예산을 배정 및 집행하지 않은 경우

과태료 금액(만원)		
1차 위반	2차 위반	3차 이상 위반
250	300	400

44 다음 중 연구실안전관리법령에서 안전 관련 예산을 다른 목적으로 사용한 경우 2차 위반의 과태료 부과기준은?

① 250만원　② 300만원
③ 400만원　④ 500만원

해설 안전 관련 예산을 다른 목적으로 사용한 경우

과태료 금액(만원)		
1차 위반	2차 위반	3차 이상 위반
250	300	400

정답 40.① 41.③ 42.① 43.② 44.②

연구실사고에 대한 대응 및 보상

01 다음 중 연구실안전관리법령에서 중대연구실사고의 보고 사항에 포함되지 않는 것은?

① 사고 발생 개요 및 피해상황
② 사고 조치 내용, 사고 확산 가능성
③ 향후 조치·대응계획
④ 기계·기구·설비 등의 사양서

해설 기계·기구·설비 등의 사양서는 포함되지 않는다.

02 다음 중 연구실안전관리법령에서 중대연구실사고를 보고하지 않거나 거짓으로 보고한 경우 3차 이상 위반의 과태료 부과기준은?

① 250만원 ② 300만원
③ 400만원 ④ 500만원

해설 중대연구실사고를 보고하지 않거나 거짓으로 보고한 경우

과태료 금액(만원)		
1차 위반	2차 위반	3차 이상 위반
250	300	400

03 다음 중 연구실안전관리법령에서 사고조사반 구성에 포함되지 않는 것은?

① 연구실 안전 업무를 수행하는 관계 공무원
② 연구실책임자
③ 연구실 안전 분야 전문가
④ 그 밖에 연구실사고 조사에 필요한 경험과 학식이 풍부한 전문가

해설 사고조사반 구성

㉠ 연구실 안전과 관련한 업무를 수행하는 관계 공무원 ㉡ 연구실 안전 분야 전문가 ㉢ 그 밖에 연구실사고 조사에 필요한 경험과 학식이 풍부한 전문가

04 다음 중 연구실안전관리법규에서 사고조사반 업무에 포함되지 않는 것은?

①「연구실 안전환경 조성에 관한 법률」이행 여부 등 사고원인 및 사고경위 조사
② 연구실 사용제한 등 긴급한 조치 필요 여부 등의 검토
③ 그 밖에 과학기술정보통신부장관이 조사를 요청한 사항
④ 연구활동종사자 등 교육·훈련 현황

해설 사고조사반의 업무

㉠「연구실 안전환경 조성에 관한 법률」이행 여부 등 사고원인 및 사고경위 조사 ㉡ 연구실 사용제한 등 긴급한 조치 필요 여부 등의 검토 ㉢ 그 밖에 과학기술정보통신부장관이 조사를 요청한 사항

05 다음 중 연구실안전관리법규에서 사고조사반 보고서 사항에 포함되지 않는 것은?

① 조사 일시
② 당해 사고조사반 구성
③ 복구 예산 현황
④ 복구 시 반영 필요사항 등 개선대책

정답 01.④ 02.③ 03.② 04.④ 05.③

해설 사고조사 보고서의 포함 사항

㉠ 조사 일시 ㉡ 당해 사고조사반 구성 ㉢ 사고개요 ㉣ 조사내용 및 결과(사고현장 사진 포함) ㉤ 문제점 ㉥ 복구 시 반영 필요사항 등 개선대책 ㉦ 결론 및 건의사항

06 다음 중 연구실안전관리법에서 연구활동종사자 또는 공중의 안전을 위하여 긴급한 조치가 필요한 경우에 포함되지 않는 것은?

① 정밀안전진단 실시
② 사고경위 및 사고원인 등의 조사
③ 유해인자의 제거
④ 연구실의 사용금지

해설 긴급한 조치가 필요한 사항

㉠ 정밀안전진단 실시 ㉡ 유해인자의 제거 ㉢ 연구실 일부의 사용제한 ㉣ 연구실의 사용금지 ㉤ 연구실의 철거 ㉥ 그 밖에 연구주체의 장 또는 연구활동종사자가 필요하다고 인정하는 안전조치

07 다음 중 연구실안전관리법규에서 보험급여별 보상금액이 올바르게 연결된 것은?

① 유족급여 : 2억원 이상
② 요양급여 : 최고한도 2억원 이상
③ 입원급여 : 입원 1일당 3만원 이상
④ 장의비 : 2천만원 이상

해설 보험급여별 보상금액 기준

㉠ 요양급여 : 최고한도(20억원 이상으로 한다)의 범위에서 실제로 부담해야 하는 의료비 ㉡ 장해급여 : 후유장해 등급별로 과학기술정보통신부장관이 정하여 고시하는 금액 이상 ㉢ 입원급여 : 입원 1일당 5만원 이상 ㉣ 유족급여 : 2억원 이상 ㉤ 장의비 : 1천만원 이상

08 다음 중 연구실안전관리법령에서 보험에 가입하지 않은 기간이 3개월 이상 6개월 미만인 경우의 과태료 부과기준은?

① 500만원　② 600만원
③ 1,000만원　④ 1,200만원

해설 보험에 가입하지 않은 기간별 과태료

㉠ 1개월 미만인 경우 : 500만원
㉡ 1개월 이상 3개월 미만인 경우 : 700만원
㉢ 3개월 이상 6개월 미만인 경우 : 1,000만원
㉣ 6개월 이상인 경우 : 1,500만원

09 다음 중 연구실안전관리법에서 안전관리 우수연구실 인증 취소 사항에 포함되지 않는 것은?

① 부정한 방법으로 인증을 받은 경우
② 정당한 사유 없이 1년 이상 연구활동을 수행하지 않은 경우
③ 인증서를 반납하는 경우
④ 안전관리 대행기관을 통해서 인증을 받은 경우

해설 안전관리 우수연구실 취소 사항

㉠ 거짓이나 그 밖의 부정한 방법으로 인증을 받은 경우 ㉡ 정당한 사유 없이 1년 이상 연구활동을 수행하지 않은 경우 ㉢ 인증서를 반납하는 경우 ㉣ 대통령령에 따른 인증 기준에 적합하지 아니하게 된 경우

10 다음 중 연구실안전관리법령에서 안전관리 우수연구실 인증의 유효기간은?

① 6개월　② 1년　③ 2년　④ 3년

해설 안전관리 우수연구실 인증의 유효기간은 인증을 받은 날부터 2년이다.

정답 06.② 07.① 08.③ 09.④ 10.③

CHAPTER 05 연구실 안전환경 조성을 위한 지원 등

01 다음 중 연구실안전관리법령에서 연구실 안전환경 조성을 위한 지원대상 범위로 올바르게 묶은 것은?

〈보기〉

㉠ 연구실 안전 교육·훈련의 강사료
㉡ 연구실 안전 교육자료 연구, 발간, 보급 및 교육
㉢ 연구실 안전 네트워크 구축·운영
㉣ 연구실 안전의식 제고를 위한 홍보 등 안전문화 확산

① ㉠ ㉡ ㉢
② ㉠ ㉢ ㉣
③ ㉡ ㉢ ㉣
④ ㉠ ㉡ ㉢ ㉣

해설 연구실 안전환경 조성을 위한 지원대상 범위

㉠ 연구실 안전관리 정책·제도개선, 안전관리 기준 등에 대한 연구, 개발 및 보급 ㉡ 연구실 안전 교육자료 연구, 발간, 보급 및 교육 ㉢ 연구실 안전 네트워크 구축·운영 ㉣ 연구실 안전점검·정밀안전진단 실시 또는 관련 기술·기준의 개발 및 고도화 ㉤ 연구실 안전의식 제고를 위한 홍보 등 안전문화 확산 ㉥ 연구실사고의 조사, 원인 분석, 안전대책 수립 및 사례 전파 ㉦ 그 밖에 연구실의 안전환경 조성 및 기반 구축을 위한 사업

02 다음 중 연구실안전관리법령에서 권역별연구안전지원센터의 지정요건에 해당되는 것은?

① 생물 분야의 석사학위를 취득한 후 안전 업무 경력이 2년 이상인 사람
② 전기 분야의 기술사 자격취득 후 안전 업무 경력이 6개월 이상인 3명
③ 소방설비 분야의 산업기사 자격 취득 후 안전 업무 경력이 5년 이상인 2명
④ 권역별연구안전지원센터의 업무 추진을 위한 사무실 확보

해설 권역별연구안전지원센터의 지정요건

㉠ 기술인력 : 다음 각 목의 어느 하나에 해당하는 사람을 2명 이상 갖출 것 ㉮ 기술사 자격 또는 박사학위를 취득한 후 안전 업무 경력이 1년 이상인 사람 1) 안전 2) 기계 3) 전기 4) 화공 5) 산업위생 또는 보건위생 6) 생물 ㉯ ㉮목1)부터 6)까지에 따른 규정 중 어느 하나에 해당하는 분야의 기사 자격 또는 석사학위를 취득한 후 안전 업무 경력이 3년 이상인 사람 ㉰ ㉮목1)부터 6)까지에 따른 규정 중 어느 하나에 해당하는 분야의 산업기사 자격을 취득한 후 안전 업무 경력이 5년 이상인 사람 ㉡ 권역별연구안전지원센터의 운영을 위한 자체규정을 마련할 것 ㉢ 권역별연구안전지원센터의 업무 추진을 위한 사무실을 확보할 것

정답 01.③ 02.④

03 다음 중 연구실안전관리법에서 권역별연구안전지원센터의 업무 범위에 포함되지 않는 것은?

① 연구실사고 발생 시 사고 현황 파악 및 수습 지원 등 신속한 사고 대응에 관한 업무
② 연구실 안전교육 강사 운영에 관한 업무
③ 연구실 안전관리 기술, 기준, 정책 및 제도 개발·개선에 관한 업무
④ 정부와 대학·연구기관등 상호 간 연구실 안전환경 관련 협력에 관한 업무

해설 권역별연구안전지원센터의 업무 범위

㉠ 연구실사고 발생 시 사고 현황 파악 및 수습 지원 등 신속한 사고 대응에 관한 업무 ㉡ 연구실 위험요인 관리실태 점검·분석 및 개선에 관한 업무 ㉢ 업무 수행에 필요한 전문인력 양성 및 대학·연구기관등에 대한 안전관리 기술 지원에 관한 업무 ㉣ 연구실 안전관리 기술, 기준, 정책 및 제도 개발·개선에 관한 업무 ㉤ 연구실 안전의식 제고를 위한 연구실 안전문화 확산에 관한 업무 ㉥ 정부와 대학·연구기관등 상호 간 연구실 안전환경 관련 협력에 관한 업무 ㉦ 연구실 안전교육 교재 및 프로그램 개발·운영에 관한 업무 ◎ 그 밖에 과학기술정보통신부장관이 정하는 연구실 안전환경 조성에 관한 업무

04 다음 중 연구실안전관리법령에서 과학기술정보통신부장관이 연구주체의 장에게 일정한 기간을 정하여 시정을 명하거나 그 밖에 필요한 조치를 명하였음에도 명령을 위반한 경우, 과태료 부과기준으로 올바르게 짝지은 것은?

① 1차 위반 : 200만원
② 2차 위반 : 250만원
③ 2차 위반 : 400만원
④ 3차 이상 위반 : 400만원

해설 명령을 위반한 경우

과태료 금액(만원)		
1차 위반	2차 위반	3차 이상 위반
250	300	400

정답 03.② 04.④

CHAPTER 06 연구실안전관리사

01 다음 중 연구실안전관리법에서 연구실안전관리사의 직무로 올바르게 묶은 것은?

〈보기〉
㉠ 연구시설·장비·재료 등에 대한 안전점검·정밀안전진단 및 관리
㉡ 연구실 안전관리 및 연구실 환경 개선 지도
㉢ 연구실 내 유해인자에 관한 취급 관리 및 기술적 지도·조언
㉣ 연구실사고 대응 및 사후 관리 지도

① ㉠ ㉡ ㉢
② ㉠ ㉢ ㉣
③ ㉡ ㉢ ㉣
④ ㉠ ㉡ ㉢ ㉣

해설 연구실안전관리사의 직무는 그 밖에 연구실 안전에 관한 사항으로서 대통령령으로 정하는 사항이 있다.

02 다음 중 연구실안전관리법에서 연구실안전관리사의 결격사유에 해당되지 않는 것은?

① 미성년자, 피성년후견인 또는 피한정후견인
② 연구실안전관리사 자격이 취소된 후 2년이 지나지 아니한 사람
③ 파산선고를 받고 복권되지 아니한 사람
④ 금고 이상의 형의 집행유예를 선고받고 그 유예기간 중에 있는 사람

해설 연구실안전관리사의 결격사유
㉠ 미성년자, 피성년후견인 또는 피한정후견인 ㉡ 파산선고를 받고 복권되지 아니한 사람 ㉢ 금고 이상의 실형을 선고받고 그 집행이 끝나거나(집행이 끝난 것으로 보는 경우를 포함) 집행을 받지 아니하기로 확정된 날부터 2년이 지나지 아니한 사람 ㉣ 금고 이상의 형의 집행유예를 선고받고 그 유예기간 중에 있는 사람 ㉤ 연구실안전관리사 자격이 취소된 후 3년이 지나지 아니한 사람

03 다음 중 연구실안전관리법에서 과학기술정보통신부 장관이 권역별연구안전지원센터에 위탁할 수 있는 업무에 해당되지 않는 것은?

① 연구실안전정보시스템 구축·운영에 관한 업무
② 안전관리 우수연구실 인증제 운영 지원에 관한 업무
③ 안전점검 및 정밀안전진단 대행기관의 취소·재인증 업무
④ 연구실 안전관리에 관한 교육·훈련 및 전문교육의 기획·운영에 관한 업무

정답 01.④ 02.② 03.③

해설 권역별연구안전지원센터에 위탁 업무

㉠ 연구실안전정보시스템 구축·운영에 관한 업무 ㉡ 안전점검 및 정밀안전진단 대행기관의 등록·관리 및 지원에 관한 업무 ㉢ 연구실 안전관리에 관한 교육·훈련 및 전문교육의 기획·운영에 관한 업무 ㉣ 연구실사고 조사 및 조사 결과의 기록 유지·관리 지원에 관한 업무 ㉤ 안전관리 우수연구실 인증제 운영 지원에 관한 업무 ㉥ 검사 지원에 관한 업무 ㉦ 그 밖에 연구실 안전관리와 관련하여 필요한 업무로서 대통령령으로 정하는 업무

04 다음 중 연구실안전관리법령에서 대학·연구기관등이 설치한 각 연구실의 연구활동종사자를 합한 인원이 몇 명인 경우에 법의 전부를 적용받지 않는가?

① 5명 미만　　② 10명 미만
③ 15명 미만　　④ 20명 미만

해설 대학·연구기관등이 설치한 각 연구실의 연구활동종사자를 합한 인원이 10명 미만인 경우에는 각 연구실에 대하여 법의 전부를 적용하지 않는다.

05 연구실안전보건법의 용어 정의 중 보기에서 설명하는 용어는?

〈보기〉
대학·연구기관등이 연구활동을 위하여 시설·장비·연구재료 등을 갖추어 설치한 실험실·실습실·실험준비실을 말함.

① 대학·연구기관　　② 민간연구소
③ 연구실　　④ 국·공립연구기관

해설 연구실의 용어 정의 : 대학·연구기관등이 연구활동을 위하여 시설·장비·연구재료 등을 갖추어 설치한 실험실·실습실·실험준비실을 말한다.

06 다음 중 연구실안전관리법령에서 심의위원회 정기회의와 임시회의 개최 시기를 올바르게 묶은 것은?

① 연 2회 - 위원장이 필요하다고 인정할 때
② 연 1회 - 재적인원 3분의 1 이상이 요구할 때
③ 연 2회 - 재적인원 4분의 1 이상이 요구할 때
④ 연 1회 - 위원장이 필요하다고 인정할 때

해설 심의위원회 정기회의와 임시회의 개최 시기

㉠ 정기회의 : 연 2회 ㉡ 임시회의 : 위원장이 필요하다고 인정할 때 또는 재적위원 3분의 1 이상이 요구할 때

07 다음 중 연구실안전법규에서 명시하고 있는 화학 및 가스분야에서 비치되어야 할 보호구가 틀린 것은?

① 다량의 유기용제 : 보안경 또는 고글
② 생식독성 물질 취급 : 신발덮개
③ 인화성 유기화합물 : 보안면
④ 독성가스 및 발암성 물질 : 호흡보호구

해설 보호구의 비치(화학 및 가스분야)

연구활동	보호구
다량의 유기용제, 부식성 액체 및 맹독성 물질 취급	• 보안경 또는 고글 • 내화학성 장갑 • 내화학성 앞치마 • 호흡보호구
인화성 유기화합물 및 화재·폭발 가능성 있는 물질 취급	• 보안경 또는 고글 • 보안면 • 내화학성 장갑 • 방진마스크(Dust-mask, 먼지 방지 마스크) • 방염복
독성가스 및 발암성 물질, 생식독성 물질 취급	• 보안경 또는 고글 • 내화학성 장갑 • 호흡보호구

정답 04.② 05.③ 06.① 07.②

08 다음 중 연구실안전관리법령에서 분교 또는 분원의 경우, 대통령령으로 별도로 연구실안전환경관리자를 지정하지 아니할 수 있는 요건에 포함되지 않는 것은?

① 분교 또는 분원의 연구활동종사자 총인원이 10명 미만인 경우
② 본교와 분교 또는 본원과 분원 간의 직선거리가 15킬로미터 이내인 경우
③ 본교와 분교 또는 본원과 분원이 같은 시·군·구 지역에 소재하는 경우
④ 분교 또는 분원의 연구활동종사자 총인원이 15명 미만인 경우

해설 분교 또는 분원에서 연구실안전환경관리자 미지정 기준
㉠ 분교 또는 분원의 연구활동종사자 총인원이 10명 미만인 경우 ㉡ 본교와 분교 또는 본원과 분원이 같은 시·군·구(자치구를 말함) 지역에 소재하는 경우 ㉢ 본교와 분교 또는 본원과 분원 간의 직선거리가 15킬로미터 이내인 경우

09 다음 중 연구실안전관리법령에서 연구실안전환경관리자를 지정하거나 변경한 경우 몇 일 이내에 과학기술부통신부장관에게 내용을 제출해야 하는가?

① 7일 ② 10일
③ 14일 ④ 28일

해설 연구실안전환경관리자를 지정하거나 변경한 경우, 내용 제출 기한 : 연구실안전환경관리자를 지정하거나 변경한 경우에는 그 날부터 14일 이내에 과학기술정보통신부장관에게 그 내용 제출

10 다음 중 연구실 안전점검 및 정밀안전진단에 관한 지침에서 노출도평가 대상 연구실 선정기준에 포함되지 않는 것은?

① 중대연구실사고나 질환이 발생하였거나 발생할 위험이 있다고 인정되어 보건복지부장관의 명령을 받은 경우
② 연구실책임자가 사전유해인자위험분석 결과에 근거하여 노출도평가를 요청할 경우
③ 정밀안전진단 실시 결과 노출도평가의 필요성이 전문가(실시자)에 의해 제기된 경우
④ 연구주체의 장, 연구실안전환경관리자 등에 의해 노출도평가의 필요성이 제기된 경우

해설 노출도평가 대상 연구실 선정기준
㉠ 연구실책임자가 사전유해인자위험분석 결과에 근거하여 노출도평가를 요청할 경우 ㉡ 연구활동종사자(연구실책임자 포함)가 연구개발활동을 수행하는 중에 CMR물질(발암성 물질, 생식세포 변이원성 물질, 생식독성 물질), 가스, 증기, 미스트, 흄, 분진, 소음, 고온 등 유해인자를 인지하여 노출도평가를 요청할 경우 ㉢ 정밀안전진단 실시 결과 노출도평가의 필요성이 전문가(실시자)에 의해 제기된 경우 ㉣ 중대연구실사고나 질환이 발생하였거나 발생할 위험이 있다고 인정되어 과학기술정보통신부장관의 명령을 받은 경우 ㉤ 그 밖에 연구주체의 장, 연구실안전환경관리자 등에 의해 노출도평가의 필요성이 제기된 경우

정답 08.④ 09.③ 10.①

11 연구실안전관리법령에서 연구실 안전점검 대행기관의 등록요건 중 일반안전, 기계, 전기 및 화공분야의 장비요건에 해당되지 않는 것은?

① 정전기 전하량 측정기
② 절연저항측정기
③ 산소농도측정기
④ 접지저항측정기

해설 일반안전, 기계, 전기 및 화공분야의 장비 요건 : 정전기 전하량 측정기, 접지저항측정기, 절연저항측정기

12 다음 중 연구실안전관리법령에서 연구실 정밀안전진단 대행기관의 등록요건 중 소방 및 가스분야의 장비요건에 해당되지 않는 것은?

① 가스누출검출기
② 산소농도측정기
③ 가스농도측정기
④ 일산화탄소농도측정기

해설 소방 및 가스분야의 장비 요건 : 가스누출검출기, 가스농도측정기, 일산화탄소농도측정기

13 다음 중 연구실 사전유해인자위험분석 실시에 관한 지침에서 화재, 누출, 폭발 등 비상사태가 발생했을 경우, 비상조치계획에 포함되는 것은?

① 물질안전보건자료(MSDS)
② 유관기관 비상연락망
③ 대응 방법
④ 응급실 연락망

해설 비상조치계획 포함 사항 : 대응 방법, 처리 절차 등

14 다음 중 연구실 사고조사반 구성 및 운영규정에서 사고조사반의 인력풀과 사고조사반 구성 인원을 올바르게 묶은 것은?

① 10명 내외 – 5명 내외
② 15명 내외 – 5명 내외
③ 20명 내외 – 5명 내외
④ 20명 내외 – 10명 내외

해설 ㉠ 사고조사반 구성 : 사고조사반 인력풀을 15명 내외로 구성하고, 조사반원의 임기는 2년으로 하되 연임할 수 있음 ㉡ 안전사고의 조사 : 과학기술정보통신부장관은 사고 경위 및 원인에 대한 조사가 필요하다고 인정되는 안전사고 발생 시 사고원인, 규모 및 발생지역 등 그 특성을 고려하여 지명 또는 위촉된 조사반원 중 5명 내외로 당해 사고를 조사하기 위한 사고조사반 구성

정답 11.③ 12.② 13.③ 14.②

보칙 및 벌칙

01 다음 중 연구실안전보건법상 보기에서 설명하는 벌칙에 해당하는 것은?

〈보기〉
제14조 및 제15조에 따른 안전점검 또는 정밀안전진단을 실시하지 아니하거나 성실하게 실시하지 아니함으로써 연구실에 중대한 손괴를 일으켜 공중의 위험을 발생하게 한 자

① 3년 이하의 징역 또는 3천만원 이하의 벌금
② 5년 이하의 징역 또는 3천만원 이하의 벌금
③ 5년 이하의 징역 또는 5천만원 이하의 벌금
④ 7년 이하의 징역 또는 5천만원 이하의 벌금

해설 연구실안전법의 벌칙

㉮ 5년 이하의 징역 또는 5천만원 이하의 벌금 ㉠ 제14조 및 제15조에 따른 안전점검 또는 정밀안전진단을 실시하지 아니하거나 성실하게 실시하지 아니함으로써 연구실에 중대한 손괴를 일으켜 공중의 위험을 발생하게 한 자 ㉡제25조제1항에 따른 조치를 이행하지 아니하여 공중의 위험을 발생하게 한 자
㉯ ㉮항 각 호의 죄를 범하여 사람을 사상에 이르게 한 자는 3년 이상 10년 이하의 징역

02 다음 중 연구실안전보건법상 사람을 사상에 이르게 한 자에 대한 벌칙에 해당하는 것은?

① 1년 이상 5년 이하의 징역
② 3년 이상 5년 이하의 징역
③ 3년 이상 7년 이하의 징역
④ 3년 이상 10년 이하의 징역

해설 연구실안전법의 벌칙

㉮ 5년 이하의 징역 또는 5천만원 이하의 벌금 ㉠ 제14조 및 제15조에 따른 안전점검 또는 정밀안전진단을 실시하지 아니하거나 성실하게 실시하지 아니함으로써 연구실에 중대한 손괴를 일으켜 공중의 위험을 발생하게 한 자 ㉡ 제25조제1항에 따른 조치를 이행하지 아니하여 공중의 위험을 발생하게 한 자
㉯ ㉮항 각 호의 죄를 범하여 사람을 사상에 이르게 한 자는 3년 이상 10년 이하의 징역

03 다음 중 연구실안전보건법에서 법인의 대표자나 법인 등이 위반행위를 하면 그 행위자를 벌하는 외에 과할 수 있는 벌금형은?

① 5천만원 이하 ② 1억원 이하
③ 1억 5천만원 이하 ④ 2억원 이하

해설 연구실안전법의 양벌규정

법인의 대표자나 법인 또는 개인의 대리인, 사용인, 그 밖의 종업원이 그 법인 또는 개인의 업무에 관하여 제43조제2항의 위반행위를 하면 그 행위자를 벌하는 외에 그 법인 또는 개인에게도 1억원 이하의 벌금형을 과함. 다만, 법인 또는 개인이 그 위반행위를 방지하기 위하여 해당 업무에 관하여 상당한 주의와 감독을 게을리하지 아니한 경우에는 그러하지 아니함.

정답 01.③ 02.④ 03.②

memo

제2과목

연구실 안전관리 이론 및 체계

CHAPTER 01 연구활동 및 연구실안전의 특성 이해

01 다음 중 '연구활동'의 정의로 가장 바람직한 것은?

① 유해·위험인자에 대한 측정계획을 수립한 후 시료를 채취하고 분석·평가하는 활동
② 재해를 예방하기 위하여 잠재적 위험성을 발견하고 개선대책을 수립할 목적으로 조사·평가하는 활동
③ 과학기술분야의 지식을 축적하거나 새로운 방법을 찾아내기 위한 활동
④ 공학·의학·농학 등과의 융합을 통하여 새로운 이론과 지식 등을 창출하는 활동

해설 '연구활동'이란 과학기술분야의 지식을 축적하거나 새로운 적용방법을 찾아내기 위하여 축적된 지식을 활용하는 체계적이고 창조적인 활동(실험·실습 등을 포함)을 말한다.

02 다음 중 연구실의 주요 유해·위험요인으로 보기 어려운 것은?

① 화학적 유해·위험요인
② 물리적·전기적 유해·위험요인
③ 생물학적 유해·위험요인
④ 심리적·신체적 유해·위험요인

해설 ㉠ 화학적 유해·위험요인 ㉡ 물리적·전기적 유해·위험요인 ㉢ 생물학적 유해·위험요인 ㉣ 기계적 유해·위험요인 ㉤ 실험기구 및 장치의 위험요인 ㉥ 작업방법 및 조건

03 다음 중 연구실사고의 주요 발생 원인으로 가장 적당한 것은?

① 보호구 미착용·안전수칙 미준수
② 화재 및 폭발 위험물질 과다 저장
③ 붕괴위험 시설물 관리 불량
④ 폐기물 관리 소홀

해설 연구실사고는 대부분 보호구 미착용, 안전수칙 미준수, 안전점검 불량 등에 의해 발생한다.

04 다음 중 연구실 안전관리 주체로 볼 수 없는 것은?

① 연구주체의 장
② 안전보건관리책임자
③ 연구실안전환경관리자
④ 연구활동종사자

해설 ㉠ 연구주체의 장 ㉡ 정부 ㉢ 연구실안전환경관리자 ㉣ 연구실책임자 ㉤ 연구활동종사자 ㉥ 연구실안전관리사 ㉦ 연구실안전관리담당자

- 안전보건관리책임자는 산업안전보건법에 따라 상시 근로자 100인 이상의 사업장에서 안전보건업무를 총괄관리하는 자다.

정답 01.③ 02.④ 03.① 04.②

05 다음 중 연구주체의 장의 책무로 볼 수 없는 것은?

① 안전관리규정 작성·게시 및 준수
② 연구실안전환경관리자 지정
③ 연구활동종사자를 피보험자·수익자로 하는 보험 가입
④ 연구실 안전환경 조성 기본계획 수립

해설 ㉠ 연구실의 안전환경 확보의 책임을 진다. ㉡ 안전관리규정을 작성·게시하고 준수하도록 조치한다. ㉢ 매년 1회 이상 정기점검을 실시하여야 한다. ㉣ 연구실의 재해예방과 안전성 확보 등을 위하여 정밀안전진단을 실시한다. ㉤ 연구실안전환경관리자를 지정하여야 한다. ㉥ 각 연구실에 연구실책임자를 지정하여야 한다. ㉦ 매년 소관 연구실의 안전 및 유지관리에 필요한 비용을 확보한다. ㉧ 매년 연구활동종사자를 피보험자·수익자로 하는 보험에 가입한다. ㉨ 연구실에 사고가 발생한 경우에는 미래창조과학부 장관에게 보고 및 공표한다. ㉩ 연구실의 안전관리에 관한 정보를 연구활동종사자에게 제공한다. ㉪ 정기적으로 건강검진을 실시한다. ㉫ 연구실의 사용제한·금지 또는 철거 등 안전상의 조치를 한다.

• 연구실 안전환경 조성 기본계획 수립은 정부의 책무이다.

06 다음 중 정부의 책무로 볼 수 없는 것은?

① 연구실 안전관리 정보화
② 안전관리 우수연구실 인증
③ 연구실의 유해인자에 관한 교육 실시
④ 사고조사 및 대학·연구기관 등의 지원

해설 ㉠ 연구실 안전환경 조성 기본계획 ㉡ 연구실 안전관리 정보화 ㉢ 안전관리 우수연구실 인증 ㉣ 안전점검 및 정밀안전진단 지침 ㉤ 사고조사 및 대학·연구기관 등의 지원

• 연구실 유해인자에 관한 교육은 연구실책임자의 책무이다.

07 다음 중 연구실책임자의 책무로 볼 수 없는 것은?

① 연구실의 안전점검 및 정밀안전진단의 실시계획 수립
② 연구실안전관리담당자 지정
③ 연구실의 유해인자에 관한 교육 실시
④ 사전유해인자위험분석 실시

해설 ㉠ 연구실 안전교육 및 안전에 관한 책임을 짐 ㉡ 연구실안전관리담당자 지정 ㉢ 연구실의 유해인자에 관한 교육 실시 ㉣ 사전유해인자위험분석 실시

• 연구실의 안전점검 및 정밀안전진단의 실시계획 수립은 연구실안전환경관리자의 업무이다.

08 다음 중 연구실안전환경관리자의 업무로 볼 수 없는 것은?

① 연구실안전관리담당자 지정
② 연구실 안전교육계획 수립 및 실시
③ 연구실 사고발생의 원인조사 및 재발방지를 위한 기술적 지도·조언
④ 연구실 안전환경 및 안전관리 현황에 관한 통계의 유지·관리

해설 ㉠ 연구실의 안전점검·정밀안전진단 실시계획 수립 및 실시 ㉡ 연구실 안전교육계획 수립 및 실시 ㉢ 연구실 사고발생의 원인조사 및 재발방지를 위한 기술적 지도·조언 ㉣ 연구실 안전환경 및 안전관리 현황에 관한 통계의 유지·관리 ㉤ 법, 또는 법에 의한 명령이나 안전관리규정을 위반한 연구활동종사자에 대한 조치의 건의

• 연구실안전관리담당자 지정은 연구실책임자의 책무이다.

정답 05.④ 06.③ 07.① 08.①

09 다음 중 연구실안전관리사의 직무로 볼 수 없는 것은?

① 연구시설·장비·재료 등에 대한 안전점검·정밀안전진단 및 관리
② 연구실 안전교육계획 수립 및 실시
③ 연구실 안전관리 및 연구실 환경 개선 지도
④ 연구실사고 대응 및 사후 관리 지도

해설 ㉠ 연구시설·장비·재료 등에 대한 안전점검·정밀안전진단 및 관리 ㉡ 연구실 내 유해인자에 관한 취급 관리 및 기술적 지도·조언 ㉢ 연구실 안전관리 및 연구실 환경 개선 지도 ㉣ 연구실사고 대응 및 사후 관리 지도

- 연구실 안전교육계획 수립은 연구실안전환경관리자의 업무이다.

10 하인리히 재해구성 비율 중 무상해 사고가 300건이라면 사망 또는 중상은 몇 건 발생되겠는가?

① 1 ② 2
③ 29 ④ 58

해설 하인리히의 재해구성 비율
1(중상 또는 사망) : 29(경상) : 300(무상해 사고)의 법칙

11 다음 중 재해예방의 4원칙에 대한 설명으로 잘못된 것은?

① 모든 재해는 예방이 가능하다.
② 손실의 유무 또는 대소는 우연에 의해 정해진다.
③ 재해를 예방하기 위한 대책은 반드시 존재한다.
④ 사고에는 반드시 원인이 있다.

해설 ㉠ 예방가능의 원칙 : 천재지변을 제외한 모든 인재는 예방이 가능하다. ㉡ 손실우연의 원칙 : 사고의 결과 손실의 유무 또는 대소는 사고 당시의 조건에 따라 우연적으로 발생한다. ㉢ 원인연계의 원칙 : 사고에는 반드시 원인이 있고 원인은 대부분 복합적 연계원인이다. ㉣ 대책선정의 원칙 : 사고의 원인이나 불안전 요소가 발견되면 반드시 대책은 선정 및 실시되어야 하며 대책선정이 가능하다.

- 천재지변을 제외한 모든 인재는 예방이 가능하다.

12 다음 중 하인리히(H.W. Heinrich)의 도미노 이론(사고연쇄성)으로 가장 거리가 먼 것은?

① 제1단계 : 사회적 환경과 유전적 요소
② 제2단계 : 개인적 결함
③ 제3단계 : 불안전한 행동과 불안전한 상태
④ 제4단계 : 재해 및 재산손해

해설 ㉠ 제1단계 : 사회적 환경과 유전적 요소 ㉡ 제2단계 : 개인적 결함 ㉢ 제3단계 : 불안전한 행동과 불안전한 상태 ㉣ 제4단계 : 사고 ㉤ 제5단계 : 재해

13 버드(Bird)의 재해발생에 관한 이론 중 직접원인은 몇 단계에 해당되는가?

① 제1단계 ② 제2단계
③ 제3단계 ④ 제4단계

해설 ㉠ 제1단계 : 통제부족, 관리소홀 ㉡ 제2단계 : 기본원인 ㉢ 제3단계 : 직접원인 ㉣ 제4단계 : 사고 ㉤ 제5단계 : 재해

정답 09.② 10.① 11.① 12.④ 13.③

14 하인리히의 사고방지 4단계 중 시정책의 선정 단계에 있어서 필요한 조치가 아닌 것은?

① 기술교육 및 훈련의 개선
② 안전행정의 개선
③ 안전점검 및 사고조사
④ 인사조정 및 감독체제의 강화

해설

단계	내용
제1단계 안전관리조직	㉠ 안전관리규정의 작성 및 시행철저 ㉡ 안전관리조직의 편성 ㉢ 안전관리조직의 책임과 권한 부여 ㉣ 매년 안전관리 계획 수립 시행
제2단계 사실의 발견	㉠ 각종 사고 및 안전활동의 기록검토 ㉡ 작업분석 ㉢ 안전점검 및 안전진단 ㉣ 사고조사 ㉤ 안전회의 및 토의 ㉥ 종업원의 건의 및 여론조사
제3단계 평가·분석	㉠ 사고보고서 및 현장조사 ㉡ 사고기록 ㉢ 인적·물적 조건의 분석 ㉣ 작업공정의 분석 ㉤ 교육훈련 분석
제4단계 시정책의 선정	㉠ 기술적 개선 ㉡ 인사조정 ㉢ 교육훈련 개선 ㉣ 안전행정의 개선 ㉤ 규정 및 수칙의 개선
제5단계 시정책의 적용	㉠ 기술적(engineering) 대책 ㉡ 교육적(education) 대책 ㉢ 관리적(enforcement) 대책

15 다음 중 안전사고의 정신적 요소로 볼 수 없는 것은?

① 안전의식 부족
② 주의력 부족
③ 방심 및 공상
④ 연구환경 결함요소

해설 ㉠ 안전의식 부족 ㉡ 주의력 부족 ㉢ 방심 및 공상 ㉣ 결함요소 ㉤ 판단력의 부족 또는 그릇된 판단 ㉥ 정신적 요소에 영향을 주는 생리적 현상

• 연구환경 결함요소는 불안전한 상태이다.

16 다음 중 불안전한 행동의 직접원인으로 볼 수 없는 것은?

① 지식부족
② 소질적 결함
③ 태도불량
④ 휴먼에러(Human error)

해설 ㉠ 지식부족 ㉡ 기능미숙 ㉢ 태도불량 ㉣ 휴먼에러(Human error)

• 소질적 결함은 불안전한 행동의 배후요인에 해당한다.

17 다음 중 불안전한 행동의 배후요인 중 외적요인(4M)으로 볼 수 없는 것은?

① 자본요인(Money)
② 물적요인(Machine)
③ 환경적요인(Media)
④ 관리적요인(Management)

해설 ㉠ 인적요인(Man) ㉡ 물적요인(Machine) ㉢ 환경적 요인(Media) ㉣ 관리적 요인(Management)

• 자본요인(Money)은 4M요인이 아닌 경영요인의 하나이다.

정답 14.③ 15.④ 16.② 17.①

18 다음 중 버드(Frank Bird)의 도미노 이론에서 재해발생의 근원적 원인에 해당하는 것은?

① 손실발생 ② 징후발생
③ 접촉발생 ④ 관리소홀

해설 ㉠ 제1단계 : 통제부족, 관리소홀근원적 원인 ㉡ 제2단계 : 기본원인 ㉢ 제3단계 : 직접원인(징후) ㉣ 제4단계 : 사고(접촉) ㉤ 제5단계 : 상해(손해, 손실)

- 통제부족, 관리소홀은 재해발생의 근원적 원인이다.

19 다음 중 재해발생 시 긴급 처리의 조치 순서로 가장 적절한 것은?

① 기계 정지 – 피해자 구조 – 관계자 통보 – 2차 재해방지
② 현장 보존 – 관계자 통보 – 기계 정지 – 피해자 구조
③ 피해자 구조 – 현장 보존 – 기계 정지 – 관계자 통보
④ 기계 정지 – 현장 보존 – 피해자 구조 – 관계자 통보

해설 재해발생 시 실시 순서

㉠ 재해발생 기계의 정지 ㉡ 피해자의 응급조치 ㉢ 관계자에게 통보 ㉣ 2차 재해의 방지 ㉤ 현장보존

20 다음 중 연구실안전정보시스템에 포함해야 하는 정보로 볼 수 없는 것은?

① 연구실 현황
② 위험 사업장 현황
③ 안전교육
④ 건강검진

해설 ㉠ 대학·연구기관등의 현황 ㉡ 분야별 연구실사고 발생 현황, 연구실사고 원인 및 피해 현황 등 연구실사고에 관한 통계 ㉢ 기본계획 및 연구실 안전 정책에 관한 사항 ㉣ 연구실 내 유해인자에 관한 정보 ㉤ 안전점검지침 및 정밀안전진단지침 ㉥ 안전점검 및 정밀안전진단 대행기관의 등록 현황 ㉦ 안전관리 우수연구실 인증 현황 ㉧ 권역별연구안전지원센터의 지정 현황 ㉨ 연구실안전환경관리자 지정 내용 등 법 및 이 영에 따른 제출·보고 사항 ㉩ 그 밖에 연구실 안전환경 조성에 필요한 사항

- 사업장 현황은 「산업안전보건법」 적용대상 현황 정보이다.

정답 18.④ 19.① 20.②

CHAPTER 02 연구실 안전관리 시스템 구축 · 이행 역량

01 다음 중 연구실 안전보건관리조직의 목적과 기능에 거리가 먼 것은?

① 연구실의 안전 확보
② 연구실사고로 인한 피해 보상
③ 연구활동종사자의 건강과 생명 보호
④ 연구예산 확보

해설 ㉠ 연구실의 안전 확보 ㉡ 연구실사고로 인한 피해 보상 ㉢ 연구활동종사자의 건강과 생명 보호 ㉣ 안전한 연구환경 조성 ㉤ 연구활동 활성화에 기여

02 다음 중 안전관리조직의 가장 중요한 기능으로 볼 수 없는 것은?

① 경영자원의 안전조치 기능
② 안전상의 제안조치 기능
③ 사고조사와 피해 최소화 및 긴급조치 기능
④ 통제와 관리체계 운영 기능

해설 ㉮ 최고경영자의 적극적인 의지가 가장 큰 영향을 준다.

㉯ 안전상의 제안조치를 강구할 수 있는 기능 ㉠ 방호장치를 설치한다. ㉡ 보호구를 착용시킨다.

㉰ 재해사고 시 조사와 피해억제 및 긴급조치 기능 ㉠ 재해사고 조사 : 6하원칙에 의거해서 조사한다. ㉡ 피해억제 : 모든 위험의 제거, 제거기술의 수준향상 ㉢ 긴급조치 : 인명구조 및 응급처치

03 다음 중 안전관리조직의 형태로 볼 수 없는 것은?

① 직계식(Line형) 조직
② 참모식(Staff형) 조직
③ 병렬식(Multiple형) 조직
④ 직계－참모식(Line－staff형) 조직

해설 안전관리조직의 형태는 직계식, 참모식, 직계－참모식이 있다.

04 다음 중 스태프형 안전 조직의 장점이 아닌 것은?

① 안전기법 등에 대한 교육훈련을 통해 조직적으로 안전관리 추진
② 안전에 관한 지식, 기술 축적, 정보수집 용이
③ 연구실 특성에 맞는 안전보건대책 수립 용이
④ 명령이나 지시가 신속·정확하게 전달

해설 ㉠ 안전전담부서의 안전관리자가 안전관리 계획에서 시행까지 업무추진 ㉡ 안전기법 등에 대한 교육훈련을 통해 조직적으로 안전관리 추진 ㉢ 경영자의 조언과 자문 역할 ㉣ 안전에 관한 지식, 기술 축적, 정보수집 용이 ㉤ 연구실 특성에 맞는 안전보건대책 수립 용이

- 명령이나 지시가 신속·정확하게 전달되는 조직은 직계식 조직의 장점이다.

정답 01.④ 02.④ 03.③ 04.④

05 다음 중 안전관리 우수연구실 인증심사 분야로 보기 어려운 것은?

① 연구실 안전환경 시스템 분야
② 연구실 시설안전 분야
③ 연구실 안전환경 활동 수준 분야
④ 연구실 안전관리 관계자 안전의식 분야

해설 연구실 시설안전 분야는 인증심사 분야에 해당하지 않는다.

06 안전관리 우수연구실 인증심사 분야 중 '연구실 안전환경 시스템 분야'로 볼 수 없는 것은?

① 연구활동종사자 보험관리 및 건강관리
② 운영법규 등 검토
③ 목표 및 추진계획
④ 조직 및 연구실책임자

해설 ㉠ 운영법규 등 검토 ㉡ 목표 및 추진계획 ㉢ 사전유해인자위험분석 ㉣ 조직 및 연구실책임자 ㉤ 교육, 훈련 및 자격 ㉥ 의사소통 및 정보제공 ㉦ 문서화 및 문서관리 ㉧ 비상 시 대비 및 대응 ㉨ 성과측정 및 모니터링 ㉩ 시정조치 및 예방조치 ㉪ 내부심사 ㉫ 연구주체의 장의 검토 및 반영

- 연구활동종사자 보험관리 및 건강관리는 연구실 안전환경 활동 수준 분야에 해당한다.

07 안전관리 우수연구실 인증심사 분야 중 '연구실 안전관리 관계자 안전의식 분야'로 볼 수 없는 것은?

① 연구주체의 장 ② 연구실책임자
③ 연구활동종사자 ④ 연구실안전관리사

해설 ㉠ 연구주체의 장 ㉡ 연구실책임자 ㉢ 연구활동종사자 ㉣ 연구실안전환경관리자

08 다음 중 안전관리 우수연구실 인증 유효기간 및 재인증 기준으로 적절한 것은?

① 인증 유효기간은 2년이며, 유효기간 만료 60일 전까지 재인증 신청
② 인증 유효기간은 2년이며, 유효기간 만료 30일 전까지 재인증 신청
③ 인증 유효기간은 1년이며, 유효기간 만료 60일 전까지 재인증 신청
④ 인증 유효기간은 1년이며, 유효기간 만료 30일 전까지 재인증 신청

해설 인증 유효기간은 인증일로부터 2년이며, 인증 유효기간 만료 60일 전까지 재인증을 신청할 수 있다.

09 다음 중 연구실 안전 및 유지관리비 사용내역으로 잘못된 것은?

① 보험료 ② 건강검진
③ 보호장비 구입 ④ 안전성평가

해설 ㉠ 보험료 ㉡ 안전관련 자료의 확보·전파 비용 및 교육·훈련비 등 안전문화 확산 ㉢ 건강검진 ㉣ 설비의 설치·유지 및 보수 ㉤ 보호장비 구입 ㉥ 안전점검 및 정밀안전진단 ㉦ 지적사항 환경개선비 ㉧ 강사료 및 전문가 활용비 ㉨ 수수료 ㉩ 여비 및 회의비 ㉪ 설비 안전검사비 ㉫ 사고조사 비용 및 출장비 ㉬ 사전유해인자위험분석 비용 ㉭ 연구실안전환경관리자 인건비

정답 05.② 06.① 07.④ 08.① 09.④

10 연구주체의 장의 '연구실 안전점검 및 정밀안전진단 계획 수립' 항목과 거리가 먼 것은?

① 안전점검 및 정밀안전진단의 실시 일정 및 예산
② 안전점검 및 정밀안전진단 대상 연구실 목록
③ 점검·진단의 자체실시 또는 위탁실시(대행기관) 여부
④ 연구실 개방 및 입회 계획

해설 ㉠ 안전점검 및 정밀안전진단의 실시 일정 및 예산 ㉡ 안전점검 및 정밀안전진단 대상 연구실 목록 ㉢ 점검·진단의 자체실시 또는 위탁실시(대행기관) 여부 ㉣ 점검·진단의 항목, 분야별 기술인력 및 장비

• 연구실 개방 및 입회는 연구실책임자, 연구활동종사자의 협조사항이다.

11 연구실의 일상점검 실시내용 중 일반안전 점검 내용으로 거리가 먼 것은?

① 연구실(실험실) 정리정돈 및 청결상태
② 연구실(실험실) 내 흡연 및 음식물 섭취 여부
③ 연구실 내 안전시설 조성 여부(천장파손, 누수, 창문파손 등)
④ 사전유해인자위험분석 보고서 게시

해설 ㉠ 연구실(실험실) 정리정돈 및 청결상태 ㉡ 연구실(실험실) 내 흡연 및 음식물 섭취 여부 ㉢ 안전수칙, 안전표지, 개인보호구, 구급약품 등 실험장비(흄 후드 등) 관리 상태 ㉣ 사전유해인자위험분석 보고서 게시

• 연구실 내 안전시설 조성 여부(천장파손, 누수, 창문파손 등)는 정기점검의 일반안전 항목에 해당한다.

12 다음 중 연구실의 특별안전점검의 정의로 적절한 것은?

① 연구활동종사자의 안전에 치명적인 위험이 야기될 것으로 예상될 때 실시하는 조사 행위
② 연구실의 위험요인을 찾아내어 적절한 조치를 취하고자 실시하는 정기적인 조사 행위
③ 육안으로 실시하는 점검으로서 연구개발활동을 시작하기 전에 매일 실시하는 조사 행위
④ 연구실에 대하여 노출도 측정계획을 수립한 후 시료를 채취하여 분석·평가하는 행위

해설 ㉠ 일상점검 : 연구개발활동에 사용되는 기계·기구·전기·약품·병원체 등의 보관상태 및 보호장비의 관리실태 등을 육안으로 실시하는 점검으로서 연구개발활동을 시작하기 전에 매일 실시하는 조사 행위 ㉡ 특별안전점검 : 폭발사고·화재사고 등 연구활동종사자의 안전에 치명적인 위험을 야기할 가능성이 있을 것으로 예상되는 경우에 실시하는 조사 행위 ㉢ 정기점검 : 연구개발활동에 사용되는 기계·기구·전기·약품·병원체 등의 보관상태 및 보호장비의 관리실태 등을 안전점검기기를 이용하여 연구실에 내재되어 있는 위험요인을 찾아내어 적절한 조치를 취하고자 실시하는 정기적인 조사 행위 ㉣ 정밀안전진단 : 연구실에서 발생할 수 있는 재해를 예방하기 위하여 잠재적 위험성의 발견과 그 개선대책의 수립을 목적으로 일정 기준 또는 자격을 갖춘 자가 실시하는 조사·평가 ㉤ 노출도평가 : 연구실 유해인자의 노출로 인한 유해성을 분석하여 개선대책을 수립하기 위해 연구활동종사자 또는 연구실에 대하여 노출도 측정계획을 수립한 후 시료를 채취하여 분석·평가하는 행위

• 폭발사고·화재사고 등 연구활동종사자의 안전에 치명적인 위험을 야기할 가능성이 있을 것으로 예상되는 경우에 실시하는 조사 행위는 특별안전점검에 해당한다.

정답 10.④ 11.③ 12.①

13 다음 중 정밀안전진단 실시대상 연구실에 해당하지 않는 것은?

① 「화학물질관리법」에 따른 유해화학물질을 취급하는 연구실
② 「위험물안전관리법」에 따른 위험물을 저장·취급하는 연구실
③ 「산업안전보건법」에 따른 유해인자를 취급하는 연구실
④ 「고압가스안전관리법 시행규칙」의 독성가스를 취급하는 연구실

해설 ㉠ 「화학물질관리법」에 따른 유해화학물질을 취급하는 연구실 ㉡ 「산업안전보건법」에 따른 유해인자를 취급하는 연구실 ㉢ 「고압가스안전관리법 시행규칙」의 독성가스를 취급하는 연구실

- 「위험물안전관리법」에 따른 위험물을 저장·취급하는 연구실 모두를 정밀안전진단 대상으로 볼 수 없다.

14 다음 중 연구실의 정밀안전진단 항목으로 볼 수 없는 것은?

① 폐기물 처분의 적정성
② 유해인자별 노출도평가의 적정성
③ 유해인자별 취급 및 관리의 적정성
④ 연구실 사전유해인자위험분석의 적정성

해설 ㉠ 분야별 안전(일반안전, 기계안전, 전기안전, 화공안전, 소방안전, 가스안전, 산업위생, 생물안전) ㉡ 유해인자별 노출도평가의 적정성 ㉢ 유해인자별 취급 및 관리의 적정성 ㉣ 연구실 사전유해인자위험분석의 적정성

- 폐기물 처분은 폐기물관리법에 의한 조치사항이다.

15 다음 중 연구실의 안전등급 평가기준으로 적절하지 않은 것은?

① 1등급 : 연구실 안전환경에 문제가 없고 안전성이 유지된 상태
② 2등급 : 결함이 일부 발견되었으나, 안전에 크게 영향을 미치지 않은 상태
③ 3등급 : 결함이 발견되어 안전환경 개선이 필요한 상태
④ 4등급 : 결함이 발생하여 안전상 사고위험이 커, 즉시 사용금지하고 개선해야 하는 상태

해설 ㉠ 4등급 : 결함이 심하게 발생하여 사용에 제한을 가하여야 하는 상태 ㉡ 5등급 : 결함이 발생하여 안전상 사고발생 위험이 커, 즉시 사용을 금지하고 개선해야 하는 상태

16 다음 중 노출도평가 대상 연구실 선정기준으로 볼 수 없는 것은?

① 연구실책임자가 사전유해인자위험분석 결과에 근거하여 요청할 경우
② 연구활동종사자가 CMR물질, 흄, 고온 등 유해인자를 인지하여 요청할 경우
③ 정밀안전진단 실시 결과 필요성이 전문가에 의해 제기된 경우
④ 연구실사고가 발생하였거나 발생할 위험이 있다고 인정된 경우

정답 13.② 14.① 15.④ 16.④

해설 ㉠ 연구실책임자가 사전유해인자위험분석 결과에 근거하여 요청할 경우 ㉡ 연구활동종사자가 CMR물질, 가스, 증기, 미스트, 흄, 분진, 소음, 고온 등 유해인자를 인지하여 요청할 경우 ㉢ 정밀안전진단 실시 결과 필요성이 전문가에 의해 제기된 경우 ㉣ 중대연구실사고나 질환이 발생하였거나 발생할 위험이 있다고 인정된 경우 ㉤ 연구주체의 장, 연구실안전환경관리자 등에 의해 필요성이 제기된 경우

- 중대연구실사고나 질환이 발생하였거나 발생할 위험이 있다고 인정되는 경우 노출도평가 대상 연구실이다.

17 다음 중 정기점검, 정밀안전진단을 실시한 결과의 평가 및 안전조치로 적당하지 않은 것은?

① 연구실 안전등급을 부여한다.
② 1등급 또는 2등급 연구실의 경우에는 사용제한·금지 또는 철거 등의 안전조치를 한다.
③ 정기점검을 실시한 날로부터 3개월 이내에 보수·보강 등 필요한 조치에 착수한다.
④ 안전점검 및 정밀안전진단 실시 결과를 지체 없이 게시판, 홈페이지 등을 통해 공표한다.

해설 ㉠ 연구실 안전등급을 부여한다. ㉡ 4등급 또는 5등급 연구실의 경우에는 사용제한·금지 또는 철거 등의 안전조치를 한다. ㉢ 정기점검을 실시한 날로부터 3개월 이내에 보수·보강 등 필요한 조치에 착수한다. ㉣ 중대한 결함이 있는 경우에는 인지한 날부터 7일 이내 과학기술정보통신부장관에게 보고한다. ㉤ 안전점검 및 정밀안전진단 실시 결과를 지체 없이 게시판, 홈페이지 등을 통해 공표한다.

18 다음 중 연구실사고 조사 결과에 따라 연구활동종사자의 안전을 위한 긴급한 조치사항으로 거리가 먼 것은?

① 유해인자의 제거 ② 연구실의 사용금지
③ 연구실의 철거 ④ 특별안전교육

해설 연구실안전점검 및 정밀안전진단의 실시 결과 또는 연구실사고 조사 결과에 따라 연구활동종사자 또는 공중의 안전을 위하여 긴급한 조치가 필요하다고 판단되는 경우에는 다음 하나 이상의 조치를 취하여야 한다.

㉠ 정밀안전진단 실시 ㉡ 유해인자의 제거 ㉢ 연구실 일부의 사용제한 ㉣ 연구실의 사용금지 ㉤ 연구실의 철거

19 다음 중 일상점검, 정기점검, 특별안전점검 및 정밀안전진단 보고서의 보존·관리 기간으로 적절하지 않은 것은?

① 일상점검 : 1년
② 정기점검 : 1년
③ 특별안전점검 : 3년
④ 정밀안전진단 : 3년

해설 ㉠ 일상점검표 : 1년 ㉡ 정기점검, 특별안전점검, 정밀안전진단 결과보고서, 노출도평가 결과보고서 : 3년

정답 17.② 18.④ 19.②

연구실 유해·위험요인 파악 및 사전유해인자위험분석 방법

01 산소농도가 몇 퍼센트 미만인 상태를 산소결핍으로 볼 수 있는가?

① 22% 미만 ② 18% 미만
③ 13% 미만 ④ 6% 미만

해설 산소농도가 18% 미만인 상태를 산소결핍이라고 말한다.

02 다음 중 산소결핍 예방을 위한 원칙과 거리가 먼 것은?

① 환기
② 작업 전 산소농도 측정
③ 보호구 착용(송기마스크)
④ 건강검진

해설 ㉠ 환기 ㉡ 인원점검 ㉢ 산소농도 측정, 출입금지 ㉣ 감시인 배치 ㉤ 안전대, 구명밧줄, 공기호흡기 및 송기마스크 지급·착용 ㉥ 대피용 기구의 비치

03 다음 중 소음작업, 강렬한 소음작업 시 주지사항으로 거리가 먼 것은?

① 해당 장소의 소음 수준
② 인체에 미치는 영향과 증상
③ 감시인 배치
④ 보호구의 선정과 착용방법

해설 감시인 배치는 소음작업의 주지사항과 거리가 멀다.

04 다음 중 분진에 관련된 업무를 하는 경우 유해성 주지사항으로 거리가 먼 것은?

① 분진의 유해성과 노출경로
② 분진의 발산방지와 작업장의 환기방법
③ 작업장 및 개인 위생관리
④ 건강검진 절차 및 방법

해설 ㉠ 분진의 유해성과 노출경로 ㉡ 분진의 발산방지와 작업장의 환기방법 ㉢ 작업장 및 개인 위생관리 ㉣ 호흡용 보호구의 사용방 법 ㉤ 분진에 관련된 질병 예방방법

05 다음 중 국소배기장치의 사용 전 점검사항으로 볼 수 없는 것은?

① 덕트 및 배풍기의 분진상태
② 덕트 접속부가 헐거워졌는지 여부
③ 장치 내부의 분진상태
④ 흡기 및 배기 능력

해설 장치 내부의 분진상태 점검은 공기정화장치를 말한다.

06 감염병 예방 조치사항으로 볼 수 없는 것은?

① 예방을 위한 계획의 수립
② 보호구 지급, 예방접종
③ 사고 발생 시 원인조사와 대책 수립
④ 작업도구, 작업시설의 올바른 사용방법

정답 01.② 02.④ 03.③ 04.④ 05.③ 06.④

해설 ㉠ 감염병 예방을 위한 계획의 수립 ㉡ 보호구 지급, 예방접종 등 감염병 예방을 위한 조치 ㉢ 감염병 발생 시 원인조사와 대책 수립 ㉣ 감염병 발생 근로자에 대한 적절한 처치

- 올바른 작업자세 및 작업도구, 작업시설의 올바른 사용방법은 근골격계 부담작업의 유해성 주지사항이다.

07 다음 중 근골격계 부담작업의 유해성 주지사항으로 볼 수 없는 것은?

① 근골격계 부담작업의 유해요인
② 근골격계 질환의 징후 및 증상
③ 혈액순환을 원활히 하기 위한 운동지도
④ 올바른 작업자세 및 작업도구, 작업시설의 올바른 사용방법

해설 ㉠ 근골격계 부담작업의 유해요인 ㉡ 근골격계 질환의 징후 및 증상 ㉢ 근골격계 질환 발생 시 대처요령 ㉣ 올바른 작업자세 및 작업도구, 작업시설의 올바른 사용방법

- 혈액순환을 원활히 하기 위한 운동지도는 한랭장애 예방조치에 해당한다.

08 다음 중 컴퓨터 단말기 조작업무에 대한 조치사항으로 볼 수 없는 것은?

① 실내는 명암차이가 심하지 아니하고 직사광선이 들어오지 아니하는 구조
② 저휘도형의 조명기구를 사용하고 창·벽면 등은 반사되지 아니하는 재질
③ 책상 및 의자는 연구활동에 맞게 그 높낮이를 고정할 수 있는 구조
④ 연속적으로 컴퓨터 단말기 작업에 종사하는 근로자에 대하여는 작업시간 중에 적정한 휴식시간을 부여

해설 책상 및 의자는 연구활동에 종사하는 연구활동종사자에 따라 그 높낮이를 조절할 수 있는 구조이어야 한다.

09 다음 중 직무 스트레스에 의한 건강장애 예방조치사항으로 볼 수 없는 것은?

① 연구환경·연구내용·연구시간 등 스트레스 요인을 평가하고 하나의 연구활동에 집중하도록 개선할 것
② 연구량·작업일정 등 작업계획수립 시 당해 연구활동종사자의 의견을 반영할 것
③ 연구와 휴식을 적정하게 배분하는 등 연구활동시간과 관련된 연구조건을 개선할 것
④ 스트레스 요인, 건강문제 가능성 및 대비책 등에 대하여 연구활동종사자에게 충분히 설명할 것

해설 ㉠ 연구환경·연구내용·연구활동시간 등 스트레스 요인에 대하여 평가하고 시간 단축, 장·단기 순환작업 등 개선대책을 마련할 것 ㉡ 연구량·작업일정 등 작업계획수립 시 당해 연구활동종사자의 의견을 반영할 것 ㉢ 연구와 휴식을 적정하게 배분하는 등 연구활동시간과 관련된 연구조건을 개선할 것 ㉣ 연구활동 시간 이외의 연구활동종사자에 대한 복지차원의 지원에 최선을 다할 것 ㉤ 건강진단결과·상담자료 등을 참고하여 적정하게 연구활동종사자를 배치하고 직무 스트레스 요인, 건강문제 발생가능성 및 대비책 등에 대하여 당해 연구활동종사자에게 충분히 설명할 것

- 연구환경·연구내용·연구활동시간 등 스트레스 요인을 평가하고 시간 단축, 장·단기 순환작업 등의 개선대책을 마련하여야 한다.

정답 07.③ 08.③ 09.①

10 다음 중 연구실의 사전유해인자위험분석 적용 대상으로 거리가 먼 것은?

① 「화학물질관리법」 제2조제7호에 따른 유해화학물질
② 「산업안전보건법」 제39조에 따른 유해인자
③ 「고압가스안전관리법 시행규칙」 제2조제1항제2호에 따른 독성가스
④ 「산업안전보건법」 제36조(위험성평가의 실시)를 적용받는 연구실

해설 「산업안전보건법」 제36조(위험성평가의 실시)를 적용받는 연구실로서 연구활동별로 위험성평가를 실시한 연구실의 경우에는 「연구실안전법」 제19조에 따른 사전유해인자위험분석의 실시를 적용하지 않는다.

11 다음 중 연구실의 사전유해인자위험분석 주요 항목과 거리가 먼 것은?

① 연구실 안전현황 분석
② 안전보건진단
③ 연구실 안전계획 수립
④ 비상조치계획 수립

해설 ㉠ 연구실 안전현황 분석 ㉡ 연구개발활동별 유해인자 위험분석 ㉢ 연구실 안전계획 수립 ㉣ 비상조치계획 수립

- 안전보건진단은 「산업안전보건법」에 따라 산업재해를 예방하기 위하여 잠재적 위험성을 발견하고 그 개선대책을 수립할 목적으로 조사·평가하는 것을 말한다.

12 다음 중 연구실의 사전유해인자위험분석 순서로 바람직한 것은?

① 연구실 안전현황 분석 → 유해인자 위험분석 → 안전계획 수립 → 비상조치계획 수립
② 연구실 안전현황 분석 → 안전계획 수립→ 유해인자 위험분석 → 비상조치계획 수립
③ 안전계획 수립 → 연구실 안전현황 분석→ 유해인자 위험분석 → 비상조치계획 수립
④ 안전계획 수립 → 연구실 안전현황 분석→ 비상조치계획 수립 → 유해인자 위험분석

해설 연구실의 사전유해인자위험분석 순서

연구실 안전현황 분석 → 연구개발활동별 유해인자 위험분석 → 연구실 안전계획 수립 →비상조치계획 수립

13 다음 중 사전유해인자위험분석에 따른 연구실 안전현황 분석 내용으로 적당하지 않은 것은?

① 기계·기구·설비 등의 사양서
② 연구활동종사자의 건강검진 정보
③ 연구·실험·실습 등의 연구내용, 방법, 사용되는 물질 등에 관한 정보
④ 안전 확보를 위해 필요한 보호구 및 안전설비에 관한 정보

해설 ㉠ 기계·기구·설비 등의 사양서 ㉡ 물질안전보건자료(MSDS) ㉢ 연구·실험·실습 등의 연구내용, 방법, 사용되는 물질 등에 관한 정보 ㉣ 안전 확보를 위해 필요한 보호구 및 안전설비에 관한 정보

정답 10.④ 11.② 12.① 13.②

14 사전유해인자위험분석에 따른 연구개발활동 안전분석 보고서 작성내용으로 거리가 먼 것은?

① 시설물 보수계획
② 위험분석
③ 안전계획
④ 비상조치계획

해설 ㉠ 연구·실험 절차 ㉡ 위험분석 ㉢ 안전계획 ㉣ 비상조치계획

15 산업안전보건법에 따른 위험성평가 실시규정을 작성·관리해야 할 항목으로 볼 수 없는 것은?

① 평가의 목적 및 방법
② 평가담당자 및 책임자의 역할
③ 안전보건진단 시기
④ 주지방법 및 유의사항

해설 ㉠ 평가의 목적 및 방법 ㉡ 평가담당자 및 책임자의 역할 ㉢ 평가시기 및 절차 ㉣ 주지방법 및 유의사항 ㉤ 결과의 기록·보존

16 산업안전보건법에 따른 위험성평가를 실시할 때, 유해·위험요인 파악 방법으로 볼 수 없는 것은?

① 사업장 순회점검에 의한 방법
② 청취조사에 의한 방법
③ 기계·기구·설비 등의 사양서에 의한 방법
④ 안전보건 체크리스트에 의한 방법

해설 ㉠ 사업장 순회점검에 의한 방법 ㉡ 청취조사에 의한 방법 ㉢ 안전보건 자료에 의한 방법 ㉣ 안전보건 체크리스트에 의한 방법 ㉤ 그 밖에 사업장의 특성에 적합한 방법

17 산업안전보건법에 따른 위험성평가를 실시할 때, 사전 안전보건정보 조사 항목으로 볼 수 없는 것은?

① 작업표준, 작업절차 등에 관한 정보
② 기계·기구, 설비 등의 사양서
③ 기계·기구, 설비 등의 공정 흐름과 작업 주변의 환경에 관한 정보
④ 연구실책임자의 자격정보에 관한 정보

해설 ㉠ 작업표준, 작업절차 등에 관한 정보 ㉡ 기계·기구, 설비 등의 사양서, 물질안전보건자료(MSDS) 등 ㉢ 기계·기구, 설비 등의 공정 흐름과 작업 주변의 환경에 관한 정보 ㉣ 같은 장소에서 사업의 일부 또는 전부를 도급을 주어 행하는 작업이 있는 경우 혼재 작업의 위험성 및 작업 상황 등에 관한 정보 ㉤ 재해사례, 재해통계 등에 관한 정보 ㉥ 작업환경측정결과, 근로자 건강진단결과에 관한 정보

18 산업안전보건법에 따른 위험성평가 중 수시평가 실시 시기로 볼 수 없는 것은?

① 사업장 건설물의 설치·이전·변경 또는 해체
② 기계·기구, 설비, 원재료 등의 신규 도입 또는 변경
③ 건설물, 기계·기구, 설비 등의 정비 또는 보수
④ 안전·보건과 관련된 새로운 지식의 습득

해설 ㉠ 사업장 건설물의 설치·이전·변경 또는 해체 ㉡ 기계·기구, 설비, 원재료 등의 신규 도입 또는 변경 ㉢ 건설물, 기계·기구, 설비 등의 정비 또는 보수 ㉣ 작업방법 또는 작업절차의 신규 도입 또는 변경

- 안전·보건과 관련된 새로운 지식의 습득은 정기 안전성평가 대상에 해당한다.

정답 14.① 15.③ 16.③ 17.④ 18.④

연구실 안전교육

01 다음 중 안전교육의 계획·수립 시 고려할 사항이 아닌 것은?

① 필요한 정보를 수집한다.
② 현장의 의견을 반영한다.
③ 안전교육 시행체계와의 관련을 고려한다.
④ 법 규정 및 벌칙에 의한 교육을 우선한다.

해설 법 규정 및 벌칙보다 예방 중심의 안전교육과정으로 계획 및 수립하여야 한다.

02 다음 중 안전교육의 4단계별 순서를 올바르게 나열한 것은?

① 제시 → 적용 → 준비 → 확인
② 적용 → 준비 → 확인 → 제시
③ 도입 → 제시 → 적용 → 확인
④ 확인 → 준비 → 제시 → 적용

해설 ㉠ 제1단계 : 도입(준비) - 학습할 준비를 시킨다(동기유발). ㉡ 제2단계 : 제시(설명) - 작업을 설명한다. ㉢ 제3단계 : 적용(응용) - 작업을 시켜본다. ㉣ 제4단계 : 확인(총괄, 평가) - 가르친 뒤 살펴본다.

03 다음 중 안전교육 중 앞의 학습이 뒤의 학습에 미치는 영향을 무엇이라 하는가?

① 반사 ② 반응
③ 이해 ④ 전이

해설 앞의 학습이 다른 학습이나 반응에 영향을 주는 것을 전이라 한다.

04 다음 중 안전교육의 단계에 있어 교육 대상자가 스스로 행함으로써 습득하게 하는 교육은?

① 의식교육 ② 기능교육
③ 지식교육 ④ 태도교육

해설 ㉮ 지식교육 : 강의, 시청각교육을 통한 지식의 전달과 이해 ㉠ 안전의식의 향상 ㉡ 안전규정의 숙지 ㉢ 기능, 태도교육에 필요한 기초 지식을 주입
㉯ 기능교육 : 시범, 견학, 실습, 현장실습교육을 통한 경험 체득과 이해 ㉠ 전문적 기술기능 ㉡ 안전 기술기능 ㉢ 방호장치 관리기능
㉰ 태도교육 : 작업동작지도, 생활지도 등을 통한 안전의 습관화 ㉠ 작업동작 및 표준작업방법의 습관화 ㉡ 의욕을 갖게 하고 가치관 형성교육을 한다.

05 안전보건교육의 단계별 교육과정 중 교육대상자가 지켜야 할 규정의 숙지를 위한 교육에 해당하는 것은?

① 지식교육
② 태도교육
③ 문제해결교육
④ 기능교육

정답 01.④ 02.③ 03.④ 04.② 05.①

해설 교육대상자가 지켜야 할 규정의 숙지를 위한 교육은 지식교육에 해당한다.

06 다음 중 안전·보건 교육 계획을 수립할 때 계획에 포함하여야 할 사항과 가장 거리가 먼 것은?

① 교육 장소와 방법
② 교육의 과목 및 교육 내용
③ 교육 담당자 및 강사
④ 교육 기자재 및 평가

해설 ㉠ 교육목표 ㉡ 교육의 종류 및 교육대상 ㉢ 교육의 과목 및 교육내용 ㉣ 교육기간 및 시간 ㉤ 교육장소 ㉥ 교육방법 ㉦ 교육담당자 및 강사 ㉧ 소요예산 책정

07 다음 중 안전교육의 기본 방향으로 가장 적합하지 않은 것은?

① 안전 작업을 위한 교육
② 사고 사례 중심의 안전교육
③ 제품생산활동 개선을 위한교육
④ 안전 의식 향상을 위한교육

해설 제품생산활동 개선은 안전교육의 방향으로 볼 수 없다.

08 다음 중 안전교육의 원칙과 가장 거리가 먼 것은?

① 피교육자 입장에서 교육한다.
② 동기부여를 위주로 한 교육을 실시한다.
③ 오감을 통한 기능적인 이해를 돕도록 한다.
④ 어려운 것부터 쉬운 것을 중심으로 실시한다.

해설 ㉠ 상대의 입장에서 지도한다. ㉡ 동기부여를 충실히 한다. ㉢ 5감을 활용한다. ㉣ 쉬운 것부터 어려운 것으로 지도한다. ㉤ 한 번에 하나씩을 가르친다. ㉥ 반복해서 교육한다. ㉦ 사실적, 구체적으로 인상을 강화한다. ㉧ 기능적 이해를 돕는다.

09 다음 중 안전교육의 목적으로 볼 수 없는 것은?

① 인간정신의 안전화
② 행동의 안전화
③ 설비의 안전화
④ 제품의 안전화

해설 ㉠ 인간정신의 안전화 ㉡ 행동의 안전화 ㉢ 설비의 안전화 ㉣ 환경의 안전화

10 다음 중 피로의 회복대책에 가장 효과적인 방법은?

① 가벼운 운동
② 충분한 영양(음식) 섭취
③ 휴식과 수면
④ 대화 등을 통한 기분 전환

해설 피로회복에 가장 좋은 대책은 휴식과 수면이다.
㉠ 휴식과 수면 ㉡ 충분한 영양섭취 ㉢ 산책 및 가벼운 운동 ㉣ 음악감상 및 오락 ㉤ 목욕, 마사지 물리적 요법

정답 06.④ 07.③ 08.④ 09.④ 10.③

11 다음 중 연구실 안전교육의 종류로 볼 수 없는 것은?

① 신규교육　　② 정기교육
③ 특별교육　　④ 온라인교육

해설 ㉠ 신규교육 : 연구실에 신규로 채용된 연구활동종사자 또는 대학생, 대학원생 등 연구개발활동에 참여하는 연구활동종사자를 대상으로 한다. ㉡ 정기교육 : 연구실에 근무하는 연구활동종사자를 대상으로 한다. ㉢ 특별교육 : 연구실사고가 발생하였거나 발생할 우려가 있다고 연구주체의 장이 인정하는 연구실에 근무하는 연구활동종사자를 대상으로 한다.

12 다음 중 연구실 안전점검 및 정밀안전진단 대행기관 기술인력의 안전교육 시간으로 적정한 것은?

① 신규교육 : 36시간 이상
② 신규교육 : 24시간 이상
③ 보수교육 : 6시간 이상
④ 보수교육 : 12시간 이상

해설 ㉠ 신규교육 : 18시간 이상 ㉡ 보수교육 : 신규교육 이수 후 매 2년이 되는 날을 기준으로 전후 6개월 이내 12시간 이상

13 다음 중 연구활동종사자의 연구실 안전교육·훈련 시간으로 적절하지 않은 것은?

① 대학생, 대학원생의 신규교육훈련 : 2시간 이상
② 특별안전교육훈련 : 1시간 이상
③ 연구활동종사자의 정기교육훈련(정밀안전진단 대상이 아닌 연구실) : 반기별 3시간 이상
④ 연구활동종사자의 정기교육훈련(정밀안전진단 대상 연구실) : 반기별 6시간 이상

해설 특별안전교육훈련은 2시간 이상이어야 한다.

교육과정	교육대상		교육시간
신규교육훈련	근로자	㉠ 정밀안전진단 대상 연구실에 신규로 채용된 연구활동종사자	8시간 이상 (채용 후 6개월 이내)
		㉡ 정밀안전진단 대상 연구실이 아닌 연구실에 신규로 채용된 연구활동종사자	4시간 이상 (채용 후 6개월 이내)
	근로자가 아닌 자	㉢ 대학생, 대학원생 등 연구개발활동에 참여하는 연구활동종사자	2시간 이상
정기교육훈련	㉠ 정밀안전진단 대상 연구실에 근무하는 연구활동종사자		반기별 6시간 이상
	㉡ 정밀안전진단 대상 연구실이 아닌 연구실에 근무하는 연구활동종사자		반기별 3시간 이상
특별안전교육훈련	연구실사고가 발생하였거나 발생할 우려가 있다고 연구주체의 장이 인정하는 연구실에 근무하는 연구활동종사자		2시간 이상

14 다음 중 연구실안전법에서 정한 연구활동종사자의 정기교육훈련 내용이 아닌 것은?

① 안전표지에 관한 사항
② 연구실 유해인자에 관한 사항
③ 안전한 연구개발활동에 관한 사항
④ 물질안전보건자료에 관한 사항

해설 ㉠ 연구실 안전환경 조성 법령에 관한 사항 ㉡ 연구실 유해인자에 관한 사항 ㉢ 안전한 연구개발활동에 관한 사항 ㉣ 물질안전보건자료에 관한 사항 ㉤ 사전유해인자위험분석에 관한 사항

• 안전표지에 관한 사항은 신규교육훈련 내용에 해당한다.

정답 11.④ 12.④ 13.② 14.①

15 다음 중 Off.J.T(Off Job Training) 교육 방법의 장점으로 옳은 것은?

① 개개인에게 적절한 지도훈련이 가능하다.
② 훈련에 필요한 업무의 계속성이 끊어지지 않는다.
③ 다수의 대상자를 일괄적, 조직적으로 교육할 수 있다.
④ 효과가 곧 업무에 나타나며, 훈련의 좋고 나쁨에 따라 개선이 용이하다.

해설 • Off.J.T(Off Job Training)의 특징
㉠ 다수의 근로자에게 조직적 훈련 시행이 가능하다. ㉡ 훈련에만 전념하게 된다. ㉢ 전문가를 강사로 초빙하는 것이 가능하다. ㉣ 특별한 설비나 기구를 이용하는 것이 가능하다. ㉤ 각 직장의 근로자가 많은 지식이나 경험을 교류할 수 있다. ㉥ 교육 훈련 목표에 대하여 집단적 노력이 흐트러질 수도 있다.

• OJT(On the Job Training)의 특징
㉠ 개개인에게 적절한 지도훈련이 가능하다. ㉡ 직장의 실정에 맞는 실제적 훈련이 가능하다. ㉢ 즉시 업무에 연결되는 몸과 관계가 있다. ㉣ 훈련에 필요한 계속성이 끊어지지 않는다. ㉤ 효과가 곧 업무에 나타나며 결과에 따른 개선이 쉽다. ㉥ 효과를 보고 상호 신뢰 이해도가 높아지는 것이 가능하다.

16 다음 중 강의식 교육 방법의 장점으로 볼 수 없는 것은?

① 교육대상의 결속력, 팀워크 구성이 용이하다.
② 타 교육에 비하여 교육 시간의 조절이 용이하다.
③ 다수의 인원을 대상으로 단시간 동안 교육이 가능하다.
④ 새로운 것을 체계적으로 교육할 수 있다.

해설 ㉠ 많은 내용을 체계적으로 전달할 수 있다. ㉡ 다수를 대상으로 동시에 교육할 수 있다. ㉢ 전체적인 전망을 제시하는 데 유리하다. ㉣ 시간에 대한 조정이 용이하다. ㉤ 참가자는 긍정적이며, 강사의 일방적인 교육내용을 수동적 입장에서 습득하게 된다.

• 강의식 교육방법은 교육대상의 결속력, 팀워크 구성이 용이하지 않다.

17 다음 중 토의식 안전교육 방법의 장점으로 볼 수 없는 것은?

① 수강자의 학습참여도가 높고 적극성과 협조성을 부여하는 데 효과적이다.
② 타인의 의견을 존중하는 태도를 가지고 자신의 의견을 변화시킬 수 있다.
③ 스스로 사고하는 능력과 표현력 및 자발적으로 학습의욕을 향상시킬 수 있다.
④ 교육준비가 간단하며 언제 어디서나 가능하다.

해설 ㉠ 수강자의 학습참여도가 높고 적극성과 협조성을 부여하는 데 효과적이다. ㉡ 타인의 의견을 존중하는 태도를 가지고 자신의 의견을 변화시킬 수 있다. ㉢ 스스로 사고하는 능력과 표현력 및 자발적으로 학습의욕을 향상시킬 수 있다. ㉣ 결정된 사항은 받아들이거나 실행시키기 쉽다.

• 교육준비가 간단하며 언제 어디서나 가능한 것은 강의식 교육방법의 장점이다.

18 다음 보기의 교육내용과 관련 있는 교육은?

• 안전의식의 향상
• 안전규정의 숙지
• 기능, 태도교육에 필요한 기초 지식을 주입

① 지식교육 ② 기능교육
③ 태도교육 ④ 문제해결교육

정답 15.③ 16.① 17.④ 18.①

해설 ㉮ 지식교육: 강의, 시청각교육을 통한 지식의 전달과 이해 ㉠ 안전의식의 향상 ㉡ 안전규정의 숙지 ㉢ 기능 및 태도 교육에 필요한 기초 지식 주입 ㉯ 기능교육: 시범, 견학, 실습, 현장실습교육을 통한 경험 체득과 이해 ㉠ 전문적 기술 기능 ㉡ 안전 기술기능 ㉢ 방호장치 관리기능 ㉰ 태도교육: 작업동작지도, 생활지도 등을 통한 안전의 습관화 ㉠ 작업동작 및 표준작업방법의 습관화 ㉡ 공구·보호구 등의 관리 및 취급태도의 확립 ㉢ 작업 전후의 점검, 검사요령의 정확화 및 습관화

- 안전의식의 향상, 안전규정의 숙지, 기능 및 태도교육에 필요한 기초 지식 주입은 지식교육의 방법이다.

19 안전교육방법 중 토의식 교육을 하려고 한다. 다음 중 가장 시간이 많이 소비되는 단계는?

① 도입　② 제시
③ 적용　④ 확인

해설 토의식 교육방법은 제3단계인 적용(응용)단계에서 가장 많은 시간이 소비된다.

단 계	강의식	토의식
㉠ 제1단계: 도입(준비)	5분	5분
㉡ 제2단계: 제시(설명)	40분	10분
㉢ 제3단계: 적용(응용)	10분	40분
㉣ 제4단계: 확인(총괄)	5분	5분

20 다음 중 연구실안전환경관리자의 신규교육 시간으로 적절한 것은?

① 신규교육 : 12시간 이상
② 신규교육 : 18시간 이상
③ 보수교육 : 3시간 이상
④ 보수교육 : 6시간 이상

해설 연구실안전환경관리자의 신규교육시간은 18시간 이상이어야 한다.

교육 과정	교육 대상	교육 시간
신규 교육	연구실안전환경관리자로 지정된 후 6개월 이내	18시간 이상
보수 교육	신규교육을 이수한 후 매 2년이 되는 날을 기준으로 전후 6개월 이내	12시간 이상

정답 19.③ 20.②

CHAPTER 05 연구실사고 대응 및 관리

01 다음 중 연구실사고의 정의로 가장 적절한 것은?

① 업무상의 사유에 인해 근로자가 부상·질병·장해 또는 사망하는 재해
② 차의 교통으로 인하여 사람을 사상하거나 물건을 손괴하는 것
③ 교육활동 중에 발생한 사고로서 교육활동 참여자의 생명 또는 신체에 피해를 주는 사고
④ 연구활동과 관련하여 연구활동종사자가 생명 및 신체상의 손해를 입거나 연구실의 시설·장비 등이 훼손

해설 연구실사고는 연구실에서 연구활동과 관련하여 연구활동종사자가 부상, 질병, 신체장애, 사망 등 생명 및 신체상의 손해를 입거나 연구실의 시설·장비 등이 훼손되는 사고를 말한다.

02 다음 중 연구실사고의 형태로 볼 수 없는 것은?

① 유해물질 접촉 ② 탈구
③ 추락 ④ 낙하

해설 ㉠ 유해물질 접촉 ㉡ 유해광선 노출 ㉢ 추락 ㉣ 낙하 ㉤ 충돌, 접촉 ㉥ 화재, 폭발 ㉦ 협착(끼임)
• 탈구는 연구실사고의 유형에 해당한다.

03 통계에 의한 재해분석방법 중 가장 거리가 먼 것은?

① 파레토도 ② 위험분포도
③ 특성요인도 ④ 크로스 분석

해설 ㉠ 파레토도 : 사고의 유형, 기인물 등 분류 항목을 큰 순서대로 도표화한다. ㉡ 특성요인도 : 특성과 요인 관계를 도표로 하여 어골상으로 세분한다. ㉢ 크로스 분석 : 2개 이상의 문제 관계를 분석하는 데 사용하는 것으로, 데이터를 집계하고 표로 표시하여 요인별 결과 내역을 교차한 크로스 그림을 작성하여 분석한다. ㉣ 관리도 : 재해 발생 건수 등의 추이를 파악하여 목표 관리를 행하는 데 필요한 월별 재해 발생수를 그래프화하여 관리선을 설정 관리하는 방법이다.

04 다음 중 중대연구실사고로 볼 수 없는 것은?

① 사망 또는 후유장해 1급부터 9급까지에 해당하는 부상자가 1명 이상 발생한 사고
② 3개월 이상의 요양을 요하는 부상자가 동시에 2명 이상 발생한 사고
③ 3일 이상의 입원이 필요한 부상을 입은 사람이 동시에 5명 이상 발생한 사고
④ 3일 이상의 입원이 필요한 질병에 걸린 사람이 동시에 10명 이상 발생한 사고

해설 중대연구실 사고는 3일 이상의 입원이 필요한 질병에 걸린 사람이 동시에 5명 이상 발생한 사고이다.

정답 01.④ 02.② 03.② 04.④

05 연구실의 중대한 결함으로 볼 수 없는 것은?

① 「전기사업법」 제2조제16호에 따른 전기설비의 안전관리 부실
② 연구활동에 사용되는 유해·위험설비의 부식·균열 또는 파손
③ 연구실 시설물의 구조안전에 영향을 미치는 지반침하·균열·누수 또는 부식
④ 연구실 안전등급이 4등급 이하인 경우

해설 ㉠ 유해화학물질, 「산업안전보건법」 제104조에 따른 유해인자, 독성가스 등 유해·위험물질의 누출 또는 관리 부실 ㉡ 「전기사업법」 제2조제16호에 따른 전기설비의 안전관리 부실 ㉢ 연구활동에 사용되는 유해·위험설비의 부식·균열 또는 파손 ㉣ 연구실 시설물의 구조안전에 영향을 미치는 지반침하·균열·누수 또는 부식 ㉤ 인체에 심각한 위험을 끼칠 수 있는 병원체의 누출

06 다음 중 연구실 사고조사반의 기능으로 보기 어려운 것은?

① 「연구실안전법」 이행 여부
② 사고원인 및 사고경위 조사
③ 연구실사고 보상액 산정
④ 연구실 사용제한 등 긴급한 조치 필요 여부

해설 연구실사고 보상액 산정은 사고조사반의 기능에 해당하지 않는다.

07 다음 중 연구실 사고조사반이 작성해야 할 보고서의 주요 내용으로 보기 어려운 것은 ?

① 당해 사고조사반 구성
② 사고개요
③ 조사내용 및 결과
④ 피해액 및 복구에 소요되는 비용

해설 ㉠ 조사 일시 ㉡ 당해 사고조사반 구성 ㉢ 사고개요 ㉣ 조사내용 및 결과(사고현장 사진 포함) ㉤ 문제점 ㉦ 복구 시 반영 필요사항 등 개선대책 ㉧ 결론 및 건의사항

08 다음 중 연구실사고 보고 대상에 해당하는 것으로 적정한 것은?

① 의료기관에서 3일 이상의 치료가 필요한 생명 및 신체상의 손해를 입은 경우
② 의료기관에서 1일 이상의 치료가 필요한 생명 및 신체상의 손해를 입은 경우
③ 아차사고
④ 시설물 도난사고

해설 연구활동종사자가 의료기관에서 3일 이상의 치료가 필요한 생명 및 신체상의 손해를 입은 경우 과학기술정보통신부장관에게 보고하여야 한다.

09 다음 중 중대연구실사고 보고 사항으로 보기 어려운 것은?

① 사고 발생개요 및 피해상황
② 사고 조치 내용, 향후 조치·대응계획
③ 연구활동 중단에 따른 손해 정도
④ 그 밖에 사고 내용·원인 파악 및 대응을 위해 필요한 사항

해설 연구활동 중단에 따른 손해는 중대연구실사고 보고 사항으로 보기 어렵다.

정답 05.④ 06.③ 07.④ 08.① 09.③

10 다음 중 연구실 사고조사 시 유의사항과 거리가 먼 것은?

① 조사는 신속히 행하고 재발방지를 도모한다.
② 사람, 설비, 환경의 측면에서 사고 및 재해요인을 도출한다.
③ 제3자의 입장에서 공정하게 조사한다.
④ 책임은 끝까지 추궁한다는 기본태도를 견지한다.

해설 책임은 추궁보다 재발방지를 우선하는 기본태도를 견지하고, 목격자가 발언하는 사실 이외의 추측의 말은 참고로 한다.

11 다음 중 연구실사고의 조사방법인 4M의 원칙과 거리가 먼 것은?

① 인간(Man)
② 기계·설비(Machine)
③ 작업 방법·환경(Media)
④ 비용(Money)

해설 비용(Money)이 아닌, 관리(Management)이다.

12 다음 중 국제노동기구(ILO)에 의한 재해통계 분류방법으로 적절하지 않은 것은?

① 영구전노동불능상해 : 부상 결과 근로자로서의 근로기능을 완전히 잃은 경우(제1급~제3급)
② 영구일부노동불능 상해 : 부상 결과 신체의 일부, 즉, 근로기능의 일부를 상실한 경우(제4급~제14급)
③ 일시전노동불능상해 : 의사의 진단에 따라 일정기간 근로를 할 수 없는 경우
④ 일시일부노동불능상해 : 의사의 진단에 따라 부상 이후 정규근로에 종사할 수 없는 경우

해설 일시일부노동불능상해는 의사의 진단에 따라 부상 이후에 정규근로에 종사할 수 없는 휴업재해 이외의 경우이다.

13 다음 중 연구실 보험 및 사고보상 기준으로 적절하지 않은 것은?

① 연구실책임자는 연구자의 사고보장을 위해 매년 보험에 가입해야 한다.
② 연구활동종사자의 보험가입에 필요한 비용을 매년 계상해야 한다.
③ 보험가입 대상은 대학·연구기관에서 과학기술분야 연구활동에 종사하는 자다.
④ 연구실사고로 생명·신체상의 손해를 입었을 때 보상받을 수 있다.

해설 연구자의 사고보장을 위해 매년 보험에 가입하여야 하는 주체는 연구주체의 장이다.

정답 10.④ 11.④ 12.④ 13.①

14 다음 중 연구실사고에 따른 보험급여별 보상액 기준으로 적절하지 않은 것은?

① 요양급여 : 최고한도 범위에서 실제로 부담해야 하는 의료비
② 장해급여 : 후유장해 등급별 고시금액 한도 이내 지급
③ 입원급여 : 입원 1일당 5만원 이상
④ 유족급여 : 2억원 이상

해설 ㉠ 요양급여 : 최고한도(20억 원 이상으로 한다)의 범위에서 실제로 부담해야 하는 의료비 ㉡ 장해급여 : 후유장해 등급별로 과학기술정보통신부장관이 정하여 고시하는 금액 이상 ㉢ 입원급여 : 입원 1일당 5만 원 이상 ㉣ 유족급여 : 2억 원 이상 ㉤ 장의비 : 1천만 원 이상

15 다음 중 연구실사고에 따른 의료비 지급범위로 거리가 먼 것은?

① 진찰·검사
② 약제 또는 진료재료의 지급
③ 처치, 수술, 그 밖의 치료
④ 정기 건강검진비

해설 ㉠ 진찰·검사 ㉡ 약제 또는 진료재료의 지급 ㉢ 처치, 수술, 그 밖의 치료 ㉣ 재활치료 ㉤ 입원 ㉥ 간호 및 간병 ㉦ 호송 ㉧ 의지(義肢)·의치(義齒), 안경·보청기 등 보장구의 처방 및 구입

16 다음 중 연구주체의 장이 제출하여야 하는 연구실사고 보상 자료로 거리가 먼 것은?

① 보험회사에 가입된 대학·연구기관 등 또는 연구실의 현황
② 보험에 가입된 연구활동종사자의 수, 보험가입금액
③ 보상받은 연구활동종사자의 수, 보상금액 및 사고 내용
④ 보험료 산출 근거

해설 ㉠ 보험회사에 가입된 대학·연구기관 등 또는 연구실의 현황 ㉡ 보험에 가입된 연구활동종사자의 수, 보험가입 금액, 보험기간 및 보상금액 ㉢ 보상받은 대학·연구기관 등 또는 연구실의 현황, 보상받은 연구활동종사자의 수, 보상금액 및 연구실사고 내용

17 다음 중 연구실 사고대응을 위한 개인보호 장비로 거리가 먼 것은?

① 절연용 안전모, 보안면, 장갑
② 절연장갑, 절연화
③ 화학 흡착포
④ 보호복, 덧신, 마스크

해설 ㉠ 개인보호 장비 : 절연용 안전모, 절연장갑, 절연화, 보안면, 장갑, 보호복, 덧신, 마스크 ㉡ 사고대응 장비 : 도시가스, LPG측정기, 수소가스측정기, VOC 측정기, 산염기 중화제, 화학 흡착포, 화학물질 유출키트, 종이타월, 살균·소독제, 접근금지 테이프

- 화학 흡착포는 사고대응 장비에 해당한다.

정답 14.② 15.④ 16.④ 17.③

제3과목

연구실 화학(가스) 안전관리

연구실 위험물 및 유해화학물질 안전

01 다음 중 위험물의 예를 잘못 연결한 것은?

① 발화성 물질-칼륨
② 산화성 물질-중크롬산
③ 인화성 물질-크실렌
④ 폭발성 물질-알킬리튬

해설 ㉮ 폭발성 물질 및 유기과산화물 : ㉠ 질산에스테르류 ㉡ 아조화합물 ㉢ 하이드라진 유도체 ㉣ 니트로화합물 ㉤ 디아조화합물 ㉥ 니트로소화합물 ㉦ 유기과산화물
㉯ 물 반응성 물질 및 인화성 고체 : ㉠ 리튬 ㉡ 칼륨·나트륨 ㉢ 황 ㉣ 황린 ㉤ 황화인·적린 ㉥ 알킬알루미늄·알킬리튬 ㉦ 셀룰로이드류 ㉧ 마그네슘 분말 ㉨ 금속분말 ㉩ 알칼리금속 ㉪ 유기 금속화합물 ㉫ 금속의 수소화물 ㉬ 금속의 인화물 ㉭ 칼슘 탄화물, 알루미늄 탄화물

02 공기 중에서 증발하는 화합물의 흡입에 치사농도로서, 실험동물의 50%를 치사시키는 농도를 나타내는 기호는?

① LD_{50} ② MLD
③ LC_{50} ④ MLC

해설 치사농도
㉠ LD_{50} : 반수치사량
㉡ MLD : 최소치사량
㉢ LC_{50} : 반수치사농도
㉣ MLC : 최소치사농도

03 결정수를 함유하는 물질이 공기 중에 결정수를 잃는 현상을 무엇이라 하는가?

① 풍해성 ② 산화성
③ 부식성 ④ 조해성

해설 ㉠ 조해성 : 고체가 대기 중에 방치되어 있을 때 스스로 대기 중의 수분을 흡수하여 수용액을 만드는 현상 ㉡ 풍해성 : 결정수를 함유하는 물질이 공기 중에 결정수를 잃는 현상 ㉢ 산화성 : 자신이 산화하려는 성질 ㉣ 부식성 : 화학적인 작용에 의해 금속이 표면에서부터 삭거나 녹슬어 변질되어 가는 성질

04 다음 중 산업안전보건법에서의 가연성 가스의 정의를 바르게 설명한 것은?

① 폭발한계 농도의 하한이 5% 이하 또는 상하한의 차가 10% 이상인 것으로 1기압 25℃에서 가스상태인 물질
② 폭발한계 농도의 하한이 10% 이하 또는 상하한의 차가 10% 이상인 것으로서 1기압 25℃에서 가스상태인 물질
③ 폭발한계 농도의 하한이 10% 이하 또는 상하한의 차가 20% 이상인 것으로서 1기압 35℃에서 가스상태인 물질
④ 폭발한계 농도의 하한이 15% 이하 또는 상하한의 차가 30% 이상인 것으로서 1기압 35℃에서 가스상태인 물질

정답 01.④ 02.③ 03.① 04.③

해설 ㉠ 가연성 가스 : 폭발한계 농도의 하한이 10% 이하, 또는 상·하한의 차가 20% 이상인 것으로서 1기압 35℃에서 가스상태인 물질 ㉡ 인화성 가스 : 인화한계의 농도의 하한이 13% 이하 또는 상·하한의 차가 12% 이상인 것으로 표준압력, 20℃에서 가스상태인 물질

05 다음 중 금수성 물질이 아닌 것은?

① 나트륨 ② 알칼알루미늄
③ 칼륨 ④ 니트로글리세린

해설 제3류 위험물은 자연발화성 물질 및 금수성 물질이며, 금수성 물질은 칼륨, 나트륨 등 주기율표의 1족, 2족에 해당된다.

06 다음 중 유독위험성과 물질과의 관계가 잘못된 것은?

① 자극성 – 암모니아, 아황산가스, 불화수소
② 질식성 – 일산화탄소, 황화수소
③ 발암성 – 콜타르, 피치
④ 중독성 – 포스겐

해설 ㉮ 질식성 : ㉠ 질소 ㉡ 탄산가스 ㉢ 메탄 ㉣ 에탄 ㉤ 프로판 ㉥ 일산화탄소 ㉦ 시안화합물(혈액과 상호작용)
㉯ 자극성 : ㉠ 암모니아 ㉡ 아황산가스 ㉢ 포름알데히드 ㉣ 초산메틸 ㉤ 셀렌화합물 ㉥ 스틸렌 ㉦ 염소 ㉧ 포스겐 ㉨ 이산화질소 ㉩ 오존 ㉪ 취소 ㉫ 불소 ㉬ 황산디메틸 등
㉰ 발암성 : ㉠ 타르 ㉡ 비소 등

07 가스를 화학적 특성에 따라 분류할 때 독성가스가 아닌 것은?

① 이산화탄소(CO_2) ② 산화에틸렌(C_2H_4O)
③ 황화수소(H_2S) ④ 시안화수소(HCN)

해설 고압가스 안전관리법에 의한 독성가스

아크릴로니트릴, 아크릴알데히드, 아황산가스, 암모니아, 일산화탄소, 이황화탄소, 불소, 염소, 브롬화메탄, 염화메탄, 염화프렌, 산화에틸렌, 시안화수소, 황화수소, 모노메틸아민, 디메틸아민, 트리메틸아민, 벤젠, 포스겐, 요오드화수소, 브롬화수소, 염화수소, 불화수소, 겨자가스, 알진, 모노실란, 디실란, 디보레인, 세렌화수소, 포스핀, 모노게르만

그 밖에 공기 중에 일정량 이상 존재하는 경우 인체에 유해한 독성을 가진 가스로서, 허용농도가 100만분의 5,000 이하인 것

08 취급상의 안전을 위한 조치사항 중 가장 거리가 먼 것은?

① 작업숙련자 배치
② 유해물 발생원의 봉쇄
③ 유해물의 위치, 작업공정 변경
④ 작업공정의 은폐와 작업장의 격리

해설 조치사항

㉠ 유해물의 위치, 작업공정의 변경 ㉡ 작업공정의 은폐와 작업장의 격리 ㉢ 유해물질에 대한 사전조사, 유해물 발생원의 봉쇄 ㉣ 실내 환기 및 점화원의 제거, 환경의 정돈과 청소

09 다음 중 짝지어진 물질의 혼합 시 위험성이 가장 낮은 것은?

① 고체 산화성 물질 – 고체 환원성 물질
② 고체 환원성 물질 – 가연성 물질
③ 금수성 물질 – 고체 환원성 물질
④ 폭발성 물질 – 금수성 물질

해설 혼합 가능한 위험물

㉠ 1류 : 6류 ㉡ 2류 : 4류, 5류 ㉢ 3류 : 4류 ㉣ 4류 : 2류, 3류, 5류 ㉤ 5류 : 2류, 4류 ㉥ 6류 : 1류

정답 05.④ 06.④ 07.① 08.① 09.②

10 다음 중 인화성 물질의 증기, 가연성 가스 또는 가연성 분진에 의한 화재 및 폭발의 예방조치와 관계가 먼 것은?

① 통풍 ② 세척
③ 환기 ④ 제진

해설 예방조치 : 인화성 물질의 증기, 가연성 가스 또는 가연성 분진이 존재하여 폭발 또는 화재 발생 우려가 있는 장소에는 통풍, 환기 및 제진 등의 조치. 여기서 세척은 인화성 물질의 증기 또는 가스를 씻겨내기는 어렵다.

11 산업안전보건법령상 물질안전보건자료 작성 시 포함되어 있는 주요 작성항목이 아닌 것은? (단, 기타 참고사항 및 작성자가 필요에 의해 추가하는 세부 항목은 고려하지 않는다.)

① 법적 규제 현황
② 폐기 시 주의사항
③ 주요 구입 및 폐기처
④ 화학제품과 회사에 관한 정보

해설 물질안전보건자료(MSDS : Material Safety Data Sheets) : 화학물질의 유해성·위험성, 응급조치요령, 취급방법 등을 설명한 자료

㉮ 사업주는 MSDS상의 유해성·위험성 정보, 취급·저장방법, 응급조치요령, 독성 등의 정보를 통해 사업장에서 취급하는 화학물질에 대한 관리를 철저히 함.
㉯ 근로자는 이를 통해 자신이 취급하는 화학물질 유해성·위험성 등에 대한 정보를 알게 됨으로써 직업병이나 사고로부터 스스로를 보호할 수 있게됨.
㉰ MSDS 작성항목 : ㉠ 화학제품과 회사에 관한 정보 ㉡ 유해성, 위험성 ㉢ 구성성분의 명칭 및 함유량 ㉣ 응급조치 요령 ㉤ 폭발·화재, 누출사고 시 대처방법 ㉥ 취급 및 저장방법 ㉦ 노출방지 및 개인보호구 ㉧ 물리·화학적 특성 ㉨ 안정성 및 반응성 ㉩ 독성에 관한 정보 ㉪ 환경에 미치는 영향 ㉫ 폐기 시 주의사항 ㉬ 운송에 필요한 정보 ㉭ 법적규제 현황

12 다음 중 황산(H_2SO_4)에 관한 설명으로 틀린 것은?

① 무취이며, 순수한 황산은 무색 투명하다.
② 진한 황산은 유기물과 접촉할 경우 발열반응을 한다.
③ 묽은 황산은 수소보다 이온화 경향이 큰 금속과 반응하면 수소를 발생한다.
④ 자신은 가연성이며 강산성 물질로서 진한 황산은 산화력이 강하다.

해설 황산 : H_2SO_4의 화학식을 갖는 무색 무취의 비휘발성 액체로 인화성이 없으며, 공업적으로 백금이나 오산화바나듐 촉매를 이용해 만든다. 물 소화 시 심한 발열반응을 하며, 소화제로는 분말소화제 또는 이산화탄소가 유효하다. 물을 제외하고 가장 많이 제조되는 강산성의 화합물이다.

13 다음 중 유해화학물질의 중독에 대한 일반적인 응급처치 방법으로 적절하지 않은 것은?

① 알코올이나 필요한 약품을 투여한다.
② 호흡 정지 시 가능한 경우 인공호흡을 실시한다.
③ 환자를 안정시키고, 침대에 옆으로 누인다.
④ 신체를 따뜻하게 하고, 신선한 공기를 확보한다.

해설 유해화학물질의 중독에 대한 응급처치
㉠ 의사의 처방 없이 약품을 임의로 투여하면 안 된다. ㉡ 호흡 정지 시 가능한 경우 인공호흡을 실시한다. ㉢ 환자를 안정시키고, 침대에 옆으로 누인다. ㉣ 신체를 따뜻하게 하고, 신선한 공기를 확보한다.

정답 10.② 11.③ 12.④ 13.①

14 다음 중 노출 기준(TWA)이 가장 낮은 물질은?

① 염소　　② 암모니아
③ 에탄올　　④ 메탄올

해설 노출기준 정의

유해, 위험한 물질이 보통의 건강수준을 가진 사람에게 건강상 나쁜 영향을 미치지 않는 정도의 농도

메탄올	200ppm
암모니아	25ppm
에탄올	1,000ppm
염소	0.5ppm

15 다음 중 금속의 용접·용단 또는 가열에 사용되는 가스 등의 용기를 취급할 때의 준수사항으로 틀린 것은?

① 밸브의 개폐는 서서히 할 것
② 운반할 때에는 환기를 위하여 캡을 씌우지 않을 것
③ 용기의 온도를 섭씨 40℃ 이하로 유지할 것
④ 용기의 부식·마모 또는 변형 상태를 점검한 후 사용할 것

해설 가스 등의 용기 취급 시 주의사항

㉠ 금지 장소에서 사용하거나 설치 및 저장 또는 방치하지 않도록 할 것 ㉡ 용기의 온도를 섭씨 40℃ 이하로 유지할 것 ㉢ 전도의 위험이 없도록 할 것 ㉣ 충격을 가하지 않도록 할 것 ㉤ 운반하는 경우에는 캡을 씌울 것 ㉥ 사용하는 경우에는 용기의 마개에 부착되어 있는 유류 및 먼지를 제거할 것 ㉦ 밸브의 개폐는 서서히 할 것 ㉧ 사용 전 또는 사용 중인 용기와 그 밖의 용기를 명확히 구별하여 보관할 것 ㉨ 용해아세틸렌의 용기는 세워둘 것 ㉩ 용기의 부식 및 마모 또는 변형상태를 점검한 후 사용할 것

16 다음 중 혼합 또는 접촉 시 발화 또는 폭발의 위험이 가장 적은 것은?

① 니트로셀룰로오스와 알코올
② 나트륨과 알코올
③ 염소산칼륨과 유황
④ 황화인과 무기과산화물

해설

구 분	제1류	제2류	제3류	제4류	제5류	제6류
제1류		×	×	×	×	○
제2류	×		×	○	○	×
제3류	×	×		○	×	×
제4류	×	○	○		○	×
제5류	×	○	×	○		×
제6류	○	×	×	×	×	

㉠ 니트로셀룰로오스(제5류)와 알코올(제4류) ⇒ 불가능
㉡ 나트륨(제3류)과 알코올(제4류) ⇒ 가능
㉢ 염소산칼륨(제1류)과 유황(제2류) ⇒ 불가능
㉣ 황화인(제2류)과 무기과산화물(제1류) ⇒ 불가능

17 산업안전보건법에 따라 인화성 가스가 발생할 우려가 있는 지하 작업장에서 작업하는 경우 조치사항으로 적절하지 않은 것은?

① 매일 작업을 시작하기 전 해당 가스의 농도를 측정한다.
② 가스의 누출이 의심되는 경우 해당 가스의 농도를 측정한다.
③ 장시간 작업을 계속하는 경우 6시간마다 해당 가스의 농도를 측정한다.
④ 가스의 농도가 인화 하한계 값의 25% 이상으로 밝혀진 경우에는 즉시 근로자를 안전한 장소에 대피시킨다.

제3과목

정답 14.① 15.② 16.② 17.③

해설 ㉮ 매일 작업 시작 전, 가스 누출 의심 시, 가스 발생 및 정체 위험 장소, 장시간 작업 지속 시(4시간마다) 가스 농도를 측정하는 사람을 지명하고 해당 가스 농도를 측정

㉯ 가스 농도가 인화하한계 값의 25% 이상인 경우 즉시 근로자를 안전한 장소에 대피 및 화기나 점화원의 우려가 있는 기계 및 기구 등의 사용을 중지하고 통풍 및 환기 : ㉠ 매일 작업을 시작하기 전 해당 가스의 농도를 측정한다. ㉡ 가스의 누출이 의심되는 경우 해당 가스의 농도를 측정한다. ㉢ 장시간 작업을 계속하는 경우 4시간마다 해당 가스의 농도를 측정한다. ㉣ 가스의 농도가 인화하한계 값의 25% 이상으로 밝혀진 경우에는 즉시 근로자를 안전한 장소에 대피시킨다.

18 화재 시 발생하는 유해가스 중 가장 독성이 큰 것은?

① CO ② $COCl_2$
③ NH_3 ④ HCN

해설 노출기준이란 근로자가 유해인자에 노출되는 경우 노출기준 이하 수준에서는 거의 모든 근로자에게 건강상 나쁜 영향을 미치지 아니하는 기준

㉠ TWA(시간가중평균노출기준)는 1일 8시간 작업을 기준으로, 유해인자의 측정치에 발생시간을 곱하여 8시간으로 나눈 값 ㉡ STEL(단시간노출기준)은 근로자가 1회에 15분간 유해요인에 노출되는 경우의 기준으로, 이 기준 이하에서는 1회 노출 간격이 1시간 이상인 경우 1일 작업시간 동안 4회까지 노출이 허용될 수 있는 기준을 의미 ㉢ C(최고노출기준)란 1일 작업시간동안 잠시라도 노출되어서는 아니 되는 기준을 말하며, 노출기준 앞에 'C'를 붙여 표시

유해물질의 명칭	화학식	노출기준			
		TWA		STEL	
		ppm	㎎/m^3	ppm	㎎/m^3
시안화수소	HCN	10	-	C 4.7	C 5.2
암모니아	NH_3	25	18	35	27
일산화탄소	CO	30	34	200	229
포스겐	$COCl_2$	0.1	0.4	-	-

19 질화면(nitrocellulose)은 저장·취급 중에는 에틸알코올 또는 이소프로필알코올로 습면의 상태로 되어있다. 그 이유를 바르게 설명한 것은?

① 질화면은 건조상태에서는 자연발열을 일으켜 분해폭발의 위험이 존재하기 때문이다.
② 질화면은 알코올과 반응하여 안정한 물질을 만들기 때문이다.
③ 질화면은 건조상태에서 공기 중의 산소와 환원반응을 하기 때문이다.
④ 질화면은 건조상태에서 용이하게 중합물을 형성하기 때문이다.

해설 Nitrocellulose의 주요 성질

㉠ 건조 상태에서는 폭발위험이 큼, 단 수분을 함유할 경우 위험은 적어져 운반 및 보관이 용이 ㉡ 셀룰로이드, 콜로디온에 이용 시 질화면이라 하며, 질산섬유소라고도 함. ㉢ 질소함유율이 높을수록 폭발성은 증가

20 다음 중 물과 반응하여 수소가스를 발생시키지 않는 물질은?

① Mg ② Zn
③ Cu ④ Li

해설 물과 반응 시 수소가스를 유발시키는 물질 : 마그네슘(Mg), 아연(Zn), 리튬(Li) 등

정답 18.② 19.① 20.③

21 다음 중 가연성 가스이며 독성 가스에 해당하는 것은?

① 수소 ② 프로판
③ 산소 ④ 일산화탄소

해설 일산화탄소는 무색, 무취의 기체로서 산소가 부족한 상태로 연료가 연소할 때 불완전연소로 발생한다. 체내에 들어오면 신경 계통을 침범하거나 빈혈증을 일으킨다. 공기 중에 0.5%가 있으면 5~10분 안에 사망할 수 있다.

22 다음 중 산업안전보건법령상 물질안전보건자료 작성 시 포함되어 있는 주요 작성항목이 아닌 것은?

① 법적 규제현황
② 폐기 시 주의사항
③ 주요 구입 및 폐기처
④ 화학제품과 회사에 관한 정보

해설 물질안전보건자료(MSDS : Material Safety Data Sheets) : 화학물질의 유해성·위험성, 응급조치요령, 취급방법 등을 설명한 자료

㉮ 사업주는 MSDS상의 유해성·위험성 정보, 취급·저장방법, 응급조치요령, 독성 등의 정보를 통해 사업장에서 취급하는 화학물질에 대한 관리를 철저히 함.

㉯ 근로자는 이를 통해 자신이 취급하는 화학물질 유해성·위험성 등에 대한 정보를 알게 됨으로써 직업병이나 사고로부터 스스로를 보호할 수 있게됨.

㉰ MSDS 작성항목 : ㉠ 화학제품과 회사에 관한 정보 ㉡ 유해성, 위험성 ㉢ 구성성분의 명칭 및 함유량 ㉣ 응급조치요령 ㉤ 폭발·화재, 누출사고 시 대처방법 ㉥ 취급 및 저장방법 ㉦ 노출방지 및 개인보호구 ㉧ 물리·화학적 특성 ㉨ 안정성 및 반응성 ㉩ 독성에 관한 정보 ㉪ 환경에 미치는 영향 ㉫ 폐기 시 주의사항 ㉬ 운송에 필요한 정보 ㉭ 법적규제 현황

23 다음 중 크롬에 관한 설명으로 옳은 것은?

① 미나마타병으로 알려져 있다.
② 3가와 6가의 화합물이 사용되고 있다.
③ 급성 중독으로 수포성 피부염이 발생된다.
④ 6가보다 3가 화합물이 특히 인체에 유해하다.

해설 크롬(Chromium) 금속원소로서 원자번호는 24번. 3가의 이온은 생체에서 당 대사에 관여하는 등 몸에 필요한 원소이지만, 6가의 이온은 반응성이 강하고 독성이 있는 돌연변이 유발원

㉠ 6가 이온은 점막 자극성 등 강한 독성과 아마도 발암성을 지니고 있기 때문에 매우 유의하여야 하며, 산업체에서의 폐기물에도 관심을 기울여야 함. ㉡ 크롬은 흄 형태로 노출될 경우 인체 발암 유발 물질로 분류되며, 최근에는 환경호르몬으로 작용하여 생식 및 발달 독성 유발 가능성에 대한 우려가 있음.

24 다음 중 산화성 물질의 저장·취급에 있어서 고려하여야 할 사항과 가장 거리가 먼 것은?

① 습한 곳에 밀폐하여 저장할 것
② 내용물이 누출되지 않도록 할 것
③ 분해를 촉진하는 약품류와 접촉을 피할 것
④ 가열·충격·마찰 등 분해를 일으키는 조건을 주지 말 것

해설 산화물질의 취급

㉠ 화기 및 분해를 촉진하는 물품을 엄금하고, 직사광선을 차단하며, 가열을 피하고 강환원제, 유기물질, 가연성 위험물과의 접촉을 피함. ㉡ 염기 및 물과의 접촉을 피함. ㉢ 용기는 내산성의 것을 사용하고 용기의 파손방지, 전도방지, 용기변형 방지에 주의 ㉣ 강산화성 고체와 혼합, 접촉을 방지 ㉤ 종류를 달리하는 위험물과는 동일한 저장소 내에 저장하여서는 안 됨. ㉥ 조해성이 있으므로 습기 주의

제 3 과목

정답 21.④ 22.③ 23.② 24.①

25 다음 중 미국소방협회(NFPA)의 위험표시라벨에서 황색 숫자는 어떠한 위험성을 나타내는가?

① 건강 위험성 ② 화재 위험성
③ 반응 위험성 ④ 기타 위험성

해설 위험등급 표시는 화학물질의 위험 정도를 한눈에 식별할 수 있게 하여 응급상황 시 위험물질에 대해 신속히 대응할 수 있도록 한다. NFPA는 'National Fire Protection Association'의 약자로, 미국소방협회 위험표시라벨은 다음과 같다.

인화성 : 적색
반응성 : 황색
인체 유해성 : 청색
기타 특성 : 백색

26 다음 중 아세틸렌에 관한 설명으로 옳지 않은 것은?

① 철과 반응하여 폭발성 아세틸리드를 생성한다.
② 폭굉의 경우 발생압력이 초기압력의 20~50배에 이른다.
③ 분해반응은 발열량이 크며, 화염온도는 3,100℃에 이른다.
④ 용단 또는 가열작업 시 1.3kgf/cm² 이상의 압력을 초과하여서는 안 된다.

해설 ㉮ 아세틸렌 성질 : ㉠ 원자량 26 ㉡ 비중 0.91(공기 1) ㉢ 비점 −83.8℃ ㉣ 폭발범위 2.5~81.0%(공기 중) ㉤ 발화점 305℃(공기중) ㉥ 3중 결합을 가진 불포화 탄화수소 ㉦ 무색의 기체 ㉧ 아세틸렌은 융해하지 않고 승화

㉯ 아세틸렌은 분해성 가스로 반응 시 발열량이 크고, 산소와 반응하여 연소 시 3,000℃의 고온이 얻어지는 물질로 금속의 용단, 용접에 사용

㉰ 아세틸렌 분해반응 : $C_2H_2 \rightarrow 2C + H_2 + 54.19$[kcal]

27 다음 중 공업용 용기의 몸체 도색으로 가스명과 도색명의 연결이 옳은 것은?

① 산소 – 청색 ② 질소 – 백색
③ 수소 – 주황색 ④ 아세틸렌 – 회색

해설 가스종류별 몸통 도색명

가스 종류	공업용	의료용
액화석유가스	회색	회색
아세틸렌	황색	회색
암모니아	백색	회색
액화염소	갈색	회색
질소	회색	흑색
산소	녹색	청색
수소	주황색	회색
아산화질소	회색	청색
헬륨	회색	갈색
에틸렌	회색	자색
사이클로프로판	회색	주황색
기타 가스	회색	회색

정답 25.③ 26.① 27.③

화학물질 누출 및 폭발 방지 대책

01 비점이나 인화점이 낮은 액체가 들어 있는 용기 주위에 화재 등으로 인하여 가열되면, 내부의 비등현상으로 인한 압력 상승으로 용기의 벽면이 파열되면서 그 내용물이 폭발적으로 증발, 팽창하면서 폭발을 일으키는 현상을 무엇이라 하는가?

① BLEVE　② UVCE
③ 개방계 폭발　④ 밀폐계 폭발

해설 ㉠ UVCE(개방계 증기운폭발) : 대기 중에 구름형태로 모여 바람·대류 등의 영향으로 움직이다가 점화원에 의하여 순간적으로 폭발하는 현상 ㉡ BLEVE(비등액 팽창증기폭발) : 비점 이상의 온도에서 액체 상태로 들어있는 용기 파열 시 발생

02 다음 중 분진의 폭발위험성을 증대시키는 조건에 해당하는 것은?

① 분진의 발열량이 작을수록
② 폭발분위기 중 산소 농도가 작을수록
③ 분진 내의 수분 농도가 작을수록
④ 표면적이 입자체적에 비교하여 작을수록

해설 ㉠ 발열량이 클수록, 휘발성분의 함유량이 많을수록, 휘발분이 11% 이상 ㉡ 입도와 분포 : 표면적이 입자체적에 비해 커질수록, 평균입자경이 작고, 밀도가 작을수록 ㉢ 입자의 형성과 표면상태 : 입자표면이 공기에 대하여 활성이 있으면 폭로시간이 길어질수록 폭발성이 낮아짐 ㉣ 수분은 부유성을 억제하고, 폭발성을 둔감하게 함 ㉤ 분진의 양론조성농도보다 약간 높을 때, 유기성 분진이 최소폭발농도가 낮다. ㉥ 분진의 초기온도가 높을수록

03 다음 중 폭발범위에 관한 설명으로 틀린 것은?

① 상한값과 하한값이 존재한다.
② 온도에 비례하지만 압력과는 무관하다.
③ 가연성 가스의 종류에 따라 각각 다른 값을 갖는다.
④ 공기와 혼합된 가연성 가스의 체적 농도로 나타낸다.

해설 폭발범위 안전대책
㉠ 폭발범위는 하한계 상한계로 구성되어 있다. ㉡ 하한계가 낮을수록 상한계가 높을수록 위험하다. ㉢ 압력이 높아지면 상한계는 올라가고 하한계는 일정하다. ㉣ 온도가 높아지면 상한계는 올라가고 하한계는 내려간다.

04 가연성 가스 및 증기의 위험도에 따른 방폭전기기기의 분류로 폭발등급을 사용하는데, 이러한 폭발등급을 결정하는 것은?

① 발화도　② 화염일주한계
③ 폭발한계　④ 최소발화에너지

해설 ㉠ 안전간극(Safe gap) = MESG(최대안전틈새) = 화염일주한계 ㉡ 폭발성 분위기가 형성된 표준용기의 틈새를 통해 폭발화염이 내부에서 외부로 전파되지 않는 최대틈새로 가스의 종류에 따라 다르며, 폭발성 가스분류와 내압방폭구조의 분류와 관련이 있다.

정답 01.① 02.③ 03.② 04.②

05 다음 중 분진폭발의 특징에 관한 설명으로 옳은 것은?

① 가스폭발보다 발생에너지가 작다.
② 폭발압력과 연소속도는 가스폭발보다 크다.
③ 화염의 파급속도보다 압력의 파급속도가 크다.
④ 불완전연소로 인한 가스중독의 위험성은 적다.

해설 ㉠ 연소속도나 폭발압력은 가스폭발에 비교하여 작지만, 연소시간이 길고 발생 에너지가 크기 때문에 파괴력과 그을음이 크다. ㉡ 연소하면서 비산하므로 가연물에 국부적으로 심한 탄화를 발생하고 특히 인체에 닿는 경우 화상이 심하다. ㉢ 최초의 부분적인 폭발에 의해 폭풍이 주위 분진을 날려 2차 3차의 폭발로 파급하면서 피해가 커진다. ㉣ 단위체적당 탄화수소의 양이 많기 때문에 폭발시 온도가 높다. ㉤ 화염속도보다 압력속도가 빠르다 : 폭발억제장치 고안 ㉥ 불완전연소를 일으키기 쉽기 때문에 연소 후 일산화탄소가 다량으로 존재하므로 가스중독의 위험이 있다.

06 반응폭발에 영향을 미치는 요인 중 그 영향이 가장 적은 것은?

① 교반상태　② 냉각시스템
③ 반응속도　④ 반응생성물의 조성

해설 ㉮ 반응폭발에 영향을 미치는 요인 : ㉠ 교반상태 ㉡ 냉각시스템 ㉢ 온도 ㉣ 압력
㉯ 분진의 폭발성에 영향을 주는 요인 : ㉠ 분진 입도 및 입도분포 ㉡ 입자의 형상과 표면상태 ㉢ 분진의 부유성 ㉣ 분진의 화학적 성질과 조성
㉰ 분진폭발의 발생 영향인자(유사문제에 다른 답) : ㉠ 폭발범위(한계) ㉡ 입도(입경) ㉢ 산소농도 ㉣ 가연성 기체의 농도 ㉤ 발화도

07 다음 중 제시한 두 종류 가스가 혼합될 때 폭발 위험이 가장 높은 것은?

① 염소, CO_2　② 염소, 아세틸렌
③ 질소, CO_2　④ 질소, 암모니아

해설 CO_2 = 불연성가스, 염소 = 가연성가스, 암모니아 = 가연성가스, 질소 = 불연성가스, 아세틸렌 = 조연성가스, 염소와 아세틸렌 두 종류가 혼합 시 폭발위험이 높다.

08 다음 중 용기의 한 개구부로 불활성 가스를 주입하고 다른 개구부로부터 대기 또는 스크러버로 혼합가스를 용기에서 축출하는 퍼지방법은?

① 진공퍼지　② 압력퍼지
③ 스위프퍼지　④ 사이폰퍼지

해설 ㉮ 퍼지(purge) : 연소되지 않은 가스가 공간에 차 있으면 점화시 폭발우려가 있으므로 배출하기 위해 환기시키는 것
㉯ 스위프 퍼지 방법 : ㉠ 용기의 한 개구부로부터 불활성 가스를 가하고, 다른 개구부로 혼합가스를 배출시킨다. ㉡ 배출 유량은 유입 유량과 같은 양을 유지해야 한다.

09 헥산 1vol%, 메탄 2vol%, 에틸렌 2vol%, 공기 95vol%로 된 혼합가스의 폭발하한계 값(vol%)은 약 얼마인가? (단, 헥산, 메탄, 에틸렌의 폭발하한계 값은 각각 1.1, 5.0, 2.7vol%이다.)

① 2.44　② 12.89
③ 21.78　④ 48.78

정답 05.③ 06.④ 07.② 08.③ 09.①

해설

$$\text{폭발하한계} = \frac{100 - \text{공기의 용적 비율}}{\frac{V_1}{L_1} + \frac{V_2}{L_2} + \frac{V_3}{L_3} + \cdots + \frac{V_n}{L_n}}$$

여기서, L_n : 폭발하한계, V_n : 용적 비율(%)

$$= \frac{100 - 95}{\frac{1}{1.1} + \frac{2}{5.0} + \frac{2}{2.7}} = \frac{5}{2.049} = 2.4$$

10 기상폭발 피해예측의 주요 문제점 중 압력 상승에 기인하는 피해가 예측되는 경우에 검토를 요하는 사항으로 거리가 가장 먼 것은?

① 가연성 혼합기의 형성 상황
② 압력 상승 시의 취약부 파괴
③ 물질의 이동, 확산 유해물질의 발생
④ 개구부가 있는 공간 내의 화염전파와 압력 상승

해설 가연성 혼합기의 형성상황, 압력상승 시의 취약부 파괴상황, 개구부가 있는 공간 내의 화염전파와 압력상승 상황

11 다음 중 가연성 가스가 밀폐된 용기 안에서 폭발할 때 최대폭발압력에 영향을 주는 인자로 볼 수 없는 것은?

① 가연성 가스의 농도
② 가연성 가스의 초기온도
③ 가연성 가스의 유속
④ 가연성 가스의 초기압력

해설 밀폐된 용기에서 최대폭발압력 기체 몰수 및 온도와의 관계
최대폭발압력(P_m)은 초기 압력(P_1), 초기 기체 몰수(n_1), 기체 몰수(n_2), 초기 온도(T_1), 온도(T_2)에 비례하여 높아진다.

$$\therefore P_m = P_1 \times \frac{n_2}{n_1} \times \frac{T_2}{T_1}$$

12 다음 중 연소 및 폭발에 관한 용어의 설명으로 틀린 것은?

① 폭굉 : 폭발충격파가 미반응 매질 속으로 음속보다 큰 속도로 이동하는 폭발
② 연소점 : 액체 위에 증기가 일단 점화된 후 연소를 계속할 수 있는 최고 온도
③ 발화온도 : 가연성 혼합물이 주위로부터 충분한 에너지를 받아 스스로 점화할 수 있는 최저 온도
④ 인화점 : 액체의 경우 액체 표면에서 발생한 증기 농도가 공기 중에서 연소 하한농도가 될 수 있는 가장 낮은 액체 온도

해설 ㉠ 폭굉 : 화염의 전파속도가 가속되어 음속을 초과하는 경우 충격파가 발생하며, 초압의 40배 이상이나 되어 피해를 주는 범위가 넓다(속도 1,000 ~3,500m/s). 이러한 현상을 폭굉이라 하며 화염속도가 음속 이하인 경우와 구별 ㉡ 연소점 : 인화점을 넘어서 가열을 더 계속하면 불꽃을 가까이 댔을 때 계속해서 연소하는 온도 ㉢ 발화온도 : 가연성물질을 공기 또는 산소 중에서 가열했을 때, 스스로 발화하는 온도 ㉣ 인화점 : 인화되는 최저 온도

13 공기 중에서 이황화탄소(CS_2)의 폭발 한계는 하한값이 1.25vol%, 상한값이 44vol%이다. 이를 20℃ 대기압하에서 mg/L의 단위로 환산하면 하한값과 상한값은 각각 약 얼마인가? (단, 이황화탄소의 분자량은 76.1이다.)

① 하한값 : 61, 상한값 : 640
② 하한값 : 39.6, 상한값 : 1395.2
③ 하한값 : 146, 상한값 : 860
④ 하한값 : 55.4, 상한값 : 1641.8

정답 10.③ 11.③ 12.② 13.②

제 3 과목

해설

$$mg/L = \frac{ppm \times 분자량}{22.4 \times \frac{273 + ℃}{273}} \times \frac{1}{1000}$$

$$= \frac{\% \times 10 \times 분자량}{22.4 \times \left(\frac{273 + ℃}{273}\right)}$$

하한값 : 39.6, 상한값 : 1395.2

14 다음의 물질을 폭발범위가 넓은 것부터 좁은 순서로 바르게 배열한 것은?

H_2, C_3H_8, CH_4, CO

① $CO > H_2 > C_3H_8 > CH_4$
② $H_2 > CO > CH_4 > C_3H_8$
③ $C_3H_8 > CO > CH_4 > H_2$
④ $CH_4 > H_2 > CO > C_3H_8$

해설 가연성 액체의 증기 또는 가연성가스가 공기 또는 산소와 적당한 비율로 혼합되어있을 때, 점화하면 폭발을 일으킨다. 폭발을 일으키는 적당한 혼합비율의 범위를 폭발범위 또는 연소범위라고 하며, 혼합가스에 대한 용량 %로 표시한다. 폭발범위 최저의 농도를 폭발하한계, 최고 농도를 폭발상한계라고 한다. 폭발범위의 특징은 다음과 같다.

㉠ 폭발범위는 하한계와 상한계로 구성 ㉡ 하한계가 낮을수록 상한계가 높을수록 위험 ㉢ 압력이 높아지면 상한계는 올라가고 하한계는 일정 ㉣ 온도가 높아지면 상한계는 올라가고 하한계는 내려감.
㉤ 주요가스의 폭발범위

가연성 가스	하한계(%)	상한계(%)
아세틸렌	2.5	81
산화에틸렌	3	80
수소	4	75
이황화탄소	1.2	44
프로판	2.1	9.5
메탄	5	15
부탄	1.8	8.4
일산화탄소	12.5	74

15 다음 설명이 의미하는 것은?

온도, 압력 등 제어상태가 규정의 조건을 벗어나는 것에 의해 반응속도가 지수함수적으로 증대되고, 반응용기 내의 온도, 압력이 급격히 이상 상승되어 규정 조건을 벗어나고, 반응이 과격화되는 현상

① 비등 ② 과열·과압
③ 폭발 ④ 반응폭주

해설 ㉠ 화학반응계에서 반응속도가 제어 불가능할 정도로 크게 되고 반응계내의 온도, 압력 등이 급격히 상승하여, 사고나 재해와 결합하여 위험한 상태가 되는 것을 반응폭주라 함.
㉡ 보통 예기치 않은 반응이 일어난 경우를 포함하여 화학반응을 제어할 수 없는 상태가 발생한 경우도 반응폭주로 취급

16 분진폭발의 발생순서로 옳은 것은?

① 비산→분산→퇴적분진→발화원→2차폭발→전면폭발
② 비산→퇴적분진→분산→발화원→2차폭발→전면폭발
③ 퇴적분진→발화원→분산→비산→전면폭발→2차폭발
④ 퇴적분진→비산→분산→발화원→전면폭발→2차폭발

정답 14.② 15.④ 16.④

해설 ㉮ 분진폭발은 쉽게 연소하지 않는 금속, 플라스틱, 곡물 등의 가연성고체가 퇴적분진 형태로 공기 중에서 비산·분산 시 발화원 존재에 의해 순간적 연소면적의 확대로 인하여 연쇄폭발하는 것을 말함.

㉯ 분진폭발의 특성 : ㉠ 연소속도와 폭발압력은 일반적인 가스폭발과 비교하여 작지만, 연소지속시간은 길고,발생 에너지가 크기 때문에 파괴력이 큼 ㉡ 분진이 연소하면서 비산하기 때문에 작업자 등이 화상을 입기 쉬움 ㉢ 2차, 3차 폭발 발생 ㉣ 가스연소와 비교하여 불완전 연소를 일으키기 쉬워 다량의 CO에 의해 가스중독/질식 발생

17 다음 중 산업안전보건법상 폭발성 물질에 해당하는 것은?

① 유기과산화물 ② 리튬
③ 황 ④ 질산

해설 ㉮폭발성 물질 및 유기과산화물 : ㉠ 질산에스테르류 ㉡ 니트로화합물 ㉢ 니트로소화합물 ㉣ 아조화합물 ㉤ 디아조화합물 ㉥ 유기과산화물 ㉦ 하이드라진 유도체

㉯ 물반응성 물질 및 인화성 고체 : ㉠ 리튬 ㉡ 칼륨, 나트륨 ㉢ 황 ㉣ 황린 ㉤ 황화인, 적린 ㉥ 셀룰로이드류 ㉦ 금속분말 ㉧ 알카리금속 ㉨ 유기금속 화합물 ㉩ 금속의 수소화물 ㉪ 금속의 인화물 ㉫ 칼슘 탄화물, 알루미늄 탄화물 ㉬ 마그네슘 분말 ㉭ 알킬알루미늄, 알킬리튬

㉰ 산화성 액체 및 산화성 고체 : ㉠ 차아염소산 및 그 염류 ㉡ 아연소산 및 그 염류 ㉢ 염소산 및 그 염류 ㉣ 과염소산 및 그 염류 ㉤ 브롬산 및 그 염류 ㉥ 요오드산 및 그 염류 ㉦ 질산 및 그 염류 ㉧ 과산화수소 및 무기 과산화물 ㉨ 과망간산 및 그 염류 ㉩ 중크롬산 및 그 염류

㉱ 인화성 가스 : ㉠ 수소 ㉡ 아세틸렌 ㉢ 에틸렌 ㉣ 메탄 ㉤ 에탄 ㉥ 프로판 ㉦ 부탄

18 불활성화(퍼지)에 대한 설명으로 틀린 것은?

① 압력퍼지가 진공퍼지에 비해 퍼지시간이 길다.
② 진공퍼지는 압력퍼지보다 인너트가스 소모가 적다.
③ 사이펀 퍼지가스의 부피는 용기의 부피와 같다.
④ 스위프퍼지는 용기나 장치에 압력을 가하거나 진공으로 할 수 없을 때 사용한다.

해설 압력퍼지(Pressure Purging)

㉮ 특징 : ㉠ 압력퍼지는 진공퍼지에 비해 퍼지시간이 매우 짧다. 이는 진공을 유도하기 위한 공정에 비해 가압(압력) 공정이 대단히 빠르기 때문 ㉡ 압력퍼지는 진공퍼지보다 많은 양의 불활성가스를 소모한다.

㉯ 압력퍼지의 방법 : ㉠ 용기에 불활성가스를 주입하여 가압한다. ㉡ 가압된 불활성가스가 용기 내에서 충분히 확산된 후 그것을 대기중으로 방출한다. ㉢ 위의 단계를 원하는 산소농도가 될 때까지 반복한다.

19 다음 중 안전간격에 대한 설명으로 옳은 것은?

① 외측의 가스점화 시 내측의 폭발성 혼합가스까지 화염이 전달되는 한계의 틈이다.
② 외측의 가스점화 시 내측의 폭발성 혼합가스까지 화염이 전달되지 않는 한계의 틈이다.
③ 내측의 가스점화 시 외측의 폭발성 혼합가스까지 화염이 전달되는 한계의 틈이다.
④ 내측의 가스점화 시 외측의 폭발성 혼합가스까지 화염이 전달되지 않는 한계의 틈이다.

정답 17.① 18.① 19.④

해설 ㉠ 안전간극(Safe gap) = MESG(최대안전틈새) = 화염일주한계 ㉡ 폭발성 분위기가 형성된 표준용기의 틈새를 통해 폭발화염이 내부에서 외부로 전파되지 않는 최대틈새로 가스의 종류에 따라 다르며, 폭발성 가스분류와 내압방폭구조의 분류와 관련이 있다.

20 다음 중 혼합위험의 특성이 아닌 것은?

① 가압하에서는 발화지연이 짧다.
② 단독물의 경우는 혼합물의 경우보다 발화지연이 짧다.
③ 주위온도보다 발화온도가 낮아지면 발화지연이 짧다.
④ 햇빛 등 주변 빛의 영향으로 광분해반응이 수반될 수 있다.

해설 혼합위험의 특성

㉠ 혼합이 되어 가압하면 발화지연이 짧다. ㉡ 주위온도보다 발화온도가 낮아지면 발화지연이 짧으며, 햇빛 등에 의해 광분해반응이 수반될 수 있다.

21 다음 중 폭발압력과 가연성 가스의 농도와의 관계에 대한 설명으로 가장 옳은 것은?

① 가연성 가스의 농도가 너무 희박하거나 진하여도 폭발압력은 높아진다.
② 폭발압력은 화학양론농도보다 약간 높은 농도에서 최대폭발압력이 된다.
③ 최대폭발압력의 크기는 공기와의 혼합기체에서보다 산소의 농도가 큰 혼합기체에서 더 낮아진다.
④ 가연성 가스의 농도와 폭발압력은 반비례 관계이다.

해설 폭발압력

㉠ 가연성 가스의 농도가 너무 낮거나 높아도 폭발압력은 낮아진다. ㉡ 가연성가스의 농도와 폭발압력은 비례한다. ㉢ 최대폭발압력의 크기는 공기보다 산소의 농도가 높은 혼합기체에서 더 커진다. ㉣ 폭발압력은 양론농도보다 약간 높은 농도에서 가장 커져서 최대 폭발이 된다.

22 폭발하한계에 관한 설명으로 옳지 않은 것은?

① 폭발하한계에서 화염의 온도는 최저치로 된다.
② 폭발하한계에 있어서 산소는 연소하는데 과잉으로 존재한다.
③ 화염이 하향전파인 경우 일반적으로 온도가 상승함에 따라서 폭발하한계는 높아진다.
④ 폭발하한계는 혼합가스의 단위체적당의 발열량이 일정한 한계치에 도달하는 데 필요한 가연성 가스의 농도이다.

해설 ㉮ 가연성 가스와 공기(또는 산소)의 혼합물에서 가연성 가스의 농도가 낮을 때나 높을 때 화염의 전파가 일어나지 않는 농도가 있음. 낮은 경우 폭발하한계, 높은 경우 폭발상한계라 함.

㉯ 폭발한계에 영향을 주는 요소 : ㉠ 일반적으로 폭발범위는 온도상승에 의하여 넓어짐 ㉡ 압력이 상승되면 연소하한계는 약간 낮아지나 연소상한계는 크게 증가 ㉢ 산소중에서 연소하한계는 공기중에서와 같고 연소상한계는 산소량이 증가할수록 크게 증가

정답 20.② 21.② 22.③

23 메탄, 에탄, 프로판의 폭발하한계가 각각 5vol%, 3vol%, 2.5vol%일 때, 다음 중 폭발하한계가 가장 낮은 것은? (단, Le Chatelier의 법칙을 이용한다.)

① 메탄 20vol%, 에탄 30vol%, 2프로판 50vol%의 혼합가스
② 메탄 30vol%, 에탄 30vol%, 프로판 40vol%의 혼합가스
③ 메탄 40vol%, 에탄 30vol%, 프로판 30vol%의 혼합가스
④ 메탄 50vol%, 에탄 30vol%, 프로판 20vol%의 혼합가스

해설 ㉮ 실험에 의해 혼합된 물질의 개별적인 연소범위를 알고 있을 때 르샤틀리에(Le Chatelier)식을 사용

$$\frac{100}{L} = \frac{V_1}{L_1} + \frac{V_2}{L_2} + \frac{V_3}{L_3} + \cdots + \frac{V_i}{L_i}$$

여기서,
L : 혼합가스의 연소하한계
L_1, L_2, L_i : 각 가스의 연소하한계
V_1, V_2, V_i : 각 가스의 체적(%)

㉯ $$L = \frac{100}{\frac{V_1}{L_1} + \frac{V_2}{L_2} + \frac{V_3}{L_3}}$$

① $$L = \frac{100}{\frac{20}{5} + \frac{30}{3} + \frac{50}{2.5}} = 2.94[\text{vol\%}]$$

② $$L = \frac{100}{\frac{30}{5} + \frac{30}{3} + \frac{40}{2.5}} = 3.13[\text{vol\%}]$$

③ $$L = \frac{100}{\frac{40}{5} + \frac{30}{3} + \frac{30}{2.5}} = 3.33[\text{vol\%}]$$

④ $$L = \frac{100}{\frac{50}{5} + \frac{30}{3} + \frac{20}{2.5}} = 3.57[\text{vol\%}]$$

24 프로판(C_3H_8)의 연소에 필요한 최소산소농도의 값은? (단, 프로판의 폭발하한은 Jones 식에 의해 추산한다.)

① 8.1%v/v ② 11.1%v/v
③ 15.1%v/v ④ 20.1%v/v

해설 ㉠ 화학양론농도

$$C_{st} = \frac{100}{1 + 4.773\left(n + \frac{m - f - 2\lambda}{4}\right)} = \frac{100}{1 + 4.773\left(3 + \frac{8}{4}\right)} = 4.02(\%)$$

여기서, n : 탄소
m : 수소
f : 할로겐원소
λ : 산소원자 수

㉡ 폭발하한계(Jones식)
폭발하한계 = $0.55 \times C_{st}$
$= 0.55 \times 4.02 = 2.2(\%)$

㉢ 최소산소농도
(최소산소농도)MOC농도
$$= \text{폭발하한계} \times \frac{\text{산소의 몰수}}{\text{연료의 몰수}}$$

프로판의 최소산소농도 $= 2.2 \times \frac{5}{1}$
$= 11$ Vol(%)

25 다음 중 방폭구조의 종류와 그 기호가 잘못 짝지어진 것은?

① 안전증 방폭구조 : e
② 본질 안전 방폭구조 : ia
③ 몰드 방폭구조 : m
④ 충전 방폭구조 : n

정답 23.① 24.② 25.④

제3과목

해설 방폭구조의 종류 및 기호

㉠ 내압 방폭구조(d) ㉡ 안전증 방폭구조(e) ㉢ 본질안전 방폭구조(ia, ib) ㉣ 몰드 방폭구조(m) ㉤ 특수방폭구조(s) ㉥ 압력방폭구조(p) ㉦ 유입방폭구조(o) ㉧ 비점화 방폭구조(n) ㉨ 충전방폭구조(q)

26 다음 중 불활성 가스 첨가에 의한 폭발방지대책의 설명으로 가장 적절하지 않은 것은?

① 가연성 혼합가스에 불활성 가스를 첨가하면 가연성 가스의 농도가 폭발하한계 이하로 되어 폭발이 일어나지 않는다.
② 가연성 혼합가스에 불활성 가스를 첨가하면 산소농도가 폭발한계 산소농도 이하로 되어 폭발을 예방할 수 있다.
③ 폭발한계 산소농도는 폭발성을 유지하기 위한 최소의 산소농도로서 일반적으로 3성분 중의 산소농도로 나타낸다.
④ 불활성 가스 첨가의 효과는 물질에 따라 차이가 발생하는데 이는 비열의 차이 때문이다.

해설 불활성가스를 첨가했을 때 산소농도를 감소시켜 폭발을 방지한다.

27 다음 중 누설발화형 폭발재해의 예방대책으로 가장 적합하지 않은 것은?

① 발화원 관리
② 밸브의 오동작 방지
③ 불활성 가스의 치환
④ 누설물질의 검지 경보

해설 누설 발화형 폭발 재해의 예방 대책

㉠ 발화원 관리 ㉡ 밸브의 오동작 방지 ㉢ 누설물질의 검지 경보 ㉣ 위험물질의 누설 방지

정답 26.① 27.③

화학시설(설비) 설치·운영 및 관리

01 다음 중 열교환기의 열교환 능률을 향상시키기 위한 방법이 아닌 것은?

① 유체의 유속을 적절하게 조절한다.
② 유체의 흐르는 방향을 병류로 한다.
③ 열교환기 입구와 출구의 온도차를 크게 한다.
④ 열전도율이 높은 재료를 사용한다.

해설 ㉠ 관내 스케일 부착방지, 대수평균 온도차 크게, 유속 빠르게, 전열면적을 크게 ㉡ 병류 흐름은 한 유체의 출구온도가 반대쪽에서 들어오는 유체의 온도에 거의 접근될 수 없고, 전달될 수 있는 열량도 향류에 비하여 적기 때문에 잘 사용하지 않는다.

02 산업안전보건기준에 관한 규칙에서 지정한 화학설비 및 그 부속설비의 종류 중 화학설비의 부속설비에 해당하는 것은?

① 응축기·냉각기·가열기 등의 열교환기류
② 반응기·혼합조 등의 화학물질 반응 또는 혼합장치
③ 펌프류·압축기 등의 화학물질 이송 또는 압축설비
④ 온도·압력·유량 등을 지시·기록하는 자동제어 관련설비

해설 화학설비 부속설비

㉠ 배관, 밸브, 관, 부속류 등 화학물질 이송관련 설비 ㉡ 온도, 압력, 유량 등을 지시. 기록 등을 하는 자동제어 관련설비 ㉢ 안전밸브, 안전판, 긴급차단 또는 방출밸브 등 비상조치 관련 설비 ㉣ 가스누출 감지 및 경보 관련 설비 ㉤ 세정기, 응축기 벤트스택, 플레어스택 등 폐기가스 처리설비 ㉥ 사이클론 백필터, 전기집진기 등 분진처리 설비 ㉦ 정전기 제거장치, 긴급 샤워설비 등 안전관련 설비

03 다음 중 특수화학설비를 설치할 때 내부의 이상상태를 조기에 파악하기 위하여 필요한 계측장치로 가장 거리가 먼 것은?

① 압력계 ② 유량계 ③ 온도계 ④ 습도계

해설 화학공장에서 계측장치는 성공적인 공정운전을 좌우하는 중요한 요소로, 운전상 효율성을 증대시키기 위해 도입한다. 계측장치는 공정상 제어해야 할 변수들에 대하여 감지, 측정, 제어의 요소로 구성되며, 주로 온도, 압력, 액위, 유량 변수를 다룬다.

04 반응기를 조작 방법에 따라 분류할 때 반응기의 한쪽에서는 원료를 계속적으로 유입하는 동시에 다른쪽에서는 반응생성 물질을 유출시키는 형식의 반응기를 무엇이라 하는가?

① 관형 반응기 ② 연속식 반응기
③ 회분식 반응기 ④ 교반조형 반응기

정답 01.② 02.④ 03.④ 04.②

해설 반응기 : 석유화학공업이나 메탄올, 암모니아의 합성화학 공업 등의 촉매화학반응용에 사용되는 것을 말한다.

㉮ 조작방법에 의한 분류 : ㉠ 균일상 반응기 ㉡ 반회분식 반응기 ㉢ 연속식 반응기

㉯ 구조방식에 의한 분류 : ㉠ 관형 반응기 ㉡ 탑형 반응기 ㉢ 교반조형 반응기 ㉣ 유동층형 반응기

㉰ 회분조작 : 원료를 한번 넣고 계속 반응하는 방식

㉱ 연속조작 : 계속해서 원료를 넣고 제품을 꺼내는 방식

㉲ 반회분조작 : 반응이 진행됨에 따라 다른 원료를 첨가하는 방식

05 다음 중 열교환기의 보수에 있어서 일상 점검 항목으로 볼 수 없는 것은?

① 보온재 및 보냉재의 파손 상황
② 부식의 형태 및 정도
③ 도장의 노후 상황
④ 플랜지(Flange)부 등의 외부 누출 여부

해설 일상점검 항목

㉠ 보온재 및 보냉재의 파손상황 ㉡ 도장의 노후 상황 ㉢ 플랜지부 등의 외부 누출여부 ㉣ 기초에 파손여부 ㉤ 기초 볼트의 헐거움 여부

06 다음 중 열교환기의 정기적 개방 점검항목에 해당하는 것은?

① 보냉재의 파손 상황
② 플랜지부나 용접부에서의 누출 여부
③ 기초 볼트의 체결 상태
④ 부착물에 의한 오염 상황

해설 열교환기의 정기적 개방 점검항목

㉠ 부식 및 폴리머 등의 생성물 상황 ㉡ 부착물에 의한 오염 상황여부 ㉢ 부식의 형태, 정도, 범위 ㉣ 누출의 원인이 되는 균열, 흠집의 여부 ㉤ 튜브의 두께가 감소되지 않았는지의 여부 ㉥ 라이닝 코팅의 상태

07 다음 중 증류탑의 보수에 있어서 일상점검 항목에 해당하는 것은?

① 트레이(Tray)의 부식상태
② 라이닝(Lining)의 코팅 상황
③ 기초 볼트의 이상유무
④ 용접선 상태의 이상유무

해설 증류탑 보수 및 점검사항

㉮ 일상점검 항목 : ㉠ 보온재 및 보냉재의 파손상황 ㉡ 도장의 노후 상황 ㉢ 플랜지부, 용접부 등의 누설 여부 ㉣ 기초볼트의 조임 상태 ㉤ 부식에 의해 두께가 얇아지고 있는지 여부

㉯ 정기점검 항목 : ㉠ 부식 및 고분자 등 생성물의 상황 또는 부착물에 의한 오염의 상황 ㉡ 부식의 형태, 정도, 범위 ㉢ 노출의 원인이 되는 비율, 결점 ㉣ 도장의 두께 감소 정도 ㉤ 용접선의 상황 ㉥ 라이닝의 코팅 상태

08 안전밸브 등의 전·후단에 자물쇠형 또는 이에 준하는 형식의 차단밸브를 설치할 수 있는 경우 중 틀린 것은?

① 인접한 화학설비 및 그 부속설비에 안전밸브 등이 각각 설치되어 있고, 해당 화학설비 및 그 부속설비의 연결 배관에 차단밸브가 없는 경우
② 안전밸브 등의 배출용량의 3분의 1 이상에 해당하는 용량의 자동압력조절밸브와 안전밸브 등이 직렬로 연결된 경우
③ 화학설비 및 그 부속설비에 안전밸브 등이 복수방식으로 설치되어 있는 경우
④ 열팽창에 의하여 상승된 압력을 낮추기 위한 목적으로 안전밸브가 설치된 경우

정답 05.② 06.④ 07.③ 08.②

해설 차단밸브를 설치할 수 있는 경우

㉠ 인접한 화학설비 및 그 부속설비에 안전밸브 등이 각각 설치되어 있고, 해당 화학설비 및 그 부속설비의 연결배관에 차단밸브가 없는 경우 ㉡ 안전밸브 등의 배출용량이 2분의 1 이상에 해당하는 용량의 자동압력밸브와 안전밸브들이 병렬로 연결되어 있는 경우 ㉢ 화학설비 및 그 부속설비에 안전밸브 등이 복수방식으로 설치되어 있는 경우 ㉣ 예비용 설비를 설치하고 각각의 설비에 안전밸브 등이 설치되어 있는 경우 ㉤ 열팽창에 의해 상승된 압력을 낮추기 위한 목적으로 안전밸브가 설치된 경우 ㉥ 하나의 플레어스택(Flare stack)에 둘 이상의 단위공정의 플레어헤더(Flare header)를 연결하여 사용하는 경우로서 각각의 공정의 플레어헤더에 설치된 차단밸브의 열림, 닫힘상태를 중앙제어실에서 알 수 있도록 조치한 경우

09 압력용기, 배관, 덕트 및 봄베 등의 밀폐장치가 과잉압력 또는 진공에 의해 파손될 위험이 있을 경우 이를 방지하기 위한 안전장치로서, 특히 화학변화에 의한 에너지방출과 같이 짧은 시간 내의 급격한 압력변화에 적합한 것은?

① 파열판　　② 체크밸브
③ 대기밸브　　④ 벤트스택

해설 파열판(Rupture Disk)

밀폐된 압력용기나 화학설비 등이 설정압력 이상으로 급격하게 압력이 상승하면 파단되면서 압력을 토출하는 장치로, 짧은 시간 내에 급격하게 압력에 변하는 경우에 적합

10 열교환기의 구조에 의한 분류 중 다관식 열교환기에 해당하지 않는 것은?

① 이중관식 열교환기
② 고정관판식 열교환기
③ 유동관판식 열교환기
④ U형관식 열교환기

해설 다관식 열교환기

㉠ 고정관판식 ㉡ U형관식 ㉢ 유동관판식 ㉣ 케틀식

11 다음 중 반응 또는 운전압력이 3psig 이상인 경우 압력계를 설치하지 않아도 무관한 것은?

① 반응기　　② 탑조류
③ 밸브류　　④ 열교환기

해설 ㉮ 반응 또는 운전압력이 3psig 이상 반응기 : 탑조류, 열교환기, 탱크류 등에 압력계 설치

㉯ 운전압력 3psig 이상의 반응기 : ㉠ 압력지시 ㉡ 기록계 ㉢ 경보기

12 다음 중 반응기 안전설계 시 주요인자와 관계가 먼 것은?

① 운전압력
② 온도범위
③ 상(Phase)의 형태
④ 액 및 가스의 양의 비율

해설 반응기 안전설계 시 주요인자

㉠ 상의 형태 ㉡ 온도범위 ㉢ 운전압력 ㉣ 잔존시간 또는 공간속도 ㉤ 부식성 ㉥ 열전달 ㉦ 온도조절 ㉧ 생산비율 ㉨ 균일성에 대한 교반과 그 온도조절

정답 09.① 10.① 11.③ 12.④

13 압축기와 송풍기의 관로에 심한 공기의 맥동과 진동을 발생하면서 불안정한 운전이 되는 서징(Surging) 현상의 방지법으로 옳지 않은 것은?

① 풍량을 감소시킨다.
② 배관의 경사를 완만하게 한다.
③ 교축밸브를 기계에서 멀리 설치한다.
④ 토출가스를 흡입측에 바이패스시키거나 방출밸브에 의해 대기로 방출시킨다.

해설 ㉮ 서징(Surging) : 펌프를 운전할 때 송출압력과 송출유량이 주기적으로 변동하여 펌프입구 및 출구에 설치된 진공계, 압력계의 지침이 흔들리는 현상
㉯ 방지대책 : ㉠ 베인을 컨트롤하여 풍량을 감소시킨다. ㉡ 배관의 경사를 완만하게 한다. ㉢ 교축밸브를 기계에 근접 설치한다. ㉣ 토출가스를 흡입측에 바이패스시키거나, 방출밸브에 의해 대기로 방출시킨다. ㉤ 회전수를 적당히 변화시킨다.

14 다음 중 스프링식 안전밸브를 대체할 수 있는 안전장치는?

① 캡(Cap)
② 파열판(Rupture disk)
③ 게이트밸브(Gate valve)
④ 벤트스택(Vent stack)

해설 작동기구에 의한 안전밸브 분류는 스프링식, 레버식, 중추식으로 분류
㉠ 스프링식 안전밸브 : 스프링의 압력을 이용하여 밸브가 작동 ㉡ 레버식 : 양정의 이상유무를 확인할 수 있으며 급속 방출이 가능 ㉢ 중추식 : 스프링의 압력 대신에 추의 일정한 무게를 이용하여 내부압력이 높아질 경우 추를 밀어 올리는 힘이 되므로 가스를 외부로 방출하여 장치를 보호하는 구조 ㉣ 파열판과 스프링식 안전밸브는 같은 용도로 사용하고, 직렬로 설치해서 사용 ㉤ 파열판 : 밀폐된 용기, 배관 등의 내압이 이상 상승하였을 경우 정해진 압력에서 파열되어 본체의 파괴를 막을 수 있도록 제조된 원형의 얇은 금속판 ㉥ 게이트밸브 : 완전 개방 시 흐름저항이 작으며, 소량의 유량 조절에는 부적합 ㉦ 벤트스택 : 가연성 가스는 폭발범위 이하 농도로, 독성가스는 중화시켜서 방출하는 장치. 정상운전 또는 비상 운전 시 방출된 가스 또는 증기를 소각하지 않고 대기 중으로 안전하게 방출시키기 위하여 설치한 설비

| 게이트밸브 |

| 벤트스택 |

15 비교적 저압 또는 상압에서 가연성의 증기를 발생하는 유류를 저장하는 탱크에서 외부에 그 증기를 방출하기도 하고, 탱크 내에 외기를 흡입하기도 하는 부분에 설치하며, 가는 눈금의 금망이 여러 개 겹쳐진 구조로 된 안전장치는?

① Check valve ② Flame arrester
③ Vents tack ④ Rupture disk

해설 ㉠ 인화방지망(Flame arrester) : 유류저장탱크에서 화염의 차단을 목적으로 외부에 증기를 방출하기도 하고 탱크 내 외기를 흡입하기도 하는 부분에 설치하는 안전장치로서, 40메시 이상의 가는 눈의 철망을 여러 겹으로 해서 화염의 차단을 목적으로 한다. ㉡ 벤트스택(Vent stack) : 가연성 가스는 폭발범위 이하 농도로, 독성가스는 중화시켜서 방출하는 장치 ㉢ 안전밸브(Safety valve) : 기기나 배관의 압력이 일정한 압력을 넘었을 경우에 자동적으로 작동하는 벨브 ㉣ 게이트밸브(Gate valve) : 배관 도중에 설치하여 유로의 차단에 사용한다. ㉤ 체크밸브(Check valve) : 유체를 한 방향으로만 유동시키고 유체가 정지했을 때, 밸브 보디가 유체의 배압(背壓)으로 닫혀 역류하는 것을 방치하기 위한 밸브

정답 13.③ 14.② 15.②

CHAPTER 04 연구실 화재 예방

01 다음 중 연소에 관한 설명으로 틀린 것은?

① 인화점이 상온보다 낮은 가연성 액체는 상온에서 인화의 위험이 있다.
② 가연성 액체를 발화점 이상으로 공기 중에서 가열하면, 별도의 점화원이 없어도 발화할 수 있다.
③ 가연성 액체는 가열되어 완전 열분해되지 않으면, 착화원이 있어도 연소하지 않는다.
④ 열전도도가 클수록 연소하기 어렵다.

해설 ㉮ 연소의 3요소 : ㉠ 가연성 물질 ㉡ 산소 공급원 ㉢ 점화원
㉯ 가연물의 구비조건 : ㉠ 산소와 화합 시 연소열(발열량)이 클 것 ㉡ 산소와 화합 시 열 전도율이 작을 것(열 축적이 많아야 잘 연소함) ㉢ 산소와 화합 시 필요한 활성화 에너지가 작을 것
㉰ 연소의 특성 : 온도와 압력이 높을수록 연소범위(폭발범위)는 넓어진다.

02 다음 중 화재 예방에 있어 화재의 확대방지를 위한 방법으로 적절하지 않은 것은?

① 가연물량의 제한
② 난연화 및 불연화
③ 화재의 조기발견 및 초기 소화
④ 공간의 통합과 대형화

해설 화재의 예방 대책
㉠ 예방대책 ㉡ 국한대책 ㉢ 소화대책 ㉣ 피난대책

03 각 물질의 폭발상한계와 하한계가 다음 [표]와 같을 때 다음 중 위험도가 가장 큰 물질은?

구 분	프로판	부탄	메탄	아세톤
폭발상한계	9.5	8.4	15.0	13
폭발하한계	2.5	1.8	5.0	2.6

① 프로판 ② 부탄
③ 메탄 ④ 아세톤

해설 ㉮ 프로판 위험도 = $\frac{U-L}{L} = \frac{9.5-2.1}{2.1} = 3.52$

㉯ 부탄 위험도 = $\frac{U-L}{L} = \frac{8.4-1.8}{1.8} = 3.67$

㉰ 메탄 위험도 = $\frac{U-L}{L} = \frac{15-5}{5} = 2$

㉱ 아세톤 위험도 = $\frac{U-L}{L} = \frac{13-2.6}{2.6} = 4$

여기서, H : 위험도
L : 폭발하한계값(%)
U : 폭발상한계값(%)

위험도
㉠ 폭발하한계 값과 폭발상한계 값의 차이를 폭발하한계 값으로 나눈 것 ㉡ 기체의 폭발 위험수준을 나타낸다. ㉢ 일반적으로 위험도 값이 큰 가스는 폭발상한계 값과 폭발하한계 값의 차이가 크며, 위험도가 클수록 공기 중에서 폭발위험이 크다.

정답 01.③ 02.④ 03.④

04 다음 중 Halon 1211의 화학식으로 옳은 것은?

① CH_2FBr　　② CH_2ClBr
③ CF_2HCl　　④ CF_2BrCl

해설 할론 소화기

종 류	할론1301	할론1211	할론2402	할론104
분자식	CF_3Br	CF_2ClBr	$C_2F_4Br_2$	CCl_4
분자량	148.9	165.4	259.8	154
기체비중	5.1	5.7	9.0	5.32
임계온도	67.0	154	214.6	283.2
임계압력	39.1	40.57	33.5	45
비점	-57.75	-4	47.5	76.72
상온상태	기체	기체	액체	액체
오존파괴지수	14	3	6	
소화효과	큼 ⟷ 작음			
소화효과	작음 ⟷ 큼			

05 다음 중 고체연소의 종류에 해당하지 않는 것은?

① 표면연소　　② 증발연소
③ 분해연소　　④ 혼합연소

해설 ㉮ 기체의 연소 : 확산연소(수소, 아세틸렌, 메탄 등)
㉯ 액체의 연소 : 증발연소(알코올, 등유, 경유 등)
㉰ 고체의 연소 ㉠ 분해연소 : 종이, 목재, 석탄 등 ㉡ 자기연소 : 질산에스테르류, 니트로화합물, 셀룰로이드류 등 ㉢ 증발연소 : 황, 나프탈렌, 파라핀 등 ㉣ 표면연소 : 목탄, 코크스, 알루미늄분말 등

06 다음 중 자연발화의 방지법으로 적절하지 않은 것은?

① 통풍을 잘 시킬 것
② 습도가 낮은 곳을 피할 것
③ 저장실의 온도 상승을 피할 것
④ 공기가 접촉되지 않도록 불활성액체 중에 저장할 것

㉮ 자연발화가 쉽게 일어나는 조건 : ㉠ 발열량이 크고 ㉡ 주위의 온도가 높으며 ㉢ 표면적이 넓을 경우 ㉣ 열전도율이 낮고 ㉤ 수분적당량 존재
㉯ 자연발화의 방지법 : ㉠ 통풍을 잘 시킬 것 ㉡ 습도가 높은 곳을 피할 것 ㉢ 연소성 가스의 발생에 주의할 것 ㉣ 저장실의 온도 상승을 피할 것

07 아세틸렌가스가 다음과 같은 반응식에 의하여 연소할 때 연소열은 약 몇 kcal/mol인가? (단, 다음의 열역학 표를 참조하여 계산한다.)

$$C_2H_2 + O_2 \rightarrow 2CO_2 + H_2O$$

ΔH(kcal/mol)	분자식
54.194	C_2H_2
-94.052	CO_2
-57.798	$H_2O(g)$

① −300.1　　② −200.1
③ 200.1　　④ 300.1

해설 물질이 연소할 때 단위 당량에서 발생하는 열량을 그 물질의 연소열이라고 한다. 그 단위는 kcal/mol, kcal/kg 또는 cal/g 등으로 표시된다. (연소열=반응열−생성열)

정답 04.④ 05.④ 06.② 07.①

08 메탄 20%, 에탄 40%, 프로판 40%로 구성된 혼합가스가 공기 중에서 연소할 때 이 혼합가스의 이론적 화학양론 조성은 약 몇%인가? (단, 메탄, 에탄, 프로탄의 양론농도(Cst)는 각각 9.5%, 5.6%, 4.0%이다.)

① 5.2% ② 7.7%
③ 9.5% ④ 12.1%

해설

$$Cst = \frac{100}{1 + 4.773\left(C + \frac{H - Cl - 2O}{4}\right)}$$

C : 탄소원자수
H : 수소원자수
Cl : 염소원자수
O : 산소원자수

09 프로판(C_3H_8) 가스가 공기 중 연소할 때의 화학양론농도는 약 얼마인가? (단, 공기 중의 산소농도는 21vol%이다.)

① 2.5vol% ② 4.0vol%
③ 5.6vol% ④ 9.5vol%

해설

㉠ 산소농도(O_2) $= a + \frac{b-c-2d}{4}$

$= \left(3 + \frac{8}{4}\right) = 5$

단, $C_3H_8 \Rightarrow a = 3,\ b = 8,\ c = 0,\ d = 0$

㉡ 화학양론농도 $= \frac{100}{1 + 4.773O_2}$

$= \frac{100}{1 + 4.773 \times 5} = 4[vol\%]$

10 다음 중 인화점이 가장 낮은 물질은 어느 것인가?

① CS_2 ② C_2H_5OH
③ CH_3COCH_3 ④ $CH_3COOC_2H_5$

해설 ㉠ 인화점이란 화염에 의해 불이 붙을 수 있는 최저온도 ㉡ 발화점 : 불꽃 없이 스스로 불이 붙는 최저온도 ㉢ 인화성 물질 : 대기압하에서 인화점이 65℃ 이하인 가연성 액체 ㉣ 주요 가연성 물질의 인화점

물질명	에틸 에테르	가솔린	아세트 알데히드	이황화 탄소	아세톤	아세트산 에틸
인화점 (℃)	-45	-43~ -20	-39	-30	-18	-4

11 다음 중 자연발화의 방지법에 관계가 없는 것은?

① 점화원을 제거한다.
② 저장소 등의 주위 온도를 낮게 한다.
③ 습기가 많은 곳에는 저장하지 않는다.
④ 통풍이나 저장법을 고려하여 열의 축적을 방지한다.

해설 ㉮ 자연발화란 공기 중에 놓여 있는 물질이 상온에서 저절로 발열하여 발화·연소되는 현상이다. 산화·분해 또는 흡착 등에 의한 반응열이 축적하여 일어남

㉯ 자연발화가 쉽게 일어나는 조건은 발열량이 크고, 주위의 온도가 높을수록, 연전도율이 작고, 표면적이 넓고, 수분이 적당량 존재할수록 자연발화가 쉽게 일어남

㉰ 자연발화 방지법 : ㉠ 습도가 높은 곳을 피할 것(건조하게 유지) ㉡ 저장실의 온도를 낮출 것 ㉢ 통풍이 잘되게 할 것 ㉣ 퇴적 및 수납 시 열이 쌓이지 않게 할 것 ㉤ 연소성 가스의 발생에 주의할 것

정답 08.① 09.② 10.① 11.①

12 에틸알코올(C_2H_5OH)이 완전연소 시 생성되는 CO_2와 H_2O의 몰수로 옳은 것은?

① CO_2 : 1, H_2O : 4
② CO_2 : 2, H_2O : 3
③ CO_2 : 3, H_2O : 2
④ CO_2 : 4, H_2O : 1

해설 ㉮ 완전연소 : 연료가 가연분을 남기지 않고 완전히 다 연소하는 것. 완전연소 시 생성물은 이산화탄소와 물

㉯ $C_2H_5OH + aO_2 \rightarrow bcCO_2 + cH_2O$

㉠ $C_2 = bCO_2$에서 C의 개수가 같아야 하므로, b = 2

㉡ $cH_2O = C_2H_5OH$에서 의 개수가 같아야 하므로, c = 3

㉢ C_2H_5OH에서 O의 개수 1개와 aO_2의 개수의 합이 2×b + c = 7과 같아야 하므로 7 = 1+2a , a = 3이 된다.

∴ $C_2HOH + 3O_2 \rightarrow 2CO_2 + 3H_2O$

13 다음 중 가스연소의 지배적인 특성으로 가장 적합한 것은?

① 증발연소 ② 표면연소
③ 액면연소 ④ 확산연소

해설 ㉠ 증발연소(액면연소) : 액체연료(휘발유, 등유, 알코올 등)가 기화하여 증기가 되어 연소 ㉡ 표면연소 : 고체연료(목탄, 코크스, 석탄 등)가 고온이 되면 고체표면이 빨갛게 빛을 내면서 연소 ㉢ 확산연소 : 기체연료(프로판 가스, LPG 등)가 공기의 확산에 의하여 반응하는 연소

14 다음 중 대기압상의 공기·아세틸렌 혼합가스의 최소발화에너지(MIE)에 관한 설명으로 옳은 것은?

① 압력이 클수록 MIE는 증가한다.
② 불활성 물질의 증가는 MIE를 감소시킨다.
③ 대기압상의 공기·아세틸렌 혼합가스의 경우는 약 9%에서 최대값을 나타낸다.
④ 일반적으로 화학양론농도보다도 조금 높은 농도일 때에 최소값이 된다.

해설 ㉠ 압력이나 온도의 증가에 따라 감소하며, 공기 중에서보다 산소 중에서 더 감소한다. ㉡ 분진의 MIE는 일반적으로 인화성가스보다 큰 에너지 준위를 가진다. ㉢ 질소 농도 증가는 MIE를 증가시킨다.

정답 12.② 13.④ 14.④

제4과목

연구실 기계·물리 안전관리

연구실 기계의 위험성

01 다음 중 회전하는 물체의 길이, 굴기, 속도 등의 불규칙 부위와 돌기 회전부위에 의해 장갑 또는 작업복 등이 말려들 위험이 있는 위험점은?

① 협착점 ② 회전 말림점
③ 접선 물림점 ④ 물림점

해설 회전하는 물체의 길이, 굴기, 속도 등의 불규칙 부위와 돌기 회전부위에 의해 장갑 또는 작업복 등이 말려들 위험이 있는 위험점이며, 예로 회전하는 축, 커플링, 회전하는 드릴 등이 있다.

02 기계의 위험점 분류 중에서 접선 물림점 형성에 해당되지 않는 것은?

① V-벨트와 풀리
② 랙과 피니언
③ 롤러와 롤러의 물림
④ 체인벨트

해설 접선 물림점은 회전하는 부분의 접선방향으로 물려 들어갈 위험이 있는 위험점이며, 롤러와 롤러의 물림은 물림점으로 혼동하기 쉽다.

03 산업안전보건기준에 관한 규칙에 따라 기계의 위험방지를 위하여 사업주는 회전축·기어·풀리 및 플라이휠 등에 부속되는 키·핀 등의 기계요소를 어떤 형태로 설치하는 것이 옳은가?

① 고정형 ② 개방형
③ 돌출형 ④ 묻힘형

해설 회전축·기어·풀리 및 플라이휠 등에 부속된 키·핀 등의 기계요소는 묻힘형과 덮개로 위험방지조치를 강구하여야 한다.

04 일반적으로 기계의 점검시기를 운전상태와 정지상태로 구분할 때, 다음 중 정지상태의 점검사항이 아닌 것은?

① 급유상태
② 방호장치 및 동력전달장치 부분 상태
③ 나사, 볼트, 너트 등의 풀림 상태
④ 베어링의 온도 상승 여부

해설 ㉮ 정지상태서의 점검사항 : ㉠ 나사, 볼트, 너트의 풀림 ㉡ 전동기 개폐기의 이상 유무 ㉢ 방호장치 및 동력전달장치 ㉣ 급유 상태
㉯ 운전상태에서의 점검사항 : ㉠ 클러치 ㉡ 기어의 교합 ㉢ 접동부 ㉣ 이상음과 진동 ㉤ 베어링의 온도 상승 여부 등

05 산업안전보건기준에 관한 규칙에 따라 원동기·회전축·기어·풀리·플라이휠·벨트 및 체인 등 근로자가 위험에 처할 우려가 있는 부위에 설치하는 위험방지장치가 아닌 것은?

① 건널다리 ② 덮개
③ 피니언 ④ 울

해설 근로자가 위험에 처할 부위에 설치하는 위험방지장치는 덮개, 울, 슬리브, 건널다리 등이 있다.

정답 01.② 02.③ 03.④ 04.④ 05.③

06 차량계 하역운반기계 등은 별도의 안전조치 없이 운전자의 운전위치 이탈로 인한 사고가 발생할 수 있다. 다음 중 운전자가 운전석 이탈 시 해야 하는 안전조치와 거리가 먼 것은?

① 포크, 버킷, 디퍼 등의 장치를 가장 낮은 위치 또는 지면에 내려 둘 것
② 원동기를 정지시키고 제동장치를 확실히 거는 등 갑작스러운 주행 등을 방지하기 위한 조치를 할 것
③ 운전석을 이탈할 때는 시동키를 운전대에서 분리시켜 별도로 보관할 것
④ 잠금장치가 있는 운전석의 출입문을 닫고 자리를 이탈할 것

해설 잠금장치가 있는 운전석에서 운전자가 이탈하고자 할 때는 다른 사람이 운전하지 못하도록 잠금장치를 잠그고 자리를 이탈하여야 한다.

07 산업안전보건기준에 관한 규칙에 따라 사업주는 근로자가 안전하게 통행할 수 있도록 통로에 얼마 이상의 채광 또는 조명시설을 하여야 하는가?

① 100Lx ② 150Lx ③ 300Lx ④ 75Lx

해설 통로에는 75Lx 이상, 보통작업에는 150Lx, 정밀작업에는 300Lx, 초정밀작업는 750Lx 이상 사업주는 채광 또는 조명설비를 하여야 한다.

08 다음 중 일반 시중의 면장갑을 착용하고 작업해도 괜찮을 작업은?

① 밀링작업 ② 전기용접작업
③ 드릴작업 ④ 선반작업

해설 회전체에 말려 들어가는 선반 등의 작업 시에는 위험을 방지하기 위해 장갑, 특히 면장갑 착용은 절대 금하여야 하며, 날·공작물 또는 축이 회전하는 기계를 취급하는 경우에는 가죽장갑 등과 같이 말려 들어갈 위험이 없는 장갑을 착용하고 작업한다.

09 기계에 부속된 볼트·너트를 풀림을 방지하기 위하여 그 볼트·너트가 적정하게 조여 있는지를 확인하여야 한다. 다음 중 너트 및 나사의 풀림 방지가 아닌 것은?

① 분할핀의 사용 ② 브레이크 사용
③ 와셔의 설치 ④ 로크 너트의 사용

해설 너트 및 나사의 물림 방지를 위해서는 로크 너트의 사용, 분할핀의 사용, 홈붙이 너트 사용, 멈춤쇠나 멈춤나사의 사용, 와셔 설치, 셋트 나사의 사용 등이 있다.

10 근로자의 떨어짐(추락) 등의 위험을 방지하기 위하여 안전난간을 설치하여야 한다. 다음 중 안전난간의 구조 및 설치조건에서 거리가 먼 것은?

① 상부 난간대는 바닥면·발판 또는 경사로의 표면으로부터 90cm 이상 시점에 설치하고, 상부 난간대를 120cm 이하에 설치하는 경우에는 중간난간대를 상부 난간대와 바닥면 등의 중간에 설치할 것
② 발끝막이판은 바깥면 등으로부터 10cm 이상의 높이를 유지할 것
③ 난간대는 지름 2.7cm 이상의 금속제 파이프나 그 이상의 강도가 있는 재료일 것
④ 안전난간은 구조적으로 가장 취약한 지점에서 가장 취약한 방향으로 작용하는 70kg 이상의 하중에 견딜 수 있는 튼튼한 구조일 것

해설 안전난간의 구조적으로 가장 취약한 지점에서 가장 취약한 방향으로 작용하는 100kg 이상의 하중에 견딜 수 있는 튼튼한 구조이어야 한다.

정답 06.④ 07.④ 08.② 09.② 10.④

CHAPTER 02 연구실 기계의 안전조건 및 방호조치

01 기계의 안전조건 중 외관상 안전화에 거리가 먼 것은?

① 기계 외형 부분 및 회전체 돌기 부분에 가드 설치
② 원동기 및 동력전도장치를 구획된 장소에 격리
③ 기계 장비 및 부수되는 배관에 안전색채 사용
④ 기계의 안전기능을 기계에 내장

해설 기계의 안전기능을 기계에 내장하는 것은 외관상 안전화는 거리가 멀다. 또한 안전색채 조절도 매우 중요하다.

시동스위치	녹색	고열을 내는 기계	청녹색, 회청색
급정지스위치	적색	증기배관	암적색
기름배관	암황적색	대형기계	밝은연녹색
물배관	청색	가스배관	황색
공기배관	백색		

02 기능적 안전화 중 적극적 대책과 거리가 먼 것은?

① 이상 시 기계를 급정지
② 페일 세이프(Fail safe)화
③ 별도의 완전한 회로에 의해 정상기능을 찾을 수 있도록 함
④ 회로를 개선하여 오동작 방지

해설 기능적 안전화는 소극적 대책과 적극적 대책으로 구분한다. 소극적 대책은 이상 시 기계를 급정지하는 것과 방호장치 작동이 있다.

03 다음 중 기계의 구조적 안전화를 위한 안전조건에 해당하지 않는 것은?

① 설계 시의 사용상 강도의 열화를 고려하여 안전율을 산정
② 사용상의 안전화
③ 가공상의 안전화
④ 재료 선택 시의 안전화

해설 구조상의 안전화는 설계상의 결함, 재료의 결함, 가공의 결함에 대한 안전조건을 충족시키는 것이 필요하다.

04 다음 중 풀 프루프(Fool proof)의 예시와 거리가 먼 것은?

① 승강기에서 중량제한이 초과되면 움직이지 않는다.
② 석유난로가 일정한 각도 이상으로 기울어지면 불이 자동으로 꺼지도록 소화기능을 내장한다.
③ 작업자의 손이 프레스의 금형 사이에 들어가면 슬라이드 하강이 정지한다.
④ 기계의 회전부분에 울이나 덮개를 부착한다.

해설 풀 프루프는 작업자가 기계를 잘못 취급하여 불안전한 행동이나 실수를 하여도 기계의 안전기능이 작동되어 재해를 방지할 수 있는 기능을 가진 구조를 말한다. 석유난로가 일정한 각도 이상으로 기울어지면 불이 자동으로 꺼지도록 소화기능을 내장한 것은 페일 세이프의 예시이다.

정답 01.④ 02.① 03.② 04.②

05 다음 중 페일 세이프(Fail safe)의 기계 설계상 본질적 안전에 대한 설명으로 틀린 것은?

① Fail operational : 부품의 고장이 발생하더라도 기계는 보수가 될 때까지 안전한 기능을 유지하도록 하는 것이다.
② Fail active : 부품이 고장 나면 기계는 경보를 울리는 가운데 짧은 시간 동안의 운전이 가능하다.
③ Fail passive : 부품이 고장 나면 통상적으로 기계는 정지하는 방향으로 이동하도록 한다.
④ 기능적 Fail safe : 인간이 기계 등의 취급을 잘못해도 그것이 바로 사고나 재해와 연결되는 일이 없는 기능을 말한다.

해설 페일 세이프는 기계나 그 부품에 파손, 고장이나 가능 불량이 발생하여도 항상 안전하게 작동할 수 있는 기능을 가진 구조를 말한다.

06 다음 중 가공기계에 주로 장착하는 풀 프루프의 형태가 아닌 것은?

① 카메라의 이중촬영 방지기구
② 금형의 가드
③ 증기보일러의 안전변과 급수탱크를 복수로 설치하는 것
④ 사출기의 인터록 장치

해설 증기보일러의 안전변과 급수탱크를 복수로 설치하는 것은 기계적 페일 세이프의 예에 속한다.

07 다음 중 기계장치 등에서 동작이 일정한 한계에 도달하였을 때 스위치가 작동하여 차단하는 장치를 무엇이라 하는가?

① 오버런 기구 ② 리미트 스위치
③ 전원 스위치 ④ 비상정지장치

해설 리미트 스위치는 기계장치 등에서 동작이 일정한 한계에 도달하였을 때 스위치가 작동하여 차단하는 장치를 말한다.

08 철도신호가 고장이 발생하면 청색 신호가 적색 신호로 변경되어 열차가 정지할 수 있도록 해야 한다. 신호가 변경되지 못하면 사고 발생의 원인이 될 수 있으므로, 철도 고장 시 반드시 적색신호로 변경되도록 해주는 구조를 무엇이라 하는가?

① 기능적 페일 세이프
② 구조적 페일 세이프
③ 내부적 페일 세이프
④ 외관상 페일 세이프

해설 기능적 페일 세이프는 기능을 유지할 목적의 구조로서 대표적인 예가 철도신호이다.

09 다음 중 방호장치 설치목적이 아닌 것은?

① 인적·물적 손실의 방지
② 기계 위험 부위 접촉 방지
③ 급유나 점검의 편리성
④ 작업자의 보호

해설 급유나 점검은 편리성은 방호장치 설치목적과는 거리가 멀다.

정답 05.④ 06.③ 07.② 08.① 09.③

10 이상온도, 이상기압, 과부하 등 기계의 부하가 안전한계치를 초과하는 경우, 이를 감지하고 자동으로 안전한 상태가 되도록 조정하거나 기계의 작동을 중지시키는 기계의 방호방치는?

① 격리형 방호장치
② 감지형 방호장치
③ 접근 반응형 방호장치
④ 위치 제한형 방호장치

해설 ㉠ 격리형 방호장치 : 작업자 사이에 접촉되어 일어날 수 있는 재해를 방지하기 위해 파단벽이나 망을 설치하는 방호장치
㉡ 접근 반응형 방호장치 : 작업자의 신체부위가 위험한계 또는 그 인접한 거리 내로 들어오면, 이를 감지하여 그 즉시 기계의 동작을 정지시키고 그 경보등을 발하는 방호장치
㉢ 위치 제한형 방호장치 : 작업자의 신체부위가 위험한계 밖에 있도록 기계의 조작장치를 위험한 작업점에서 안전거리 이상 떨어지게 하거나, 조작장치를 양손으로 동시에 조작하게 함으로써 위험한계에 접근하는 것을 제한하는 방호장치

11 물리적 위험성이 있는 장비 또는 기계의 작업점, 회전부분 등을 움직이는 부분과 접촉하지 않도록 하기 위한, 그리고 기계에서 비산되는 파편 또는 스파크 등의 위험으로부터 사람을 방호하기 위한 것을 가드(Guard)라고 한다. 다음 중 가드의 설치기준과 거리가 먼 것은?

① 충분한 강도를 유지할 것
② 구조가 복잡하고 조정이 용이할 것
③ 작업, 점검, 주유 시 장애가 없을 것
④ 개구부 등 간격(틈새)가 적정할 것

해설 가드의 설치기준
㉠ 충분한 강도를 유지할 것 ㉡ 구조가 단순하고 조정이 용이할 것 ㉢ 작업, 점검, 주유 시 장애가 없을 것 ㉣ 위험점 방호가 확실할 것 ㉤ 개구부 등 간격(틈새)이 적정할 것 등

12 다음 중 가드의 구조상 분류에 해당하지 않은 것은?

① 고정형 ② 분리형 ③ 자동형 ④ 조절형

해설 가드의 분류
㉠ 고정형(안전 밀폐형과 작업점용) : 개구부로부터 가공물과 공구 등을 넣어도 손은 위험영역에 머무르지 않는 형태
㉡ 자동형 : 기계적, 전기적, 유·공압적 방법에 의한 인터록 기구를 부착한 가드로, 가드 해제 시 자동으로 기계가 정지하는 방식
㉢ 조절형 : 위험구역에 맞추어 적당한 모양으로 조절하는 것으로, 기계에 사용하는 공구를 바꿀 때 이에 맞추어 조정하는 가드

13 1차 가공작업에 널리 적용하는 것으로, 재료의 송급 및 가공재를 배출할 때 작업에 방해를 주지 않으면서 작업자가 위험점에 근접하지 못하게 하는 가드의 구조에 해당하는 가드는?

① 완전 밀폐형 가드 ② 작업점용 가드
③ 자동형 가드 ④ 조절형 가드

해설 가드의 분류에서 고정형 가드에는 작업점용 가드와 완전 밀폐형 가드가 있는데, 그 중 작업점용 가드에 해당한다.

14 다음 중 허용응력을 결정하기 위한 재료의 조건과 그에 따른 기초강도 사이 상관관계가 틀린 것은?

① 고온에서 정하중을 받은 경우 – 기초강도는 크리프 강도
② 상온에서 취성재료가 정하중을 받은 경우 – 기초강도는 극한강도
③ 상온에서 연성재료가 정하중을 받은 경우 – 기초강도는 인장강도
④ 반복응력을 받은 경우 – 피로한도

정답 10.② 11.② 12.② 13.② 14.③

해설 허용응력을 결정하는 재료의 조건과 그에 따른 기초강도 중 상온에서 연성재료가 정하중을 받은 경우, 기초강도는 극한강도 또는 항복점을 가진다.

15 다음 중 기계 설계 시 사용되는 안전율(안전계수)을 나타내는 식으로 틀린 것은?

① 최대하중(파괴하중)/최대사용하중
② 허용하중/기초강도
③ 파단하중/안전하중
④ 극한강도/최대설계응력

해설 안전율(안전계수)
= 기초강도/허용응력 = 극한강도/허용응력
= 최대응력/허용응력 = 절단하중(파괴하중)/최대사용하중
= 극한강도/최대설계응력 = 파단하중/안전하중
= 인장강도/허용하중

16 안전계수가 5인 체인의 최대설계하중이 100kgf 라면, 이 체인의 극한하중은 얼마인가?

① 20kgf ② 500kgf
③ 100kgf ④ 1000kgf

해설 안전율(안전계수) = 안전계수 × 최대설계하중
= 5 × 100 = 500(kgf)

17 일반구조용 압연강판(SS400)으로 구조물을 설계할 때 허용응력을 20kg/㎟로 정하였다. 이때 적용되는 안전율은 얼마인가?

① 2 ② 4 ③ 80 ④ 8

해설 ㉠ SS400 = 인장강도를 나타냄(40kg/㎟, 400MPa), 1kg/㎟ = 10MPa(10kg/㎟ = 100MPa)
㉡ 안전율 = 인장강도/허용응력 = 40/20 = 2

18 동일한 재료를 사용하여 기계나 시설물 설계할 때 하중위 종류에 따라 안전율의 선택값이 달란진다. 이때 일반적으로 안전율의 선택값이 큰 것부터 작은 것의 순서로 옳게 된 것은?

① 충격하중 〉 반복하중 〉 교번하중 〉 정하중
② 충격하중 〉 교번하중 〉 반복하중 〉 정하중
③ 교번하중 〉 충격하중 〉 반복하중 〉 정하중
④ 교번하중 〉 반복하중 〉 충격하중 〉 정하중

해설 하중에 따른 안전율의 순서
충격하중 〉 교번하중 〉 반복하중 〉 정하중

19 정지상태에서 힘을 가했을 때 변화하지 않는 하중 또는 지극히 서서히 가해진 하중을 정하중이라고 한다. 정하중의 종류별 정의와 다른 것은?

① 전단하중은 재료를 가위로 자르는 것과 같이 단면에 평행하도록 작용하는 하중
② 좌굴하중은 단면적에 비해 길이가 짧은 기둥인 경우 탄성 한도 내에서 압축하중이 작용하였을 때 기둥이 휘어지도록 작용하는 하중
③ 비틀림하중은 재료를 비틀리게 하여 파괴시키려는 하중
④ 굽힘하중은 재료가 구부러지도록 작용하는 하중

해설 정하중은 수직하중(인장하중과 압축하중), 전단하중, 비틀림하중, 굽힘하중, 좌굴하중이 있다. 이 중에서 좌굴하중은 단면적에 비해 길이가 긴 기둥의 경우에 나타나는 하중이다.

정답 15.② 16.② 17.① 18.② 19.②

연구실 기계의 유해·위험요인 및 안전대책

01 다음 중 망치의 방호장치와 안전대책으로 적당하지 않은 것은?

① 공작물을 확실히 고정하고 손잡이가 헐겁거나 파손되지 않을 것
② 맞는 공구의 표면적보다 1인치(약 2.54cm)가 작은 직경의 망치 선택
③ 손목으로 똑바로 하고 손잡이를 둘러싼 채로 망치를 쥐고 사용
④ 못을 박을 때는 못 끝쪽을 잡고 처음에는 천천히 가격하면서 손잡이가 미끄러지지 않도록 유의하여 사용

해설 망치는 맞는 공구의 표면적보다 1인치(약 2.54cm) 정도가 큰 직경의 망치를 선택하여 사용해야 한다.

02 다음 중 스패너의 방호조치와 안전대책으로 적당하지 않은 것은?

① 스패너가 미끄러지지 않도록 올바르게 조를 정확히 물고 조임
② 스패너를 조정 조를 뒤로 향하게 하고 스패너를 돌려서 압력이 영구턱과 반대가 되게 사용
③ 스패너를 사용한 볼트 조임 시 볼트 크기에 맞게 조절한 후 작업
④ 맞게 사용하기 위해 홈에 쐐기를 넣지 않고 작업

해설 스패너를 조정 조를 앞으로 하고 스패너를 돌려서 압력이 영구턱과 반대가 되게 사용해야 한다.

03 다음 중 드라이버의 방호조치와 안전대책으로 적당하지 않은 것은?

① 손에서 공구가 미끄러지지 않게 생크를 플랜지로 느슨하게 조임
② 전기작업을 할 때는 절연 손잡이로 된 드라이버 사용
③ 손이 잘 닿지 않고 불편한 곳에서 나사를 돌리기 시작할 때는 나사가 붙는 드라이버 사용
④ 드라이버의 끝은 가장자리가 직사각형 모양, 둥글게 된 끝은 가장자리가 일직선이 되도록 유지

해설 손에서 공구가 미끄러지지 않게 생크를 플랜지로 꽉 조여야 한다.

04 다음 중 밀링작업에 대한 안전조치사항으로 적당하지 않은 것은?

① 가능한 한 절삭 방향은 주축대 쪽으로 한다.
② 급속 이송은 한 방향으로만 한다.
③ 커터는 최대한 칼럼에 가깝게 설치한다.
④ 이송장치의 핸들은 사용 후 반드시 빼둔다.

해설 주축대는 선반에 해당하여 밀링작업의 안전조치사항과 거리가 멀다.

정답 01.② 02.② 03.① 04.①

05 다음 중 쇠톱의 방호조치와 안전대책으로 적당하지 않은 것은?

① 가공물의 종류에 따라 알맞은 톱을 선택하되, 톱니는 앞쪽으로 된 날을 선택
② 힘 있고 꾸준한 반복동작으로 똑바로 톱질하되, 톱날은 꼭 고정하고 톱대는 반듯하게 직선이 되게 톱질 실시
③ 날이 과열되고 부러지지 않도록 날 위에 농도가 낮은 기계오일을 뿌려 사용
④ 발 보호를 위해 안전화를 착용하고, 톱질 시 부분길이를 사용

해설 분진으로부터 건강보호를 위해 방진마스크, 발 보호를 위해 안전화를 착용하고, 톱질 시 전체길이를 사용하여야 한다.

06 다음 중 급속의 손 다듬질용으로 사용하는 정의 방호조치 및 안전대책으로 적당하지 않은 것은?

① 정의 자루 위에 스펀지 고무로 된 보호물을 씌워 손 보호
② 자르기, 깎기 작업을 위해 절삭날의 사면을 자르거나, 깎는 면에 대해 직각의 각도로 정을 잡고 사용
③ 결이 거칠거나 버섯 모양으로 퍼진 머리를 한 타격용 공구는 교정 후 사용
④ 정의 끝각은 단단한 금속용에는 70도, 연한 금속용은 60도, 정을 갈 때는 주기적으로 찬물에 식힘

해설 자르기, 깎기 작업을 위해 절삭날의 사면을 자르거나, 깎는 면에 대해 직각이 아닌 평평하게 되는 각도로 정을 잡고 사용한다.

07 다음 중 바이스의 방호조치와 안전대책으로 적당하지 않은 것은?

① 바이스 바닥의 구멍에 볼트를 박아 단단하게 고정하고, 고정조가 작업대 모서리보다 약간 뒤쪽으로 나오도록 장착
② 가공물 크기에 맞는 바이스 선택, 진동 방지 위해 최대한 조에 가깝게 가공물을 고정
③ 가공물이 손상되지 않도록 조 보호판 사용, 용도나 목적 외 사용금지
④ 바이스를 꼭 조이기 위해 손잡이를 길게 사용해서는 안 됨

해설 바이스 바닥의 구멍에 볼트를 박아 단단하게 고정하고, 고정조가 작업대 모서리보다 약간 앞으로 나오도록 장착하여 사용해야 한다.

08 다음 중 공작물에 구멍을 뚫는 기계의 하나인 전동드릴의 방호조치와 안전대책으로 적당하지 않은 것은?

① 가공 작업 시 공작물을 클램프 등을 이용하여 단단히 고정
② 감전방지용 누전차단기 설치와 사용, 전원케이블의 손상 유무 등 주기적 점검
③ 불티비산방지조치(차단판 등의 설치)와 무리한 동작·불편한 자세에서의 작업 금지
④ 귀마개 등 보호구 착용, 옷 말림 방지를 위한 단정한 옷차림과 면장갑 착용

해설 면장갑 착용은 고속으로 회전하는 드릴날에 감기는 등의 사고위험이 있으므로 면장갑을 착용해서는 안 된다.

제4과목

정답 05.④ 06.② 07.① 08.④

09 다음 중 휴대용 연삭기의 방호장치와 안전대책으로 적당하지 않은 것은?

① 숫돌 파괴 시 사고 예방을 위한 숫돌 방호가드 부착과 임의로 방호가드 변형 금지
② 균열 등 이상이 없는 규격의 연삭숫돌 장착과 불티비산방지포(차단판 등) 설치
③ 누전차단기 및 접지, 작업선(연장선 포함) 등 주기적 점검 실시
④ 스트레칭 및 보안경 등 개인보호구 착용

해설 숫돌 파괴 시 사고 예방을 위한 숫돌 방호가드가 아닌 방호덮개를 부착하고 사용하여야 한다.

10 다음 중 금속절단기의 방호조치와 안전대책으로 적당하지 않은 것은?

① 연삭날 방호덮개 및 벨트덮개가 견고하게 고정, 부착되어 있는지 여부 확인
② 규격의 연삭날(절단석) 장착 및 1분 이상 공회전 후 사용
③ 금속제 손잡이에 절연물 없이 공작물은 바이스 등 고정장치 사용
④ 누전차단기와 접지, 접지형 콘센트 사용

해설 금속제 손잡이는 플라스틱 등 절연물이 끼어 있는 상태에서 사용해야 한다.

11 다음 중 선반에서 절삭가공 시 발생하는 칩을 짧게 끊어지도록 공구에 설치되어 있는 방호장치의 일종인 칩 제거기구를 무엇이라 하는가?

① 칩 받침　　② 칩 브레이커
③ 칩 커터　　④ 칩 실드

해설 칩 브레이크는 선반에서 절삭가공 시 발생하는 칩을 짧게 끊어지도록 분공구에 설치되어 있는 방호장치다.

12 다음 중 선반작업 시 주의사항으로 적당하지 않은 것은?

① 돌리개는 적정 크기의 것을 선택하고, 심압대 스핀들을 가능하면 짧게 나오도록 한다.
② 회전 중에 가공물을 직접 만지지 않는다.
③ 렌치류를 사용하여 공작물을 설치하고, 렌치류를 장착한 상태에서 선반을 가동한다.
④ 칩이 비산할 때는 보안경을 쓰고 방호판을 설치하여 작업한다.

해설 공작물의 설치가 끝나면 척에서 렌치류를 곧바로 제거하고 선반을 가동해야 한다.

13 다음 중 밀링작업의 안전수칙으로 적당하지 않은 것은?

① 제품을 따내는 데에는 손끝을 대서는 안 된다.
② 칩을 제거할 때는 커터의 운전을 정지하고 브러시를 사용한다.
③ 급속 이송은 백래시 제거장치가 동작할 때 실시한다.
④ 강력 절삭을 할 때는 공작물을 바이스에 깊게 물린다.

해설 급속 이송은 백래시 제거장치가 동작하지 않음을 확인한 후 실시하여야 한다.

정답 09.① 10.③ 11.② 12.③ 13.③

14 다음 중 드릴날을 회전시켜 구멍을 뚫는 가공 기계인 드릴링 머신을 사용하는 작업 시 공작물을 고정하는 방법으로 가정 적절하지 않은 것은?

① 대량생산과 정밀도를 요구할 때는 플라이어로 고정한다
② 공작물이 크고 복잡할 때는 볼트와 고정구로 고정한다
③ 작은 공작물은 바이스로 고정한다
④ 작고 길쭉한 공작물은 바이스로 고정한다.

해설 대량생산과 정밀도를 요구하는 공작물은 바이스로 고정하는게 옳다.

15 다음 중 휴대용 전동 드릴작업 시 안전사항에 관한 설명으로 옳지 않은 것은?

① 드릴의 손잡이를 견고하게 잡고 작업하여 드릴 손잡이 부위가 회전하지 않고 확실하게 제어 가능하도록 한다.
② 절삭을 하기 위하여 구멍에 드릴날을 넣거나 뺄 때 반발에 의하여 손잡이 부분이 튀거나 회전하여 위험을 초래하지 않도록 팔을 드릴과 직각으로 유지한다.
③ 드릴과 리머를 고정키거나 제거하고자 할 때는 금속성 망치 등을 사용해서는 안된다.
④ 드릴을 구멍에 맞추거나 스핀들의 속도를 낮추기 위하여 드릴날을 손으로 잡아서는 안된다.

해설 절삭을 하기 위하여 구멍에 드릴날을 넣거나 뺄 때 반발에 의하여 손잡이 부분이 튀거나 회전하여 위험을 초래하지 않도록 팔을 드릴과 직선으로 유지한다.

16 드릴로 구멍을 뚫는 작업 중 공작물이 드릴과 함께 회전할 우려가 있다. 이때 가장 큰 경우는?

① 구멍이 완전히 뚫렸을 때
② 거의 구멍이 뚫렸을 때
③ 중간쯤 뚫렸을 때
④ 처음 구멍을 뚫렸을 때

해설 공작물이 드릴과 함께 회전할 우려가 가장 클 때는 거의 구멍이 뚫렸을 때이다.

17 다음 중 CNC 밀링머신의 유해 위험요인과 거리가 먼 것은?

① 안전문을 연 상태에서 작업을 진행한다.
② 치수 확인, 청소 시 기계를 정지시키고 한다.
③ 작업 전 절삭공구 상태를 확인한다.
④ 작업 중 자리를 이탈할 때는 전원을 차단하고 안전표지판을 게시한다.

해설 CNC 밀링머신의 안전문을 연 상태에서 작업 시 공작물을 확인하는 과정에서 공작물에 부딪히거나 튕겨져 나와 다칠 위험이 있다.

18 다음 중 연삭숫돌의 파괴원인과 가장 거리가 먼 것은?

① 플랜지가 현저히 작을 때
② 내·외면의 플랜지 지름이 동일할 때
③ 숫돌의 측면을 사용할 때
④ 회전력이 결합력보다 클 때

정답 14.① 15.② 16.② 17.① 18.②

해설 그 외에도 숫돌의 회전속도가 적정속도를 초과할 때, 숫돌 반경 방향의 온도변화가 심할 때, 숫돌의 치수가 부적당할 때, 작업에 부적당한 숫돌을 사용할 때, 숫돌의 불균형이나 베어링 마모에 의한 진동이 있을 때, 외부의 충격을 받았을 때 등이 있다.

19 다음 중 연삭작업에 관한 설명으로 옳지 않은 것은?

① 연삭숫돌을 사용하는 작업의 경우 작업시작 전과 숫돌 교체 시 시운전을 해야 한다.
② 탁상용 연삭기의 워크레스트(작업대)는 연삭숫돌과의 간격을 3mm 이하로 조정할 수 있는 구조이어야 한다.
③ 일반적으로 연삭숫돌의 정면과 측면을 사용할 수 있다.
④ 작업 전에 측면 방호덮개의 부착 여부 등 이상을 확인할 필요가 있다.

해설 일반적으로 연삭숫돌의 정면에서 사용할 수 있으며, 측면에는 방호덮개를 부착하여야 한다.

20 다음 중 연삭숫돌의 이상 유무를 확인하기 위한 공회전 및 시운전 시간으로 가장 옳은 것은?

① 작업시작 전 3분 이상 공회전, 연삭숫돌 교체 시 1분 이상 시운전
② 작업시작 전 1분 이상 공회전, 연삭숫돌 교체 시 3분 이상 시운전
③ 작업시작 전 3분 이상 공회전, 연삭숫돌 교체 시 3분 이상 시운전
④ 작업시작 전 1분 이상 공회전, 연삭숫돌 교체 시 1분 이상 시운전

해설 장착을 하고 나서는 작업시작 전 1분 이상 공회전, 숫돌 교체 후 3분 이상 시운전을 하고 이상이 없을 때 작업을 한다.

21 다음 중 탁상용 연삭기 작업면에 있어서의 안전기준과 거리가 먼 것은?

① 회전 중인 연삭숫돌이 근로자에게 위험을 미칠 우려가 있는 경우에는 그 부위에 덮개를 설치하여야 한다.
② 연삭숫돌 작업을 시작하기 전과 연삭숫돌을 교체한 후 시운전을 하고 해당 기계가 이상이 있는지를 확인한다.
③ 시험 운전에 사용되는 연삭숫돌은 작업 시작 전에 결함이 있는지를 확인한 후 사용하여야 한다.
④ 연삭숫돌의 최고 사용 회전속도를 초과하여 사용하여야 한다.

해설 연삭숫돌의 최고 사용 회전속도를 초과하여 사용하도록 해서는 안 된다.

22 다음 중 방전가공기의 방호조치 및 안전대책과 거리가 먼 것은?

① 방전 가공액은 낮아지는 수위만큼 계속 보충, 가공 부위로부터 최소 30mm 이상 유지
② 화재에 대비하여 상단에 소화장치 구비하고 주위에 이동식 소화기도 배치
③ 감전의 위험방지를 위해 작업탱크 내에 손을 넣는 불안전한 행동은 금물
④ 공작물 등 중량물 탈·부착 시 카운터 발란스 등 중량물 취급보조 설비 사용

해설 방전 가공액은 낮아지는 수위만큼 계속적으로 보충하고, 가공 부위로부터 최소 50mm 이상 유지되도록 하여야 한다.

정답 19.③ 20.② 21.④ 22.①

23 다음 중 프레스 또는 전단기 방호장치의 종류와 분류 기호가 틀린 것은?

① 광전자식 : A-2
② 양수조작식 : B-1
③ 손쳐내기식 : C
④ 수인식 : E

해설 ㉠ 광전자식 : A-1, A-2 ㉡ 양수조작식 : B-1, B-2 ㉢ 가드식 : C ㉣ 손쳐내기식 : D ㉤ 수인식 : E

24 양수조작식 방호장치에서 양쪽 버튼의 작동시간 차이는 최대 얼마 이내에 프레스가 동작되도록 해야 하는가?

① 0.1초 ② 0.3초
③ 0.5초 ④ 1.0초

해설 양수조작식 방호장치에서 양쪽 버튼의 작동시간 차이는 최대 0.5초 이내일 때 프레스가 동작되도록 해야 한다.

25 프레스 및 전단기의 양수 조작식 방호장치 누름버튼의 상호 간 최소 내측거리로 옳은 것은?

① 300mm ② 200mm
③ 400mm ④ 500mm

해설 프레스 및 전단기의 양수조작식 방호장치 누름버튼의 상호 간 최소 내측거리는 300mm 이상으로 하여야 한다.

26 다음 중 방호장치를 설치할 때 중요한 것은 기계의 위험으로부터 방호장치까지의 거리이다. 위험한 기계의 동작을 제동시키는 데 필요한 총 소요시간을 t라고 할 때, 안전거리(S)의 산출식으로 옳은 것은?

① S = 2.6t(m/s)
② S = 0.6t(m/s)
③ S = 1.8t(m/s)
④ S = 1.6t(m/s)

해설 위험한 기계의 동작을 제동시키는 데 필요한 제동거리 산출식은 S = 1.6t(m/s)이다.

27 다음 중 프레스의 방호장치에 관한 설명으로 틀린 것은?

① 광전자식 방호장치의 정상작동 표시램프는 녹색, 위험 표시램프는 붉은색으로 한다.
② 게이트가드 방호장치는 가드가 열린 상태에서 슬라이드를 작동시킬 수 없다.
③ 양수조작식 방호장치는 1행정 1정지기구에 사용할 수 있어야 한다
④ 손쳐내기식 방호장치는 슬라이드 하행정 거리의 2/3 위치에서 손을 완전히 밀어내야 한다.

해설 손쳐내기식 방호장치는 슬라이드 하행정 거리의 3/4 위치에서 손을 완전히 밀어내야 한다.

정답 23.③ 24.③ 25.① 26.④ 27.④

28 다음 중 프레스 작업의 안전수칙과 거리가 먼 것은?

① 작업시작 전 공회전을 시켜 클러치의 상태, 스프링 및 브레이크의 안전도를 점검할 것
② 손질 및 급유를 할 때는 반드시 기계를 멈출 것
③ 금형의 설치나 조정을 할 때는 반드시 동력을 끊고 방호장치를 한 후 설치할 것
④ 페달은 U자형의 이중 상자로 덮고, 연속작업 외에는 2회마다 발을 페달에서 빼서 상자 위에 놓을 것

해설 페달은 U자형의 이중 상자로 덮고, 연속작업 외에는 1회마다 발을 페달에서 빼서 상자 위에 놓을 것

29 다음 중 광전자식 프레스 방호장치에서 위험한계까지의 거리가 짧은 200mm 이하의 프레스에서는 연속 차광폭이 작은 mm 이하의 방호장치를 선택하여야 하는가?

① 40mm 초과 ② 30mm 이하
③ 40mm 이하 ④ 30mm 초과

해설 짧은 200mm 이하의 프레스에는 연속 차광폭이 작은 30mm 이하의 방호장치를 선택한다.

30 다음 중 프레스 정지 시의 안전수칙과 거리가 먼 것은?

① 안전블록을 바로 고여준다.
② 정전되면 즉시 전원을 차단한다.
③ 플라이휠의 회전을 멈추기 위해 손으로 누르지 않는다.
④ 클러치를 연결시킨 상태에서 기계를 정지시키지 않는다.

해설 안전블록을 바로 고여주는 것은 프레스의 정비, 보수 시의 안전수칙에 해당한다.

31 산업안전보건법상 프레스 등을 사용하여 작업할 때에는 작업시작 전 점검을 실시하여야 한다. 다음 중 작업시작 전 점검사항이 아닌 것은?

① 크랭크축, 플라이휠, 슬라이드, 연결봉 및 연결나사의 풀림 여부
② 하역장치 및 유압장치 기능
③ 슬라이드 또는 칼날에 의한 위험방지기구의 기능
④ 방호장치의 기능

해설 프레스 작업시작 전 점검사항은 그 외에도 클러치 및 브레이크의 기능, 1행정 1정지기구, 급정지장치 및 비상정지장치의 기능, 프레스의 금형 및 고정볼트 상태 등이 있다.

32 다음 중 금형의 설치 및 해체 등 안전화에 관한 설명 중 옳지 않은 것은?

① 맞춤판을 사용할 때는 끼워맞춤을 정확하게 확실히 하고, 낙하방지 대책을 세워둔다.
② 대형 금형에서 씽크가 헐거워짐이 예상 될 경우 싱크만으로 상형을 슬라이드에 설치하는 것을 피하고, 볼트를 사용하여 조인다.
③ 금형을 설치하는 프레스의 T홈 안길이는 설치 볼트 직경의 3배 이상으로 한다.
④ 금형의 사이에 신체 일부가 들어가지 않도록 이동 스트리퍼와 다이의 간격은 8mm 이하로 한다.

해설 금형을 설치하는 프레스의 T홈 안길이는 설치 볼트 직경의 2배 이상으로 한다.

정답 28.④ 29.② 30.① 31.② 32.③

33 다음 중 원심기의 방호장치로 가장 적합한 것은?

① 반발방지장치 ② 덮개
③ 과부하방지장치 ④ 가드

해설 원심기의 방호장치로 덮개가 가장 적합하다.

34 다음 중 분쇄기의 방호조치와 안전대책과는 거리가 먼 것은?

① 방호덮개를 열면 전원이 차단되는 리미트 스위치와 같은 연동장치 설치
② 내부 확인, 청소 등을 실시할 때는 전원차단과 전원에 '청소중'과 같은 안전표찰을 부착하고 실시
③ 분쇄 작업 중 과부하가 발생할 경우, 분쇄물을 쉽게 빼낼 수 있도록 자동·수동 회전장치 설치
④ 원료 투입은 수공구를 사용하고 배출구역 하부는 칼날부에 손이 직접 접촉할 수 없도록 조치

해설 분쇄 작업 중 과부하가 발생할 경우, 분쇄물을 쉽게 빼낼 수 있도록 자동·수동 역회전장치 설치하여야 한다.

35 다음 중 교류아크용접기의 방호장치는?

① 압력방출장치 ② 압력제한스위치
③ 자동전격방지기 ④ 누전차단기

해설 교류아크용접기에는 방호장치인 자동전격방지기를 설치하여야 한다.

36 다음 중 교류아크용접기의 방호장치와 감전방지용 누전차단기를 반드시 설치, 사용하여야 할 작업장소와 거리가 먼 것은?

① 밀폐된 좁은 장소에서의 작업
② 2m 이상의 고소장소 작업
③ 습윤한 장소에서의 작업
④ 절연판 위에서의 작업

해설 절연판 위에서 작업은 안전작업 방법 중 하나이다.

37 산업안전보건법상 롤러기에 사용하는 급정지장치 중 복부조작식 급정지장치의 설치 위치로 옳은 것은?

① 밑면에서 0.5m 이상 1.1m 이내
② 밑면에서 1.1m 이내
③ 밑면에서 0.8m 이상 1.1m 이내
④ 밑면에서 1.8m 이내

해설 손조작식은 밑면에서 0.8m 이내, 복부조직식은 0.8m 이상 1.1m 이내, 무릅조작식은 밑면에서 0.4m 이상 0.6m 이내의 급정지장치 설치 위치

38 다음 중 롤러기의 무부하 동작에서 앞면 롤러의 표면속도가 30m/min 이상일 때의 급정지거리는?

① 앞면 롤러 원주의 1/3.5
② 앞면 롤러 원주의 1/2.5
③ 앞면 롤러 원주의 1/3
④ 앞면 롤러 원주의 1/4.5

해설 롤러기의 무부하 동작에서 앞면 롤러의 표면속도가 30m/min 이상이면 앞면 롤러 원주의 1/2.5이고, 30m/min 미만이면 앞면 롤러 원주의 1/3이다.

정답 33.② 34.③ 35.③ 36.④ 37.③ 38.②

39 다음 중 롤러기 작업과 관련한 방호조치와 안전대책으로 거리가 먼 것은?

① 신체 일부가 말려 들어가는 것을 방지하기 위한 접촉예방장치인 울 설치
② 급정지장치 중 손으로 조작하는 급정지장치는 롤러기의 전면 및 측면에 각각 1개씩 설치
③ 급정지장치 중 손으로 조작하는 급정지장치를 롤러기의 전면 및 후면에 각각 1개씩 설치
④ 급정지장치 중 손으로 조작하는 급정지장치를 각각 1개씩 설치할 때, 그 길이는 롤러의 길이 이상

해설 급정지장치 중 손으로 조작하는 급정지장치를 롤러기의 전면 및 후면에 각각 1개씩 수평으로 설치하며, 그 길이는 롤러의 길이 이상이다.

40 다음 중 아세틸렌용접장치에서 역화의 발생원인과 거리가 먼 것은?

① 수봉식 안전기가 지면에 대해 수직으로 설치된 때
② 산소 공급이 과다할 때
③ 팁에 이물질이 묻었을 때
④ 압력조정기가 고장으로 작동이 불량할 때

해설 이세틸렌 용접장치에서 역화의 원인은 ㉠ 산소 공급이 과다할 때 ㉡ 팁에 이물질이 묻었을 때 ㉢ 압력조정기가 고장으로 작동이 불량할 때 ㉣ 토치의 성능이 좋지 않을 때 등이 있으며, 수봉식 안전기가 지면에 대해 수직으로 설치한 경우는 방호조치 및 안전대책의 하나이다.

41 다음 중 산업안전보건법상 아세틸렌용접장치에 관한 기준으로 틀린 것은?

① 전용의 발생기실은 건물의 최상층에 위치하여야 하며, 화기를 사용하는 설비로부터 1.5m 초과하는 장소에 설치하여야 한다.
② 전용의 발생기실을 설치하는 경우 벽은 불연성 재료로 하고, 철근콘크리트 또는 그 밖에 이와 동등하거나 그 이상의 강도를 가진 구조로 할 것
③ 아세틸렌가스용접장치를 사용하여 금속의 용접, 용단, 가열 작업을 하는 경우에는 게이지압력 127kPa을 초과하는 압력의 아세틸렌을 발생시켜 사용해서는 안 된다.
④ 전용의 발생기실을 옥외에 설치한 경우에는 개구부를 다른 건축물로부터 1.5m 이상 떨어지도록 하여야 한다.

해설 전용의 발생기실은 건물의 최상층에 위치하여야 하며, 화기를 사용하는 설비로부터 1m 초과하는 장소에 설치하여야 한다.

42 산업안전보건법상 가스집합 용접장치로부터 얼마 이내의 장소에서는 흡연, 화기의 사용 또는 불꽃을 발생할 우려가 있는 행위를 금지하여야 하는가?

① 7m ② 5m
③ 10m ④ 10m

해설 가스집합 용접장치로부터 5m 이내의 장소에서는 흡연, 화기의 사용 또는 불꽃을 발생할 우려가 있는 행위를 금지하여야 한다.

정답 39.② 40.① 41.① 42.②

43 다음 중 산업안전보건법상 보일러에 설치하여야 하는 방호장치에 해당하지 않는 것은?

① 압력제한스위치 ② 압력방출장치
③ 절탄장치 ④ 고저수위조절장치

해설 절탄장치는 보일러에 공급되는 급수를 예열하여 증발량은 증가시키고, 연료소비량은 감소시키기 위한 보일러 부속장치다.

44 다음 중 보일러 운전 시의 안전수칙에 맞는 것은?

① 가동 중인 보일러에는 작업자가 항상 정위치를 떠나지 않는다.
② 노 내의 환기 및 통풍장치를 점검하고 가동 중에 열어본다.
③ 고저수위조절장치와 급수펌프의 상호 기능상태를 확인하기 위해 고저수위조절장치를 열어본다.
④ 압력방출장치와 봉인상태를 점검하기 위해 봉인을 제거한다.

해설 보일러의 운전 시 안전수칙
㉠ 노 내의 환기 및 통풍장치를 점검하고 가동 중에 열어 봐서는 안된다. ㉡ 고저수위조절장치와 급수펌프의 상호 기능 상태를 확인하기 위해 점검을 실시한다. ㉢ 압력방출장치와 봉인상태를 점검을 실시한다. ㉣ 보일러의 각종 부속장치의 누설상태를 점검한다.

45 다음 중 천장 크레인의 방호장치와 거리가 먼 것은?

① 권과방지장치 ② 낙하방지장치
③ 과부하방지장치 ④ 비상정지장치

해설 크레인의 방호장치는 권과방지장치, 과부하방지장치, 비상정지장치, 충돌방지장치, 제동장치 등이 있다.

46 다음 중 크레인을 사용하여 작업할 때의 작업 시작 전 점검사항이 아닌 것은?

① 권과방지장치, 브레이크, 클러치 및 운전정치의 기능
② 주행로의 상측 및 트롤리가 횡행하는 레일의 상태
③ 와이어로프가 통하고 있는 곳 및 작업장의 지반 상태
④ 원동기, 회전축, 기어 및 풀리 등의 덮개 또는 울의 이상 유무

해설 원동기, 회전축, 기어 및 풀리 등의 덮개 또는 울의 이상 유무는 컨베이어의 작업시작 전 점검사항이다.

47 다음 중 정격하중 이상의 하중이 부하되었을 때 자동으로 상승이 정지되면서 경보음을 발행하는 장치는?

① 과부하방지장치 ② 권과방지장치
③ 훅해지장치 ④ 비상정지장치

해설 크레인에 정격하중 이상의 하중이 부하되었을 때 자동으로 상승이 정지되면서 경보음을 발하는 장치는 과부하방지장치이다.
㉠ 권과방지장치 : 인양용 와이어로프가 일정한계 이상 감기게 되면 자동적으로 동력을 차단하고 작동을 정지시키는 장치 ㉡ 훅해지장치 : 권상물이 훅으로부터 벗어나지 않도록 잡아주는 장치 ㉢ 비상정지장치 : 돌발사태 발생 시 안전유지를 위해 전원 차단 및 급정지하는 장치

제 4 과목

정답 43.③ 44.① 45.② 46.④ 47.①

48 양중기에 근로자가 탑승하는 운반구를 지지하는 달기 와이어로프 또는 달기 체인의 안전계수는?

① 5 ② 4
③ 10 ④ 3

해설 근로자가 탑승할 때 사용되는 로프 등은 10, 화물용은 5 이상, 훅 등의경우는 3 이상, 그 밖은 4 이상이다.

49 다음 중 양중기 달기 체인의 사용금지 조건에 해당하는 것은?

① 달기 체인의 길이가 달기 체인이 제조된 때의 길이의 5%를 초과한 것
② 링의 단면 지름이 달기 체인이 제조된 때의 해당 링의 지름의 5%를 초과하여 감소한 것
③ 균열이 있으나 심하게 변형되지 않은 것
④ 달기 체인의 단면적이 제조된 때의 단면적에 비하여 5%를 초과한 것

해설 달기 체인의 길이가 달기 체인이 제조된 때의 길이의 5%를 초과한 것과 링의 단면 지름이 달기 체인이 제조된 때의 해당 링의 지름의 10%를 초과하여 감소한 것, 그리고 균열이 있고 심하게 변형된 것은 사용해서는 안 된다.

50 안전계수가 5인 고리걸이용 와이어로프의 절단하중이 5ton일 때, 이 로프의 최대하중은 얼마인가?

① 500kgf ② 700kgf
③ 800kgf ④ 1,000kgf

해설 안전계수 = 절단하중/최대사용하중
최대사용하중 = 절단하중/안전계수
= 5,000/5 = 1,000kgf

51 제조된 때의 길이가 200mm인 슬링체인을 점검한 결과, 길이에 변형이 있음을 발견하였다. 이때 폐기대상에 해당되는 길이의 측정값은?

① 240mm 초과
② 220mm 초과
③ 210mm 초과
④ 300mm 초과

해설 슬링체인(달기체인)의 길이가 슬링체인이 제조된 때 길이의 5%를 초과하는 것은 폐기대상이다. 즉 200×1.05 = 210mm이다.

52 다음 중 산업용 로봇과 관련한 방호조치 및 방호장치와 관련이 없는 것은?

① 높이 1.8m 이상의 방책
② 안전매트
③ 광전자식 센서(감응식)
④ 수인식

해설 수인식 방호장치는 프레스 방호장치이다.

53 목재가공용기계 중 목재가공용 둥근톱기계의 방호장치 중 반발예방장치에 해당하지 않는 것은?

① 분할날 ② 날접촉예방장치
③ 반발방지롤 ④ 보조안내판

해설 목재가공용 둥근톱의 방호장치는 날접촉예방장치와 반발예방장치이며, 반발예방장치는 분할날, 반발방지기구(반발방지발톱), 반발방지롤, 보조안내판이 있다.

정답 48.③ 49.① 50.④ 51.③ 52.④ 53.②

54 다음 중 동력식 수동 대패기 작업의 안전수칙과 거리가 먼 것은?

① 기계 수리는 운전을 정지시킨 후 한다
② 반대방향으로 대패질을 한다
③ 날이 지나치게 돌출되지 않도록 한다.
④ 목재에 이물질이나 못 등 불균일 면이 없는지를 확인한다.

해설 반대방향으로 대패질을 하지 않고, 얇거나 일감을 가공할 때는 밀기 막대를 이용하는 것 등이 안전수칙에 속한다.

55 다음 중 지게차의 안정도에 관한 설명으로 틀린 것은?

① 좌우 안정도와 전후 안정도가 다르다.
② 작업 또는 주행 시 안정도 이하로 유지하여야 한다.
③ 지게차의 등판능력을 표시한다.
④ 주행과 하역작업의 안정도가 다르다.

해설 지게차의 등판능력은 안정도와는 아무런 관련이 없다.

56 다음 중 산업안전보건법상 근로자가 위험해질 우려가 있는 경우, 컨베이어에 부착·설치하여야 할 방호장치가 아닌 것은?

① 비상정지장치
② 덮개 또는 울
③ 조속기
④ 이탈 및 역주행방지장치

해설 조속기는 승강기 안전장치의 하나이다.

57 다음 중 산업안전보건법상 컨베이어 작업시작 전 점검사항이 아닌 것은?

① 원동기, 회전축, 기어 및 풀리 등의 덮개 또는 울 등의 이상 유무
② 비상정지장치의 이상 유무
③ 이탈 및 역주행방지장치 이상 유무
④ 안전기의 이상 유무

해설 안전기의 이상 유무는 가스용접장치의 방호장치의 하나이다.

58 다음 중 램에 설치된 바이트가 왕복운동을 하여 테이블에 고정된 공작물을 이송시켜 평면, 홈 등을 절삭하는 공작기계인 세이퍼 작업 시의 방호조치와 안전대책과 거리가 먼 것은?

① 램 조정 핸들은 조정 후 빼놓도록 한다
② 바이트는 잘 갈아서 사용하고 절삭 중에 손을 대지 않는다
③ 램은 필요 이상 짧은 행정으로 하지 말고, 작업 중에는 바이트의 운동방향에 서 있어야 한다
④ 공작물은 견고하게 고정하고 반드시 재질에 따라 절삭속도를 정한다

해설 램은 필요 이상 긴 행정으로 하지 말고, 작업 중에는 바이트의 운동방향에 서지 않도록 한다.

정답 54.② 55.③ 56.③ 57.④ 58.③

59 다음 중 산업안전보건법상 공기압축기의 작업 시작 전 점검사항이 아닌 것은?

① 드레인밸브의 조작 및 배수
② 회전부의 덮개 또는 울
③ 공기저장 압력용기의 외관상태
④ 릴리프밸브의 기능

해설 이 외에도 언로드밸브의 기능과 그 밖의 연결부위 이상 유무 등이 있다

60 다음 중 유도 방출에 의해 광을 발진 또는 증폭시키는 장치인 레이저장비의 방호조치 및 안전대책과 거리가 먼 것은?

① 전원의 켜짐 여부와 상관 없이 보호안경을 착용했더라도 레이저광을 직접 응시해서는 안 된다.
② 연구실 출입문에 레이저 사용표지를 부착하고, 정비 가동 중에는 안전교육을 받은 자에 한하여 출입을 허가한다.
③ 작업범위에서 불필요하게 반사되는 표면이 없도록 하고, 손이나 손목에 보석류 등을 착용한다.
④ 적외선, 자외선, 레이저 사용 시에는 반드시 보호안경 등 개인보호구를 착용하고 노출을 최소화하여야 한다.

해설 작업범위에서 불필요하게 반사되는 표면이 없도록 하고, 손이나 손목에 보석류 등을 착용해서는 안 된다.

61 다음 중 박테리아 제거나 형광 생성에 널리 이용되는 UV 장비의 방호조치 및 안전대책과 거리가 먼 것은?

① 연구실 출입문에 UV 사용표지를 부착하고, 장비 기능 중에는 안전교육을 이수한 자에 한하여 출입을 허가한다.
② 장비 사용 중에는 개인보호구인 면장갑과 보호의를 착용하고, 손목과 손이 드러나도록 해야 한다.
③ UV 램프 작동 중 오존이 발생할 수 있으므로 배기장치를 가동하여야 한다.
④ UV 청소 시 전구 전원차단 및 취급 시 주의사항에 따라야 한다.

해설 장비 사용 중에는 개인보호구인 보호안경과 보호의를 착용하고, 보호의의 손목과 손이 드러나지 않도록 하며, UV 차단이 가능한 보호면도 착용해야 한다.

정답 59.④ 60.③ 61.②

연구실 기계의 안전점검 및 비파괴검사

01 연구실 기계의 안전점검을 실시하고자 한다. 다음 중 안전점검 순서로 올바른 것은?

① 계획 – 점검 – 현황파악 – 대책 – 보완
② 계획 – 현황파악 – 대책 – 점검 – 보완
③ 계획 – 현황파악 – 보완 – 점검 – 대책
④ 계획 – 현황파악 – 점검 – 대책 – 보완

해설 기계의 안전점검은 안전점검 계획을 수립하고, 현황을 파악한 다음, 기계의 안저장치 등 구체적 점검을 실시하고, 점검결과에 따른 대책 수립과 그에 따른 안전수칙 게시 등 보완조치를 강구하는 일련의 순서이다.

02 다음 중 사업장에 설치된 날로부터 3년 이내에 최초 안전검사를 받아야 하는 기계가 아닌 것은?

① 크레인장소 ② 리프트
③ 공기압축기 ④ 곤돌라

해설 공기압축기는 안전검사 대상 유해위험기계기구에 속하지 않는다.

03 다음 중 안전검사 대상에 속하지 않는 것은?

① 사출성형기 ② 롤러기
③ 원심기 ④ 분쇄기

해설 분쇄기는 안전검사 대상 유해위험기계기구에 속하지 않는다.

04 재료에 대한 시험 중 비파괴시험이 아닌 것은?

① 피로검사
② 초음파탐상검사
③ 방사선투과시험
④ 육안검사

해설 피로검사는 파괴시험의 하나이다. 비파괴사험은 그 외에 침투검사, 와류탐상검사, 음향검사, 자분탐상검사 등이 있다.

05 다음 중 설비내부의 균열 여부를 확인할 때 가장 효과적인 검사방법은?

① 자분탐상검사
② 초음파탐상검사
③ 육안검사
④ 액체침투탐상검사

해설 설비의 내부 균열 결함을 확인할 수 있는 가장 적합한 검사방법은 초음파탐상검사이다

정답 01.④ 02.③ 03.④ 04.① 05.②

06 비파괴검사 방법 중 하나인 자기탐상(자분)시험은 피검사물을 자화시켜 누설자속을 이용하여 자분의 결함을 측정하는데, 이때의 단점에 해당하지 않는 것은?

① 비자성체에는 적용되지 않는다.
② 검사종료 후 탈지처리가 필요하다.
③ 육안으로 검지할 수 없는 결함 측정에 적합하다.
④ 전원이 필요하다.

해설 육안으로 검지할 수 없는 결함 측정에 적합하다는 것은 자기탐상시험의 장점이다.

07 다음 중 산업안전보건법상 비파괴검사를 해서 결함 유무를 확인하여야 하는 고속회전체의 기준으로 옳은 것은?

① 회전축의 중량이 1ton을 초과하여 원주속도가 초당 120m 이상인 고속회전체는 비파괴검사를 해야 한다.
② 회전축의 중량이 500kg을 초과하여 원주속도가 초당 100m 이상인 고속회전체는 비파괴검사를 해야 한다.
③ 회전축의 중량이 1ton을 초과하여 원주속도가 초당 100m 이상인 고속회전체는 비파괴검사를 해야 한다.
④ 회전축의 중량이 500kg을 초과하여 원주속도가 초당 120m 이상인 고속회전체는 비파괴검사를 해야 한다.

해설 회전축의 중량이 1ton을 초과하여 원주속도가 초당 120m 이상인 고속회전체는 비파괴검사를 해야 한다.

정답 06.③ 07.①

CHAPTER 05 연구실 내 진동 및 소음 관리

01 다음 중 소음 방지대책으로 가장 거리가 먼 것은?

① 보호구 착용 ② 소음의 통제
③ 기계의 배치 변경 ④ 흡음재 사용

해설 보호구 착용은 소극적 대책으로, 소음 방지대책은 이 외에도 소음의 적응, 소음기 사용, 음원기계의 밀폐 등이 있다.

02 다음 중 회전축이나 베어링 등이 마모 등으로 변형되거나 회전의 불균형에 의하여 발생하는 진동은?

① 비정상진동 ② 이상진동
③ 정상진동 ④ 단속진동

해설 회전축이나 베어링 등이 마모 등으로 변형되거나 회전의 불균형에 의하여 발생하는 진동은 정상진동이다.

03 진동작업에 따른 유해성을 근로자에게 주지시켜야 한다. 이에 해당하지 않는 것은?

① 전동기계기구의 일련번호
② 인체에 미치는 영향과 증상
③ 보호구의 선정과 착용방법
④ 진동장해 예방방법

해설 이 외에도 전동기계기구의 관리방법 등이 있다.

04 다음 중 진동작업에 따른 진동이 주는 영향과 거리가 먼 것은?

① 생리적 기능에 미치는 영향
② 작업능률에 미치는 영향
③ 개인 명예에 미치는 영향
④ 정신적, 일상생활에 미치는 영향

해설 개인 명예에 미치는 영향은 거리가 멀다.

05 다음 중 소음성 난청 발생에 따른 조치와는 거리가 먼 것은?

① 인체에 미치는 영향과 증상에 따란 대책 이행 여부 확인
② 청력손실을 감소시키고 청력손실의 재발을 방지하기 위한 대책 강구
③ 해당 작업장의 소음성 난청 발생원인 조사
④ 작업전환 등 의사의 소견을 무시하는 대책 강구

해설 작업전환 등 의사의 소견에 따른 대책을 강구하여야 한다.

정답 01.① 02.③ 03.① 04.③ 05.④

CHAPTER 06 연구실 내 레이저 및 방사선 안전관리

01 다음 중 레이저 사용에 따른 안전대책과 거리가 먼 것은?

① 레이저를 사용하는 출입구에 레이저 사용 관련 안전표지판을 게시한다.
② 레이저 장비가 가동, 작동 중에 적절한 안전조치 없이 자리를 이탈해서는 안 된다.
③ 레이저 장비 담당자에 한하여 정기점검을 실시하면 된다.
④ 레이저 장비를 사용, 취급할 수 있는 자를 배치하고 교육을 실시하여야 한다.

해설 레이저 장비 담당자는 물론 연구실관리책임자는 적절한 성능 유지를 위해 정기점검 등을 실시하여야 한다.

02 다음 중 방사선 안전관리와 관련이 적은 것은?

① 반드시 방사성동위원소 사용시설로 허가된 곳에서만 사용
② 실험 전후에 방사선계측기를 이용, 실험실 방사선오염 유무 확인
③ 실험을 시작하기 전에 작업절차를 검토, 최대한 간결한 작업절차서 작성
④ 방사선 물질을 이용한 모의실험을 통해 실험 절차 숙달 및 피폭시간 단축

해설 비방사선 물질을 이용한 모의실험을 통해 실험 절차 숙달 및 피폭시간을 단축한다.

03 다음 중 방사선 안전관리수칙과 거리가 먼 것은?

① 반드시 방사성동위원소 사용시설로 허가된 곳에서만 사용한다.
② 방사선조사기 등 설비의 이상이나 고장, 오염 등의 사고 시 방사선위험구역을 설정하고 자체 처리한다.
③ 방사선관리구역(10μSv/hr)을 설정하여 작업장 출입을 관리하여야 한다.
④ 방사선관리구역에서는 방사선물질을 이용한 모의실험을 통해 실험 절차 숙달 및 피폭시간 단축

해설 방사선조사기 등 설비의 이상이나 고장, 오염 등의 사고 시 즉시 안전관리자에게 연락하고 지시에 따라야 하며, 가능하다면 오염이나 사고의 확대방지를 위한 조치를 취해야 한다.

04 다음 중 방사선 종사자 3대 준수사항 중 외부피폭 방호원칙이 아닌 것은?

① 희석 ② 차폐
③ 거리 ④ 시간

해설 희석은 방사선 종사자 3대 준수사항 중 내부피폭 방호원칙인 격리, 희석, 차단 중 하나이다.

정답 01.③ 02.④ 03.② 04.①

제5과목

연구실 생물 안전관리

생물(LMO 포함) 안전관리 일반

01 다음 중 생물안전에 대해 설명이 잘못된 것은?

① 실험실에서 잠재적으로 인체위해 가능성이 있는 생물체 또는 생물재해로부터 실험자 및 국민의 건강을 보호하기 위한 지식과 기술, 그리고 장비 및 시설을 적절히 사용하도록 하는 포괄적 조치를 말한다.
② 운영적 요소, 물리적 요소로 구성되며, 이러한 요소로부터 위해요소를 분석하여 안전 조치 후 실험할 수 있도록 한다.
③ 실험자의 행위에 대한 안전조치 등을 마련하는 운영적 요소가 있다.
④ 물리적 요소는 안전을 위해 설치되는 시설만 포함한다.

해설 물리적 요소는 안전을 위해 설치되는 시설, 설비까지 포함한다.

02 다음 중 생물 위험군 분류에서 고려하는 요소가 아닌 것은?

① 병원성 ② 치료가능성
③ 소독방법 ④ 숙주범위

해설 미생물은 사람에 대한 위해도에 따라 병원성, 감염량, 예방가능성, 치료가능성, 숙주범위, 전파방식을 고려해 4가지 위험군(Risk group)으로 분류한다. 소독방법은 위해성평가에서 소독가능한 방법의 확인이 필요하다.

03 다음 중 생물물질을 이용한 실험의 위해성평가 요소로 옳지 않은 것은?

① 숙주 및 공여체의 독소생산성 및 알레르기 유발성
② 병원체의 배양 농도는 중요하나 배양 양은 중요하지 않다.
③ 실험과정 중 발생 가능한 감염경로 및 감염량
④ 인정 숙주 벡터계의 사용 여부

해설 배양 규모 및 농도 모두 위해성평가에 중요 요소이다. 특히 10리터 이상 배양 시 대량배양으로 시설기준 및 운영기준이 바뀔 수 있다.

04 다음 중 생물안전책임자의 역할으로 옳지 않은 것은?

① 생물안전에 관한 국내외 정보수집 및 제공에 관한 사항
② 기관 내 생물안전 준수사항 이행 감독 실무에 관한 사항
③ 기관 내 생물안전 교육 훈련 이행에 관한 사항
④ 실험실 생물안전사고 발생 시 사고 처리 및 보험에 관한 사항

해설 생물안전 책임자는 실험실 생물안전사고 조사 및 보고에 관한 사항을 담당한다. 사고 처리나 보험을 지원할 수 있으나 법정 필수 역할은 아니다.

정답 01.④ 02.③ 03.② 04.④

05 다음 중 생물학적 위해성평가에 대한 설명으로 옳지 않은 것은?

① 잠재적인 인체감염 위험이 있는 병원체를 취급하는 의과학분야 실험실에서 실험과 관련된 병원체 등 위험요소(Hazard)를 바탕으로 실험의 위해(Risk)가 어느 정도인지를 추정하고 평가하는 과정을 말한다.
② 생물학적 위해성평가는 감염병 예방법 및 유전자변형생물체의 국가간 이동 등에 관한 법률, 연구실안전환경조성에 관한 법률에서 정하고 있다.
③ 유전자재조합실험지침에서의 위해성평가, 사업장 위험성평가에 관한 지침에서의 위험성평가, 연구실안전환경조성에 관한 법률에서의 사전위해심사의 3가지가 연구실 안전에서 적용될 수 있다.
④ 병원체를 취급하는 실험실에서 비의도적 병원체 유출, 부주의한 실험 행위 및 잘못된 실험습관 등에 의한 병원체 감염사고는 실험자 종사자 개인뿐만 아니라 지역사회의 감염질환 발생 및 유행이라는 생물학적 위해를 초래할 수 있으므로, 연구책임자와 시험연구자 개개인은 취급하는 병원체 및 실험내용 요소를 바탕으로 위해성평가를 실시하여 예상되는 위해를 제거하거나 최소화할 수 있는 생물안전을 확보해야 한다.

해설 생물학적 위해성평가는 감염병 예방법 및 유전자변형생물체의 국가간 이동 등에 관한 법률에서 정하고 있다.

06 다음 중 생물안전시설 관련자 교육에 대한 내용으로 옳지 않은 것은?

① 생물안전 3등급 이상 시설의 생물안전책임자는 신규 20시간 이상 전문기관 교육 후 매년 4시간 교육을 이수하여야 한다.
② 고위험병원체 시설의 운영책임자는 매년 2시간 이상의 생물안전 교육을 이수하여야 한다.
③ LMO 연구시설의 운영책임자와 연구자는 매년 2시간 이상의 생물안전 교육을 이수하여야 한다.
④ 고위험병원체 2등급 시설의 전담관리자는 8시간 신규교육 후 매년 4시간 이상의 보수교육을 받아야 한다.

해설 고위험병원체 시설 운영책임자는 3등급 시설은 20시간, 2등급 시설은 8시간 신규교육 후 매년 4시간 이상의 생물안전 교육을 이수하여야 한다.

07 다음 중 생물보안 위해로 올바르지 않은 것은?

① 감염성 병원체와 독소를 생물테러 등 악의적인 목적으로 사용
② 독소의 분실 및 도난
③ 의도적으로 동료를 감염성 병원체나 독소에 노출시킴
④ 감염성 병원체 취급 시 연구자의 부주의로 인한 감염

해설 생물보안은 밀폐 원리, 기술 및 병원체와 독소에 대한 비의도적 노출, 또는 이것들의 우연한 유출을 막기 위해 이행해야 하는 조치인 생물안전과는 다르다.

정답 05.② 06.② 07.④

08 다음 중 기관생물안전위원회에 대한 설명으로 옳은 것은?

① 유전자변형생물체의 국가간 이동 등에 관한 법률 통합고시 제9-9조, 제9-10조에5 따라 생물안전 1등급 이상 연구시설을 설치·운영하는 기관은 기관생물안전위원회를 반드시 구성하여야 한다.
② 고위험병원체의 검사, 보존, 관리 및 이동과 관련된 안전관리에 대한 사항은 기관생물안전위원회에서 심의되어야 한다.
③ 유전자변형생물체를 다룬 모든 실험실은 폐쇄 시 폐기물 처리에 대한 내용을 포함한 폐쇄 계획서 및 결과서 등을 기관생물안전위원회에 심의를 받아야 한다.
④ 기관생물안전위원회는 독립적인 위치에서 위해·위험요소 등을 평가하기 위해 타 위원회와는 교류하지 않도록 주의해야 한다.

해설 ㉠ 유전자변형생물체의 국가간 이동 등에 관한 법률 통합고시 제9-9조, 제9-10조에 따라 생물안전 2등급 이상 연구시설을 설치 운영하는 기관은 기관생물안전위원회를 반드시 구성하여야 한다(1등급 시설은 권장사항). ㉡ 유전자변형생물체를 다룬 2등급 이상 생물 실험실은 폐쇄 시 폐기물 처리에 대한 내용을 포함한 폐쇄 계획서 및 결과서 등을 기관생물안전위원회에 심의를 받아야 한다. ㉢ 기관생물안전위원회는 독립적인 위치에서 위해·위험요소 등을 평가하여야 하는 정보 교류를 위해 실험동물위원회, 생물윤리위원회와 활발한 교류를 해야 한다.

09 다음 중 생물위해를 심의 평가하는 기관생물안전위원회에 대한 설명으로 옳지 않은 것은?

① 제2위험군 이상의 생물체를 숙주-벡터계 또는 DNA 공여체로 이용하는 실험
② 대량배양을 포함하는 실험
③ 단백성 독소는 살아있는 생물체가 아니므로 기관생물안전위원회 심의 대상이 아니다.
④ 국민보건상 국가관리가 필요한 병원성미생물의 유전자를 직접 이용하거나 해당 병원성미생물의 유전자를 합성하여 이용하는 경우의 기관심의

해설 척추동물에 대하여 몸무게 1kg당 50% 치사독소량(LD_{50})이 0.1㎍ 이상 100㎍ 이하인 단백성 독소를 생산할 수 있는 유전자를 이용하는 실험은 기관승인대상이다.

10 다음 중 기관생물안전위원회의 구성에 대한 설명으로 옳지 않은 것은?

① 기관생물안전위원회 구성은 위원장을 포함하여 최소 5인 이상으로 구성해야 한다.
② 기관생물안전위원회 구성은 외부위원 1인 이상 포함되어야 한다.
③ 기관생물안전위원회 구성은 생물안전관리책임자를 포함하여야 한다.
④ 기관생물안전위원회 구성은 시설운영책임자가 포함되어야 한다.

해설 시설운영책임자는 기관생물안전위원회의 필수 구성요소가 아니다.

정답 08.② 09.③ 10.④

11 다음 중 기관생물안전위원회의 역할이 아닌 것은?

① 유전자재조합실험의 위해성평가 심사 및 승인에 관한 사항
② 생물안전교육 훈련 및 건강관리에 관한 사항
③ 생물실험 도중 사용한 화학물질의 폭발사고에 대한 사고 조사
④ 생물안전관리규정의 제 개정에 관한 사항

해설 화학물질 사고는 감염물질의 사고가 아니므로 연구실안전위원회에서 사고 조사를 한다.

12 유전자변형생물체의 개발실험 중 국가 승인대상 범주가 아닌 것은?

① 종명까지 명시되어 있지 아니하고 인체병원성 여부가 밝혀지지 아니한 미생물을 이용하는 경우
② 척추동물에 대하여 몸무게 1kg당 50% 치사독소량이 100ng 미만인 단백성 독소를 생산할 능력을 가지는 유전자를 이용하는 경우
③ 자연적으로 발생하지 아니하는 방식으로 미생물에 약제내성유전자를 의도적으로 전달하는 경우
④ 상용·시판되는 유전자변형 동·식물 세포주를 이용하는 LMO 수입 및 개발실험

해설 상용·시판되는 유전자변형 동·식물 세포주를 이용하는 LMO 수입 및 개발실험은 질병관리청의 승인 대상이 아니다.

13 유전자변형생물체의 개발실험 중 국가 승인 면제 대상에 대한 설명으로 옳은 것은?

① 자연적으로 발생하지 아니하는 방식으로 미생물에 약제내성유전자를 의도적으로 전달하는 경우이나, 인정 숙주 벡터계를 이용하여 개발한 유전자변형미생물은 국가승인 면제이다.
② 국가승인 면제 대상의 유전자변행생물체의 경우 수입 시에 수입허가나 신고를 별도로 받을 필요가 없다.
③ 상용·시판되는 유전자변형 동·식물 세포주를 이용하는 경우에도 LMO 수입 및 개발실험은 질병관리청의 승인을 받아야 한다.
④ 척추동물에 대하여 몸무게 1kg당 50% 치사독소량이 0.1㎍ 이상 100㎍ 이하인 단백성 독소를 생산할 능력을 가지는 유전자를 이용하는 경우 기관승인만 받으면 된다.

해설 ㉠ 자연적으로 발생하지 아니하는 방식으로 미생물에 약제내성유전자를 의도적으로 전달하는 경우이나, 아래의 항생제와 인정 숙주 벡터계를 이용하여 개발한 유전자변형미생물은 국가승인 면제이다. - 다음의 경우 승인 제외 : Ampicillin, Chloramphenicol, Hygromycin, Kanamycin, Streptomycin, Tetracycline, Puromycin, Zeocin 내성유전자로 인정 숙주-벡터계를 이용하여 개발한 유전자변형미생물 ㉡ 국가승인 면제 대상의 유전자변행생물체의 경우 수입 시에 수입허가는 면제이나, 과학가술정보통신부에 수입신고 대상이다. ㉢ 상용·시판되는 유전자변형 동·식물 세포주를 이용하는 경우에도 LMO 수입 및 개발실험은 질병관리청의 승인 면제 대상이다. ㉣ 척추동물에 대하여 몸무게 1kg당 50% 치사독소량이 100ng 미만인 단백성 독소를 생산할 능력을 가지는 유전자를 이용하는 경우 국가승인 대상이다.

정답 11.③ 12.④ 13.④

14 다음 중 생물안전 관련 주요 법률에 대한 설명으로 옳지 않은 것은?

① 생물연구시설에 대해 지정하고 있는 법률은 유전자변형생물체의 국가간 이동 등에 관한 법률에 정하고 있는 시설을 신고 또는 허가를 받은 경우 모든 법률에서 인정하고 있다.

② 생물작용제 및 독소의 수입 시 사전허가를 받아야 하며, 인수 전에도 사전신고를 받아야 한다.

③ 대외무역법에 따른 병원체는 수입 시는 통제하지 않고, 수출 시에만 산업통상자원부 전략물자 관리원에서 사전허가가 필요하다.

④ 야생생물을 실험 연구에 이용하려면 야생생물 보호 및 관리에 관한 법률과 실험동물에 관한 법률, 동물보호법 등에 관해 관리받을 수 있다.

해설 생물연구시설에 대해 지정하고 있는 법률은 유전자변형생물체의 국가간 이동 등에 관한 법률에 의한 유전자변형생물체 관리를 위한 시설과, 감염병예방법에 따른 고위험병원체를 사용하는 시설에 신고 또는 허가를 각각 받아야 한다.

15 다음 중 유전자변형생물체의 설명에 해당되지 않는 것은?

① 인위적으로 유전자를 재조합하거나 유전자를 구성하는 핵산을 세포 또는 세포 내 소기관으로 직접 주입하는 기술을 이용해 유전자변형생물체를 만드는 경우

② 유전자변형생물체(LMO)라는 용어는 바이오안전성의정서에서 처음 사용되었으며, 유전자변형생물체 법 또한 의정서의 정의를 따르고 있다.

③ 전리방사선을 이용한 품종개량 방법 등을 통한 생물체도 유전자변형생물체에 포함한다.

④ GMO(Genetically Modified Organism)는 LMO 및 LMO를 이용하여 제조·가공한 것까지 포함한 유전자변형조합체로 생식 또는 번식이 가능하지 않는 것을 포함한다.

해설 자연 상태에서 일어날 수 있는 종간 교배 방법, 화학물질이나 전리방사선을 통한 품종개량 방법 등 전통적인 육종의 일환으로 받아들여지는 기술을 통한 새로운 생물체는 유전자변형생물체에 포함되지 않는다. 자연발생적으로 생겨난 돌연변이체 또한 새로운 조합의 유전물질을 포함하고 있다고 하더라도 유전자변형생물체에 해당되지 않는다.

16 다음 중 LMO 용도별 분류의 정의로 옳지 않은 것은?

① 시험 연구용 LMO는 연구시설에서 시험·연구용으로 사용되는 유전자변형생물체를 말한다.

② 산업용 LMO는 섬유·기계·화학·전자·에너지·자원 등의 산업분야에 이용되는 유전자변형생물체를 말한다.

③ 동물용 의약품 LMO는 동물용 의약품으로 사용되는 유전자변형생물체(농림축산식품부장관 소관 의약품)를 말한다.

④ 보건의료용 LMO는 국민의 건강을 보호·증진하기 위한 용도로 사용되는 유전자변형생물체로, 식품·의료기기용이 포함된다.

해설 보건의료용 LMO는 국민의 건강을 보호·증진하기 위한 용도로 사용되는 유전자변형생물체로 식품·의료기기용은 제외된다.

정답 14.① 15.③ 16.④

17 다음 중 시험·연구용 유전자변형생물체의 안전관리 사항으로 바르지 않은 것은?

① 유전자변형생물체를 개발하거나 실험하기 위해서는 법으로 정해진 안전관리등급별 시설기준을 갖추고, 관련 중앙행정기관의 장에게 연구시설을 신고하거나 허가를 받아야 한다.

② 시험·연구용 유전자변형생물체를 취급하는 생물안전 1·2등급 연구시설은 과학기술정보통신부장관에게 신고를 해야 한다.

③ 시험·연구용으로 사용하기 위해서 국외 연구자로부터 무상으로 증여받는 유전자변형생물체는 수입 신고 제외대상에 해당된다.

④ 인체 위해성이 높은 시험 연구용 유전자변형생물체는 질병청장의 수입 승인을 받아야 한다.

해설 국외 연구자로부터 무상으로 증여를 받아 국내로 들여오는 시험·연구용 유전자변형생물체도 수입 신고를 해야 한다.

18 다음 중 유전자변형생물체의 개발·실험에 대한 설명으로 옳지 않은 것은?

① 종명까지 명시되어 있지 아니하고 인체위해성 여부가 밝혀지지 아니한 미생물을 이용하여 개발·실험하는 경우 질병관리청에 개발·실험에 대한 국가 승인을 받고 실험해야 한다.

② 척추동물에 대하여 질병관리청장이 고시하는 기준 이상의 단백성 독소를 생산할 능력을 가진 유전자를 이용하여 개발·실험하는 경우 질병관리청에 국가 승인을 받고 실험해야 한다.

③ 자연적으로 발생하지 아니하는 방식으로 생물체에 약제내성 유전자를 의도적으로 전달하도록 하는 경우에는 전부 질병관리청에 국가승인을 받고 실험해야 한다.

④ 포장시험 등 환경방출과 관련한 실험을 하는 경우에는 관계 중앙행정기관에 국가승인을 받고 실험해야 한다.

해설 자연적으로 발생하지 아니하는 방식으로 생물체에 약제내성 유전자를 의도적으로 전달하도록 하는 경우 국가승인을 받아야 하지만, 질병관리청장이 안전하다고 인정하여 고시하는 경우는 제외할 수 있다.

19 다음 중 고위험병원체의 안전관리에 관한 설명으로 옳은 것은?

① 고위험병원체를 검사, 보존, 관리 및 이동하려는 자는 그 검사, 보존, 관리 및 이동에 필요한 고위험병원체 취급시설을 설치·운영한다.

② 고위험병원체를 이용하려는 자가 LMO 시설로 신고 또는 허가받은 시설을 보유할 경우 별도의 신고 또는 허가가 필요하지 않다.

③ 고위험병원체는 3등급 시설에서만 사용이 가능하다.

④ 고위험병원체 시설을 보유하지 않은 경우 고위험병원체를 분양받을 수 없다.

정답 17.③ 18.③ 19.①

해설 ㉠ LMO 시설과는 별도로 질병관리청장에 고위험병원체의 위해 등급에 따라 1·2등급은 신고, 3·4등급은 허가를 받아야 한다. ㉡ 고위험병원체는 2등급 병원체인 콜레라, 보튤리눔균, 이질균 등이 있다. ㉢ 최근 개정된 감염병예방법(제22조, 23조)에 따라 고위험병원체 취급시설을 사용하는 계약을 체결하여도 반입이 가능하다.

20 다음 중 고위험병원체 안전관리 사항으로 옳지 않은 것은?

① 고위험병원체 취급자는 보건의료 생물관련 분야 전공자 또는 해당 경력을 가진 사람이 매년 법적 교육을 이수해야만 한다.

② 고위험병원체 전담관리자는 지정교육 1·2 등급은 8시간, 3·4 등급은 20시간을 받고, 매년 보수교육 4시간 이상을 받아야 한다.

③ 고위험병원체를 보유하는 생물안전관리책임자 및 관리자는 지정교육 20시간을 받고, 매년 보수교육 4시간 이상을 받아야 한다.

④ 고위험병원체 시설 설치·운영 책임자는 지정교육 1·2 등급은 8시간, 3·4 등급은 20시간을 받고, 매년 보수교육 4시간 이상을 받아야 한다.

해설 고위험병원체를 보유하는 생물안전관리책임자 및 관리자는 시설별로 지정교육 1·2 등급은 8시간, 3·4 등급은 20시간을 받고, 매년 보수교육 4시간 이상을 받아야 한다.

21 고위험병원체 안전관리 사항 중 국가 안전점검 사항으로 옳지 않은 것은?

① 고위험병원체 취급기관은 병원체 취급시설 및 보존장소 등에 출입하여 실시하는 안전점검은 사고 등 특별한 상황 발생 시에만 응할 수 있다.

② 고위험병원체 취득으로 신규 취급기관이 신고된 경우 안전점검을 받아야 한다.

③ 고위험병원체에 의한 실험실 획득 감염이 발생한 경우

④ 국가적으로 생물안전과 생물보안 강화 필요 사항이 발생한 경우

해설 고위험병원체 취급기관은 법 제23조제2항에 따라 병원체 취급시설 및 보존장소 등에 출입하여 실시하는 안전점검에 정당한 사유가 없는 한 이에 응하여야 한다.

정답 20.③ 21.①

CHAPTER 02 연구실 내 생물체 관련 폐기물 안전관리

01 다음 중 폐기물관리법에 따른 의료폐기물 발생기관에 대한 사항으로 틀린 것은?

① 「검역법」 제28조에 따른 검역소 및 「가축전염병예방법」 제30조에 따른 동물검역기관은 의료폐기물 발생 기관에 해당된다.

② 「수의사법」 제2조제4호에 따른 동물병원은 의료폐기물 발생 기관에 해당되지 않으므로 일반 폐기물로 버릴 수 있다.

③ 대학 산업대학 전문대학 및 그 부속 시험 연구기관(의학, 치과의학, 한의학, 약학 및 수의학에 관한 기관을 말함)은 의료폐기물 발생 기관에 해당된다.

④ 「인체 조직 안전 및 관리 등에 관한 법률」 제13조제1항에 따른 조직은행은 위해가 없으므로 의료폐기물 발생기관이다.

해설 의료 폐기물 발생 의료기관 및 시험 검사기관 등 ㉮ 「의료법」 제3조에 따른 의료기관 ㉯ 「지역보건법」 제7조 및 제10조에 다른 보건소 및 보건지소 ㉰ 「농어촌 등 보건의료를 위한 특별 조치법」 제15조에 따른 보건진료소 ㉱ 「혈액관리법」 제6조에 따른 혈액관리 업무를 하는 혈액원 ㉲ 「검역법」 제28조에 따른 검역소 및 「가축전염병 예방법」 제30조에 따른 동물검역기관 ㉳ 「수의사법」 제2조제4호에 따른 동물병원 ㉴ 국가나 지방자치단체의 시험·연구기관(의학, 치과의학, 한의학, 약학 및 수의학에 관한 기관을 말함) ㉵ 대학·산업대학·전문대학 및 그 부속 시험·연구기관(의학, 치과의학, 한의학, 약학 및 수의학에 관한 기관을 말함) ㉶ 학술연구나 제품의 제조·발명에 관한 시험·연구를 하는 연구소(의학, 치과의학, 한의학, 약학 및 수의학에 관한 연구소를 말함) ㉷ 「장사 등에 관한 법률」 제25조에 따른 장례식장 ㉸ 「행형법」 제2조의 교도소, 소년 교도소, 구치소 등에 설치된 의무시설 ㉹ 「의료법」 제35조에 따라 설치된 기업체의 부속 의료기관으로서, 면적이 100제곱미터 이상인 의무시설 ㉺ 「군통합 병원령」에 따라 사단급 이상 군부대에 설치된 의무시설 ㉮ 법 제46조에 따라 감염성폐기물 중 태반의 재활용 신고를 한 사업장 ㉯ 「인체 조직 안전 및 관리 등에 관한 법률」 제13조제1항에 따른 조직은행 ㉰ 그 밖에 환경부장관이 정하여 고시하는 기관

02 다음 중 의료폐기물에 대한 설명으로 옳지 않은 것은?

① 의료폐기물은 크게 격리, 위해 및 일반 의료폐기물 3가지로 구분한다.

② 격리의료폐기물 : 「감염병의 예방 및 관리에 관한 법률」 제2조제1항에 따른 감염병으로부터 타인을 보호하기 위하여 격리된 사람에 대한 의료행위에서 발생한 일체의 폐기물을 말한다.

③ 조직물류폐기물 : 인체 또는 동물의 조직·장기·기관·신체의 일부, 동물의 사체, 혈액·고름 및 혈액생성물(혈청, 혈장, 혈액제제) 등으로 격리의료폐기물이다.

④ 병리계폐기물 : 시험·검사 등에 사용된 배양액, 배양용기, 보관균주, 폐시험관, 슬라이드, 커버글라스, 폐배지, 폐장갑 등으로 위해의료폐기물이다.

정답 01.② 02.③

제5과목

해설 조직물류폐기물 : 인체 또는 동물의 조직·장기·기관·신체의 일부, 동물의 사체, 혈액·고름 및 혈액생성물(혈청, 혈장, 혈액제제) 등으로 위해의료폐기물이다.

03 다음 중 시험 연구기관 내에서 발생하는 생물연구용 폐기물을 처리하는 방법으로 옳지 않은 것은?

① 시험 연구기관 내에서 발생하는 생물체 관련 폐기물은 폐기물관리법에서 정한 의료폐기물의 기준 및 방법을 기본으로 특성에 맞게 분류 폐기한다.

② 생물연구시설의 경우 의료폐기물의 기준 및 방법에 따라 폐기하므로, 사용 물질이 유전자변형생물체라도 의료폐기물법에 따라 별도의 덮개나 활성제거는 하지 않아도 문제 되지 않는다.

③ 의료폐기물이란 보건·의료기관, 동물병원, 시험·검사기관 등에서 배출되는 폐기물 중 인체에 감염 등 위해를 줄 우려가 있는 폐기물과 인체 조직 등 적출물, 실험동물의 사체 등, 보건·환경보호상 특별한 관리가 필요하다고 인정되는 폐기물로서 대통령령으로 정하는 폐기물을 말한다.

④ 실험실에서 발생하는 폐기물은 지정폐기물에 해당하며, 그 중 감염성물질과 접촉·혼합되는 폐기물 등 실험에 사용되는 폐기물은 의료폐기물로 구분할 수 있다.

해설 생물연구시설의 경우 사용 물질이 유전자변형생물체라면 유전자변형생물체의 국가간 이동 등에 관한 법률에 따라 에어로졸 형성을 제한하기 위한 덮개를 설치해야 하며, 활성 제거에 대한 조항이 추가된다.

04 다음 중 의료폐기물의 위해의료폐기물에 대한 설명으로 옳지 않은 것은?

① 조직물류폐기물 : 인체 또는 동물의 조직·장기·기관·신체의 일부, 동물의 사체, 혈액·고름 및 혈액생성물(혈청, 혈장, 혈액제제)

② 병리계폐기물 : 시험·검사 등에 사용된 배양액, 배양용기, 보관균주, 폐시험관, 슬라이드, 커버글라스, 폐배지, 폐장갑

③ 손상성폐기물 : 주사바늘, 봉합바늘, 수술용 칼날, 한방침, 치과용침, 파손된 유리재질의 시험기구

④ 혈액오염폐기물 : 혈액·체액·분비불·배설물이 함유되어 있는 탈지면, 붕대, 거즈, 일회용 기저귀, 생리대, 일회용 주사기, 수액세트

해설 혈액·체액·분비물·배설물이 함유되어 있는 탈지면, 붕대, 거즈, 일회용 기저귀, 생리대, 일회용 주사기, 수액세트는 일반 의료폐기물이다. 의료폐기물은 크게 격리, 위해 및 일반 의료폐기물 3가지로 구분하며, 자세한 사항은 아래와 같다.

㉠ 격리의료폐기물 : 감염병으로부터 타인을 보호하기 위하여 격리된 사람에 대한 의료행위에서 발생한 일체의 폐기물 ㉡ 위해의료폐기물 • 조직물류폐기물 : 인체 또는 동물의 조직·장기·기관·신체의 일부, 동물의 사체, 혈액·고름 및 혈액생성물(혈청, 혈장, 혈액제제) • 병리계폐기물 : 시험·검사 등에 사용된 배양액, 배양용기, 보관균주, 폐시험관, 슬라이드, 커버글라스, 폐배지, 폐장갑 • 손상성폐기물 : 주사바늘, 봉합바늘, 수술용 칼날, 한방침, 치과용침, 파손된 유리재질의 시험기구 • 생물·화학폐기물 : 폐백신, 폐항암제, 폐화학치료제 • 혈액오염폐기물 : 폐혈액백, 혈액투석 시 사용된 폐기물, 그 밖에 혈액이 유출될 ㉢ 일반의료폐기물 : 혈액·체액·분비물·배설물이 함유되어있는 탈지면, 붕대, 거즈, 일회용 기저귀, 생리대, 일회용 주사기, 수액세트

정답 03.② 04.④

05 다음 중 폐기물법에 따른 의료폐기물의 처리로 옳지 않은 것은?

① 의료폐기물 전용용기는 봉투형 용기 및 상자형 용기로 구분된다.
② 봉투형 용기의 재질은 합성수지류를 말하고, 상자형 용기의 재질은 골판지류 또는 합성수지류 둘 다 가능하다.
③ 전용용기는 환경부 장관이 지정한 기관이나 단체가 환경부장관이 정하여 고시한 검사기준에 따라 검사한 전용용기만을 사용하여 처리하여야 한다
④ 용기 크기는 일정하므로 용기에 맞추어 폐기물의 양을 잘 조정해서 넘치지 않도록 잘 조절해야 한다.

해설 용기 크기는 다양하므로 배출되는 폐기물의 양에 따라 선택하여 사용한다.

06 다음 중 생물연구용 의료폐기물 처리에 대한 설명으로 옳지 않은 것은?

① 의료폐기물은 발생한 때부터 정해진 한 종류의 전용용기에 넣어 보관한다.
② 사용 중인 모든 전용용기에 반드시 뚜껑을 장착하여 항상 닫아주며, 주기적으로 소독하여 사용한다.
③ 의료폐기물은 보관기관을 초과하여 보관하지 않는다.
④ 감염위험이 있는 폐기물은 고압멸균 등 적절한 방법으로 불활화시킨 후 배출한다.

해설 의료폐기물은 발생한 때부터 종류별로 구분하여 전용용기에 넣어 보관한다.

07 다음 중 폐기물별 지정 용기 및 보관기관에 대한 사항으로 옳지 않은 것은?

① 격리의료폐기물은 붉은색 표지의 합성수지에 보관하고 7일만 보관 가능하다.
② 손상성폐기물은 노란색 표지의 합성수지에 보관하고 15일만 보관 가능하다.
③ 생물화학폐기물은 노란색 표지의 합성수지에 보관하고 15일만 보관 가능하다.
④ 혈액 오염폐기물은 노란색 표지의 합성수지에 보관하고 15일만 보관 가능하다.

해설 손상성폐기물은 노란색 표지의 합성수지에 보관하고 30일만 보관 가능하다.

08 다음 중 폐기물관리법에 따른 의료폐기물의 폐기 방법으로 옳지 않은 것은?

① 혈액, 체액, 분비물이 함유되어있는 탈지면, 붕대 거즈 및 일회용 기저귀 수액세트는 노란색 표지의 골판지류 박스에 폐기하고 15일간 보관 가능하다.
② 인체 또는 동물의 조직, 장기, 기관, 동물사체, 혈액 고름 등은 노란색 표지의 합성수지에 넣어 냉장시설에서 15일간 보관 가능하다.
③ 폐백신, 폐항암제, 폐화학치료제, 약병, 앰플병, 바이얼병은 노란색 표지의 골판지 상자에 넣어 15일간 보관 후 폐기한다.
④ 폐혈액백, 혈액투석 시 사용된 폐기물 기타 혈액이 유출될 정도로 포함되어 특별한 관리가 필요한 폐기물은 노란색 표지에 합성수지 용기에 넣어 15일간 보관한다.

정답 05④ 06.① 07.② 08.③

제5과목

해설 폐백신, 폐항암제, 폐화학치료제, 약병, 앰플병, 바이알병은 노란색 표지의 합성수지에 넣어 15일간 보관 후 폐기한다.

09 다음 중 폐기물관리법에 따른 의료폐기물에 관한 설명으로 옳지 않은 것은?

① 크게 사업장폐기물과 생활폐기물로 나뉜다.
② 연구용 폐기물은 생활폐기물에 포함된다.
③ 지정폐기물은 의료폐기물과 부식성폐기물, 폐유기용제, 폐유 등이 포함된다.
④ 의료폐기물은 격리의료폐기물과 위해의료폐기물, 일반의료폐기물로 분류된다.

해설 연구용 폐기물은 사업장폐기물에 포함된다.

10 생물연구시설에서 생물제제의 폐기를 위한 소독과 멸균에 관한 용어 중에서 옳지 않은 것은?

① 소독 : 미생물을 죽이지만 포자는 죽이지 않는 물리/화학적 수단. 병원성 미생물의 생활력을 멸살 또는 파괴시켜 감염이나 증식력을 제거하는 방법
② 멸균 : 모든 종류의 미생물과 포자를 죽이거나 제거하는 과정
③ 방부 : 미생물의 발육과 생활작용을 정지시켜 부패나 발효를 억제하는 방법으로, 방부를 함으로써 소독의 효과를 기대할 수 있다.
④ 오염제거 : 오염물질(미생물 등)을 죽이거나 제거하는 과정

해설 방부를 함으로써 소독의 효과를 기대할 수는 없으나, 소독을 하게 되면 방부의 효과는 발생한다.

11 다음 중 생물연구시설에서 소독과 멸균에 사용되는 물질에 대한 설명으로 옳지 않은 것은?

① 소독제 : 미생물을 죽이지만 포자(Spore)는 죽이지 않는 화학물질 또는 혼합물
② 항미생물제 : 미생물을 죽이거나 성장과 증식을 억제하는 물질
③ 방부제 : 미생물의 성장과 증식을 저해하는 성분으로, 미생물을 반드시 사멸시키지는 않음
④ 살포자제 : 포자를 죽이는 데 사용하는 화학물질 또는 혼합물로, 미생물은 죽이지 못함

해설 살포자제는 미생물과 포자를 죽이는 데 사용하는 화학물질 또는 혼합물이다.

12 다음 중 소독제 선택 시 고려해야 할 소독 효과에 영향을 미칠 수 있는 요인으로 옳지 않은 것은?

① 일반적으로 소독제의 농도가 높을수록 소독제의 효과도 좋아지므로, 가능한 높은 농도를 사용하는 것이 효과적이다.
② 미생물 오염의 종류와 농도
③ 혈액, 단백질, 토양 등의 유기물 오염물질은 소독제 및 멸균제가 미생물과 접촉하는 것을 방해한다.
④ 소독제의 효과가 나타나기 위해서는 일정 시간동안 소독제와 접촉하고 있어야 한다.

해설 일반적으로 소독제의 농도가 높을수록 소독제의 효과도 높아지지만, 기구의 손상을 초래할 가능성도 높아진다. 소독하고자 하는 물체에 부식, 착생(색), 기능의 이상을 주지 않으면서 살균에 적절한 농도를 유지할 수 있어야 한다.

정답 09.② 10.③ 11.④ 12.①

13 다음 중 소독제에 대한 설명으로 옳지 않은 것은?

① 세균 아포가 가장 강력한 내성을 보인다.
② 결핵균이나 세균의 아포는 높은 수준의 소독제에 장시간 노출되어야 사멸된다.
③ 코로나19 바이러스, HIV, MERS 같은 지질 바이러스 등은 높은 수준의 소독제에 장시간 노출해야 소독이 가능하다.
④ 영양형 세균, 진균 등은 낮은 수준의 소독제에도 쉽게 사멸된다.

해설 영양형 세균, 진균, 지질 바이러스 등은 낮은 수준의 소독제에도 쉽게 사멸된다.

14 다음 중 멸균에 관한 설명으로 옳지 않은 것은?

① 과산화수소 가스플라즈마 멸균법의 경우, 환경 및 인체 위험성이 낮으나, 잔류 독성 문제가 있어 많이 사용되지 않는다.
② 멸균은 모든 형태의 생물, 특히 미생물을 파괴, 제거하는 물리화학적 행위를 말한다.
③ 유기물의 양, 표면 윤곽, 물의 경도 등은 멸균 효과에 영향을 미치는 요소이다.
④ 멸균 시 멸균제 침투 가능 및 미생물 저항성 있는 소재를 사용하여 멸균 물품을 포장한다.

해설 과산화수소 가스플라즈마 멸균법의 경우, 환경 및 인체 위험성이 높다.

15 다음 중 습식 멸균 방법에 대한 설명으로 옳지 않은 것은?

① 인체와 환경에 독성이 없다.
② 전체과정의 관리 및 감시가 쉽다.
③ 무기물과 유기물에 의해 영향을 덜 받는다.
④ 연속적인 사용에도 미세수술기구에 해를 끼치지 않는다.

해설 열에 불안정한 기구에 해를 미치고, 연속적인 사용은 미세수술기구를 무디게 한다.

16 다음 중 멸균이 되었는지 확인하는 방법으로 옳지 않은 것은?

① 멸균과정 동안의 진공, 압력, 시간, 온도를 측정하는 멸균기 소독 차트를 확인하는 기계적/물리적 확인이 있다.
② 멸균과정과 관련된 하나 혹은 두 가지 이상의 변수 변화에 의해 시각적으로 반응하는 민감한 화학제를 이용하는 화학적 확인 방법이 있다.
③ 멸균과정 동안 생물학적 표지자(BI)를 멸균기에 넣고 멸균을 하는 생물학적 확인 방법이 있다.
④ 생물학적 표지는 멸균과정의 오류 발견이 비교적 쉽고 가격이 저렴하나, 멸균상태를 확인하는 것보다는 포장 물품이 멸균과정을 거쳤는지를 확인하는 수준이므로 다른 방법과 같이 사용하는 것을 권장한다.

해설 화학적 확인 방법은 멸균과정의 오류 발견이 비교적 쉽고 가격이 저렴하지만, 멸균상태를 확인하는 것보다는 포장 물품이 멸균과정을 거쳤는지를 확인하는 수준이다.

정답 13.③ 14.① 15.④ 16.④

17 다음 중 생물학적 멸균 확인 방법으로 옳지 않은 것은?

① 멸균과정 동안 멸균이 잘 되는 곳에 Bacillus subtilis 혹은 Geobacillus stearother-mophilus spore를 포함한 생물학적 표지자(BI)를 멸균기에 넣고 멸균을 한다.
② 멸균 후 BI 내의 세균을 배양하여 멸균 여부를 확인한다.
③ 멸균기를 처음 설치하였을 때나 멸균기의 주요한 수리 후, 멸균기의 위치변경 및 환경적인 변화가 있을 때 생물학적 확인 방법을 사용해서 확인이 필요하다.
④ 설명할 수 없는 멸균실패가 발생했을 때, 스팀 공급 및 공급라인의 변화, 물품의 적재방법 등의 변화가 있을 때에는 멸균기가 비어있는 상태에서 BI를 사용하여 연속 2회 검사를 시행한다.

해설 멸균과정 동안 멸균이 잘 안 되는 곳에 Bacillus subtilis 혹은 Geobacillus stearother-mophilus spore를 포함한 생물학적 표지자(BI)를 멸균기에 넣고 멸균을 한다.

18 멸균을 위해 과초산(Peracetic)을 사용했다. 다음 중 문제가 될 수 있는 사항이 아닌 것은?

① 미생물지표를 일반적인 검사방법으로 사용할 수 없다.
② 멸균 후 포장 및 보관이 쉽다.
③ 알루미늄 피막 처리된 기구 등의 일부 재질에서는 사용이 어렵다.
④ 최종산물이 독성이 강하므로 주의가 필요하다.

해설 과초산으로 멸균한 최종산물은 환경친화적이다.

19 다음 중 에틸렌 옥사이드 가스(100% EO)를 이용한 멸균 방법의 설명으로 틀린 것은?

① 사람과 환경에 EO는 독성이 있고 발암성이 있는 물질로 사용 중에 누출 및 배출에 대해 주의가 필요하다.
② 포장재질이나 기구의 관속으로 투과하여 내부까지 멸균이 잘 되고, 적용주기와 정화시간이 짧다.
③ EO의 방출에 대한 규정은 국가마다 다르다. 그러나 촉매세포는 EO의 99.9%를 CO_2나 H_2O의 형태로 결합하여 제거한다.
④ EO 카트리지는 인화성과 폭발성 등의 위험성이 크므로, 가연성 액체 보관장에 저장해야 한다.

해설 포장재질이나 기구의 관속으로 투과하여 내부까지 멸균이 잘 되고, 적용주기와 정화시간이 길다.

20 다음 중 멸균에 대한 설명으로 옳지 않은 것은?

① 멸균 전에 반드시 모든 재사용 물품을 철저히 세척해야 한다.
② 멸균할 물품은 완전히 건조시켜야 한다.
③ 물품 포장지는 멸균제가 침투 및 제거가 용이해야 하며, 저장 시 미생물이나 먼지, 습기에 저항력이 있고, 유독성이 없어야 한다.
④ 멸균물품은 탱크 내 용적의 70~80%만 채우도록 하며, 다양한 재료들을 함께 멸균한다.

해설 멸균물품은 탱크 내 용적의 70~80%만 채우도록 하며, 가능한 같은 재료들을 함께 멸균한다.

정답 17.① 18.④ 19.② 20.④

CHAPTER 03 연구실 내 생물체 누출 및 감염 방지 대책

01 다음 중 생물안전사고 단계의 판단 기준으로 옳지 않은 것은?

① 1·2등급 생물시설에서 확산제어가 가능한 국소적 범위의 누출 사고에 인명 및 환경피해가 없는 경우 주의 단계로 보고, 설치·운영책임자가 생물안전관리책임자 및 기관에 보고한 후 자체 처리할 수 있다.

② 확산제어를 위한 별도 조치가 필요한 범위의 사고가 발생하고 인명 및 환경피해 발생 가능성이 있어도 1·2등급에서 발생한 경우 위험성이 낮으므로 경보 단계로 보고, 설치 운영책임자가 생물안전관리책임자 및 기관에 보고한 후 자체 처리할 수 있다.

③ 연구시설에서 다뤄지는 유전자변형생물체의 유출로 인하여 국민의 건강과 생물 다양성의 보전 및 지속적인 이용에 대한 중대한 부정적인 영향이 발생 또는 발생할 우려가 있다고 인정되는 상황은 LMO 비상상황이라고 본다.

④ 3등급 사고 중 피해 여부와 상관없이 해당 연구시설에서 발생하는 모든 사고는 기관장 및 생물안전관리책임자가 정부기관에 보고하고 비상조치 및 보고가 필요하다.

해설 1·2등급이라도 확산제어를 위한 별도 조치가 필요한 범위의 사고가 발생하고 인명 및 환경피해 발생 가능성이 있는 경우 경보 단계로 보고, 설치 운영책임자가 기관장 및 생물안전관리책임자가 정부기관에 보고한 후 비상조치 및 보고가 필요하다.

02 다음 중 생물안전사고에 대한 예방조치로 옳지 않은 것은?

① 병원성 미생물 및 감염성 물질을 취급하는 실험에 투입된 후 혈청을 채취 및 보관하여, 생물안전사고 발생 시 항원항체검사 등 병원성 미생물 확인시험에 활용될 수 있도록 한다.

② 3등급 이상 시설 사용 연구자나 고위험병원체 취급시설 사용자는 필수 사항이다.

③ 취급하는 병원성 미생물의 특성을 고려하여 위해성평가 등을 통해 필요시 주기적으로 혈청을 채취하여 보관할 수 있다.

④ 연구활동종사자가 병원성 미생물 및 감염성 물질을 취급하는 실험에 투입되기 전, 직접 취급하거나 노출될 수 있는 병원성 미생물에 대하여 접종이 가능한 백신이 있는 경우 예방접종을 권장한다.

해설 병원성 미생물 및 감염성 물질을 취급하는 실험에 최초 투입되기 전에 혈청을 채취 및 보관하여, 생물안전사고 발생 시 항원항체검사 등 병원성 미생물 확인시험에 활용될 수 있도록 한다.

정답 01.② 02.①

제5과목

03 다음 중 실험구역 내에서 감염성 물질 등이 유출된 경우의 조처로 옳지 않은 것은?

① 사고 발생 직후 종이타월이나 소독제가 포함된 흡수물질 등으로 유출물을 조심스럽게 천천히 덮어 에어로졸 발생 및 유출 부위가 확산되는 것을 방지한다.
② 공기 중의 감염성물질 흡입을 막기 위해 재빨리 사고 장소로부터 벗어나서 집으로 간다.
③ 사고 사실을 유출지역 사람들에게 알려 사고구역 접근을 제한하고, 문을 닫아 밖으로의 유출을 막고 실험실책임자에게 보고한 후 지시에 따른다.
④ 오염된 장갑이나 실험복 등은 적절하게 폐기하고, 손 등의 노출된 신체부위는 소독한다.

해설 집으로 가지 않고 사고 사실을 유출지역 사람들에게 알려 사고구역 접근을 제한하고, 문을 닫아 밖으로의 유출을 막고 실험실책임자에게 보고한 후 지시에 따른다.

04 다음 중 실험구역 내에서 감염성 물질 등이 유출된 경우의 조처로 옳지 않은 것은?

① 사고 발생 직후 종이타월이나 소독제가 포함된 흡수물질 등으로 유출물을 조심스럽게 천천히 덮어 에어로졸 발생 및 유출 부위가 확산되는 것을 방지한다.
② 사고현장을 처리하는 자는 에어로졸이 발생하여 확산될 수 있으므로, 가라앉을 때까지 그대로 20~30분 정도 방치한 후 일회용 보호구(장갑, 가운, 안면보호구)를 착용하고 사고구역으로 들어간다.
③ 핀셋을 사용하여 깨진 유리조각, 주사기 바늘 등을 집고, 손상성 의료폐기물 전용용기에 넣는다.
④ 유출물 처리가 끝난 후 작업에 사용했던 모든 기구를 의료폐기물 전용용기에 넣은 다음 즉시 폐기하고, 개인보호구는 일반폐기물로 폐기한다.

해설 유출물 처리가 끝난 후 작업에 사용했던 모든 기구를 의료폐기물 전용용기에 넣은 다음, 착용한 보호구도 의료폐기물 전용용기에 담아 멸균 처리한다.

05 다음 중 생물안전작업대 내에서 감염성 물질 등이 유출된 경우의 조처로 적절하지 않은 것은?

① 장갑, 호흡보호구 등 개인보호구를 착용하고 70% 에탄올 등의 효과적인 소독제를 사용하여 작업대 벽면, 작업 표면 및 이용한 장비들에 뿌리고 적정 시간 동안 방치해 둔다.
② 종이타월을 사용하여 소독제와 유출 물질을 치우고 실험대 표면을 닦아낸다.
③ 생물안전작업대에 있는 모든 물체들은 표면의 오염물질을 깨끗이 제거한 후, UV 램프를 작동시킨 다음 꺼낸다.
④ 유출된 물질이 생물안전작업대 바닥면 그릴 안으로 들어간 경우에는 즉시 장비 수리기사에게 알려 즉시 청소하도록 한다.

해설 유출된 물질이 생물안전작업대 바닥면 그릴 안으로 들어간 경우 연구(실험실)책임자에게 알리고 지시에 따른다.

정답 03.② 04.④ 05.④

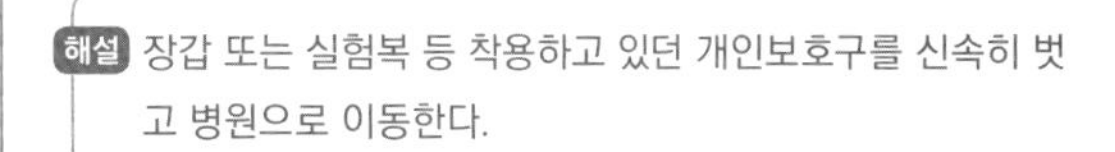

06 다음 중 감염성 물질 등이 안면부에 접촉되었을 경우의 조처로 옳지 않은 것은?

① 눈에 물질이 튀거나 들어간 경우 즉시 세안기나 눈 세척제를 사용하여 15분 이상 세척하고, 눈을 비비거나 압박하지 않도록 주의한다.

② 눈 세척제 사용 시 즉시 실험실 밖으로 나가 사용하고, 세척에 사용된 티슈 등은 의료폐기물로 처리한다. 사용 후 소독제로 주위를 소독하고 정리한다.

③ 필요한 경우 비상샤워기 또는 샤워실을 이용하여 전신을 세척한다.

④ 비상샤워장치를 사용할 경우 주위를 통제하고 접근을 금지한다. 사용 후 소독제(락스 등)로 주위를 소독하고 정리한다.

해설 눈 세척제 사용 시 실험실 내 일정 장소에서 사용하고 세척에 사용된 티슈 등은 의료폐기물로 처리한다. 사용 후 소독제로 주위를 소독하고 정리한다.

07 다음 중 감염성 물질 등을 섭취한 사고 발생에 대한 조처로 옳지 않은 것은?

① 긴급사항이므로 장갑 또는 실험복 등 착용하고 있던 개인보호구 그대로 병원으로 이송한다.

② 발생 사고에 대해 실험실책임자에게 즉시 보고한다.

③ 연구(실험실)책임자는 기관생물안전관리책임자 또는 의료관리자에게 보고하고, 적절한 의료 조치를 받도록 한다.

④ 연구(실험실)책임자는 섭취한 물질과 사고 사항을 상세히 기록하여 치료에 도움이 될 수 있도록 관련자들에게 전달한다.

해설 장갑 또는 실험복 등 착용하고 있던 개인보호구를 신속히 벗고 병원으로 이동한다.

08 생물안전사고 중에 비율이 높은 주사바늘 찔림 사고는 감염물질 사고 시 획득 감염으로 이어지는 중대사고가 될 수 있다. 이에 주사바늘 등의 날카로운 물질을 다루는 안전한 방법으로 옳지 않은 것은?

① 사용한 주사기의 뚜껑은 다시 닫지 않으며 주사바늘은 구부리지 않는다.

② 주사바늘이 붙어 있는 주사기를 사용할 때는 뚜껑을 다시 닫지 않고 바로 지정된 폐기 용기에 버리도록 한다.

③ 동료가 다치지 않도록 바늘 끝이 사용자의 몸쪽을 향하게 하여 사용한다.

④ 폐기 용기는 날카로운 물질이 사용되는 모든 곳에 비치하도록 한다.

해설 주사바늘 끝이 사용자의 몸쪽을 향하지 않게 한다.

제5과목

정답 06.② 07.① 08.③

09 다음 중 생물안전사고 발생 시 사고 대응 방법으로 옳지 않은 것은?

① 사고자 또는 최초 목격자는 즉시 주위사람에게 알리고 인명 피해가 우려되는 경우 대피하도록 한다.

② 연구시설 설치·운영책임자는 사고자 또는 목격자에게 보고 받은 후 즉시 기관생물안전관리책임자에게 보고하고, 생물안전관리책임자와 함께 사고 처리 및 재발 방지 계획을 세운다.

③ 연구시설 설치·운영책임자는 사고를 조사하고 기록하여야 하며, 해당 정부 부처에 직접 보고해서 사고 후 조처에 대해 지시를 받아야 한다.

④ 생물안전관리책임자 및 기관생물안전위원회는 사고 접수 후 현장 출동 시 적절한 개인보호구를 착용한 후 사고 현장 접근을 통제하는 등 사고 수습을 지원한다.

해설 생물안전관리책임자 및 기관생물안전위원회는 사고를 조사하고 기록하여 해당 정부 부처에 보고한다.

정답 09.③

생물시설(설비) 설치·운영 및 관리

01 다음 중 생물물질을 사용하는 생물연구시설의 기준 및 운영기준을 결정하는 기준에 대한 설명으로 옳지 않은 것은?

① 생물안전 연구시설은 실험실 위치 및 접근, 실험구역, 공기 조절 등의 시설기준이 안전관리 등급별로 정해져 있다.

② 생물안전 연구시설은 실험자안전보호, 실험장비, 폐기물처리, 기타 비상대응설비에 대한 안전관리등급별 운영기준이 정해져 있다.

③ 생물연구시설은 실험위해도가 올라갈수록 해당 실험의 생물안전 확보를 위해 공학적, 기술적으로 강화된 설치기준을 따른다.

④ 국내 생물안전 연구시설은 「유전자변형생물체의 국가간 이동등에 관한 법률」에 따라 유전자변형생물체와 고위험병원체를 사용하는 시설에 대해 국가기관에 신고 또는 허가를 받고 사용해야 한다.

해설 현재 국내 생물안전 연구시설은 「유전자변형생물체의 국가간 이동등에 관한 법률」과 「감염병의 예방 및 관리에 관한 법률」에 따라 유전자변형생물체를 사용하는 시설과 고위험병원체를 사용하는 시설에 대해 국가기관에 신고 또는 허가를 받고 사용해야 한다.

02 다음 중 생물물질을 사용하는 연구시설에 대한 설명으로 옳지 않은 것은?

① 생물연구시설의 안전관리 등급은 1~4등급으로 나뉘어 있다.

② 생물안전 3등급 이상의 시설은 각 해당 국가기관에 허가를 받고 사용해야 한다.

③ 생물안전 1등급 이상의 시설은 생물안전관리자 지정이 필수이다.

④ 생물안전 2등급 이상의 시설은 생물안전위원회 설치 및 운영이 필수이다.

해설 생물안전 3등급 이상의 시설은 생물안전관리자 지정이 필수이고, 생물안전 1등급 이상의 시설은 생물안전관리책임자 임명이 필수이다.

03 다음 중 생물연구시설에 대한 설명으로 옳지 않은 것은?

① 생물연구시설은 안전관리 등급은 1~4등급으로 나뉘어 있다.

② 유전자재조합실험지침과 LMO법 고시에서 6개의 유전자변형생물체 시설에 대해 종류와 등급에 따라 연구시설의 설치·운영기준을 정하고 있다.

③ 유전자변형생물체와 고위험병원체를 다루는 생물안전 1등급 이상의 시설은 생물안전관리책임자 지정이 필수이다.

④ 유전자변형생물체와 고위험병원체를 다루는 생물안전 2등급 이상의 시설은 생물안전위원회 설치 및 운영이 필수이다.

정답 01.④ 02.③ 03.②

해설 유전자재조합실험지침과 LMO법 고시에서 7개의 유전자변형생물체 시설에 대해 종류와 등급에 따라 연구시설의 설치·운영기준을 정하고 있다.

04 다음 중 유전자변형생물체를 다루는 일반 연구시설 설치기준에 대한 설명으로 옳지 않은 것은?

① 실험장비 중 고압증기멸균기는 양문형으로 모든 등급에서 필수 설치사항이다.
② 고압증기멸균 또는 화학약품처리 등 생물학적 활성을 제거할 수 있는 설비 설치는 전 등급에서 필수 사항이다.
③ 밀폐 내부 벽체에 콘크리트 등 밀폐를 보장하는 재질 사용은 4등급 이상 필수이다.
④ 헤파필터에 의한 배기는 2등급 시설은 권장 사항이지만, 3·4등급 시설은 필수 사항이다.

해설 실험장비 중 고압증기멸균기는 모든 등급에 필수 설치 항목이나, 양문형은 3·4등급에서만 필수 설치사항이다.

05 다음 중 유전자변형생물체를 다루는 일반 연구시설의 운영기준에 대한 설명으로 옳지 않은 것은?

① 출입문 앞에 생물안전표지는 전 등급에서 필수 사항이다.
② 전용 실험복 등 개인보호구 비치 및 사용은 1등급은 권장 사항이나, 2등급 이상은 필수 사항이다.
③ 실험구역에서 실험복을 착용하고 일반구역으로 이동 시에 실험복 탈의는 1등급 시설은 권장 사항이나, 2등급 이상은 필수 사항이다.
④ 외부에서 유입가능한 생물체(곤충, 설치류 등)에 대한 관리방안 마련은 1등급은 권장 사항이나, 2등급 이상은 필수 사항이다.

해설 외부에서 유입가능한 생물체(곤충, 설치류 등)에 대한 관리방안 마련은 1등급부터 필수 사항이다.

06 다음 중 유전자변형생물체를 다루는 일반 연구시설의 기준에 대한 설명으로 옳지 않은 것은?

① 모든 시설에 주사바늘 등 날카로운 도구에 대한 관리방안 마련은 필수 사항이다.
② 생물안전위원회 구성은 1등급 시설은 권장 사항이나, 2등급 이상 시설은 필수로 구성해야 한다.
③ 생물안전관리책임자는 생물안전위원회를 운영하기 위해 2등급 이상은 필수로 임명해야 한다.
④ 생물안전교육은 전 등급에서 매년 2시간 이상 실시해야 한다.

해설 생물안전관리책임자는 1등급 이상은 필수로 임명해야 한다.

07 다음 중 유전자변형생물체를 다루는 일반 연구시설의 기준에 대한 설명으로 옳지 않은 것은?

① 실험 감염사고에 대한 기록 작성, 보고 및 보관은 감염사고가 일어날 수 있는 2등급 이상은 필수 사항이다.
② 생물안전관리 규정은 1등급 이상은 권장, 2등급 이상은 필수 사항이다.
③ 감염성 물질이 들어있는 물건을 개봉할 때 생물안전작업대 등 기타 물리적 밀폐 장비에서 수행하는 것은 2등급은 권장 사항이나, 3등급 이상은 필수 사항이다.
④ 비상시 행동요령을 포함한 비상대응체계를 마련해야 한다(3·4등급 연구시설은 의료체계 내용 포함).

정답 04.① 05.④ 06.③ 07.①

해설 실험 감염사고에 대한 기록 작성, 보고 및 보관은 1등급 이상 필수이다.

08 유전자변형 동물을 이용한 실험을 진행하려고 한다. 다음 중 옳지 않은 것은?

① 유전자변형동물이 태어난 지 48시간 내에 식별가능토록 표시
② 배양물 조직 체액 등 오염 폐기물 또는 잠재적 감염성 물질은 반드시 뚜껑이 있는 밀폐 용기에 보관
③ 일회용 또는 일체형 주사기 사용(사용 후 전용 분리 용기에 넣어 멸균 후 폐기), 생물학적 활성을 제거하여 폐기
④ 동물사육실과 동물실험 공간(외과, 해부 실험 수행 등)의 분리

해설 유전자변형동물이 태어난지 72시간 내에 식별가능토록 표시한다.

09 위해 2등급 유전자변형 식물을 이용한 실험을 하려고 한다. 다음 중 옳지 않은 것은?

① 온실바닥은 불투성 바닥(콘크리트 등)을 사용해야 한다.
② 표준 온실유리나 플라스틱 재질 이용
③ 30mesh 크기 이상의 방충망 사용
④ 방충망 및 창이 허용되지 않는다.

해설 3·4등급 위해 식물을 이용한 실험에 방충망 및 창이 허용되지 않는다.

10 생물실험 중 액체질소 탱크를 열기 위해 개인보호구를 착용하였다. 다음 중 옳지 않은 것은?

① 액화질소나 드라이아이스 등의 극저온물질을 다룰 때 냉동화상이나 동상을 방지하기 위해 초저온 보호장갑을 사용한다.
② 초저온 보호장갑은 물이 스며들지 않게 방수처리가 되어 있어야 한다.
③ 초저온 보호장갑 절연성이 있어야 한다.
④ 초저온 보호장갑은 벗고 끼기 좋게 헐렁하고 손목까지 오는 것으로 고른다.

해설 장갑은 물이 스며들지 않게 방수처리가 되어있어야 하고, 헐렁하고 절연성이 있어야 하며, 손뿐만 아니라 팔도 보호할 수 있을 정도의 긴 장갑 착용한다.

11 다음 중 감염성이 있는 생물 물질을 다룰 때 사용하는 안전장비에 대한 설명으로 옳지 않은 것은?

① 감염성물질을 다루는 실험에는 생물안전작업대를 사용하며, 소독을 위해 UV 램프를 켠 후에 반드시 끄고 실험을 시작해야 한다.
② 감염성물질을 다루는 실험에는 실험 전후 소독제를 종이타월에 적셔 오염을 제거하며 사용해야 하고, 오염이 심한 곳부터 비오염쪽으로 닦아야 한다.
③ 감염성물질을 다루는 실험에는 라텍스 또는 니트릴 장갑을 착용하고 소매가 긴 실험복을 입으며, 평상복을 입은 채로 생물안전작업대를 사용하지 않는다. 필요한 경우 일회용의 덧소매와 2중 장갑을 착용한다.
④ 생물안전작업대 내에 실험기기의 수나 양을 최소화시키도록 하고, 실험 중 물품 등으로 흡입용 그릴 위를 덮는 것을 피한다.

정답 08.① 09.④ 10.④ 11.②

해설 감염성물질을 다루는 실험에는 실험 전후 소독제를 종이타월에 적셔 오염을 제거하며 사용해야 하고, 비오염 구역부터 오염이 심한 곳으로 닦는다.

12 감염성이 있는 생물 물질을 사용할 때는 생물안전작업대를 사용해야 한다. 다음 중 실험 종료 후 안전을 위한 조치 중 옳지 않은 것은?

① 잠재적으로 오염 또는 감염가능성이 있는 물품의 외부 표면은 소독 후에 생물안전작업대 외부로 빼낸다.
② 유리부분을 포함해서 앞면부와 생물안전작업대 내부 표면을 취급 병원성 미생물에 적합한 소독제로 소독한다.
③ 생물안전작업대 사용 완료 후에는 소독제로 내부 소독 후 즉시 Blower motor를 끄고 퇴실한다.
④ 조명등을 끈 후 UV 램프를 작동시키고, 다음 사용자를 위해 UV 램프 작동시간을 볼 수 있도록 한다.

해설 생물안전작업대 사용 완료 후에는 Blower motor를 10분 이상 추가 작동시킨 후 끈다.

13 멸균법 중 고압증기멸균기를 이용하는 습열멸균법은 실험실 등에서 널리 사용되는 멸균법이다. 다음 중 안전한 사용을 위한 멸균지표인자 사용방법으로 옳지 않은 것은?

① 멸균 지표인자로는 화학적 지표인자, 테이프 지표인자, 생물학적 지표인자 등이 있으며, 실제로 병원성 미생물의 사멸 여부를 확인할 수 있다.
② 화학적 색깔변화지표인자는 고압증기멸균기가 작동하기 시작하여, 121℃(250°F)의 적정온도에서 수 분간 노출이 되면 색깔이 변하는 것으로 확인한다.
③ 테이프 지표인자는 열 감지능이 있는 화학적 지표인자가 종이테이프에 부착되어 있으며, 일반적으로 연구자들이 가장 많이 사용한다.
④ 생물학적 지표인자는 생물학적 지표인 살아있는 포자를 이용한다.

해설 화학적 지표인자나 테이프 지표인자는 온도 변화에 반응하는 것으로, 실제로 병원성 미생물들이 사멸된 것을 증명하지는 못한다.

14 생물실험에 많이 사용하는 장비로 원심분리기에 대해 감염성물질을 사용할 경우 안전한 사용방법으로 옳지 않은 것은?

① 반드시 버켓에 뚜껑이 있는 장비를 사용하며, 사용한 후에는 로터, 버켓 및 원심분리기 내부를 알코올 솜 등을 사용하여 오염을 제거하는 등 청소한다.
② 감염성물질을 원심분리하는 동안 에어로졸 발생이 우려될 경우 생물안전작업대 안에서 실시하여야 한다.
③ 원심분리가 끝난 후에는 생물안전작업대를 최소 10분간 가동시키며, 완료 후 생물안전작업대 내부를 소독하여야 한다.
④ 버켓에 시료를 넣을 때와 꺼낼 때에는 오염을 방지하기 위해 생물안전작업대 밖에서 수행한다.

해설 버켓에 시료를 넣을 때와 꺼낼 때에는 반드시 생물안전작업대 안에서 수행한다.

정답 12.③ 13.① 14.④

제6과목

연구실 전기·소방 안전관리

CHAPTER 01 전기·소방 안전관리 일반

01 다음 중 심실세동전류와 같은 전류는?

① 최소감지전류 ② 치사전류
③ 고통한계전류 ④ 마비한계전류

해설 심장박동 불규칙으로 삼장마비를 일으켜 수분 내 사망할 수 있는 전류치(치사전류)

02 다음 ( ) 안에 들어갈 내용으로 알맞은 것은?

> 과전류보호장치는 반드시 접지선 외의 전로에 ( )로 연결하여 과전류 발생 시 전로를 자동으로 차단하도록 할 것

① 직렬 ② 병렬 ③ 임시 ④ 직병렬

해설 과전류차단장치의 설치
㉠ 과전류차단장치는 반드시 접지선이 아닌 전로에 직렬로 연결하여 과전류 발생 시 전로를 자동으로 차단하도록 설치할 것
㉡ 차단기·퓨즈는 계통에서 발생하는 최대 과전류에 대하여 충분히 차단할 수 있는 성능을 가질 것
㉢ 과전류차단장치가 전기계통상에서 상호 협조·보완되어 과전류를 효과적으로 차단하도록 할 것

03 상용주파수 60Hz 교류에서 성인 남자의 경우 고통한계전류(mA)로 가장 알맞은 것은?

① 15~20mA ② 10~15mA
③ 7~8mA ④ 1mA

해설 고통한계전류 : 7~8mA

04 공기의 파괴전계는 주어진 여건에 따라 정해지나 이상적인 경우로 가정할 때 대기압 공기의 절연내력은 몇 kV/cm 정도인가?

① 평행판전극 30kV/cm
② 평행판전극 3kV/cm
③ 평행판전극 10kV/cm
④ 평행판전극 5kV/cm

해설 공기의 파괴전계는 이상적인 경우 보통 센티미터 당 30kV 정도이다.

05 다음 중 전격의 위험을 결정하는 주된 인자로 가장 거리가 먼 것은?

① 통전전류 ② 통전시간
③ 통전경로 ④ 통전전압

해설 통전전류크기 〉 통전시간 〉 통전경로 〉 전원의 종류(직류보다 교류가 더 위험)

06 전격위험도에 대한 설명 중 옳지 않은 것은?

① 인체의 통전경로에 따라 위험도가 달라진다.
② 몸이 땀에 젖어 있으면 더 위험하다.
③ 전격시간이 길수록 더 위험하다
④ 전압은 전격위험을 결정하는 1차적 요인이다.

정답 01.② 02.① 03.③ 04.① 05.④ 06.④

해설 전압은 2차적 요소이다.

07 다음 중 전격의 위험을 가장 잘 설명하고 있는 것은?

① 통전전류가 크고, 주파수가 높고, 장시간 흐를수록 위험하다.
② 통전전압이 높고, 주파수가 높고, 인체저항이 낮을수록 위험하다.
③ 통전전류가 크고, 장시간 흐르고 인체의 주요한 부분을 흐를수록 위험하다.
④ 통전전압이 높고 인체저항이 높고, 인체의 주요한 부분을 흐를수록 위험하다.

해설 통전전류가 크고, 장시간 흐르고, 인체의 주요한 부분(심장, 뇌 등)을 흐르는 경우 치명적이다.

08 전선로를 정전시키고 보수작업을 할 때 유도전압이나 오통전으로 인한 재해를 방지하기 위한 안전조치는?

① 보호구를 착용한다.
② 단락접지를 시행한다.
③ 방호구를 사용한다.
④ 검전지로 확인한다.

해설 만일의 경우를 대비하여 단락접지를 실시한다.

09 통상 상태에 있어서 소정의 전류를 투입, 차단 및 통전하고, 수변전설비의 인입구 개폐기로 많이 사용되며, 고장전류는 차단할 수 없어 전력퓨즈를 사용하며 부하전류를 차단할 수 있는 전력 기기명칭은?

① LBS ② DS ③ ATS ④ ASS

해설 부하개폐기라고도 하며, LBS(Load Break Switch)를 말한다.

10 다음 중 감전 사고에 의한 응급조치에서 재해자의 중요한 관찰사항이 아닌 것은?

① 의식의 상태 ② 맥박의 상태
③ 호흡의 상태 ④ 유입점과 유출점의 상태

해설 전류 유입점과 유출점의 확인은 재해 조사 시 확인하고, 맥박 - 호흡 유무의 확인이 급선무이다.

11 다음 중 작업 시 발생한 감전사고 통계에서 가장 빈도가 높은 것은?

① 전기공사나 전기설비 보수작업
② 전기기기 운전이나 점검 작업
③ 이동용 전기기기 점검 및 조작 작업
④ 가전기기 운전 및 보수작업

해설 전기공사나 전기설비 보수작업 중 감전사고가 약 30% 차지하며, 가장 많이 발생하고 있음.

12 다음 중 가수전류에 대한 설명으로 옳은 것은?

① 마이크 사용 중 전격으로 사망에 이른 전류
② 전격을 일으킨 전류가 교류인지 직류인지 구별할 수 없는 전류
③ 충전부로부터 인체가 자력으로 이탈할 수 있는 전류
④ 몸이 물에 젖어 전압이 낮은 데도 전격을 일으킨 전류

해설 가수전류는 이탈가능전류, 고통한계전류라고도 하며, 운동의 자유를 잃지 않는 전류

정답 07.③ 08.② 09.① 10.④ 11.① 12.③

13 인체운동의 자유를 잃지 않는 최대한도의 전류를 이탈불능전류(마비한계전류)라 하는데, 이 전류의 범위로 가장 알맞은 것은?

① 10~15mA ③ 20~25mA
② 15~20mA ④ 25~30mA

해설 이탈불능전류, 불수전류를 마비한계전류라고 하며, 신경이 마비되어 말을 할 수 없는 상태를 말한다.

14 인체가 감전되었을 때 그 위험성을 결정짓는 주요 인자와 거리가 먼 것은

① 통전 시간
② 통전전류의 크기
③ 감전전류가 흐르는 인체 부위
④ 교류전원의 종류

해설 교류전원의 종류는 2차 위험요소이다.

15 전력량 1kWh를 열량으로 환산하면 몇 kcal인가?

① 754 ② 804 ③ 864 ④ 954

해설 1kwh = 1k · 3,600s
= 1,000w · 3,600s[J/s]
= 1,000 X 3,600[J]
= 1,000 X 3,600 X 0.24[cal]
= 1,000 X 860[cal] = 864[kcal]

16 고장 구간만을 신속, 정확하게 차단 혹은 개방하여 고장의 확대를 방지하고 피해를 최소화시키기 위하여 사고구간을 자동 분리하고 그 사고의 파급 확대를 방지하기 위하여 개발된 개폐기 명칭은?

① LBS ② DS ③ ATS ④ ASS

해설 자동고장구간 개폐기(ASS ; Automatic Section Switch) 고장의 확대를 방지하고 피해를 최소화시키기 위하여 사고구간을 자동 분리하고 그 사고의 파급확대를 방지하기 위하여 개발된 개폐기이다.

17 다음 중 전력기기에 대한 언급으로 설명이 옳지 않은 것은?

① 컨버터란 신호 또는 에너지의 모양을 바꾸는 장비를 통칭한다.
② 직류를 교류로 변환하는 장비는 인버터이다.
③ 교류를 직류로 바꾸는 것은 정류기(Rectifier)이다.
④ UPS는 배터리의 다른 명칭이다.

해설 UPS(Uninterruptible power supply)는 무정전 전원공급 설비(정류기, 인버터, 배터리로 구성)이다.

18 다음 중 비접지 시스템에 대한 언급으로 맞는 것은?

① 변압기의 2차측 중성점이나 2차의 1선을 접지하지 않는 회로를 말한다.
② 감전을 예방하기 위한 기기접지 시스템의 일종으로 가장 효과적인 방법이다.
③ 우리나라 220V 전원공급 시스템에 주로 적용하는 방식이다.
④ 22,900V 전원공급 시스템에 적용하는 방식이다.

해설 변압기의 2차측 중성점이나 2차의 1선을 접지하지 않는 회로를 말한다.

정답 13.① 14.④ 15.③ 16.④ 17.④ 18.①

19 고압 전기를 사용하는 곳에서는 안전하게 한전 계량기를 연결하기 위해서 만들어낸 이 장치는 하나의 기기에 PT와 조합하여 고전압과 대전류를 저전압과 소전류로 낮추어 전산전력량계(WHM)에 데이터를 제공하는 기능을 가진 장치를 말하는 것은?

① LA ② COS ③ MOF ④ CT

해설 MOF(Metering Out Fit)는 변압·변류가를 내장한 변성기의 일종이다.

20 전력설비의 하나로 변류기는 대전류를 이에 비례하는 전류로 변환하여 계기에 공급한다. 사용 중 2차를 절대로 개방해서는 안 되는 이유는?

① 2차측에 이상 고전압이 유기되어 계전기코일의 절연이 파괴된다.
② 1차측에 이상 고전압이 유기되어 계전기코일의 절연이 파괴된다.
③ 1차 2차 코일이 혼촉되는 고장이 발생한다.
④ 2차측에 연결된 계기가 철심의 과포화로 파괴된다.

해설 변류기(CT) 2차측을 개방하고 전류를 흘리면 자기포화자속이 증가하여 2차측에 고전압이 유기되어 결국 계전기 코일이 소손된다.

21 과전류 차단기로 저압전로에 사용하는 30A 배선용 차단기에 60A의 전류를 통한 경우 몇 분 이내에 자동적으로 동작하여야 하는가?

① 2분 ② 4분 ③ 6분 ④ 8분

해설 2배의 전류에 2분이다.

22 다음 중 과전류 차단장치를 시설해서는 안되는 것은? (단, 다선식 전로로서 과전류 차단기가 동작한 경우 각 극이 동시에 차단된다.)

① 전압선 ② 중성선 ③ 접지선 ④ 인입선

해설 과전류 차단장치의 설치는 접지선에 하여서는 안 된다.

23 정전 작업 시 전원개폐기를 개방하고 검전기로 전선로를 검전하였더니 네온램프에 불이 점등되었다. 다음 중 그 원인으로 생각되는 것은?

① 유도전압이 발생되었다.
② 검전기가 고장이다.
③ 단락접지를 하였다.
④ 작업 지휘자가 없었다.

해설 전선로에 전원을 차단하였는데도 검전기에 불이 들어오는 것은, 전선로가 길거나 인접 송전선로에 근접되어서 전자유도에 의한 유도전압이 유기되었거나, 전력용 케이블 또는 커패시터의 잔류전하가 방전되지 아니한 경우이다. 따라서 정전작업을 하더라도 정전작업 절차규정을 준수하여야 한다.

24 역률 개선용 커패시터(콘덴서)에 접속되어있는 전로에서 정전작업을 실시할 경우 다른 정전작업과는 달리 특별히 주의를 하여야 할 조치사항은?

① 개폐기 통전금지
② 활선 근접 작업에 대한 방호
③ 전력 커패시터(콘덴서)의 잔류전하 방전
④ 안전표지의 부착

해설 커패시터(콘덴서)에 접속되어있는 전로에서 정전작업을 실시할 경우 우선 검전을 하여야 하며, 반드시 전력용 커패시터는 잔류전하를 방전하고 단락접지를 하여야 한다.

정답 19.③ 20.② 21.① 22.③ 23.① 24.③

25 다음 중 전기작업에서 안전을 위한 일반 사항이 아닌 것은?

① 단로기의 개폐는 차단기의 차단 여부를 확인한 후에 한다.
② 전로의 충전여부 시험은 검전기를 사용한다.
③ 전선을 연결할 때 전원 쪽을 먼저하고 연결해간다.
④ 첨가전화선에는 사전에 접지 후 작업을 하며 끝난 후 반드시 제거해야 한다.

해설 전선을 연결할 때에는 부하 쪽을 항상 먼저 접속하고 전원 쪽을 나중에 한다.

26 다음 중 감전사고가 발생했을 때 피해자를 구출하는 방법으로 옳지 않은 것은?

① 피해자가 계속하여 전기설비에 접촉되어 있다면 우선 그 설비의 전원을 신속히 차단한다.
② 순간적으로 감전 상황을 판단하고 피해자의 몸과 충전부가 접촉되어 있는지를 확인한다.
③ 충전부에 감전되어 있으면 몸이나 손을 잡고 피해자를 곧바로 이탈시킨다.
④ 절연고무장갑, 고무장화 등을 착용한 후에 구출한다.

해설 보호구 착용 없이 피해자 몸을 함부로 만지면 감전될 우려가 높으므로, 절연봉이나 고무장갑, 헝겊·옷가지 등을 이용하여 분리시킨다.

27 알루미늄 외함을 가진 전동공구 사용 중 감전되어 그 전동공구를 잡고 요동을 치고 있는 경우 조치방법으로 가장 거리가 먼 것은?

① 플러그를 뽑거나 분전반에서 전원을 차단한다.
② 고무장갑을 끼고 피해자를 전동공구와 분리한다.
③ 고무장화를 신고 피해자를 전동공구와 분리한다.
④ 전기실에 연락하여 전원차단을 요청한다.

해설 신속한 전원차단 또는 피해자를 전동공구와 분리하는 것이 가장 급선무이며, 구조자가 감전을 당하지 않기 위해 고무장갑을 끼거나 고무장화를 신고 피해자를 분리하는 것은 문제가 없으나, 전기실에 전원차단을 요청하는 것은 생명을 건지는 데 가장 귀중한 골든타임(5분 이내)을 놓쳐서 생명을 잃을 수 있다.

28 다음 중 정전작업 시 조치사항으로 부적합한 것은?

① 개로된 전로의 충전 여부를 검전기구에 의하여 확인한다.
② 개폐기에 잠금장치를 하고 통전금지에 관한 표지판은 제거한다.
③ 예비 동력원의 역송전에 의한 감전의 위험을 방지하기 위한 단락접지기구를 사용하여 단락접지를 한다.
④ 잔류전하를 확실히 방전한다.

해설 개폐기에 잠금장치(Lock-out)를 설치하고, 통전금지에 관한 표지판(Tag-out)을 설치하여야 한다.

정답 25.③ 26.③ 27.④ 28.②

29 다음 중 우리나라의 안전전압으로 볼 수 있는 것은 약 몇 V인가?

① 30V ② 50V ③ 60V ④ 70V

해설 체코 20[V], 독일 24[V], 영국 24[V], 일본 24~30[V], 한국 30[V], 벨기에 35[V]

30 전동기용 퓨즈의 사용 목적으로 알맞은 것은?

① 과전압 차단
② 누설전류 차단
③ 지락과전류 차단
④ 회로에 흐르는 과전류 차단

해설 퓨즈의 사용 목적은 회로의 과전류 차단이다.

31 다음 중 연소에 관한 설명으로 틀린 것은?

① 인화점이 상온보다 낮은 가연성 액체는 상온에서 인화의 위험이 있다.
② 가연성 액체를 발화점 이상으로 공기 중에서 가열하면 별도의 점화원이 없어도 발화할 수 있다.
③ 가연성 액체는 가열되어 완전 열분해되지 않으면 착화원이 있어도 연소하지 않는다.
④ 열전도도가 클수록 연소하기 어렵다.

해설 가연성 액체는 착화원이 존재하면 연소할 위험이 있다.

32 자연발화의 방지법으로 적절하지 않은 것은?

① 통풍을 잘 시킬 것
② 습도가 낮은 곳을 피할 것
③ 저장실의 온도 상승을 피할 것
④ 공기가 접촉되지 않도록 불활성액체 중에 저장할 것

해설 ㉠ 자연발화가 쉽게 일어나는 조건 : 발열량이 크고, 주위의 온도가 높으며, 표면적이 넓을 경우, 열전도율이 낮고, 수분적당량 존재
㉡ 자연발화의 방지법 : 통풍을 잘 시킬 것, 습도가 높은 곳을 피할 것, 연소성 가스의 발생에 주의할 것, 저장실의 온도 상승을 피할 것

33 다음 중 숯, 코크스, 목탄의 대표적인 연소 형태는?

① 혼합연소 ② 증발연소
③ 표면연소 ④ 비혼합연소

해설 고체의 연소 종류

고체 연소	표면 연소	연소물 표면에서 산소와 급격한 산화반응으로 열과 빛을 발생하는 현상으로, 가연성 가스 발생이나 열분해 반응이 없어 불꽃이 없는 형태 예 숯, 코크스, 목탄, 금속분 등
	분해 연소	고체 가연물이 점화원에 의해 복잡한 경로의 열분해 반응으로, 가연성 증기가 발생하여 공기와 연소 범위를 형성하게 되어 연소하는 형태 예 석탄, 목재, 플라스틱, 종이, 합성수지, 중유 등
액체 연소	증발 연소	고체 가연물이 점화원에 의해 상태변화(융해)를 일으켜 액체가 되고, 일정 온도에서 가연성 증기가 발생하여 공기와 혼합하여 연소하는 형태 예 파라핀(양초), 황, 나프탈렌, 왁스, 휘발유, 등유, 경유, 아세톤 등 제4류 위험물 등
	자기 연소	분자 내에 산소를 함유하고 있는 고체 가연물이 외부의 산소 공급원 없이 점화원에 의해 연소하는 형태 예 질화면(니트로셀룰로스), TNT, 셀룰로이드, 니트로글리세린 등 제5류 위험물 등

34 다음 중 독성이 가장 강한 가스는?

① NH_3 ② $COCl_2$ ③ Cl_2 ④ H_2S

해설 NH_3(암모니아), $COCl_2$(포스겐 : 맹독성가스), Cl_2(염소), H_2S(황화수소)

정답 29.① 30.④ 31.③ 32.② 33.③ 34.②

제6과목

35 부탄의 연소 시 산소농도를 일정한 값 이하로 낮추어 연소를 방지할 수 있는데, 이때 첨가하는 물질로 가장 적절한지 않은 것은?

① 질소 ② 이산화탄소
③ 헬륨 ④ 수증기

해설 연소방지 첨가물은 질소, 헬륨, 이산화탄소이며, 수증기는 해당되지 않는다.

36 고체의 연소 형태 중 증발연소에 속하는 것은?

① 나프탈렌 ② 목재
③ TNT ④ 목탄

해설 나프탈렌(증발연소), 목재(분해연소), TNT(자기연소), 목탄(표면연소)

37 공기 중에서 폭발범위가 12.5~74vol%인 일산화탄소의 위험도는 얼마인가?

① 4.92 ② 5.26
③ 6.26 ④ 7.05

해설 위험도는 폭발범위 상한과 하한의 차이를 폭발범위 하한값으로 나눈 것

$$위험도(H) = \frac{U_2 - U_1}{U_2}$$

여기서, U_1 : 폭발 하한계(%),
U_2 : 폭발 상한계(%)

$$위험도 = \frac{74-12.5}{12.5} = 4.92$$

38 다음 중 가연연소의 지배적인 특성으로 가장 적합한 것은?

① 증발연소 ② 표면연소
③ 액면연소 ④ 확산연소

해설 가연성 가스가 공기 중에 확산되어 연소하는 형태이다.

39 다음 중 최소발화에너지(E[J])를 구하는 식으로 옳은 것은? (단, I는 전류[A], R은 저항[Ω], V는 전압[V], C는 콘덴서 용량[F], T는 시간[초]이라고 한다.)

① $E = I^2RT$
② $E = 0.24I^2RT$
③ $E = \frac{1}{2}CV^2$
④ $E = \frac{1}{2}\sqrt{CV}$

해설 최소발화에너지

- **발생열량** $E = I^2RT(J) = 0.24I^2RT$
- **최소발화에너지** $E = \frac{1}{2}CV^2$

여기서, E : 정전기 에너지(J)
C : 도체의 정전용량(F)
V : 대전 전위(V)

정답 35.④ 36.① 37.① 38.④ 39.③

연구실 감전재해 및 예방 대책

01 인체저항에 대한 설명으로 옳지 않은 것은?

① 인체저항은 접촉면적에 따라 변한다.
② 피부저항은 물에 젖어 있는 경우 건조 시의 약 1/12로 저하한다.
③ 인체저항은 한 개의 단일 저항체로 보아 최악의 상태를 적용한다.
④ 인체에 전압이 인가되면 체내로 전류가 흐르게 되어 전격의 정도를 결정한다.

해설 피부저항은 물에 젖어 있는 경우 건조 시의 약 1/25로 저하된다.

02 보폭전압에서 지표상에 근접 격리된 두 점 간의 거리는?

① 0.5m ② 1.0m ③ 1.5m ④ 2.0m

해설 양발 사이의 전위차인 보폭전압은 보통 1.0m

03 인체의 피부 전기저항은 여러 가지의 제반조건에 의해서 변화를 일으키는데, 다음 중 제반조건으로 가장 가까운 것은?

① 피부의 청결 ② 피부의 노화
③ 인가전압의 크기 ④ 통전경로

해설 인체의 피부저항은 인가전압(Applied voltage) 접촉면의 습도, 접촉면적, 접촉압력 등에 의해서 변화한다. 특히, 인가전압과 습도에 의해서 크게 좌우된다.

04 인체의 피부저항은 어떤 조건에 따라 달라지는데, 다음 중 달라지는 제반조건에 해당되지 않는 것은?

① 습기에 의한 변화
② 피부와 전극의 간격에 의한 변화
③ 인가전압에 따른 변화
④ 인가시간에 의한 변화

해설 인가전압(Applied voltage), 접촉면의 습도, 접촉면적, 접촉압력 등에 의해서 변화한다. 특히, 인가전압과 습도에 의해서 크게 좌우되고, 인가시간이 길어지면 저항이 다소 감소한다. 피부와 전극의 간격은 영향이 없다.

05 다음 중 인체 피부의 전기저항에 영향을 주는 주요인자와 거리가 먼 것은?

① 접지경로 ② 접촉면적
③ 접촉부위 ④ 인가전압

해설 인체피부의 전기저항에 영향을 주는 요인은 인가전압(Applied voltage), 접촉면의 습도, 접촉면적, 접촉압력 및 접촉부위 등이 영향을 받는다.

06 전격재해의 요인 중 2차적 감전위험 요소에 해당되지 않는 것은?

① 인체의 조건(저항) ② 전압
③ 주파수 ④ 전류

해설 2차 감전위험요소에는 인체조건(저항), 전압, 계절 등이 있고, 1차 위험요소에는 통전전류, 주파수 및 파형 등이 포함된다.

정답 01.② 02.② 03.③ 04.② 05.① 06.④

제6과목

07 다음 중 누전차단기의 구성요소가 아닌 것은?

① 누전 검출부 ② 영상변류기
③ 차단기 ④ 전력퓨즈

해설 고장전류의 강제차단 → 차단기, 개폐기 → 전기설비를 운용하기 위한 개폐장치, 단로기 → 무부하 전로의 개폐

08 다음 중 누전차단기의 접속 시 유의사항으로 옳지 않은 것은?

① 정격부하전류가 50A 이상인 전기기계·기구에 접속되는 경우 정격감도전류 200 mA 이하, 작동시간은 0.1초 이내로 할 수 있다.
② 전기기계·기구에 접속되는 경우 정격감도전류가 50mA 이하이고, 작동시간 0.03초 이내이어야 한다.
③ 지락보호 전용 누전차단기는 과전류를 차단하는 퓨즈 또는 차단기 등과 조합하여 접속한다.
④ 평상시 누설전류가 미소한 소용량의 부하의 전로인 경우 분기회로에 일괄하여 누전차단기를 접속할 수 있다.

해설 전기기계·기구에 접속되는 누전차단기는 인체 감전 방지용이므로 30mA, 0.03초를 선정한다.

09 절연물의 절연불량의 원인 중 열적요인에 의한 절연불량 현상은 매우 중요하다. 최고 허용온도가 105℃이고, 보통의 회전기, 변압기의 제작에 적당한 절연계급은?

① T종 ② A종 ③ B종 ④ C종

해설 절연물 종류
Y종 90°C, A종 105°C, E종 120°C, B종 130°C, F종 155°C

10 전기설비의 절연열화가 진행되어 누설전류가 증가하면서 발생되는 결과와 거리가 먼 것은?

① 감전사고
② 누전화재
③ 정전용량 증가
④ 아크, 지락에 의한 기기의 손상

해설 누설전류가 증가하면 감전사고 및 누전에 의한 화재, 아크에 의한 전기기계·기구의 손상이 발생한다.

11 절연물은 여러 가지 원인으로 전기저항이 저하되어 절연불량을 일으켜 위험한 상태가 되는데, 이 절연불량의 주요 원인과 거리가 먼 것은?

① 진동, 충격 등에 의한 기계적 요인
② 산화 등에 의한 화학적 요인
③ 온도상승에 의한 열적 요인
④ 오염물질 등에 의한 환경적 요인

해설 오염물질 등에 의한 환경적 요인은 절연불량과 직접 관계가 적다.

12 과전류에 의한 전선의 인화로부터 용단에 이르기까지 각 단계별 기준으로 옳지 않은 것은? (단, 전선전류 밀도의 단위는 [A/mm²]이다.)

① 인화 단계 : 40~43A/mm²
② 착화 단계 : 43~60A/mm²
③ 발화 단계 : 60~150A/mm²
④ 용단 단계 : 120A/mm² 이상

해설 발화 단계는 60~70A/mm²이다.

정답 07.④ 08.② 09.② 10.③ 11.④ 12.③

연구실 전기화재 및 예방 대책

01 다음 중 전기화재의 원인이 아닌 것은?

① 단락 및 과부하
② 절연불량
③ 기구의 구조불량
④ 누전

해설 기구의 구조불량은 직접적인 화재원인이 아니다.

02 다음 중 전기화재 발생원인의 3요건으로 거리가 먼 것은?

① 발화원 ② 내화물
③ 착화물 ④ 출화의 경과

해설 전기화재 발생 원인에는 발화원, 착화물, 출화의 경과를 들 수 있다. 발화원에는 개폐기, 변압기, 전동기, 커패시터, 전기배선 등이 있다.

03 전기설비화재의 출화 경과별 원인 중 가장 빈도가 높은 것은?

① 단락 ② 누전
③ 접촉부 과열 ④ 과부하

해설 단락 – 과부하 – 누전순

출화의 경과	발화원(기기·설비)
㉠ 단락 ㉡ 과부하 ㉢ 누전(지락) ㉣ 접촉부의 과열	㉠ 이동형 절연기 ㉡ 전등, 기계 등의 배선 ㉢ 전기 기기 ㉣ 전기장치

04 동판이나 접지봉을 땅속에 묻어 접지저항값이 규정값에 도달하지 않을 때, 이를 낮추는 방법 중 잘못된 것은?

① 심타법 ③ 약품법
② 병렬법 ④ 직렬법

해설 접지봉이나 판 등을 병렬로 추가하여야 접지저항이 감소하며, 직렬법은 없고 병렬로 여러 개의 봉을 설치하며 상호 연결하는 방법이 효율적이다.

정답 01.③ 02.② 03.① 04.④

제6과목

연구실 정전기 재해 및 예방 대책

01 정전기 발생에 영향을 주는 요인이 아닌 것은?

① 분리속도 ② 물체의 질량
③ 접촉면적 및 압력 ④ 물체의 표면상태

해설 정전기 발생에 영향을 주는 요인은 물체의 특성, 물체의 표면 상태, 물체의 이력, 접촉면적 및 압력, 분리속도

02 다음 중 물리의 접촉과 분리에 따른 정전기 발생량의 정도를 나타낸 것으로 틀린 것은?

① 표면이 오염될수록 크다.
② 분리속도가 빠를수록 크다.
③ 대전서열이 서로 멀수록 크다.
④ 접촉과 분리가 반복될수록 크다.

해설 접촉과 분리가 반복될수록 발생량은 줄어든다.

03 다음 중 정전기 발생에 영향을 주는 요인에 대한 설명으로 옳지 않은 것은?

① 접촉면적이 크고 접촉압력이 높을수록 발생량이 많아진다.
② 물체 표면이 수분이나 기름으로 오염되면 발생량이 많아진다.
③ 물체의 분리속도가 빠를수록 완화시간이 길어져서 발생량은 많아진다.
④ 정전기의 발생은 처음 접촉, 분리 할 때 최대가 되고 접촉, 분리가 반복됨에 따라 발생량이 감소한다.

해설 분리속도가 빠를수록 많이 발생하나, 완화시간과는 관계가 없다.

04 다음 중 정전기의 유동대전에 가장 크게 영향을 미치는 요인은?

① 액체의 밀도 ② 액체의 유동속도
③ 액체의 접촉면적 ④ 액체의 분출온도

해설 액체의 유동속도가 가장 큰 영향을 미친다.

05 다음 중 코로나방전이 발생할 경우 공기 중에 생성되는 것은?

① O_2 ② O_3 ③ N_2 ④ N_3

해설 코로나방전 결과 공기 중에서 오존(O_3)이 생성된다.

06 Polyester, Nylon, Acryl 등의 섬유에 정전기 대전 방지 성능이 특히 효과가 있고, 섬유에의 균일 부착성과 열 안전성이 양호한 외부용 일시성 대전방지제는?

① 양 ion계 ② 음 ion계
③ 비 ion계 ④ 양성 ion계

해설 음이온계 활성계
㉠ 값이 싸고 무독성이다. ㉡ 섬유의 균일 부착성과 열안정성이 양호하다. ㉢ 섬유의 원사 등에 사용된다.

정답 01.② 02.④ 03.③ 04.② 05.② 06.②

07 자기방전식 제전기의 제전은 전기의 어떠한 현상을 이용한 것인가?

① 불꽃방전 ② 자기유도현상
③ 코로나방전 ④ 과도현상

해설 자기방전식 제전기는 스테인리스, 카본, 도전성 섬유 등을 이용하여 발생된 작은 코로나방전으로 전하를 제전시키는 방법으로 2kV 내외의 전하가 남는다

08 다음 중 정전기재해의 방지대책에 대한 관리시스템이 아닌 것은?

① 발생 전하량 예측
② 정전기 축적 정전용량 증대
③ 대전 물체의 전하 축적 메커니즘 규명
④ 위험성 방전을 발생하는 물리적 조건 파악

해설 정전기는 먼저 발생억제 조치, 축적방지 조치, 그리고 방전방지 조치를 해야 한다. 축적이 되어 정전용량이 증대되는 것은 부적절한 대응조치이다.

정답 07.③ 08.②

제6과목

연구실 전기설비의 방폭

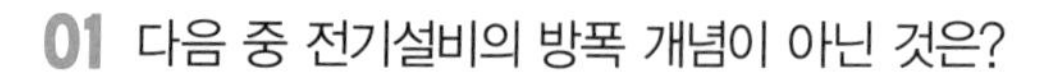

01 다음 중 전기설비의 방폭 개념이 아닌 것은?

① 점화원의 방폭적 격리
② 전기설비의 안전도 증강
③ 점화능력의 본질적 억제
④ 전기설비 주위 공기의 절연능력 향상

해설 전기설비의 방폭화 방법은 점화원의 방폭적 격리(내압, 압력, 유입 방폭구조), 전기설비의 안전도 증강(안전증 방폭구조), 점화능력의 본질적 억제(본질안전 방폭구조)로 구분한다.

02 다음은 어떤 방폭구조에 대한 설명인가?

> 전기기구의 권선, 에어캡, 접점부, 단자부 등과 같이 정상적인 운전 중에 불꽃, 아크 또는 과열이 생겨서는 안 될 부분에 대하여 이를 방지하거나 온도 상승을 제한하기 위하여 전기기기의 안전도를 증가시킨 구조이다.

① 압력 방폭구조
② 유입 방폭구조
③ 안전증 방폭구조
④ 본질안전 방폭구조

해설 이 구조는 단지 안전도를 증가하여 고장률을 낮춘 구조이므로 전기기기의 고장이나 파손이 생겨서 불꽃, 과열에 의하여 점화원이 될 수도 있다. 따라서 내부에는 불꽃을 발생하는 릴레이, 전자접촉기, 차단기 등 전기기기는 내장하지 말고, 단순히 단자, 접속함으로 사용하는 경우가 대부분이다(스테인리스 스틸 또는 FRP 박스, IP54 이상).

03 방폭구조의 종류 중 본질안전 방폭구조의 기호는?

① ia ② d
③ e ④ p

해설 d : 내압 방폭구조, e : 안전증 방폭구조, p : 압력 방폭구조

04 다음 중 방폭전기설비 계획 수립 시의 기본 방침에 해당되지 않는 것은?

① 가연성가스 및 가연성액체의 위험특성 확인
② 시설장소의 제조건 검토
③ 전기설비의 선정 및 결정
④ 위험장소 종별 및 범위의 결정

해설 시설장소의 제조건 검토, 가연성가스 및 인화성 액체의 위험특성 확인, 위험장소 종별 및 범위의 결정, 전기설비 배치의 결정, 방폭전기설비의 선정 등을 고려한다.

정답 01.④ 02.③ 03.① 04.③

CHAPTER 06 연구실 소화 대책

01 다음 중 자기반응성물질에 의한 화재에 대하여 사용할 수 없는 소화기의 종류는?

① 포 소화기
② 무상강화액 소화기수
③ 이산화탄소 소화기
④ 봉상수(棒狀水) 소화기

해설 자기반응성물질은 자체적으로 산소를 함유하고 있어 공기 중의 산소 없이도 폭발을 일으키므로 산소농도를 낮추어 소화하는 이산화탄소 소화기는 효과가 없다.

02 다음 중 주수소화를 하여서는 안 되는 물질은?

① 적린 ② 금속분말
③ 유황 ④ 과망간산칼륨

해설 칼륨, 나트륨 등의 금속은 물과 반응하는 금수성 물질로서 주수소화를 금지한다.

03 다음 중 냉각소화에 해당하는 것은?

① 튀김 기름이 인화되었을 때 싱싱한 야채를 넣어 소화한다.
② 가연성 기체의 분출 화재시 주 밸브를 닫아서 연료 공급을 차단한다.
③ 금속화재의 경우, 불활성 물질로 가연물을 덮어 미연소 부분과 분리한다.
④ 촛불을 입으로 불어서 끈다.

해설 ① 냉각소화 ② 제거소화 ③ 질식소화 ④ 제거소화

04 다음 중 소화약제에 의한 소화기의 종류와 방출에 필요한 가압방법의 분류가 잘못 연결된 것은?

① 이산화탄소 소화기 : 축압식
② 물 소화기 : 펌프에 의한 가압식
③ 산·알칼리 소화기 : 화학반응에 의한 가압식
④ 할로겐화물 소화기 : 화학반응에 의한 가압식

해설 할로겐화물 소화기 : 축압식, 가스가압식

05 다음 중 CO_2 소화약제의 장점으로 볼 수 없는 것은?

① 기체 팽창률 및 기화 잠열이 작다.
② 액화하여 용기에 보관할 수 있다.
③ 전기에 대해 부도체이다.
④ 자체 증기압이 높기 때문에 자체 압력으로 방사가 가능하다.

해설 기체 팽창률 및 기화 잠열이 크다.

정답 01.③ 02.② 03.① 04.④ 05.①

CHAPTER 07 전기·소방시설(설비) 설치·운영 및 관리

01 다음 중 연구실 전기화재의 방지대책이 아닌 것은?

① 전기기구는 사용 여부와 관계없이 항상 전원이 켜 있는 상태로 유지한다.
② 개폐기에는 과전류 차단장치를 설치한다.
③ 누전에 의한 화재를 예방하기 위하여 누전차단기를 설치한다.
④ 전기기구 구입 시 [KS] 표시가 있는지 확인한다.

해설 전기기구는 사용여부와 관계없이 항상 전원이 켜 있는 상태로 유지할 경우 전기화재가 발생할 우려가 있다.

02 다음 중 전기화재 예방을 위해서 전기기기 및 장치에 주의해야 하는 사항이 아닌 것은?

① 발열부 주위에 인화성 물질의 축적
② 발열부 주위에 가연성 방치 금지
③ 전열기는 열판의 밑부분에 차열판이 있는 것 사용
④ 전기기기 및 장치 등의 세심한 관리

해설 전기기기 및 장치에 전기화재를 예방하기 위한 사항으로는 발연부 주위에 가연성 물질 방치 금지, 전열기 열판의 밑부분은 차열판이 있는 것을 사용, 전기기기 및 장치 등의 세심한 관리가 필요하다.

03 다음 중 방폭전기기기 선정 시 고려할 사항으로 거리가 먼 것은?

① 위험장소의 종류, 폭발성 가스의 폭발등급에 적합한 방폭구조를 선정한다.
② 동일장소에 2종 이상의 폭발성 가스가 존재하는 경우에는 경제성을 고려하여 평균 위험도에 맞추어 방폭구조를 선정한다.
③ 환경조건에 부합하는 재질, 구조를 갖는 것을 선정한다.
④ 보수작업 시의 정전범위 등을 검토하고 기기의 수명, 운전비, 보수비 등 경제성을 고려하여 방폭구조를 선정한다.

해설 사용장소에 가스 등의 2종류 이상 존재할 수 있는 경우에는 가장 위험도가 높은 물질의 위험특성과 적절히 대응하는 방폭전기기기를 선정하여야 한다.

04 누전차단기의 설치 장소로 알맞지 않은 곳은?

① 주위 온도는 −10~40℃ 범위 내에 설치
② 표고 1,000m 이상의 장소에 설치
③ 상대습도가 45~80% 사이의 장소에 설치
④ 전원전압이 정격전압의 80~110% 사이에 사용

해설 표고 2,000m 이하의 장소에 설치해야 한다.

정답 01.① 02.① 03.② 04.②

05 다음 중 분전반 충전부분의 감전을 방지하기 위한 방호 방법으로 틀린 것은?

① 충전부가 노출되지 않도록 폐쇄형 외함이 있는 구조로 한다.
② 충분한 절연효과가 있는 방호망이나 절연 덮개 설치한다.
③ 충전부를 내구성이 있는 절연물로 완전히 덮어 감싼다.
④ 충전부는 출입이 용이한 전개된 장소에 설치하고, 위험표시 등의 방법으로 방호를 강화한다.

해설 충전부는 관계 근로자가 아닌 사람의 출입이 금지되는 장소에 설치하고, 위험표시 등의 방법으로 방호를 해야 한다.

06 다음 중 연구실 전기설비 설치 및 관리 기준으로 맞지 않는 것은?

① 옥내에 설치하는 배전반 및 분전반은 불연성 물질을 코팅한 것이거나, 동등 이상의 난연성이 있도록 설치하여야 한다.
② 노출된 충전부가 있는 배전반 및 분전반은 취급자 이외의 사람이 쉽게 출입할 수 없도록 설치하여야 한다.
③ 옥내에 설치하는 저압용의 업무용 전기기계기구는 그 충전부분이 노출되지 않도록 설치하여야 한다.
④ 전기기기 및 배선 등의 모든 충전부는 노출시켜야 한다.

해설 전기기기 및 배선 등의 모든 충전부를 노출시킬 경우, 감전사고의 위험이 있다.

07 다음 중 연구실 전기설비 운영 및 관리 기준으로 틀린 것은?

① 콘센트의 접촉부는 플러그가 견고하게 삽입되고 유지되어야 한다.
② 전기스위치 부근에 인화성 및 가연성 용매 등을 놓아둔다.
③ 전원에 연결된 회로배선은 임의로 변경하지 않는다.
④ 젖은 손이나 물건으로 전기기기, 회로에 접촉하면 안된다.

해설 전기스위치 부근에 인화성 및 가연성 용매 등을 보관·사용할 경우, 화재사고의 위험이 있으므로 인화성 및 가연성 캐비닛에 안전하게 보관해야 한다.

08 연구실에서 정밀작업을 수행하는 경우 조도로 알맞은 것은?

① 최소 300lux ② 최소 400lux
③ 최소 600lux ④ 최소 800lux

해설 학교조도 및 활동유형에 따른 조도 범위는 다음과 같다.

〈학교조도 분류〉

장소/활동	조도 분류
실험·실습실(일반)	G
실험·실습실(정밀, 재봉)	H
연구실(정밀실험)	H
연구실(천평실)	G

〈활동유형에 따른 조도 범위〉

조도 분류	조도 범위[lux] (최저-표준-최고)	활동유형
G	300-400-600	일반 휘도 대비 혹은 작은 물체 대상의 시작업 수행
H	600-1,000-1,500	저휘도 대비 혹은 매우 작은 물체 대상의 시작업 수행

정답 05.④ 06.④ 07.② 08.③

제 6 과목

09 다음 중 연구실에 설치하는 스위치 및 콘센트에 대한 설명으로 틀린 것은?

① 연구실 작업대의 스위치 및 콘센트는 작업 표면 위에 설치한다.
② 연구실 작업대 밑에 위치한 경우 액체가 튀었을 때 위험하지 않도록 충분한 거리를 두어야 한다.
③ 콘센트는 비접지형을 사용한다.
④ 멀티콘센트는 과부하 차단기가 설치된 것으로 사용한다.

해설 비접지형 콘센트를 사용할 경우, 누설 전류가 사람을 통해서 흐를 수 있기 때문에 감전 위험이 있다.

10 연구실에서 사용하는 실험장비의 고용량 기기의 기준은 얼마인가?

① 1kW ② 2kW
③ 3kW ④ 4kW

해설 정격소비전력 3kW 이상의 실험장비 또는 고전압을 필요로 하는 분석 장비를 사용할 경우에는 분전반과 긴급차단 스위치를 별도로 설치하여야 한다. 설치 위치는 개별 장비 주변에 설치하되, 모든 연구활동종사자들이 쉽게 작동시킬 수 있는 범위 내에 설치하여야 한다.

11 소화기구은 바닥으로부터 높이 몇 m 이하에 설치하여야 하는가?

① 1,5m ② 1,8m
③ 2m ④ 2,3m

해설 소화기구는 바닥으로부터 높이 1.5m 이하의 곳에 설치하여야 한다.

12 다음 중 화재 발생 시 행동요령으로 옳지 않은 것은?

① 주위에 화재 사실을 신속히 전파한다.
② 화재 확대 시 혼자 불을 끄려 하지 말고 신속히 대피한다.
③ 화재 발생 위치, 화재 정도 등을 119에 신고한다.
④ 벽이나 천장에 불이 붙었을 경우 초기진화에 주력한다.

해설 벽이나 천장에 불이 붙은 경우는 화재가 확대된 상태이므로 신속히 대피하여야 한다.

13 우리 주변에서 일반적으로 가장 많이 사용되고 있는 소화약제는?

① 이산화탄소 소화약제
② 포 소화약제
③ 분말 소화약제
④ 할로겐화합물 소화약제

해설 우리 주변에 가장 많이 사용하고 있는 소화기는 분말소화기이며, 소화기는 제조일로부터 10년이 경과된 분말소화기이거나 손상을 입고 내부 충전상태가 불량인 소화기는 새것으로 교체하여야 한다.

정답 09.③ 10.③ 11① 12.④ 13.③

14 다음 중 연구실 소방설비 설치기준으로 틀린 것은?

① 화재 또는 사고 발생 시 피난 및 소화활동에 필요한 소화설비, 경보설비, 피난설비 등의 소방시설을 설치하고 유지·관리하여야 한다.
② 연구실이 설치된 건물의 규모 및 용도에 따라 소화기구, 옥내소화전, 스프링클러 등의 소화설비를 설치하여야 한다.
③ 자동화재탐지 설비는 정전이 되었을 때, 비상전원 등으로 정상 작동을 하도록 조치해야 한다.
④ 연구실 내 용품들은 스프링클러 헤드에서 적어도 20cm 이상 떨어진 곳에 위치하도록 한다.

해설 연구실 내 용품들은 스프링클러 헤드에서 적어도 60cm 이상 떨어진 곳에 위치하도록 한다.

15 다음 중 연구실 내 소화기 및 소화전 설치기준으로 맞지 않는 것은?

① 연구실 내 또는 복도 등에는 연구자의 이동 동선에 맞게 소화기, 옥내소화전 등 초기 화재진압이 가능한 설비를 보유하여 화재 시 사용할 수 있도록 하여야 한다.
② 소화기는 적합한 표시 및 확실히 구분되도록 해서 손쉽게 사용할 수 있는 출입구에 가까운 벽 등에 안전하게 설치하여야 한다.
③ 소화기는 사용자 등이 손쉽게 사용할 수 있도록 바닥으로부터 높이 1.5m 이상의 곳이 비치하여야 한다.
④ 연구실의 규모 및 용도에 맞는 소화기를 설치하여야 한다.

해설 소화기는 사용자 등이 손쉽게 사용할 수 있도록 바닥으로부터 높이 1.5m 이하의 곳이 비치하여야 한다.

16 다음 중 유도등에 관한 설명으로 틀린 것은?

① 피난구유도등의 조명도는 피난구로부터 30m의 거리에서 문자 및 색채를 쉽게 식별할 수 있는 것으로 하여야 한다.
② 통로유도등의 비탕은 녹색, 문자색은 백색이다.
③ 복도통로유도등은 바닥으로부터 높이가 1m 이하의 위치에 설치하여야 한다.
④ 피난구유도등의 종류에는 소형, 중형, 대형이 있다.

해설 통로유도등은 백색 바탕에 녹색으로 피난방향을 표시한 등으로 하여야 한다. 다만, 계단에 설치하는 것에 있어서는 피난의 방향을 표시하지 아니할 수 있다.

17 다음 중 유도표지의 설치기준에 대한 설명으로 옳지 않은 것은?

① 계단에 설치하는 것을 제외하고 각 층 복도의 각 부분에서 유도표지까지의 보행거리는 15m 이하로 하였다.
② 구부러진 모퉁이의 벽에 설치하였다.
③ 바닥으로부터 1.5m에 설치하였다.
④ 주위에 광고물, 게시물 등을 함께 설치하였다.

해설 유도표지 주위에는 광고물, 게시물 등을 설치하지 않아야 한다.

정답 14.④ 15.③ 16.② 17.④

제 6 과목

18 다음 중 소화기 내용연수에 대한 설명으로 맞는 것은?

① 소화기의 내용연수를 5년으로 하고, 내용연수가 지난 제품은 교체 또는 성능확인(분말소화기의 경우 1회에 한하여 3년 연장 가능)을 받도록 규정
② 소화기의 내용연수를 10년으로 하고, 내용연수가 지난 제품은 교체 또는 성능확인(분말소화기의 경우 1회에 한하여 3년 연장 가능)을 받도록 규정
③ 소화기의 내용연수를 15년으로 하고, 내용연수가 지난 제품은 교체 또는 성능확인(분말소화기의 경우 1회에 한하여 3년 연장 가능)을 받도록 규정
④ 소화기의 내용연수를 20년으로 하고, 내용연수가 지난 제품은 교체 또는 성능확인(분말소화기의 경우 1회에 한하여 3년 연장 가능)을 받도록 규정

해설 소화기의 내용연수는 10년으로 하고, 내용연수가 지난 제품은 교체 또는 성능확인을 받도록 규정하고 있다.

19 연구실 내부 및 출입구 등에는 긴급 상황 발생 시 피난이 용이하도록 연구활동종사자가 보기 쉬운 위치에 설치 및 부착해야 하는 것은 무엇인가?

① 비상연락망　　② 긴급세척설비
③ 비상대피도　　④ 안전수칙

해설 연구실 내부 및 출입구 등에는 긴급 상황 발생 시 피난이 용이하도록 연구활동종사자가 보기 쉬운 위치에 피난 안내도(비상대피도)를 설치 및 부착하여야 한다.

20 다음 중 연구실 소방설비 운영 및 관리 기준으로 맞지 않는 것은?

① 소방시설 등은 정기적으로 자체점검을 하거나, 관리업자 또는 기술자격자로 하여금 점검하게 하여야 한다.
② 유도등은 상시 점등상태를 유지하여야 하며, 정전 시에는 상용전원에서 비상저원으로 자동 전환될 수 있도록 하고, 작동유무는 주기적으로 점검하여야 한다.
③ 모든 소화기들에 대해서는 정기적으로 충전상태, 손상 여부, 압력저하, 설치불량 등을 점검하여야 한다.
④ 옥내소화전의 소방호스는 꼬이지 않도록 관리하고, 소화전함 내부는 습기가 차거나 호스 내에 물이 들어 있도록 관리하여야 한다.

해설 옥내소화전의 소방호스는 꼬이지 않도록 관리하고, 소화전함 내부는 습기가 차거나 호스 내에 물이 들어 있지 않도록 관리하여야 한다.

정답 18.② 19.③ 20.④

제7과목

연구활동종사자 보건·위생관리 및 인간공학적 안전관리

보건·위생관리 및 인간공학적 안전관리 일반

01 다음 중 허용농도(TLV) 적용상 주의할 사항으로 틀린 것은?

① 대기오염평가 및 관리에 적용될 수 없다.
② 기존의 질병이나 육체적 조건을 판단하기 위한 척도로 사용될 수 없다.
③ 사업장의 유해조건을 평가하고 개선하는 지침으로 사용될 수 없다.
④ 안전농도와 위험농도를 정확히 구분하는 경계선이 아니다.

해설 TLV 적용 시 주의사항

㉠ 대기오염평가 및 관리에 적용될 수 없다. ㉡ 안전과 위험을 정확히 구분하는 경계선이 아니다. ㉢ 서로 다른 독성 강도를 비교할 수 있는 지표가 아니다. ㉣ 기존의 질병이나 육체적 조건을 판단하기 위한 척도로 사용할 수 없다. ㉤ 작업조건이 미국과 다른 나라에서 그대로 적용해서는 안 된다. ㉥ 반드시 경험 있는 산업위생전문가의 도움을 받아야 한다.

02 다음 중 고용노동부가 정한 화학물질 및 물리적 인자의 노출기준은?

① TWA, C, BEI
② TWA, STEL, BEI
③ TWA, STEL, C
④ BEI, STEL, C

해설 화학물질 및 물리적 인자의 노출기준(우리나라)

㉠ 시간가중평균노출기준(TWA) ㉡ 단시간노출기준(STEL) ㉢ 최고노출기준(C)

03 다음 중 화학적 유해인자에 대한 설명으로 틀린 것은?

① 화학적 유해인자는 크게 입자상 물질과 가스상 물질로 분류할 수 있다.
② 화학물질의 형태를 하고 있으나, 먼지와 같은 특정 화학물질이 아닌 것도 해당한다.
③ 가스상 물질에는 공기의 구성성분인 질소, 산소도 포함된다.
④ 입자상 물질에는 주로 호흡기를 통해서 흡수된다.

해설 공기의 구성성분인 질소, 산소 등도 가스에 해당되나, 일반적으로 유해인자로 분리하지 않고, 다만 그 양이 너무 많거나 적으면 인체에 영향을 줄 수 있다.

04 다음 중 입자상 물질을 크기에 따라 분류할 때 폐포에 침착하여 건강상 영향을 일으키고 평균 입경이 4μm인 물질은 무엇인가?

① 흉곽성 입자상 물질
② 흡입성 입자상 물질
③ 호흡성 입자상 물질
④ 호흡성 먼지

정답 01.③ 02.③ 03.③ 04.③

해설 입자상 물질의 크기별 분류

㉠ 흡입성 입자상 물질(IPM) : 호흡기 어느 부위(비강, 인후두, 기관 등 호흡기의 기도부위)에 침착하더라도 독성을 유발하는 분진, 평균입경 100μm. ㉡ 흉곽성 입자상 물질(TPM) : 가스교환부위, 기관지, 폐포 등에 침착하여 독성을 나타내는 분진, 평균입경 10μm. ㉢ 호흡성 입자상 물질(RPM) : 가스교환부위, 즉 폐포에 침착할 때 유해한 분진, 평균입경 4μm.

05 다음 중 흄이 생성되는 기전을 차례대로 나타낸 것은?

① 금속의 증기 → 증기물의 산화 → 응축
② 응축 → 증기물의 산화 → 금속의 증기
③ 공기 중 산화 → 응축 → 금속의 증기
④ 응축 → 금속의 증기 → 공기 중 산화

해설 흄의 발생기전

금속의 증기화 → 증기물의 산화 → 산화물의 응축

06 다음 중 인간공학적 유해인자에 대한 설명으로 틀린 것은?

① 건강상 영향을 예방하기 위해서는 관련요인을 제거하는 방법밖에 없다.
② 위험인자로는 힘, 자세, 반복적 움직임, 진동, 한랭, 휴식시간 등이 있다.
③ 자세는 중립 위치에서 벗어날수록 리스크가 증가한다.
④ 건강장해로는 요통, 내상과염, 외상과염, 손목터널증후군 등이 있다.

해설 인간공학적 유해인자로 인한 건강상 영향을 예방하기 위해서는 초기에 관련 요인을 제거하기 위한 설계를 하는 것이 가장 바람직하나, 기존의 작업이 있는 경우 작업순환, 보조도구의 활용, 스트레칭 등의 도입을 통하여 유해요인을 최소화하는 방법을 취할 수도 있다.

07 다음 중 보건적 유해인자의 개선대책에 관한 설명으로 틀린 것은?

① 근로자 노출 수준 평가결과에 따라 적절한 개선대책을 수립·추진해야 한다.
② 개선대책의 최우선은 개인보호구의 사용이다.
③ 노출 수준 및 기술·경제적 실현 가능성 등을 고려하여 선택하여야 한다.
④ 공학적대책으로 국소배기장치를 설치할 수 있다.

해설 개선대책의 우선순위

본질적대책 → 공학적대책 → 관리적대책 → 개인보호구사용

08 다음 중 입자상 물질이 호흡기계에 침착·제거되는 주요 기전에 대한 설명으로 틀린 것은?

① 호흡기계에 먼지가 침착되는 기전은 충돌, 침강, 확산, 차단이다.
② 입자상 물질이 호흡기계에 침착 시 가장 크게 영향을 미치는 요소는 입자의 지름이다.
③ 입자상 물질이 호흡기계에 제거되는 기전은 점액섬모운동, 대식세포에 의한 정화 등이다.
④ 먼지의 크기가 작은 미세먼지 등은 폐포에 침착되기도 한다.

해설 입자상 물질이 호흡기계 침착 시 가장 크게 영향을 미치는 요소는 입자의 크기이다.

정답 05.① 06.① 07.② 08.②

09 소음작업장에서 각 음원의 음압레벨이 A = 110dB, B = 80dB, C = 70dB이다. 음원이 동시에 가동될 때 음압레벨(SPL)은?

① 87dB ② 90dB
③ 95dB ④ 110dB

해설 SPLTotal

$= 10\log(\sum_{i=1}^{n} 10^{\frac{SPL_i}{10}})$

$= 10\log(10^{\frac{110}{10}} + 10^{\frac{80}{10}} + 10^{\frac{70}{10}})$

= 110dB

10 다음 중 인간공학의 목표와 가장 거리가 먼 것은?

① 에러감소 ② 생상성 증대
③ 신체 건강 중심 ④ 안전성 향상

해설 인간공학의 목표

㉠ 안전성 향상과 에러감소 ㉡ 기계조작의 능률성과 생산성 증대 ㉢ 작업환경의 쾌적성 ㉣ 안전성과 능률향상의 최종목적

11 다음 중 인간-기계시스템을 3가지로 분류할 설명으로 틀린 것은?

① 기계시스템에서는 동력기계화 체계와 고도로 통합된 부품으로 구성된다.
② 자동시스템에서 인간은 감시, 정비유지, 프로그램 등의 작업을 담당한다.
③ 자동시스템에서는 인간요소를 고려하여야 한다.
④ 수동시스템에서 기계는 동력원을 제공하고 인간의 통제하에서 제품을 생산한다.

해설 수동시스템에서 인간이 자신의 에너지를 동력원을 제공하고, 인간의 통제하에서 제품을 생산한다.

12 다음 중 인터페이스의 분류에 대한 설명이 잘못 연결된 것은?

① 신체적 인터페이스 : 사용자의 신체적 특성을 고려한다.
② 감성적 인터페이스 : 즐거움이나 기쁨을 느끼게 고려한다.
③ 사용자 인터페이스 : 사용자가 원하는 대로 반영한다.
④ 지적 인터페이스 : 알기쉽고 이해하기 쉽게 반영한다.

해설 인간-기계 인터페이스의 분류

㉠ 신체적 인터페이스 : 제품의 외관 및 형상을 설계할 때 사용자의 신체적 특성을 고려한다. ㉡ 사용자 인터페이스 : 제품의 사용방법에 대한 설계에서 인간을 고려하는 문제로, 사용자 상호작용 또는 사용자 인터페이스, 지적 인터페이스로 일컫는다. 물건을 알기 쉽고 일하기 쉽게 사용방법을 설계하기 위해서는 사용자의 행동에 관한 특성을 반영하여야 한다. ㉢ 감성적 인터페이스 : 즐거움이나 기쁨을 느끼게 하는 감성특성에 관한 정보를 고려하는 것이다. 어떤 제품이 좀 더 참신하고, 친밀감이 생기게 하는가 또는 어떻게 소비자가 색다르게 느끼도록 할 것인가에 관한 소비자의 정서에 관심을 갖는 것이다.

13 다음 중 정보전달용 표시장치에서 청각적 표현이 좋은 경우가 아닌 것은?

① 메시지가 단순하고 짧다.
② 메시지가 후에 재참조된다.
③ 메시지가 즉각적인 사건을 다룬다.
④ 메시기가 즉각적인 행동을 요구한다.

정답 09.④ 10.③ 11.④ 12.③ 13.②

해설 청각적 표시장치가 좋은 경우

㉠ 메시지가 간단하고 짧다. ㉡ 메시지가 후에 재참조되지 않는다. ㉢ 메시지가 즉각적인 사건을 다룬다. ㉣ 메시지가 즉각적인 행동을 요구한다.

14 다음 중 어떠한 신호가 전달하려는 내용과 연관성이 있어야 하는 것으로 정의되며, 예로써 위험신호는 빨간색, 주의신호는 노란색, 안전신호는 파란색으로 표시하는 것은 어떠한 양립성에 해당하는가?

① 공간 양립성 ② 운동 양립성
③ 개념 양립성 ④ 형식 양립성

해설 양립성의 종류

㉠ 운동 양립성(Movement compatibility) : 조작장치의 방향과 표시장치의 움직이는 방향이 사용자의 기대와 일치하는 것을 의미한다. ㉡ 공간 양립성(Spatial compatibility) : 물리적 형태나 공간적인 배치에서 사용자의 기대와 일치하는 것을 의미한다. ㉢ 개념 양립성(Conceptual compatibility) : 사람들이 가지고 있는 개념적 연상에 관한 기대와 일치하는 것을 의미한다.

15 작업장 및 설비, 기구 등은 인체의 특성을 고려하여 설계해야 한다. 이때 고려해야 할 순서로 옳은 것은?

① 조절식 설계 → 극단치 설계 → 평균치 설계
② 조절식 설계 → 평균치 설계 → 극단치 설계
③ 평균치 설계 → 극단치 설계 → 조절식 설계
④ 평균치 설계 → 조절식 설계 → 극단치 설계

해설 제일 먼저 고려할 개념은 조절식 설계, 이 개념을 적용하기 어려울 경우에는 극단치를 이용한 설계를 한다. 조절식, 극단치 설계의 적용하기 어려울 경우에는 평균치를 이용한 설계를 고려한다.

16 다음 중 인간공학에서 최대 작업영역(Maximum area)에 대한 설명으로 가장 적절한 것은?

① 허리에 불편 없이 적절히 조작할 수 있는 영역
② 팔과 다리를 이용하여 최대한 도달할 수 있는 영역
③ 어깨에서부터 팔을 뻗어 도달할 수 있는 최대 영역
④ 상완을 자연스럽게 몸에 붙인 채로 전환을 움직일 때 도달하는 영역

해설 최대 작업영역

㉠ 팔 전체가 수평상에 도달할 수 있는 작업영역 ㉡ 어깨로부터 팔을 뻗어 도달할 수 있는 최대 영역 ㉢ 아래팔과 위팔을 곧게 펴서 파악할 수 있는 영역 ㉣ 움직이지 않고 상지를 뻗어서 닿는 범위

17 다음 중 누적된 스트레스를 개인차원에서 관리하는 방법에 대한 설명으로 틀린 것은?

① 신체검사를 통하여 스트레스성 질환을 평가한다.
② 자신의 한계와 문제의 징후를 인식하여 해결방안을 도출한다.
③ 명상, 요가, 선(禪) 등의 긴장 이완훈련을 통하여 생리적 휴식상태를 점검한다.
④ 규칙적인 운동을 피하고, 직무 외적인 취미, 휴식, 즐거운 활동 등에 참여하여 대처능력을 함양한다.

해설 규칙적인 운동으로 스트레스를 줄이고, 직무 외적인 취미, 휴식, 즐거운 활동 등에 참여하여 대처능력을 함양한다.

정답 14.③ 15.① 16.③ 17.④

18 작업환경측정기관이 작업환경측정을 한 경우 결과를 시료채취를 마친 날부터 며칠 이내에 관할 지방고용노동관서의 장에게 제출하여야 하는가? (단, 제출기간의 연장은 고려하지 않는다.)

① 30일　　② 60일
③ 90일　　④ 120일

해설 작업환경측정 결과보고서는 시료채취 완료 후 30일 이내에 관할 지방고용노동관서의 장에게 제출해야 한다.

19 다음 중 근골격계 부담작업으로 인한 건강장해 예방을 위한 조치 항목으로 옳지 않은 것은?

① 근골격계질환 예방관리 프로그램을 작성·시행할 경우에는 노사협의를 거쳐야 한다.
② 근골격계질환 예방관리 프로그램에는 유해요인조사, 작업환경개선, 교육·훈련 및 평가 등이 포함되어 있다.
③ 10kg 이하의 중량물을 들어 올리는 작업은 중량과 무게중심에 대해 안내표시를 하지 않아도 된다.
④ 근골격계 부담작업에 해당하는 새로운 작업·설비 등을 도입한 경우, 지체 없이 유해요인조사를 실시하여야 한다.

해설 5kg 이상의 중량물을 들어 올리는 작업은 중량과 무게중심에 대해 안내표시를 하여야 한다.

20 다음 중 근골격계질환의 발생요인으로 가장 먼 것은?

① 작업특성 요인
② 작업자특성 요인
③ 사회심리적 요인
④ 유해인자 및 노출시간 요인

해설 근골격계질환의 발생요인
㉠ 작업특성 요인 ㉡ 작업자특성 요인 ㉢ 사회심리적 요인

21 공기 중 박테리아, 곰팡이 등을 채취하고자 할 때 사용해야 할 채취기구는?

① 흡착관과 여과지
② 실리카겔과 임핀저
③ 충돌기와 여과지
④ 고체흡착관과 사이클론

해설 생물학적 유해인자 측정방법
㉠ 필터에 여과시키는 방법 ㉡ 배지에 공기를 충돌시키는 방법

22 다음 중 직무스트레스의 직무요인으로 옳지 않은 것은?

① 조직문화, 역할갈등 등 조직요인
② 직무의 부하, 교대형태 등 직무요인
③ 재정상태, 여가활동 등 피로요인
④ 조명, 고열 및 한랭 등 환경요인

해설 재정상태, 여가활동 등 피로요인은 비직무적인 요인이다.

정답 18.① 19.③ 20.④ 21.③ 22.③

23 다음 중 근골격질환의 특징이 아닌 것은?

① 노동력손실에 따른 경제적 피해가 크므로 최우선목표는 발생의 최소화이다.
② 자각 증상으로 시작되며 환자의 발생이 집단적이다.
③ 근골격계질환은 증상이 나타난 후 아무런 조치하지 않을 경우 복합적인 질병의 형태로 악화되는 경향이 있다.
④ 장시간 단순한 반복작업이나 움직임이 많은 동적인 작업에 종사하는 사람에게 발병하는 경향이 있다.

해설 근골격계질환은 단시간의 작업형태로만 볼 때는 작업 자체가 갖는 위험성 없어 보이지만, 장시간 단순한 반복작업이나 움직임이 없는 정적인 작업에 종사하는 사람에게서 많이 발병하는 경향이 있다.

24 다음 중 근골격계 유해요인조사에 대한 설명으로 틀린 것은?

① 근골격계 유해요인 조사내용은 작업설비, 작업량, 작업속도 등이 포함되어 있다.
② 유해요인조사는 관리자의 의견을 바탕으로 실시한다.
③ 근골격계 부담작업에 근로자를 종사하도록 하는 경우에는 3년마다 실시해야 한다.
④ 근골격계 부담작업이 있는 공정 및 부서의 유해요인을 제거하거나 감소시키기 위해 실시한다.

해설 작업 근로자와 관리자 등의 의견을 바탕으로 평가한다.

25 다음 중 인간공학에서 고려해야 할 인간의 특성과 가장 거리가 먼 것은?

① 감각과 지각
② 운동과 근력
③ 감정과 생산능력
④ 기술, 집단에 대한 적응능력

해설 인간공학에서 고려해야 할 인간의 특성

㉠ 인간의 습성 ㉡ 기술·집단에 대한 적응능력 ㉢ 신체의 크기와 작업환경 ㉣ 감각과 지각 ㉤ 운동력과 근력 ㉥ 민족

26 다음 중 작업환경측정 시 고려할 사항이 아닌 것은?

① 작업환경 측정결과 필요에 따라 시설 및 설비의 설치, 또는 개선 등 적절한 조치를 하여야 한다.
② 모든 측정은 지역시료 채취방법으로 실시하는 것을 원칙으로 한다.
③ 작업환경측정 전에는 유해인자 특성 등을 파악하기 위해 예비조사를 실시한다.
④ 유해인자로부터 근로자의 건강을 보호하고 쾌적한 작업환경을 조성하기 위하여 실시한다.

해설 모든 측정은 개인시료 채취방법으로 실시하는 것을 원칙으로 하고, 개인시료 채취방법이 곤란한 경우에는 지역시료 채취방법으로 실시할 수 있다.

정답 23.④ 24.② 25.③ 26.②

연구활동종사자 질환 및 휴먼에러 예방·관리

01 다음 중 물질안전보건자료 작성의 원칙이 아닌 것은?

① 누구나 알아보기 쉽게 한글로 작성
② 부득이하게 작성불가 시 '자료없음', '해당없음' 이라고 기재
③ 최초작성기관, 작성시기, 참고문헌의 출처 기재
④ 화학물질명 등 고유명사도 국내 사용자를 위해 한글로 표기

해설 화학물질명, 외국기관명 등 고유명사는 영어 표기가 가능하다.

02 다음 중 산업안전보건법령상 물질안전보건자료(MSDS) 작성 시 포함되어야 할 항목이 아닌 것은?

① 유해성·위험성
② 안전성 및 반응성
③ 사용빈도 및 타당성
④ 노출방지 및 개인보호구

해설 물질안전보건자료(MSDS) 작성 시 포함항목

㉠ 화학제품과 회사에 관한 정보 ㉡ 유해성·위험성 ㉢ 구성성분의 명칭 및 함유량 ㉣ 응급조치요령 ㉤ 폭발·화재, 누출사고 시 대처방법 ㉥ 취급 및 저장방법 ㉦ 노출방지 및 개인보호구 ㉧ 물리·화학적 특성 ㉨ 안정성 및 반응성 ㉩ 독성에 관한 정보 ㉪ 환경에 미치는 영향 ㉫ 폐기 시 주의사항 ㉬ 운송에 필요한 정보 ㉭ 법적 규제 현황 및 그 밖의 참고사항

03 다음 중 중대연구실사고라고 볼 수 없는 것은?

① 사망자가 1명 이상 발생한 사고
② 부상자 또는 질병에 걸린 사람이 동시에 5명 이상 발생한 사고
③ 3개월 이상의 요양을 요하는 부상자가 동시에 2명 이상 발생한 사고
④ 재산피해액 5천만원 이상의 재해

해설 중대연구실사고의 정의

㉠ 사망자 또는 후유장애 부상자가 1명 이상 발생한 사고 ㉡ 3개월 이상의 요양을 요하는 부상자가 동시에 2명 이상 발생한 사고 ㉢ 부상자 또는 질병에 걸린 사람이 동시에 5명 이상 발생한 사고 ㉣ 법에서 정한 연구실의 중대한 결함으로 인한 사고

04 다음 중 중대연구실사고에 대한 설명으로 옳지 않은 것은?

① 3개월 이상의 요양을 요하는 부상자가 동시에 2명 이상 발생한 사고가 해당된다.
② 사고가 발생한 경우 3개월 이내에 연구실 사고 조사표를 작성하여 보고한다.
③ 천재지변 등 부득이한 사유가 발생한 경우에는 그 사유가 없어진 때에 보고해야 한다.
④ 사고 발생 현황 등을 게시판 등에 공표해야 한다.

정답 01.④ 02.③ 03.④ 04.②

해설 연구주체의 장은 법 제23조에 따라 연구활동종사자가 의료기관에서 3일 이상의 치료가 필요한 생명 및 신체상의 손해를 입은 연구실사고가 발생한 경우에는, 사고가 발생한 날부터 1개월 이내에 별지 제6호서식의 연구실사고 조사표를 작성하여 과학기술정보통신부장관에게 보고해야 한다.

05 다음 중 '인체독성물질'인 화학물질에 대한 경고 표지로 옳은 것은?

해설 화학물질의 경고 표지의 의미

① 호흡기 과민성, 발암성, 생식세포 변이원성, 생식독성, 특정표적장기 독성, 흡입 유해성 ② 인체독성 ③ 부식성물질 ④ 산화성

06 다음 경고 표지의 설명으로 옳은 것은?

① 호흡기 과민성, 발암성, 생식세포 변이원성, 생식독성 물질로 호흡기로 흡입할 때 건강장해 위험이 있다.
② 인체독성물질로 피부와 호흡기, 소화기로 노출될 수 있다.
③ 부식성물질로 피부에 닿으면 피부 부식과 눈 손상을 유발할 수 있다.
④ 산화성물질로 가연물과 혼합하여 연소 및 폭발할 수 있다.

해설 호흡기 과민성, 발암성, 생식세포 변이원성, 생식독성, 특정표적장기 독성, 흡입 유해성 화학물질의 경고 표지이다.

07 다음 중 연구실의 기능 및 안전을 유지관리하기 위해서 실시하는 점검에 대한 설명으로 틀린 것은?

① 정기점검은 년 1회 이상 모든 연구실에 실시한다.
② 일상점검은 연구주체의 장이 매일 1회 실시한다.
③ 정밀안전진단은 장비요건을 갖춘 분야별 기술인력이 실시한다.
④ 특별안전점검은 필요시 실시한다.

해설 일상점검은 해당 연구실의 연구활동종사자가 매일 1회 실시한다.

08 연구실의 기능 및 안전을 유지관리하기 위해서 실시하는 점검 중 폭발사고·화재사고 등 연구활동종사자의 안전에 치명적인 위험을 야기할 가능성이 있을 것으로 예상되는 경우 실시하는 점검은?

① 정기점검 ② 일상점검
③ 정밀안전진단 ④ 특별안전점검

해설 특별안전점검

폭발사고·화재사고 등 연구활동종사자의 안전에 치명적인 위험을 야기할 가능성이 있을 것으로 예상되는 경우 실시하는 점검으로, 장비요건을 갖춘 분야별 기술인력이 실시한다.

정답 05.② 06.① 07.② 08.④

09 연구실의 기능 및 안전을 유지관리하기 위해서 실시하는 점검 중 점검결과에 따른 서류의 보관 기간으로 틀린 것은?

① 정기점검 : 1년
② 일상점검 : 1년
③ 정밀안전진단 : 3년
④ 특별안전점검 : 3년

해설 점검서류의 보관

㉠ 일상점검 : 1년 ㉡ 정기점검, 특별안전점검, 정밀안전진단 결과보고서 : 3년

10 연구실 유해인자의 노출로 인한 유해성을 분석하여 개선대책을 수립하기 위해 유해인자별 노출도평가를 실시한다. 그 설명으로 틀린 것은?

① 모든 연구실에 의무적으로 실시해야 한다.
② 노출도평가의 결과보고서는 3년 이상 보존·관리해야 한다.
③ 노출기준 초과 시 감소대책 수립, 연구활동종사자 건강진단의 실시 등 적절한 조치를 하여야 한다.
④ 노출도평가 실시에 필요한 기술적인 사항은 국제적으로 공인된 측정방법에 준하여 실시할 수 있다.

해설 유해인자별 노출도 평가

㉠ 연구주체의 장이 정밀안전진단 실시 대상 연구실에 대하여 연구실 유해인자의 노출로 인한 유해성을 분석하여 개선대책을 수립하기 위해 연구활동종사자 또는 연구실에 대하여 노출도 측정계획을 수립한 후 시료를 채취하여 분석·평가하는 것을 말한다. ㉡ 노출도평가 실시에 필요한 기술적인 사항은 국제적으로 공인된 측정방법과 「산업안전보건법」 고용노동부장관이 고시한 측정방법에 준하여 실시할 수 있다. ㉢ 노출기준 초과 시 감소대책 수립, 연구활동종사자 건강진단의 실시 등 적절한 조치를 하여야 한다. ㉣ 노출도평가의 결과보고서는 3년이상 보존·관리해야 한다.

11 다음 중 연구실의 유해인자별 노출도평가 대상 연구실 선정기준으로 틀린 것은?

① 연구실책임자가 연구실 사전유해인자위험분석 결과에 근거하여 노출도평가를 요청할 경우
② 연구활동종사자가 연구개발활동을 수행하는 중 가벼운 사고가 발생한 경우
③ 정밀안전진단 실시 결과 노출도평가의 필요성이 전문가에 의해 제기된 경우
④ 연구주체의 장, 연구실안전환경관리자 등에 의해 노출도평가의 필요성이 제기된 경우

해설 유해인자별 노출도평가 대상 연구실 선정기준

㉠ 연구실책임자가 연구실 사전유해인자위험분석 결과에 근거하여 노출도평가를 요청할 경우 ㉡ 연구활동종사자가 연구개발활동을 수행하는 중 CMR물질(발암성물질, 생식세포변이원성물질, 생식독성물질), 가스, 증기, 미스트, 흄, 분진, 소음, 고온 등 유해인자를 인지하여 노출도평가를 요청할 경우 ㉢ 정밀안전진단 실시 결과 노출도평가의 필요성이 전문자에 의해 제기된 경우 ㉣ 중대 연구실사고나 질환이 발생하였거나 발생할 위험이 있다고 인정되어 과학기술정보통신부장관의 명령을 받은 경우 ㉤ 그 밖에 연구주체의 장, 연구실안전환경관리자 등에 의해 노출도평가의 필요성이 제기된 경우

정답 09.① 10.①. 11.②

12 다음 중 연구실 사전유해인자위험분석 대상 연구실이 아닌 것은?

① 「화학물질관리법」에 따른 유해화학물질 취급 연구실
② 「산업안전보건법」에 따른 유해인자 취급 연구실
③ 「폐기물관리법 시행규칙」에 따른 유해인자 취급 연구실
④ 「고압가스 안전관리법 시행규칙」에 따른 독성가스 취급 연구실

해설 사전유해인자위험분석 대상 연구실
㉠ 「화학물질관리법」 제2조제7호에 따른 유해화학물질 취급 연구실 ㉡ 「산업안전보건법」 제39조에 따른 유해인자 취급 연구실 ㉢ 「고압가스 안전관리법 시행규칙」 제2조제1항 제2호에 따른 독성가스 취급 연구실

13 다음 중 연구실 사전유해인자위험분석 수행절차로 옳은 것은?

① 연구개발활동별 유해인자 위험분석 → 연구실 안전현황분석 → 연구개발활동 안전분석 → 보고서
② 연구개발활동별 유해인자 위험분석 → 연구개발활동 안전분석 → 연구실 안전현황분석 → 보고서
③ 연구실 안전현황분석 → 연구개발활동 안전분석 → 연구개발활동별 유해인자 위험분석 → 보고서
④ 연구실 안전현황분석 → 연구개발활동별 유해인자 위험분석 → 연구개발활동 안전분석 → 보고서

해설 사전유해인자위험분석 수행절차
연구실 안전현황분석 → 연구개발활동별 유해인자 위험분석 → 연구개발활동 안전분석(R&DSA) → 보고서

14 다음 중 연구실 사전유해인자위험분석에 대한 설명으로 틀린 것은?

① 사전유해인자위험분석은 연구개발활동 시작 전에 실시한다.
② 연구개발활동별 유해인자 위험분석 시 연구기본정보와 유해인자 정보를 기재해야 한다.
③ 연구개발활동 안전분석은 연구·실험절차별로 구분하여 실시한다.
④ 보고서 보존기간은 연구종료일부터 1년이다.

해설 사전유해인자위험분석의 보고서 보존기간은 연구종료일부터 3년이다.

15 다음 중 화학물질의 관리에 대한 설명으로 틀린 것은?

① 화학물질은 성상별로 분류 후 명칭에 따른 알파벳순으로 보관한다.
② 개봉한 시약의 경우 유통기한이 남아있으면 보관한다.
③ 화학약품을 혼합하여 저장하면 위험하므로 혼합하여 보관하지 않는다.
④ 유해·위험성이 있는 화학물질의 경우 적절한 시약장 내에 보관해야 한다.

해설 개봉 후 3년 이상 경과한 시약의 경우 폐액으로 분류, 처리한다.

정답 12.③ 13.④ 14.④ 15.②

16 다음 중 화학물질의 폐기 및 관리에 대한 설명으로 틀린 것은?

① 화학반응이 일어날 것으로 예상되는 물질은 혼합하지 않아야 한다.
② 폐기할 화학물질은 가스발생으로 폭발 우려가 있으므로 뚜껑을 밀폐하지 않는다.
③ 화학물질의 성질 및 상태를 파악하여 분리, 폐기해야 한다.
④ 처리해야 되는 폐기물에 대한 사전 유해·위험성을 평가하고 숙지해야 한다.

해설 가스가 발생하는 경우 반응이 완료된 후 폐기 처리해야 하고, 폐기물이 누출되지 않도록 뚜껑을 밀폐하며, 누출 방지를 위한 키트를 설치해야 한다.

17 다음 중 건강검진에 대한 설명으로 틀린 것은?

① 일반검진은 유해인자에 노출될 위험성이 있는 연구활동종사자에게 1년에 1회 이상 실시
② 임시작업과 단시간 작업을 수행하는 연구활동종사자에 대해서도 특수건강검진을 실시
③ 직업병 요관찰자가 발견된 작업공정에서는 해당 유해인자에 노출되는 모든 근로자에게 특수건강검진의 실시 주기를 2분의 1로 단축 실시
④ 연구실 내에서 유소견자가 발생한 경우에 임시건강검진을 실시

해설 임시작업과 단시간 작업을 수행하는 연구활동종사자(발암성물질, 생식세포변이원성 물질, 생식독성물질을 취급하는 연구활동종사자는 제외)에 대해서는 특수건강검진을 실시하지 않을 수 있다.

18 다음 중 건강검진의 검진대상이 잘못 연결된 것은?

① 일반건강검진 : 모든 연구활동종사자
② 배치전건강검진 : 특수건강검진 대상 업무를 수행하는 연구활동종사자
③ 수시건강검진 : 건강장해 의심 증상 연구활동종사자
④ 임시건강검진 : 단기간 작업을 수행하는 연구활동종사자

해설 임시건강검진의 검진대상

㉠ 연구실 내에서 유소견자가 발생한 경우에 실시한다. ㉡ 연구실 내 유해인자가 외부로 누출되어 유소견자가 발생했거나 다수 발생할 우려가 있는 경우에 실시한다. ㉢ 다만, 임시건강검진 대상자 중 건강검진기관의 의사로부터 임시건강검진의 의사로부터 임시건강검진이 필요하지 않다는 소견을 받은 연구활동종사자는 받지 않을 수 있다.

19 다음 중 특수건강검진 대상 유해인자가 아닌 것은?

① 허가대상 유해물질
② 용접 흄
③ 유리규산 분진
④ 강렬한 소음

해설 특수건강검진 대상 유해인자

㉠ 화학적인자 : 유기화학물(108종), 금속류(19종), 산 및 알칼리류(8종), 가스상태 물질류(14종), 허가대상 유해물질(13종), 금속 가공유(미네랄 오일미스트) ㉡ 분진(6종) : 곡물분진, 광물성분진, 나무분진, 면분진, 용접 흄, 유리섬유분진 ㉢ 물리적인자(8종) : 소음, 진동, 방사선, 고기압, 저기압, 유해광선(자외선, 적외선, 마이크로파 및 라디오파)

정답 16.② 17.② 18.④ 19.③

20 다음 중 건강검진결과 업무수행적합성 여부에서 '한시적으로 현재업무 불가' 판정일 경우 사후관리 방법으로 옳은 것은?

① 건강상담
② 작업전환
③ 근로제한 및 금지
④ 근무 중 치료

해설 건강검진 결과 사후 관리 판정
㉠ 현재조건하에서 현재업무 가능 → 필요 없음 ㉡ 일정 조건하에서 현재업무 가능 → 건강상담, 보호구 착용, 추적검사, 근무 중 치료, 근로시간 단축 ㉢ 한시적으로 현재업무 불가 → 근로제한 및 금지 ㉣ 영구적으로 현재업무 불가 → 작업전환

21 다음 중 휴먼에러에 대한 설명으로 틀린 것은?

① 휴먼에러를 예방하기 위해서 직무적성에 적합한 작업자를 적재적소에 배치해야 한다.
② 휴먼에러는 부적절하거나 원치 않은 인간의 결정 또는 행위라고 말할 수 있다.
③ 휴먼에러를 예방방법으로 표시장치, 조절장치 등의 설계를 할 수 있다.
④ 휴먼에러는 우연히 발생하고, 예견될 수 없는 경우가 대부분이다.

해설 모든 에러는 예방 가능한 원인들로 구성되어 예견이 가능하다.

22 휴먼에러 중 의도된 행동에 의한 것으로 볼 수 없는 것은?

① 규칙기반착오
② 기억실패에 의한 망각
③ 지식기반착오
④ 고의위반

해설 기억실패에 의한 망각 : 의도되지 않은 행동에 의한 것

23 다음 중 휴먼에러의 발생요인으로 옳지 않은 것은?

① 기계나 설비의 결함
② 개인보호구 미착용
③ 안전관리 규정이 잘 갖추어지지 않음
④ 부주의에 의한 실수

해설 휴먼에러의 발생요인
㉠ 인간요인 : 실수(부주의에 의한 실수), 망각(기억실패에 의한 망각), 무의식 등 ㉡ 설비요인 : 기계 설비의 결함 ㉢ 작업요인 : 작업환경 불량 ㉣ 관리요인 : 안전관리 규정이 잘 갖추어지지 않음

24 다음 중 휴먼에러의 물리적 요인이 아닌 것은?

① 일이 단조로울 때
② 그 일의 지식이 부족할 때
③ 일이 너무 복잡할 때
④ 자극이 너무 많을 때

해설 그 일의 지식이 부족할 때는 심리적 요인이다.

정답 20.③ 21.④ 22.② 23.② 24.②

CHAPTER 03 안전보호구 및 연구환경 관리

01 다음 중 개인보호구에 대한 설명과 가장 거리가 먼 것은?

① 사용자는 손질방법 및 착용방법을 숙지해야 한다.
② 착용을 하더라도 보호구에 결함이 있으면 유해물질에 노출하게 된다.
③ 규격에 적합한 것을 사용해야 한다.
④ 보호구 착용으로 유해물질로부터의 모든 신체적 장해를 막을 수 있다.

해설 개인보호구는 유해물질을 줄이거나 완전히 제거하지 못하는 경우에 착용하므로, 유해물질이 체내에 침입하는 것을 막는 수단에 지나지 않는다.

02 다음 중 개인보호구의 구비조건에 대한 설명으로 틀린 것은?

① 유해·위험요인으로부터 착용자를 안전하게 보호할 수 있어야 한다.
② 착용과 탈의가 간편하고 쉬워야 한다.
③ 착용 시 활동이 자유롭게 인간공학적으로 설계된 제품을 구비해야 한다.
④ 구비 시 외관이 부실하더라도 성능이 우수한 것으로 한다.

해설 성능이 우수하더라도 외관이 부실하면 착용을 기피할 수 있다.

03 다음 중 개인보호구의 점검, 보수 및 관리방법에 관한 설명으로 틀린 것은?

① 보호구의 수는 사용해야 할 근로자의 수 이상으로 준비한다.
② 호흡보호구는 사용 전, 사용 후 여재의 성능을 점검하여 성능이 저하된 것은 폐기, 보수, 교환 등의 조치를 취한다.
③ 보호구의 청결 유지에 노력하고, 보관할 때에는 건조한 장소와 분진이나 가스 등에 영향을 받지 않는 일정한 장소에 보관한다.
④ 호흡보호구나 귀마개 등은 특정 유해물질 취급이나 소음에 노출될 때 사용하는 것으로서, 그 목적에 따라 반드시 공용으로 사용해야 한다.

해설 호흡보호구나 귀마개 등은 특정 유해물질 취급이나 소음에 노출될 때 사용하는 것으로서, 그 목적에 따라 반드시 개별로 사용해야 한다.

04 다음 중 방진마스크의 요구사항과 가장 거리가 먼 것은?

① 포집효율이 높은 것이 좋다.
② 안면 밀착성이 큰 것이 좋다.
③ 흡기, 배기저항이 낮은 것이 좋다.
④ 흡기저항 상승률이 높은 것이 좋다.

해설 흡기저항 상승률이 낮은 것이 좋다.

정답 01.④ 02.④ 03.④ 04.④

05 다음 중 개인보호구의 착의 순서로 옳은 것은?

① 실험장갑 → 긴 소매 실험복 → 고글/보안면 → 호흡보호구(필요시)
② 실험장갑 → 긴 소매 실험복 → 호흡보호구(필요시) → 고글/보안면
③ 긴 소매 실험복 → 고글/보안면 → 호흡보호구(필요시) → 실험장갑
④ 긴 소매 실험복 → 호흡보호구(필요시) → 고글/보안면 → 실험장갑

해설 개인보호구의 착의 순서 : 긴 소매 실험복 → 호흡보호구(필요시) → 고글/보안면 → 실험장갑

06 다음 중 호흡보호구의 밀착도 검사(Fit test)에 대한 설명이 잘못된 것은?

① 정량적인 방법에는 냄새, 맛, 자극물질 등을 이용한다.
② 밀착도 검사란 얼굴피부 접촉면과 보호구 안면부가 적합하게 밀착되는지를 측정하는 것이다.
③ 밀착도 검사를 하는 것은 작업자가 작업장에 들어가기 전 누설정도를 최소화시키기 위함이다.
④ 호흡보호구의 안과 밖의 농도와 압력의 차이로 밀착정도를 측정할 수 있다.

해설 밀착도 검사방법(OSHA에서 인정하는 방법)
㉠ 정성적인 방법 : 냄새, 맛, 자극 물질을 이용하는 방법 ㉡ 정량적인 방법 : 보호구의 안과 밖에서 농도의 차이나 압력의 차이로 밀착정도를 객관적인 숫자로 나타내는 방법

07 다음 중 방진마스크에 대한 설명으로 옳은 것은?

① 흡기저항 상승률이 높은 것이 좋다.
② 형태에 따라 전면형 마스크와 후면형 마스크가 있다.
③ 필터의 여과효율이 낮고 흡입저항이 클수록 좋다.
④ 비휘발성 입자에 대한 보호가 가능하고 가스 및 증기의 보호는 안 된다.

해설 ㉠ 흡기저항 상승률이 낮은 것이 좋다. ㉡ 형태에 따라 전면형 마스크와 반면형 마스크가 있다. ㉢ 필터의 여과효율이 높고 흡입저항이 작을수록 좋다.

08 다음 중 방독마스크에 관한 설명과 가장 거리가 먼 것은?

① 일시적인 작업 또는 긴급용으로 사용하여야 한다.
② 산소농도가 15%인 작업장에서는 사용하면 안 된다.
③ 방독마스크의 정화통은 유해물질별로 구분하여 사용하도록 되어 있다.
④ 방독마스크 필터는 압축된 면, 모, 합성섬유 등의 재질이며, 여과효율이 우수하여야 한다.

해설 면, 모, 합성섬유 등의 재질의 필터는 방진마스크이며, 방독마스크는 정화통이 있다.

정답 05.④ 06.① 07.④ 08.④

09 다음 중 송기마스크를 사용해야 할 장소로 맞지 않는 곳은?

① 유해물질의 종류나 농도가 불분명한 장소
② 방진 및 방독마스크 착용이 부적절한 장소
③ 강도가 낮거나 단시간 작업수행 장소
④ 산소농도가 18% 미만인 장소

해설 강도가 높거나 장시간 작업수행 장소에서 사용해야 한다.

10 다음 중 호흡보호구 착용 및 관리에 대한 설명이 아닌 것은?

① 감염성이 있는 에어로졸의 흡인 가능성이 있는 실험을 수행할 경우 반드시 착용해야 한다.
② 착용자의 얼굴에 적합한 호흡보호구를 선정해야 한다.
③ 재사용 필터–호흡보호구는 필터교환 등을 점검하고 관리해야 한다.
④ 전동식 호흡보호구가 작동하지 않는 경우 실험이 끝나자마자 수리 및 교체한다.

해설 깨지거나, 균열이 있거나 제대로 작동이 되지 않는 등 이상이 있는 경우 즉시 교체착용한다.

11 다음 중 병원성 물질 및 감염성 물질 등을 막아주는 데 적합하며, 보통 의료용으로 많이 쓰는 보호장갑의 종류는?

① 화학물질 보호장갑
② 찔림 방지방갑
③ 일회용 장갑
④ 초저온 보호장갑

해설 보호장갑의 종류

분류	용도
일회용 장갑	병원성 물질 및 감염성 물질 등을 막아주는 데 적합하며, 보통 의료용이 많이 쓰임.
화학물질 보호장갑	높은 급성 독성 및 고농도의 부식성 화학물질 등을 다루거나, 장기간 손을 담그고 화학물질을 다룰 때 사용
찔림 방지 장갑	침, 주사바늘 등 뾰족한 것에 의해 발생할 수 있는 찔림 사고를 방지하기 위해 사용
초저온보호 장갑	액화질소나 드라이아이스 등의 극저온 물질을 다룰 때 냉동 화상이나 동상을 방지하기 위해 사용
내열장갑	뜨거운 물체를 취급하는 등 고열로부터 화상을 방지하기 위해 사용

12 다음 중 보안경 및 보안면 사용 시 주의사항으로 틀린 것은?

① 콘택트렌즈 착용자가 감염성 물질 등을 취급 시 반드시 보안경을 착용
② 실험수행 방법 및 취급물질 등에 따라 적절히 선택하여 착용
③ 탈의 시 오염되지 않은 부분을 장갑을 끼지 않은 손으로 앞으로 당겨서 탈의
④ 재사용 시 모든 보안경 및 보안면은 알콜로 소독 및 세척

해설 보안경 및 보안면 사용 시 주의사항

㉠ 콘택트렌즈 착용자가 감염성 물질 등을 취급 시 반드시 보안경을 착용 ㉡ 실험수행 방법 및 취급물질 등에 따라 적절히 선택하여 착용 ㉢ 보호하고자 하는 안면 범위를 모두 덮을 수 있도록 착용 ㉣ 탈의 시 오염되지 않은 부분을 장갑을 끼지 않은 손으로 앞으로 당겨서 탈의 ㉤ 재사용 시 취급한 감염성 물질 및 병원성 미생물에 가장 효과적인 소독제를 선택하여 소독 또는 세척

정답 09.③ 10.④ 11.③ 12.④

13 다음 중 차음보호구인 귀마개(Ear Plug)에 대한 설명과 가장 거리가 먼 것은?

① 차음효과는 일반적으로 귀덮개보다 우수하다.
② 외청도에 이상이 없는 경우에 사용이 가능하다.
③ 더러운 손으로 만짐으로써 외청도를 오염시킬 수 있다.
④ 귀덮개와 비교하면 제대로 착용하는 데 시간은 걸리나, 부피가 작아서 휴대하기 편리하다.

해설 차음효과는 일반적으로 귀덮개가 더 높다.

14 다음 중 귀덮개의 장점을 모두 짝지은 것으로 가장 옳은 것은?

A. 귀마개보다 쉽게 착용할 수 있다.
B. 귀마개보다 일관성 있는 차음효과를 얻을 수 있다.
C. 크기를 여러 가지로 할 필요가 없다.
D. 착용 여부를 쉽게 확인할 수 있다.

① A, B, D ② A, B, C
③ A, C, D ④ A, B, C, D

해설 귀마개와 귀덮개의 장·단점

종류	장점	단점
귀마개	• 부피가 작아 휴대가 쉬움. • 착용이 간편 • 안경·안전모에 방해가 되지 않음. • 고온작업 시 사용 가능 • 가격이 귀덮개보다 저렴	• 귀에 질병이 있을 경우 착용 불가능 • 땀으로 인한 외이도 염증 유발 • 제대로 착용을 위한 요령 습득 필요 • 차음효과가 귀덮개보다 떨어짐. • 차음효과의 개인차가 큼.
귀덮개	• 차음효과가 귀마개보다 높음. • 일관성있는 차음효과 • 귀에 질병이 있어도 착용 가능 • 귀마개보다 착용이 용이 • 고음영역에서 차음효과 탁월	• 고온에서 사용 시 접촉면에 땀이 남. • 보안경과 함께 착용 시 불편하고 차음효과 감소 • 가격이 비싸고 운반과 보관 어려움.

15 다음 중 인화성물질 및 폭발 우려가 있는 물질을 취급하는 연구실에서 착용해야 할 보호구가 아닌 것은?

① 방진마스크 ② 보안경 및 고글
③ 일회용 장갑 ④ 방염복

해설 인화성물질 및 폭발 가능성이 있는 물질 취급 시 보호구 : 방진마스크, 보안경 또는 고글, 보안면, 내화학성 장갑, 방염복

16 다음 중 유해물질 취급 연구실 등에 설치되어 있는 세안장치의 설치 및 운영기준으로 틀린 것은?

① 한 건물에 하나씩만 설치되어 있으면 된다.
② 설치 높이는 85~115cm 사이가 적합하다.
③ 연구활동종사자에게 잘 보이는 곳에 세안장치 안내표지판을 설치하여야 한다.
④ 연구실 내의 모든 인원이 쉽게 접근하고 사용할 수 있도록 준비되어 있어야한다.

해설 강산이나 강염기를 취급하는 곳에는 바로 옆에, 그 외의 경우에는 10초 이내에 도달할 수 있는 위치에 설치하며, 비상시 접근하는 데 방해물이 있어서는 안 된다.

정답 13.① 14.④ 15.③ 16.①

17 다음 중 독성물질 취급 연구실 등에 설치되어 있는 샤워설비의 설치 및 운영기준으로 틀린 것은?

① 접근 시 방해가 되므로 세안장치와 함께 설치하면 안 된다.
② 사용자가 쉽게 접근하여 작동시킬 수 있도록 작동밸브 높이는 170cm 이내로 설치하여야 한다.
③ 샤워설비의 헤드 높이는 210~240cm에 설치, 세척용수를 전면에 골고루 분사할 수 있어야 한다.
④ 각 층마다 설치하여야 하며, 비상시 접근하는 데 방해가 되는 장애물이 있어서는 안 된다.

해설 세안장치나 세면설비를 함께 설치한 경우에 세안장치나 세면설비는 방해물로 보지 않는다.

18 다음 중 연구실 개인의류 및 실험복 보관에 관한 설명으로 옳지 않은 것은?

① 개인의류와 실험복은 별도로 보관한다.
② 연구실 내에는 실험복을 착용 후 출입해야 한다.
③ 모든 실험실에는 실험복 보관함이 반드시 설치되어 있어야 한다.
④ 연구실 내 개인의류를 실험복으로 환복할 수 있는 별도 장소와 보관함이 있어야 한다.

해설 연구실 내 개인의류를 실험복으로 환복할 수 있는 별도 장소와 보관함이 있어야 한다. 단, 화학물질, 가스, 생물체 등을 취급하지 않는 저위험 연구실은 제외한다.

19 다음 중 연구실 내 구급약품 관리에 대한 설명으로 틀린 것은?

① 연구활동종사자가 구급약품 구비장소를 숙지하고 있어야 한다.
② 구급약품은 유통기한 경과 여부를 체크하고 관리하여야 한다.
③ 구급약품은 분실의 위험이 있으므로 반드시 시건장치를 하여야 한다.
④ 동일 층수 내 상시 출입이 가능한 연구사무실 등에 구비하는 게 바람직하다.

해설 응급상황 발생 시 즉시 대응이 가능하도록 구급약품함은 시건장치를 하지 않아야 한다.

20 다음 중 안전보건표지 부착 기준에 대한 설명으로 틀린 것은?

① 각종 위험기구에 별도로 부착
② 각 실험기구 보관함에 보관 물질 특성에 따라 안전표지 부착
③ 각 연구실 출입문 안에 부착
④ 각 실험장비의 특성에 따라 안전표지 부착

해설 안전표지는 일반적으로 출입문 밖에 부착하여 연구실 내로 들어오는 출입자에게 경고의 의미를 부여하여야 한다.

정답 17.① 18.③ 19.③ 20.③

CHAPTER 04 환기시설(설비) 설치·운영 및 관리

01 다음 중 환기시설 내 기류가 기본적인 유체역학적 원리에 따르기 위한 전제조건과 가장 거리가 먼 것은?

① 공기는 절대습도를 기준으로 한다.
② 환기시설 내외의 열교환은 무시한다.
③ 공기의 압축이나 팽창은 무시한다.
④ 공기 중에 포함된 유해물질의 무게와 용량을 무시한다.

해설 환기시설 내 기류가 기본적인 유체역학적 원리를 따르기 위한 전제조건으로 공기는 건조공기로 가정한다.

02 다음 중 전체환기를 적용할 수 있는 상황과 가장 거리가 먼 것은?

① 유해물질의 독성이 높은 경우
② 작업장 특성상 국소배기장치의 설치가 불가능한 경우
③ 동일 사업장에 다수의 오염발생원이 분산되어 있는 경우
④ 오염발생원이 근로자가 작업하는 장소로부터 멀리 떨어져 있는 경우

해설 전체환기 적용 시 조건

㉠ 유해물질의 독성이 비교적 낮은 경우 ㉡ 동일한 작업장에 다수의 오염원이 분산되어 있는 경우 ㉢ 소량의 유해물질이 시간에 따라 균일하게 발생될 경우 ㉣ 유해물질의 발생량이 적은 경우 ㉤ 유해물질이 증기나 가스일 경우 ㉥ 배출원이 이동성인 경우 ㉦ 가연성 가스의 농축으로 폭발의 위험이 있는 경우 ㉧ 오염원이 작업자가 작업하는 장소로부터 멀리 떨어져 있는 경우 ㉨ 국소배기장치로 불가능할 경우

03 다음 중 자연환기에 대한 설명과 가장 거리가 먼 것은?

① 효율적인 자연환기는 냉방비 절감의 장점이 있다.
② 환기량 예측 자료를 구하기 쉬운 장점이 있다.
③ 운전에 따른 에너지 비용이 없는 장점이 있다.
④ 외부 기상조건과 내부 작업조건에 따라 환기량 변화가 심한 단점이 있다.

해설 자연환기와 강제환기의 장·단점

구분	장점	단점
강제환기	• 외부조건(기상변화)에 관계없이 작업환경을 일정하게 유지시킬 수 있다. • 환기량을 기계적(송풍기)으로 결정하므로 정확한 예측이 가능하다.	• 소음발생이 크다. • 설치 및 유지보수비가 많이 든다.
자연환기	• 설치비 및 유지보수비가 적게 든다. • 적당한 온도 차이와 바람이 있다면 운전비가 거의 들지 않는다. • 효율적인 자연환기는 에너지 비용을 최소화할 수 있어 냉방비 절감효과가 있다. • 소음 발생이 적다.	• 외부 기상조건과 내부 조건에 따라 환기량이 일정하지 않아 작업환경 개선용으로 이용하는 데 제한적이다. • 계절 변화에 불안정하다. • 정확한 환기량 산정이 힘들다. 즉, 환기량 예측자료를 구하기 힘들다.

정답 01.① 02.① 03.②

04 다음 중 국소배기장치에 관한 주의사항과 가장 거리가 먼 것은?

① 유독물질의 경우에는 굴뚝에 흡인장치를 보강할 것
② 흡인되는 공기가 근로자의 호흡기를 거치지 않도록 할 것
③ 배기관은 유해물질이 발산하는 부위의 공기를 모두 흡입할 수 있는 성능을 갖출 것
④ 먼지를 제거할 때에는 공기속도를 조절하여 배기관 안에서 먼지가 일어나도록 할 것

해설 국소배기장치에서 먼지를 제거할 때에는 공기속도를 조절하여 배기관 안에서 먼지가 비산되지 않도록 해야 한다.

05 다음 중 산업안전보건법령상 관리대상 유해물질 관련 국소배기장치 후드의 제어풍속(m/s)의 기준으로 옳은 것은?

① 가스 상태(포위식 포위형) : 0.4
② 가스 상태(외부식 상방흡인형) : 0.5
③ 입자 상태(포위식 포위형) : 1.0
④ 입자 상태(외부식 상방흡인형) : 1.5

해설 산업안전보건법령상 관리대상 유해물질 관련 국소배기장치 후드의 제어풍속

후드 형태	제어풍속(m/sec)	
	물질의 상태 : 가스 상태	물질의 상태 : 입자 상태
포위식 포위형	0.4	0.7
외부식 측방흡인형	0.5	1.0
외부식 하방흡인형	0.5	1.0
외부식 상방흡인형	1.0	1.2

06 다음 중 국소환기장치 설계에서 제어속도에 대한 설명으로 옳은 것은?

① 작업장 내의 평균유속을 말한다.
② 발산되는 유해물질을 후드로 흡인하는 데 필요한 기류속도이다.
③ 덕트 내의 기류속도를 말한다.
④ 일명 반송속도라고도 한다.

해설 제어속도(Capture velocity, 제어풍속 또는 포집기류)
후드 전면 또는 후드 개구면에서 유해물질이 함유된 공기를 후드로 흡인하기 위하여 필요한 최소한의 속도를 말한다.

07 다음 중 외부식 후드(포집형 후드)의 단점이 아닌 것은?

① 포위식 후드보다 일반적으로 필요송풍량이 많다.
② 외부 난기류의 영향을 받아서 흡인효과가 떨어진다.
③ 근로자가 발생원과 환기시설 사이에서 작업하게 되는 경우가 많다.
④ 기류속도가 후드 주변에서 매우 빠르므로 쉽게 흡인되는 물질의 손실이 크다.

해설 후드 형태별 특징

후드 형태	특징
포위식	• 유해물질의 완벽한 흡입이 가능하다. • 유해물질 제거의 필요송풍량이 다른 형태보다 훨씬 적다. • 작업장 내 방해기류(난기류)의 영향을 거의 받지 않는다. • 화학분석 및 실험, 유독물질 등의 작업 시 적용한다.
외부식	• 다른 후드에 비해 작업자가 방해를 받지 않고 작업할 수 있어 일반적으로 많이 사용한다. • 포위식에 비해 필요송풍량이 많이 소요된다. • 방해기류(난기류)의 영향이 작업장 내에 있을 경우 흡인 효과가 저하된다. • 기류속도가 후드 주변에서 매우 빠르므로 쉽게 흡인되는 물질(유기용제, 미세분말 등)의 손실이 크다.

정답 04.④ 05.① 06.② 07.③

후드 형태	특징
레시버식	• 비교적 유해성이 적은 유해물질을 포집하는 데 적합하다. • 잉여공기량이 비교적 많이 소요된다. • 한랭공정에는 사용을 금하고 있다.

08 다음 중 밀어당김형 후드(Push-pull hood)가 가장 효과적인 경우는?

① 오염원의 발산량이 많은 경우
② 오염원의 발산농도가 낮은 경우
③ 오염원의 발산농도가 높은 경우
④ 오염원 발산면의 폭이 넓은 경우

해설 밀어당김형 후드(Push-pull hood)

오염원의 발산면의 폭이 넓어 제어길이가 비교적 길어서 외부식 후드에 의한 제어효과가 문제가 되는 경우에, 개방조 한 변에서 압축공기를 불어 반대쪽에 오염물질이 도달하게 한다.

09 다음 중 후드에서 플래넘을 설치하는 이유는?

① 송풍기 에너지 손실을 막기 위해서
② 제어속도를 높이기 위해서
③ 가동비용을 줄이기 위해서
④ 후드 유입 손실을 줄이기 위해서

해설 플래넘(Plenum, 충만실)

후드 바로 뒤쪽, 즉 덕트의 바로 앞쪽에 위치하며, 개구면 흡입유속의 강약을 일정하게 하여 압력과 공기흐름을 균일하게 형성하는 데 필요한 장치이다.

10 다음 중 후드에서 플랜지 효과로 옳은 것은?

① 반송속도를 증가시킬 수 있다.
② 공기 흐름을 부드럽게 할 수 있다.
③ 소요풍량을 증가시킬 수 있다.
④ 제어거리를 더 늘릴 수 있다.

해설 플랜지(Flange, 갓)

㉠ 후드의 개구부에 붙어 후드 뒤쪽에서 들어오는 공기의 흐름을 차단하여 제어효율을 증가시키기 위해 부착하는 판이다. ㉡ 플랜지가 부착되지 않은 후드에 비해 제어거리가 길어진다. ㉢ 적은 환기량으로 오염된 공기를 동일하게 제거할 수 있다. ㉣ 장치 가동비용이 절감될 수 있다.

11 다음 중 실험실 흄 후드의 설치 및 운영기준으로 옳지 않은 것은?

① 흄 후드는 출입구, 이동통로 등과 1.5m 이격 설치해야 한다.
② 가스상 물질의 최소 면속도는 0.4m/sec 이상, 입자상물질은 0.7m/sec 이상을 유지해야 한다.
③ 후드 새시(Sash, 내리닫이 창)는 실험 조작이 가능한 최소 범위만 열려 있어야 하며, 미사용 시 창을 완전히 닫아야 한다.
④ 흄 후드에 독성이 강한 화학물질을 보관한다.

해설 흄 후드 설치 및 운영기준

㉠ 흄 후드는 출입구, 이동통로 등과 1.5m 이격시켜 설치해야 한다. ㉡ 실험은 가능한 후드 안쪽에서 이루어져야 한다. ㉢ 가스상 물질의 최소 면속도는 0.4m/sec 이상, 입자상물질은 0.7m/sec 이상을 유지해야 한다. ㉣ 후드 내부는 깨끗하게 관리하고 후드 안의 물건은 입구에서 최소 15cm 이상 떨어져 있어야 한다. ㉤ 후드 안에 머리를 넣지 않아야 하며, 필요시 추가적인 개인보호장비를 착용한다. ㉥ 후드 새시(Sash, 내리닫이 창)는 실험 조작이 가능한 최소 범위만 열려 있어야 하며, 미사용 시 창을 완전히 닫아야 한다. ㉦ 흄 후드에서의 스프레이 작업은 화재 및 폭발 위험이 있으므로 금지한다. ㉧ 흄 후드를 화학물질의 저장 및 폐기 장소로 사용해서는 안 된다.

정답 08.④ 09.④ 10.④ 11.④

12 다음 중 외부식 장방형 후드의 필요환기량(m^3/min)을 구하는 식으로 적절한 것은? (단, 플랜지가 부착되었고, A(m^2)는 개구면적, X(m)는 개구부와 오염원 사이의 거리, V(m/sec)는 제어속도이다.)

① $Q=60\times V\times(5X^2+A)$
② $Q=60\times V\times A$
③ $Q=60\times0.75\times V\times(10X^2+A)$
④ $Q=60\times V\times(10X^2+A)$

해설 외부식 플랜지 부착 장방형 후드 필요환기량
$Q(m^3/min) = 60\times0.75\times V\times(10X^2+A)$
여기서, V : 제어속도(m/sec), X : 제어거리(m), A : 후드 개구면적(m^2)

13 개구면적이 $0.6m^2$인 외부식 사각형 후드가 자유공간에 설치되어 있다. 개구면과 유해물질 사이의 거리는 0.5m이고 제어속도가 0.50m/s일 때, 필요한 송풍량은 약 몇 m^3/min인가? (단, 플랜지를 부착하지 않은 상태이다.)

① 126 ② 149 ③ 164 ④ 182

해설 자유공간에 플랜지 미부착 시 필요환기량
$Q(m^3/min) = 60\times Vc(10X^2 + A)$
여기서, Vc : 제어속도(m/sec), X : 제어거리(m), A : 후드 개구면적(m^2)
∴ 필요송풍량 = $60\times0.8m/sec[(10\times0.5^2)m^2 + 0.6m^2]$
= $148.8m^3/min$

14 작업장 체적은 $4,000m^3$이고, 이 작업장으로 공급되는 공기량이 $200m^3$/min일 때 1시간당 공기교환 횟수는?

① 1회 ② 2회
③ 3회 ④ 6회

해설 1시간당 공기교환 횟수(ACH)

$$= \frac{\text{필요환기량}(m^3/hr)}{\text{작업장용적}(m^3)}$$

$$= \frac{200m^3/min\times60min/hr}{4,000m^3}$$

= 3회(시간당)

15 입자상 물질을 처리하기 위한 장치 중 고효율 집진이 가능하며, 원리가 직접차단, 관성충돌, 확산, 중력침강 및 정전기력 등이 복합적으로 작용하는 장치는?

① 여과집진장치 ② 전기집진장치
③ 원심력집진장치 ④ 관성력집진장치

해설 여과집진장치의 특징
㉠ 고효율 집진을 필요로 할 때 흔히 사용한다. ㉡ 용접분진을 제거하기 위해 용접흄용 마스크를 사용하거나, 자동차 엔진으로 흡입되는 공기 중 분진을 제거하기 위해 에어필터를 쓰거나, 가정에서 진공청소기를 사용하는 원리이다. ㉢ 직접차단, 관성충돌, 확산, 중력침강 및 정전기력 등이 복합적으로 작용하는 장치이다.

16 다음 중 사이클론 집진장치의 블로다운에 대한 설명으로 옳은 것은?

① 유효 원심력을 감소시켜 선회기류의 흐트러짐을 방지한다.
② 관 내 분진부착으로 인한 장치의 폐쇄현상을 방지한다.
③ 부분적 난류 증가로 집진된 입자가 재비산된다.
④ 처리배기량의 50% 정도가 재유입되는 현상이다.

정답 12.③ 13.② 14.③ 15.① 16.②

해설 원심력집진장치의 특징

㉠ 분진이 포함된 공기를 입구로 유입시켜 선회류를 형성시키면 공기 내의 분진은 원심력을 얻어 선회류를 벗어나 본체 내벽에 충돌해 아래의 분진 퇴적함으로 떨어지고, 처리된 공기는 중심부에서 상부로 이동하여 출구로 배출됨. 일명, 사이클론이라고 함. ㉡ 비교적 적은 비용으로 집진이 가능 ㉢ 입자의 크기가 크고 모양이 구체에 가까울수록 집진효율이 증가 ㉣ 블로다운(Blow-down) : 사이클론의 집진효율을 향상시키기 위한 하나의 방법으로서, 더스트 박스 또는 호퍼부에서 처리가스의 5~10%를 흡인하여 선회기류의 교란을 방지하는 운전방식이다. ㉤ 블로다운 효과 : 사이클론 내 난류현상을 억제시킴으로써 집진된 먼지의 비산을 방지, 집진효율 증대, 장치 내부의 먼지 퇴적을 억제(가교현상)하여 장치의 폐쇄현상을 방지.

17 다음 중 전기집진장치의 특징으로 옳지 않은 것은?

① 가연성 입자의 처리가 용이하다.
② 넓은 범위의 입경과 분진농도에 집진효율이 높다.
③ 압력손실이 낮아 송풍기의 가동비용이 저렴하다.
④ 고온 가스를 처리할 수 있어 보일러와 철강로 등에 설치할 수 있다.

해설 전기집진장치의 특징

㉠ 전기적인 힘을 이용하여 입자상 오염물질을 포집하는 장치 ㉡ 고온가스를 처리할 수 있어 보일러와 철강로 등에 설치 가능 ㉢ 압력손실이 낮으므로 송풍기의 가동비용이 저렴 ㉣ 넓은 범위의 입경과 분진농도에 집진효율이 높음. ㉤ 운전 및 유지비가 저렴 ㉥ 초기 설치비가 많이 듦. ㉦ 설치 공간이 많이 듦. ㉧ 가연성 입자의 집진 시 처리가 곤란

18 다음 중 덕트 설치의 주요사항으로 옳은 것은?

① 구부러지기 전 또는 후에는 청소구를 만든다.
② 공기 흐름은 상향구배를 원칙으로 한다.
③ 덕트는 가능한 한 길게 배치하도록 한다.
④ 밴드의 수는 가능한 한 많게 하도록 한다.

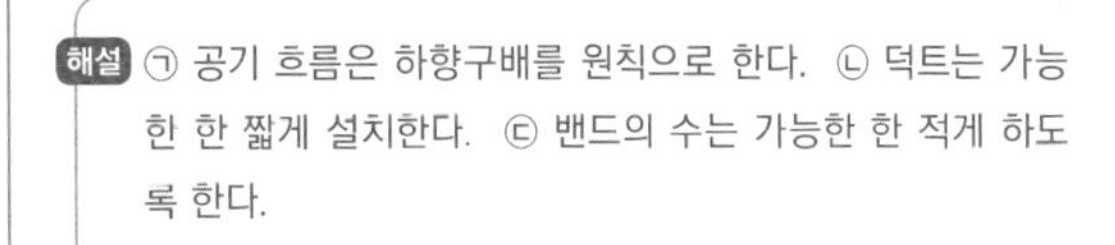
해설 ㉠ 공기 흐름은 하향구배를 원칙으로 한다. ㉡ 덕트는 가능한 한 짧게 설치한다. ㉢ 밴드의 수는 가능한 한 적게 하도록 한다.

19 다음 중 가지덕트를 주덕트에 연결하고자 할 때, 각도로 가장 적합한 것은?

① 30° ② 50° ③ 70° ④ 90°

해설 가지덕트와 주덕트의 연결은 30°가 적합하다.

20 다음 중 후드 흡인기류의 불량상태를 점검할 때 필요하지 않은 측정기기는?

① 열선풍속계
② Threaded thermometer
③ 연기발생기
④ Pitot tube

해설 후드의 흡인기류 점검

㉠ 제어거리(m) : 줄자 등 ㉡ 제어유속(m/s) : 풍속계(열선식, 회전날개형, 그네날개형 풍속계 등), 피토관(Pitot tube) 등 ㉢ 배기유량(m^3/min) ㉣ 정압(mmAq) : 피토관, 마노미터, 아네로이드 게이지 등 사용 ㉤ 후드 흡입 성능 평가 : 발연관·스모크건 등을 사용하여 연기가 흐르는 방향을 조사

정답 17.① 18.① 19.① 20.②

제7과목

21 다음 중 국소배기시설의 일반적 배열순서로 가장 적절한 것은?

① 후드 → 덕트 → 송풍기 → 공기정화장치 → 배기구
② 후드 → 송풍기 → 공기정화장치 → 덕트 → 배기구
③ 후드 → 덕트 → 공기정화장치 → 송풍기 → 배기구
④ 후드 → 공기정화장치 → 덕트 → 송풍기 → 배기구

해설 국소배기장치의 배열순서
후드 → 덕트 → 공기정화장치 → 송풍기 → 배기구

22 다음 중 국소배기시설의 필요환기량을 감소시키기 위한 방법과 가장 거리가 먼 것은?

① 가급적 공정의 포위를 최소화한다.
② 후드 개구면에서 기류가 균일하게 분포되도록 설계한다.
③ 포집형이나 레시버형 후드를 사용할 때에는 가급적 후드를 배출 오염원에 가깝게 설치한다.
④ 공정에서 발생 또는 배출되는 오염물질의 절대량을 감소시킨다.

해설 가급적 차폐막이나 커튼 등을 사용하여 공정을 많이 포위한다.

23 다음 중 송풍기의 효율이 큰 순서대로 나열된 것은?

① 평판송풍기 > 다익송풍기 > 터보송풍기
② 다익송풍기 > 평판송풍기 > 터보송풍기
③ 터보송풍기 > 다익송풍기 > 평판송풍기
④ 터보송풍기 > 평판송풍기 > 다익송풍기

해설 송풍기의 효율 : 터보송풍기 > 평판송풍기 > 다익송풍기

24 다음 중 유해물질별 송풍관의 적정 반송속도로 옳지 않은 것은?

① 가스상 물질 – 10m/sec
② 무거운 물질 – 25m/sec
③ 일반 공업 물질 – 20m/sec
④ 가벼운 건조 물질 – 30m/sec

해설 유해물질별 반송속도

유해물질 발행형태	반송속도(m/sec)
증기·가스·연기	5.0 ~ 10.0
흄	10.0 ~ 12.5
미세하고 가벼운 분진	12.5 ~ 15.0
건조한 분진이나 분말	15.0 ~ 20.0
일반 산업분진	17.5 ~ 20.0
무거운 분진	20.0 ~ 22.5
무겁고 습한 분진	22.5 이상

25 다음 중 가스상 오염물질을 무해한 물질로 전환시키는 방법으로 가장 거리가 먼 것은?

① 흡수법 ② 흡착법
③ 세정법 ④ 촉매산화법

해설 가스상 오염물질의 처리방법
흡수법, 흡착법, 연소법(직접연소법, 촉매산화법)

정답 21.③ 22.① 23.④ 24.④ 25.③

연구실안전관리사
1차 시험
실전 모의고사 &
최신 기출문제

실전 모의고사

•

최신 기출문제

제1회 실/전/모/의/고/사

제1과목 연구실 안전 관련 법령

01 연구실안전보건법의 용어 정의 중 보기에서 설명하는 용어는?

〈보기〉
각 대학·연구기관등에서 연구실 안전과 관련한 기술적인 사항에 대하여 연구주체의 장을 보좌하고 연구실책임자 등 연구활동종사자에게 조언·지도하는 업무를 수행하는 사람

① 연구주체의 장
② 연구실안전환경관리자
③ 연구실안전관리담당자
④ 연구실안전관리사

해설 ㉠ 연구주체의 장 : 대학·연구기관등의 대표자 또는 해당 연구실의 소유자
㉡ 연구실안전관리담당자 : 각 연구실에서 안전관리 및 연구실사고 예방 업무를 수행하는 연구활동종사자
㉢ 연구실안전관리사 : 제34조제1항에 따라 연구실안전관리사 자격시험에 합격하여 자격증을 발급받은 사람

02 다음중 안전실안전법령의 적용범위에 해당되지 않는 것은?

① 산업안전보건법
② 고압가스 안전관리법
③ 화학물질관리법
④ 감염병의 예방 및 관리에 관한 법률

해설 적용받는 관련 법의 범위 : 산업안전보건법, 고압가스 안전관리법, 액화석유가스의 안전관리 및 사업법, 도시가스사업법, 원자력안전법, 유전자변형생물체의 국가간 이동 등에 관한 법률, 감염병의 예방 및 관리에 관한 법률

03 다음 중 연구실안전법에서 '연구실안전심의위원회'에 대해서 틀리게 설명한 것은?

① 연구실사고 예방 및 대응에 관한 사항
② 심의위원회는 위원장 1명을 포함한 15명 이내의 위원으로 구성
③ 심의위원회의 회의는 출석위원 과반수의 찬성으로 의결
④ 심의위원회의 회의는 정기회의, 수시회의, 특별회의로 구분

해설 심의위원회의 회의는 정기회의와 임시회의로 구분된다.

04 다음 중 연구실안전법령상 연구실책임자를 지정하지 않은 경우의 과태료 부과기준이 틀린 것은?

① 1차 위반 : 250만원
② 2차 위반 : 300만원
③ 3차 이상 위반 : 400만원
④ 4차 이상 이상 : 500만원

정답 01.② 02.③ 03.④ 04.④

해설 연구실책임자를 지정하지 않은 경우

과태료 금액(만원)		
1차 위반	2차 위반	3차 이상 위반
250	300	400

05 다음 중 연구실안전법령상 연구실안전환경관리자 지정 기준에서 연구활동종사자가 1천명 미만인 경우에 지정 기준은?

① 1명 이상 ② 2명 이상
③ 3명 이상 ④ 4명 이상

해설 연구실안전환경관리자의 지정
- ㉠ 연구활동종사자가 1천명 미만인 경우 1명 이상
- ㉡ 연구활동종사자가 1천명 이상 3천명 미만인 경우 2명 이상
- ㉢ 연구활동종사자가 3천명 이상인 경우 3명 이상

06 다음 중 연구실안전관리법에서 연구실안전관리위원회의 협의 사항에 해당되지 않는 것은?

① 안전관리규정의 작성 또는 변경
② 연구실 안전관리의 정보화 추진
③ 안전점검 실시 계획의 수립
④ 연구실 안전관리 계획의 심의

해설 연구실안전관리위원회의 협의 사항
- ㉠ 안전관리규정의 작성 또는 변경
- ㉡ 안전점검 실시 계획의 수립
- ㉢ 정밀안전진단 실시 계획의 수립
- ㉣ 안전 관련 예산의 계상 및 집행 계획의 수립
- ㉤ 연구실 안전관리 계획의 심의
- ㉥ 그 밖에 연구실 안전에 관한 주요사항

07 다음 중 연구실안전관리법에서 연구실 안전관리 규정 사항에 해당되지 않는 것은?

① 안전관리기기의 설치에 관한 사항
② 안전관리 조직체계 및 그 직무에 관한 사항
③ 연구실안전관리담당자의 지정에 관한 사항
④ 연구실 유형별 안전관리에 관한 사항

해설 연구실 안전관리 규정의 작성 사항
- ㉠ 안전관리 조직체계 및 그 직무에 관한 사항
- ㉡ 연구실안전환경관리자 및 연구실책임자의 권한과 책임에 관한 사항
- ㉢ 연구실안전관리담당자의 지정에 관한 사항
- ㉣ 안전교육의 주기적 실시에 관한 사항
- ㉤ 연구실 안전표식의 설치 또는 부착
- ㉥ 중대연구실사고 및 그 밖의 연구실사고의 발생을 대비한 긴급대처 방안과 행동 요령
- ㉦ 연구실사고 조사 및 후속대책 수립에 관한 사항
- ㉧ 연구실 안전 관련 예산 계상 및 사용에 관한 사항
- ㉨ 연구실 유형별 안전관리에 관한 사항
- ㉩ 그 밖의 안전관리에 관한 사항

08 다음 중 연구실안전관리법에서 유해인자별 취급 및 관리대장의 포함 사항에 해당되지 않는 것은?

① 물질명(장비명) ② 보관장소
③ 취급 유의사항 ④ 제조일자

해설 유해인자별 취급 및 관리대장에 포함 사항
- ㉠ 물질명(장비명)
- ㉡ 보관장소
- ㉢ 현재 보유량
- ㉣ 취급 유의사항
- ㉤ 그 밖에 연구실책임자가 필요하다고 판단한 사항

정답 05.① 06.② 07.① 08.④

09 다음 중 연구실안전관리법령에서 규정하는 저위험연구실에서 제외 연구실에 해당되지 않는 것은?

① 화학물질을 취급하거나 보관하는 연구실
② 기계·기구 및 설비를 취급, 보관하는 연구실
③ 방호장비가 장착된 기계·기구 및 설비를 취급, 보관하는 연구실
④ 방사성 물질을 취급, 보관하는 연구실

해설 저위험연구실에서 제외 연구실

㉠ 시행령 제11조제2항 다음의 연구실
- 연구활동에 「화학물질관리법」 제2조제7호에 따른 유해화학물질을 취급하는 연구실
- 연구활동에 「산업안전보건법」 제104조에 따른 유해인자를 취급하는 연구실
- 연구활동에 과학기술정보통신부령으로 정하는 독성가스를 취급하는 연구실

㉡ 화학물질, 가스, 생물체, 생물체의 조직 등 적출물, 세포 또는 혈액을 취급, 보관하는 연구실
㉢ 기계·기구 및 설비를 취급하거나 보관하는 연구실
㉣ 방호장치가 장착된 기계·기구 및 설비를 취급하거나 보관하는 연구실

10 연구실안전관리법에서 연구실 안전점검의 직접 실시요건 중 산업위생 및 생물분야의 물적 장비요건에 해당되지 않는 것은?

① 일산화탄소농도측정기
② 분진측정기
③ 풍속계
④ 소음측정기

해설 산업위생 및 생물분야의 물적 장비 요건 : 분진측정기, 소음측정기, 산소농도측정기, 풍속계, 조도계(밝기측정기)

11 연구실안전관리법령에서 연구실 정밀안전점검 대행기관의 등록요건 중 화공 및 위험물관리분야의 자격요건에 해당되지 않는 것은?

① 산업보건지도사
② 화공안전기술사
③ 화공기사 또는 위험물기능장 자격 취득 후 안전 업무 경력이 3년 이상인 사람
④ 화공산업기사 또는 위험물산업기사 자격 취득 후 안전 업무 경력이 5년 이상인 사람

해설 화공 및 위험물관리분야의 자격 요건

㉠ 산업안전지도사(화공안전 분야로 한정)
㉡ 화공안전기술사
㉢ 화공기사 또는 위험물기능장 자격 취득 후 안전 업무 경력이 3년 이상인 사람
㉣ 화공산업기사 또는 위험물산업기사 자격 취득 후 안전 업무 경력이 5년 이상인 사람

12 과학기술정보통신부장관은 그 처분기준이 업무정지인 경우로서 다음의 가중사유 또는 감경사유에 해당되지 않는 경우는?

① 가중사유 – 위반행위가 고의나 중대한 과실에 의한 것으로 인정되는 경우
② 가중사유 – 위반의 내용·정도가 중대하여 연구실 안전에 미치는 피해가 크다고 인정되는 경우
③ 감경사유 – 위반행위자가 처음 해당 위반행위를 한 경우로서 5년 이상 안전점검 및 정밀안전진단 대행기관 업무를 모범적으로 해 온 사실이 인정되는 경우
④ 감경사유 – 위반행위가 사소한 부주의나 오류로 인한 것으로 인정되는 경우

정답 09.④ 10.① 11.① 12.③

해설 ㉮ 가중사유
㉠ 위반행위가 고의나 중대한 과실에 의한 것으로 인정되는 경우
㉡ 위반의 내용·정도가 중대하여 연구실 안전에 미치는 피해가 크다고 인정되는 경우
㉯ 감경사유
㉠ 위반행위가 사소한 부주의나 오류로 인한 것으로 인정되는 경우
㉡ 위반의 내용·정도가 경미하여 연구실 안전에 미치는 영향이 적다고 인정되는 경우
㉢ 위반행위자가 처음 해당 위반행위를 한 경우로서 3년 이상 안전점검 및 정밀안전진단 대행기관 업무를 모범적으로 해 온 사실이 인정되는 경우
㉣ 그 밖에 안전점검 및 정밀안전진단 대행기관에 대한 정부 정책상 필요하다고 인정되는 경우

13 연구실 사전유해인자위험분석 실시에 관한 지침 중 안전현황 분석, 결과에 포함되지 않는 것은?

① 비상조치계획
② 기계·기구·설비 등의 사양서
③ 물질안전보건자료(MSDS)
④ 안전 확보를 위해 필요한 보호구 및 안전설비에 관한 정보

해설 연구실 안전현황 분석, 결과에 포함되는 사항
㉠ 기계·기구·설비 등의 사양서
㉡ 물질안전보건자료(MSDS)
㉢ 연구·실험·실습 등의 연구내용, 방법(기계·기구 등 사용법 포함), 사용되는 물질 등에 관한 정보
㉣ 안전 확보를 위해 필요한 보호구 및 안전설비에 관한 정보
㉤ 그 밖에 사전유해인자위험분석에 참고가 되는 자료 등

14 다음 중 연구활동종사자의 신규교육·훈련 중 정기 정밀안전진단 실시 대상 연구실에 신규로 채용된 연구활동종사자가 받아야 하는 교육시간과 시기가 올바르게 연결된 것은?

① 4시간 이상 – 채용 후 6개월 이내
② 4시간 이상 – 채용 후 12개월 이내
③ 8시간 이상 – 채용 후 6개월 이내
④ 8시간 이상 – 채용 후 12개월 이내

해설 연구활동종사자의 교육·훈련시간 및 시기(신규교육·훈련)

교육대상		교육시간 (교육시기)
근로자	㉠ 정기 정밀안전진단 실시 대상 연구실에 신규로 채용된 연구활동종사자	8시간 이상 (채용 후 6개월 이내)
	㉡ ㉠의 연구실이 아닌 연구실에 신규로 채용된 연구활동종사자	4시간 이상 (채용 후 6개월 이내)
근로자가 아닌 사람	㉢ 대학생, 대학원생 등 연구활동에 참여하는 연구활동종사자	2시간 이상 (연구활동 참여 후 3개월 이내)

15 다음 중 연구실안전관리법령에서 중대연구실사고의 보고 사항에 포함되지 않는 것은?

① 사고 발생 개요 및 피해상황
② 사고 조치 내용, 사고 확산 가능성
③ 향후 조치·대응계획
④ 기계·기구·설비 등의 사양서

해설 중대연구실사고의 보고 사항
㉠ 사고 발생 개요 및 피해 상황
㉡ 사고 조치 내용, 사고 확산 가능성 및 향후 조치·대응계획
㉢ 그 밖에 사고 내용·원인 파악 및 대응을 위해 필요한 사항

16 다음 중 연구실안전관리법규에서 사고조사반 보고서 사항에 포함되지 않는 것은?

① 조사 일시
② 당해 사고조사반 구성
③ 복구 예산 현황
④ 복구 시 반영 필요사항 등 개선대책

정답 13.① 14.③ 15.④ 16.③

해설 사고조사 보고서의 포함 사항
㉠ 조사 일시
㉡ 당해 사고조사반 구성
㉢ 사고개요
㉣ 조사내용 및 결과(사고현장 사진 포함)
㉤ 문제점
㉥ 복구시 반영 필요사항 등 개선대책
㉦ 결론 및 건의사항

17 다음 중 연구실안전관리법에서 안전관리 우수연구실 인증 취소 사항에 포함되지 않는 것은?

① 거짓이나 그 밖의 부정한 방법으로 인증을 받은 경우
② 정당한 사유 없이 1년 이상 연구활동을 수행하지 않은 경우
③ 인증서를 반납하는 경우
④ 안전관리 대행기관을 통해서 인증을 받은 경우

해설 안전관리 우수연구실 취소 사항
㉠ 거짓이나 그 밖의 부정한 방법으로 인증을 받은 경우
㉡ 정당한 사유 없이 1년 이상 연구활동을 수행하지 않은 경우
㉢ 인증서를 반납하는 경우
㉣ 제4항에 따른 인증 기준에 적합하지 아니하게 된 경우

18 다음 중 연구실안전관리법규에서 안전관리 우수연구실 인증·재인증 신청서에 첨부되는 서류가 올바르게 묶은 것은?

〈보기〉
㉠ 사업자등록증 사본, 기업부설연구소의 경우 인정서 사본
㉡ 교육·훈련 실적 현황
㉢ 보험 등록증
㉣ 연구활동종사자 현황
㉤ 연구실 레이아웃 배치도

① ㉠ ㉡ ㉢　② ㉠ ㉣ ㉤
③ ㉠ ㉢ ㉣　④ ㉠ ㉡ ㉢ ㉣ ㉤

해설 안전관리 우수연구실 인증·재인증 신청서에 첨부되는 서류
㉠ 사업자등록증 사본, 기업부설연구소의 경우 인정서 사본
㉡ 연구활동종사자 현황
㉢ 연구개발과제 수행 현황
㉣ 연구장비, 안전설비 및 위험물질 보유 현황
㉤ 연구실 레이아웃 배치도
㉥ 연구실 운영규정
㉦ 연구실 안전환경 활동 실적
㉧ 인증신청일을 기준으로 최근 3개월 이내 자체심사를 실시한 내역을 기재한 별지 제2호서식의 자체심사 결과서
㉨ 사전유해인자위험분석 보고서(실시한 경우에 한함)
㉩ 기타 인증심사에 필요한 서류

19 다음 중 연구실안전관리법에서 연구실안전관리사의 직무로 올바르게 묶은 것은?

〈보기〉
㉠ 연구시설·장비·재료 등에 대한 안전점검·정밀안전진단 및 관리
㉡ 연구실 안전관리 및 연구실 환경 개선 지도
㉢ 연구실 내 유해인자에 관한 취급 관리 및 기술적 지도·조언
㉣ 연구실사고 대응 및 사후 관리 지도

① ㉠ ㉡ ㉢　③ ㉡ ㉢ ㉣
② ㉠ ㉢ ㉣　④ ㉠ ㉡ ㉢ ㉣

해설 연구실안전관리사의 직무는 그 밖에 연구실 안전에 관한 사항으로서 대통령령으로 정하는 사항이 있다.

정답 17.④ 18.② 19.④

20 다음 중 연구실안전보건법상 사람을 사상에 이르게 한 자에 대한 벌칙에 해당하는 것은?

① 1년 이상 5년 이하의 징역
② 3년 이상 5년 이하의 징역
③ 3년 이상 7년 이하의 징역
④ 3년 이상 10년 이하의 징역

해설 연구실안전법의 벌칙
㉮ 5년 이하의 징역 또는 5천만원 이하의 벌금
㉠ 제14조 및 제15조에 따른 안전점검 또는 정밀안전진단을 실시하지 아니하거나 성실하게 실시하지 아니함으로써 연구실에 중대한 손괴를 일으켜 공중의 위험을 발생하게 한 자
㉡ 제25조제1항에 따른 조치를 이행하지 아니하여 공중의 위험을 발생하게 한 자
㉯ ㉮항 각 호의 죄를 범하여 사람을 사상에 이르게 한 자는 3년 이상 10년 이하의 징역

제 2과목 연구실 안전관리 이론 및 체계

21 다음 중 연구실 안전관리 주체로 볼 수 없는 것은?

① 연구주체의 장
② 안전보건관리책임자
③ 연구실안전환경관리자
④ 연구활동종사자

해설 ㉠ 연구주체의 장
㉡ 정부
㉢ 연구실안전환경관리자
㉣ 연구실책임자
㉤ 연구활동종사자
㉥ 연구실안전관리사
㉦ 연구실안전관리담당자
• 안전보건관리책임자는 산업안전보건법에 따라 상시 근로자 100인 이상의 사업장에서 안전보건업무를 총괄관리하는 자다.

22 다음 중 연구실안전환경관리자의 업무로 볼 수 없는 것은?

① 연구실안전관리담당자 지정
② 연구실 안전교육계획 수립 및 실시
③ 연구실사고 발생의 원인조사 및 재발방지를 위한 기술적 지도·조언
④ 연구실 안전환경 및 안전관리 현황에 관한 통계의 유지·관리

해설 ㉠ 안전점검·정밀안전진단의 실시계획 수립 및 실시
㉡ 연구실 안전교육계획 수립 및 실시
㉢ 연구실사고 발생의 원인조사 및 재발방지를 위한 기술적 지도·조언
㉣ 연구실 안전환경 및 안전관리 현황에 관한 통계의 유지·관리
㉤ 법 또는 법에 의한 명령이나 안전관리규정을 위반한 연구활동종사자에 대한 조치의 건의
• 연구실안전관리담당자 지정은 연구실책임자의 책무이다.

23 다음 중 재해예방의 4원칙에 대한 설명으로 잘못된 것은?

① 모든 재해는 예방이 가능하다.
② 손실의 유무 또는 대소는 우연에 의해 정해진다.
③ 재해를 예방하기 위한 대책은 반드시 존재한다.
④ 사고에는 반드시 원인이 있다.

해설 ㉠ 예방가능의 원칙 : 천재지변을 제외한 모든 인재는 예방이 가능하다.
㉡ 손실우연의 원칙 : 사고의 결과 손실의 유무 또는 대소는 사고 당시의 조건에 따라 우연적으로 발생한다.
㉢ 원인연계의 원칙 : 사고에는 반드시 원인이 있고, 원인은 대부분 복합적 연계원인이다.
㉣ 대책선정의 원칙 : 사고의 원인이나 불안전 요소가 발견되면 반드시 대책은 선정 실시되어야 하며, 대책 선정이 가능하다.

정답 20.④ 21.② 22.① 23.①

24 다음 중 안전사고의 정신적 요소로 볼 수 없는 것은?

① 안전의식 부족　② 주의력 부족
③ 방심 및 공상　④ 연구환경 결함요소

해설 ㉠ 안전의식 부족
㉡ 주의력 부족
㉢ 방심 및 공상
㉣ 결함요소
㉤ 판단력의 부족 또는 그릇된 판단
㉥ 정신적 요소에 영향을 주는 생리적 현상
• 연구환경 결함요소는 불안전한 상태이다.

25 다음 중 안전관리조직의 형태로 볼 수 없는 것은?

① 직계식(Line형) 조직
② 참모식(Staff형) 조직
③ 병렬식(Multiple형) 조직
④ 직계-참모식(Line-staff형) 조직

해설 안전관리조직의 형태는 직계식, 참모식, 직계-참모식이 있다.

26 다음 중 연구실 안전 및 유지관리비 사용내역으로 잘못된 것은?

① 보험료　② 건강검진
③ 보호장비 구입　④ 안전성평가

해설 ㉠ 보험료
㉡ 안전관련 자료의 확보·전파 비용 및 교육·훈련비 등 안전문화 확산
㉢ 건강검진
㉣ 설비의 설치·유지 및 보수
㉤ 보호장비 구입
㉥ 안전점검 및 정밀안전진단
㉦ 지적사항 환경개선비
㉧ 강사료 및 전문가 활용비
㉨ 수수료
㉩ 여비 및 회의비
㉪ 설비 안전검사비
㉫ 사고조사 비용 및 출장비
㉬ 사전유해인자위험분석 비용
㉭ 연구실안전환경관리자 인건비

27 연구실의 일상점검 실시내용 중 일반안전 점검내용으로 거리가 먼 것은?

① 연구실(실험실) 정리정돈 및 청결상태
② 연구실(실험실) 내 흡연 및 음식물 섭취 여부
③ 연구실 내 안전시설 조성 여부(천장파손, 누수, 창문파손 등)
④ 사전유해인자위험분석 보고서 게시

해설 ㉠ 연구실(실험실) 정리정돈 및 청결상태
㉡ 연구실(실험실)내 흡연 및 음식물 섭취 여부
㉢ 안전수칙, 안전표지, 개인보호구, 구급약품 등 실험장비(흄후드 등) 관리 상태
㉣ 사전유해인자위험분석 보고서 게시
• 연구실 내 안전시설 조성 여부(천장파손, 누수, 창문파손 등)는 정기점검의 일반안전 항목에 해당한다.

28 다음 중 연구실의 안전등급 평가기준으로 적절하지 않은 것은?

① 1등급 : 연구실 안전환경에 문제가 없고 안전성이 유지된 상태
② 2등급 : 결함이 일부 발견되었으나, 안전에 크게 영향을 미치지 않은 상태
③ 3등급 : 결함이 발견되어 안전환경 개선이 필요한 상태
④ 4등급 : 결함이 발생하여 안전상 사고위험이 커, 즉시 사용금지하고 개선해야 하는 상태

정답 24.④ 25.③ 26.④ 27.③ 28.④

해설 ㉠ 4등급 : 결함이 심하게 발생하여 사용에 제한을 가하여야 하는 상태
㉡ 5등급 : 결함이 발생하여 안전상 사고발생 위험이 커, 즉시 사용을 금지하고 개선해야 하는 상태

29 다음 중 국소배기장치의 사용 전 점검사항으로 볼 수 없는 것은?

① 덕트 및 배풍기의 분진상태
② 덕트 접속부가 헐거워졌는지 여부
③ 장치 내부의 분진상태
④ 흡기 및 배기 능력

해설 장치 내부의 분진상태 점검은 공기정화장치를 말한다.

30 다음 중 직무 스트레스에 의한 건강장애 예방조치사항으로 볼 수 없는 것은?

① 연구환경 · 연구내용 · 연구시간 등 스트레스 요인을 평가하고 하나의 연구활동에 집중하도록 개선할 것
② 연구량 · 작업일정 등 작업계획수립 시 당해 연구활동종사자의 의견을 반영할 것
③ 연구와 휴식을 적정하게 배분하는 등 연구활동시간과 관련된 연구조건을 개선할 것
④ 스트레스 요인, 건강문제 가능성 및 대비책 등에 대하여 연구활동종사자에게 충분히 설명할 것

해설 ㉠ 연구환경·연구내용·연구활동시간 등 스트레스 요인에 대하여 평가하고 시간 단축, 장·단기 순환작업 등 개선대책을 마련할 것
㉡ 연구량·작업일정 등 작업계획수립 시 당해 연구활동종사자의 의견을 반영할 것
㉢ 연구와 휴식을 적정하게 배분하는 등 연구활동시간과 관련된 연구조건을 개선할 것
㉣ 연구활동 시간 이외의 연구활동종사자에 대한 복지차원의 지원에 최선을 다할 것
㉤ 건강진단결과·상담자료 등을 참고하여 적정하게 연구활동종사자를 배치하고 직무 스트레스 요인, 건강문제 발생 가능성 및 대비책 등에 대하여 당해 연구활동종사자에게 충분히 설명할 것
• 연구환경·연구내용·연구활동시간 등 스트레스 요인을 평가하고 시간 단축, 장·단기 순환작업 등의 개선대책을 마련하여야 한다.

31 다음 중 연구실의 사전유해인자위험분석 주요 항목과 거리가 먼 것은?

① 연구실 안전현황 분석
② 안전보건진단
③ 연구실 안전계획 수립
④ 비상조치계획 수립

해설 ㉠ 연구실 안전현황 분석
㉡ 연구개발활동별 유해인자 위험분석
㉢ 연구실 안전계획 수립
㉣ 비상조치계획 수립
• 안전보건진단은 「산업안전보건법」에 따라 산업재해를 예방하기 위하여 잠재적 위험성을 발견하고 그 개선대책을 수립할 목적으로 조사 · 평가하는 것을 말한다.

32 산업안전보건법에 따른 위험성평가를 실시할 때, 유해 · 위험요인 파악 방법으로 볼 수 없는 것은?

① 사업장 순회점검에 의한 방법
② 청취조사에 의한 방법
③ 기계 · 기구 · 설비 등의 사양서에 의한 방법
④ 안전보건 체크리스트에 의한 방법

정답 29.③ 30.① 31.② 32.③

해설 ㉠ 사업장 순회점검에 의한 방법
㉡ 청취조사에 의한 방법
㉢ 안전보건 자료에 의한 방법
㉣ 안전보건 체크리스트에 의한 방법
㉤ 그 밖에 사업장의 특성에 적합한 방법

33 안전보건교육의 단계별 교육과정 중 교육대상자가 지켜야 할 규정의 숙지를 위한 교육에 해당하는 것은?

① 지식교육 ② 태도교육
③ 문제해결교육 ④ 기능교육

해설 ㉠ 지식교육 : 강의, 시청각교육을 통한 지식의 전달과 이해
㉡ 기능교육 : 시범, 견학, 실습, 현장실습교육을 통한 경험 체득과 이해
㉢ 태도교육 : 작업동작지도, 생활지도 등을 통한 안전의 습관화
• 교육대상자가 지켜야 할 규정의 숙지를 위한 교육은 지식교육에 해당한다.

34 다음 중 안전교육의 원칙과 가장 거리가 먼 것은?

① 피교육자 입장에서 교육한다.
② 동기부여를 위주로 한 교육을 실시한다.
③ 오감을 통한 기능적인 이해를 돕도록 한다.
④ 어려운 것부터 쉬운 것을 중심으로 실시한다.

해설 ㉠ 상대의 입장에서 지도한다.
㉡ 동기부여를 충실히 한다.
㉢ 5감을 활용한다.
㉣ 쉬운 것에서 어려운 것으로 지도한다.
㉤ 한 번에 하나씩을 가르친다.
㉥ 반복해서 교육한다.
㉦ 사실적, 구체적으로 인상을 강화한다.
㉧ 기능적 이해를 돕는다.
• 안전교육의 지도는 쉬운 것부터 어려운 것으로 지도한다.

35 다음 중 연구활동종사자의 연구실 안전교육·훈련시간으로 적절하지 않은 것은?

① 대학생 등의 신규교육훈련 : 2시간 이상
② 특별안전교육훈련 : 1시간 이상
③ 저위험연구실 연구활동종사자의 정기교육훈련 : 연간 3시간 이상
④ 연구활동종사자의 정기교육훈련(정밀안전진단 대상 연구실) : 반기별 6시간 이상

해설 연구활동종사자의 교육·훈련시간 및 시기

교육과정	교육대상		교육시간
신규교육훈련	근로자	㉠ 정기 정밀안전진단 실시 대상 연구실에 신규로 채용된 연구활동종사자	8시간 이상 (채용 후 6개월 이내)
		㉡ ㉠의 연구실이 아닌 연구실에 신규로 채용된 연구활동종사자	4시간 이상 (채용 후 6개월 이내)
	근로자가 아닌 자	㉢ 대학생, 대학원생 등 연구개발활동에 참여하는 연구활동종사자	2시간 이상 (연구활동 참여 후 3개월 이내)
정기교육훈련	㉠ 저위험연구실의 연구활동종사자		연간 3시간 이상
	㉡ 정기 정밀안전진단 실시 대상 연구실의 연구활동종사자		반기별 6시간 이상
	㉢ ㉠, ㉡에서 규정한 연구실이 아닌 연구실의 연구활동종사자		반기별 3시간 이상
특별안전교육훈련	연구실사고가 발생하였거나 발생할 우려가 있다고 연구주체의 장이 인정하는 연구실에 근무하는 연구활동종사자		2시간 이상

36 다음 중 강의식 교육 방법의 장점으로 볼 수 없는 것은?

① 교육대상의 결속력, 팀워크 구성이 용이하다.
② 타 교육에 비하여 교육 시간의 조절이 용이하다.
③ 다수의 인원을 대상으로 단시간 동안 교육이 가능하다.
④ 새로운 것을 체계적으로 교육할 수 있다.

정답 33.① 34.④ 35.② 36.①

해설 ㉠ 많은 내용을 체계적으로 전달할 수 있다.
㉡ 다수를 대상으로 동시에 교육할 수 있다.
㉢ 전체적인 전망을 제시하는데 유리하다.
㉣ 시간에 대한 조정이 용이하다.
㉤ 참가자는 긍정적이며, 강사의 일방적인 교육내용을 수동적 입장에서 습득하게 된다.
- 강의식 교육방법은 교육대상의 결속력, 팀워크 구성이 용이하지 않다.

37 다음 중 연구실사고의 정의로 가장 적절한 것은?

① 업무상의 사유에 인해 근로자가 부상·질병·장해 또는 사망하는 재해
② 차의 교통으로 인하여 사람을 사상하거나 물건을 손괴하는 것
③ 교육활동 중에 발생한 사고로서 교육활동참여자의 생명 또는 신체에 피해를 주는 사고
④ 연구활동과 관련하여 연구활동종사자가 생명 및 신체상의 손해를 입거나 연구실의 시설·장비 등이 훼손

해설 연구실사고는 연구실에서 연구활동과 관련하여 연구활동종사자가 부상, 질병, 신체장애, 사망 등 생명 및 신체상의 손해를 입거나 연구실의 시설·장비 등이 훼손되는 사고를 말한다.

38 연구실의 중대한 결함으로 볼 수 없는 것은?

① 「전기사업법」 제2조제16호에 따른 전기설비의 안전관리 부실
② 연구활동에 사용되는 유해·위험설비의 부식·균열 또는 파손
③ 연구실 시설물의 구조안전에 영향을 미치는 지반침하·균열·누수 또는 부식
④ 연구실 안전등급이 4등급 이하인 경우

해설 ㉠ 「화학물질관리법」 제2조제7호에 따른 유해화학물질, 「산업안전보건법」 제104조에 따른 유해인자, 과학기술정보통신부령으로 정하는 독성가스 등 유해·위험물질의 누출 또는 관리 부실
㉡ 「전기사업법」제2조제16호에 따른 전기설비의 안전관리 부실
㉢ 연구활동에 사용되는 유해·위험설비의 부식·균열 또는 파손
㉣ 연구실 시설물의 구조안전에 영향을 미치는 지반침하·균열·누수 또는 부식
㉤ 인체에 심각한 위험을 끼칠 수 있는 병원체의 누출
- 연구실 안전등급이 4등급 이하인 연구실 전체를 중대한 결함이 있다고 보기 어렵다.

39 다음 중 연구실사고의 조사방법인 4M의 원칙과 거리가 먼 것은?

① 인간(Man)
② 기계·설비(Machine)
③ 작업 방법·환경(Media)
④ 비용(Money)

해설 비용(Money)이 아닌, 관리(Management)이다.

40 다음 중 연구실사고에 따른 의료비 지급범위로 거리가 먼 것은?

① 진찰·검사
② 약제 또는 진료재료의 지급
③ 처치, 수술, 그 밖의 치료
④ 정기 건강검진비

해설 ㉠ 진찰·검사, 약제 또는 진료재료의 지급
㉡ 처치, 수술, 그 밖의 치료, 재활치료
㉢ 입원, 간호 및 간병,호송
㉣ 의지(義肢)·의치(義齒), 안경·보청기 등 보장구의 처방 및 구입
- 정기 건강검진비는 의료비 지급범위에 해당하지 않는다.

정답 37.④ 38.④ 39.④ 40.④

제3과목 연구실 화학(가스) 안전관리

41 다음 중 위험물의 예를 잘못 연결한 것은?

① 발화성 물질-칼륨
② 산화성 물질-중크롬산
③ 인화성 물질-크실렌
④ 폭발성 물질-알킬리튬

해설 ㉮ 폭발성 물질 및 유기과산화물
㉠ 질산에스테르류
㉡ 아조화합물
㉢ 하이드라진 유도체
㉣ 니트로화합물
㉤ 디아조화합물
㉥ 니트로소화합물
㉦ 유기과산화물
㉯ 물 반응성 물질 및 인화성 고체
㉠ 리튬
㉡ 칼륨·나트륨
㉢ 황
㉣ 황린
㉤ 황화인·적린
㉥ 알킬알루미늄·알킬리튬
㉦ 셀룰로이드류
㉧ 마그네슘 분말
㉨ 금속분말
㉩ 알칼리금속
㉪ 유기 금속화합물
㉫ 금속의 수소화물
㉬ 금속의 인화물
㉭ 칼슘 탄화물, 알루미늄 탄화물

42 다음 중 가스를 화학적 특성에 따라 분류할 때 독성가스가 아닌 것은?

① 이산화탄소(CO_2)
② 산화에틸렌(C_2H_4O)
③ 황화수소(H_2S)
④ 시안화수소(HCN)

해설 고압가스 안전관리법에 의한 독성가스
아크릴로니트릴, 아크릴알데히드, 아황산가스, 암모니아, 일산화탄소, 이황화탄소, 불소, 염소, 브롬화메탄, 염화메탄, 염화프렌, 산화에틸렌, 시안화수소, 황화수소, 모노메틸아민, 디메틸아민, 트리메틸아민, 벤젠, 포스겐, 요오드화수소, 브롬화수소, 염화수소, 불화수소, 겨자가스, 알진, 모노실란, 디실란, 디보레인, 세렌화수소, 포스핀, 모노게르만
그 밖에 공기 중에 일정량 이상 존재하는 경우 인체에 유해한 독성을 가진 가스로서 허용농도가 100만분의 5,000 이하인 것

43 다음 중 짝지어진 물질의 혼합 시 위험성이 가장 낮은 것은?

① 고체 산화성 물질 – 고체 환원성 물질
② 고체 환원성 물질 – 가연성 물질
③ 금수성 물질 – 고체 환원성 물질
④ 폭발성 물질 – 금수성 물질

해설 혼합 가능한 위험물
㉠ 1류 : 6류
㉡ 2류 : 4류, 5류
㉢ 3류 : 4류
㉣ 4류 : 2류, 3류, 5류
㉤ 5류 : 2류, 4류
㉥ 6류 : 1류

44 다음 중 화재 시 발생하는 유해가스 중 가장 독성이 큰 것은?

① CO
② $COCl_2$
③ NH_3
④ HCN

정답 41.④ 42.① 43.② 44.②

실전모의고사

해설 노출기준이란 근로자가 유해인자에 노출되는 경우 노출기준 이하 수준에서는 거의 모든 근로자에게 건강상 나쁜 영향을 미치지 아니하는 기준

㉠ TWA(시간가중평균노출기준) : 1일 8시간 작업을 기준으로, 유해인자의 측정치에 발생시간을 곱하여 8시간으로 나눈 값

㉡ STEL(단시간노출기준)은 근로자가 1회에 15분간 유해요인에 노출되는 경우의 기준으로, 이 기준 이하에서는 1회 노출 간격이 1시간 이상인 경우 1일 작업시간 동안 4회까지 노출이 허용될 수 있는 기준을 의미

㉢ C(최고노출기준) : 1일 작업시간동안 잠시라도 노출되어서는 아니 되는 기준을 말하며, 노출기준 앞에 'C'를 붙여 표시

유해물질의 명칭	화학식	노출기준			
		TWA		STEL	
		ppm	㎎/m^3	ppm	㎎/m^3
시안화수소	HCN	10	-	C 4.7	C 5.2
암모니아	NH_3	25	18	35	27
일산화탄소	CO	30	34	200	229
포스겐	$COCl_2$	0.1	0.4	-	-

45 다음 중 산업안전보건법령상 물질안전보건자료 작성 시 포함되어 있는 주요 작성항목이 아닌 것은?

① 법적 규제현황
② 폐기 시 주의사항
③ 주요 구입 및 폐기처
④ 화학제품과 회사에 관한 정보

해설 물질안전보건자료(MSDS : Material Safety Data Sheets) 화학물질의 유해성·위험성, 응급조치요령, 취급방법 등을 설명한 자료

㉮ 사업주는 MSDS상의 유해성·위험성 정보, 취급·저장방법, 응급조치요령, 독성 등의 정보를 통해 사업장에서 취급하는 화학물질에 대한 관리를 철저히 함.

㉯ 근로자는 이를 통해 자신이 취급하는 화학물질 유해성·위험성 등에 대한 정보를 알게 됨으로써 직업병이나 사고로부터 스스로를 보호할 수 있게 됨.

㉰ MSDS 작성항목
㉠ 화학제품과 회사에 관한 정보
㉡ 유해성, 위험성
㉢ 구성성분의 명칭 및 함유량
㉣ 응급조치 요령
㉤ 폭발·화재, 누출사고 시 대처방법
㉥ 취급 및 저장방법
㉦ 노출방지 및 개인보호구
㉧ 물리·화학적 특성
㉨ 안정성 및 반응성
㉩ 독성에 관한 정보
㉪ 환경에 미치는 영향
㉫ 폐기 시 주의사항
㉬ 운송에 필요한 정보
㉭ 법적규제 현황

46 다음 중 아세틸렌에 관한 설명으로 옳지 않은 것은?

① 철과 반응하여 폭발성 아세틸리드를 생성한다.
② 폭굉의 경우 발생압력이 초기압력의 20~50배에 이른다.
③ 분해반응은 발열량이 크며, 화염온도는 3,100℃에 이른다.
④ 용단 또는 가열작업시 1.3kgf/cm^2 이상의 압력을 초과하여서는 안 된다.

해설 ㉮ 아세틸렌 성질
㉠ 원자량 : 26
㉡ 비중 : 0.91(공기=1)
㉢ 비점 : −83.8℃
㉣ 폭발범위 : 2.5~81.0%(공기 중)
㉤ 발화점 : 305℃(공기 중)
㉥ 3중 결합을 가진 불포화 탄화수소
㉦ 무색의 기체
㉧ 아세틸렌은 융해하지 않고 승화

㉯ 아세틸렌은 분해성 가스로 반응 시 발열량이 크고, 산소와 반응하여 연소 시 3,000℃의 고온이 얻어지는 물질로 금속의 용단, 용접에 사용

㉰ 아세틸렌 분해반응 : $C_2H_2 \rightarrow 2C + H_2 + 54.19$[kcal]

정답 45.③ 46.①

47 비점이나 인화점이 낮은 액체가 들어 있는 용기 주위에 화재 등으로 인하여 가열되면, 내부의 비등현상으로 인한 압력 상승으로 용기의 벽면이 파열되면서 그 내용물이 폭발적으로 증발, 팽창하며 폭발을 일으키는 현상을 무엇이라 하는가?

① BLEVE ② UVCE
③ 개방계 폭발 ④ 밀폐계 폭발

해설 ㉠ UVCE(개방계 증기운폭발) : 대기 중에 구름형태로 모여 바람·대류 등의 영향으로 움직이다가 점화원에 의하여 순간적으로 폭발하는 현상
㉡ BLEVE(비등액 팽창증기폭발) : 비점 이상의 온도에서 액체 상태로 들어있는 용기 파열시 발생

48 다음 중 분진폭발의 특징에 관한 설명으로 옳은 것은?

① 가스폭발보다 발생에너지가 작다.
② 폭발압력과 연소속도는 가스폭발보다 크다.
③ 화염의 파급속도보다 압력의 파급속도가 크다.
④ 불완전연소로 인한 가스중독의 위험성은 적다.

해설 ㉠ 연소속도나 폭발압력은 가스폭발에 비교하여 작지만 연소시간이 길고 발생 에너지가 크기 때문에 파괴력과 그을음이 크다.
㉡ 연소하면서 비산하므로 가연물에 국부적으로 심한 탄화를 발생하고 특히 인체에 닿는 경우 화상이 심하다.
㉢ 최초의 부분적인 폭발에 의해 폭풍이 주위 분진을 날려 2차 3차의 폭발로 파급하면서 피해가 커진다.
㉣ 단위체적당 탄화수소의 양이 많기 때문에 폭발시 온도가 높다.
㉤ 화염속도보다 압력속도가 빠르다 : 폭발억제장치 고안
㉥ 불완전 연소를 일으키기 쉽기 때문에 연소 후 일산화탄소가 다량으로 존재하므로 가스중독의 위험이 있다.

49 다음 중 폭발범위에 관한 설명으로 틀린 것은?

① 상한값과 하한값이 존재한다.
② 온도에 비례하지만 압력과는 무관하다.
③ 가연성 가스의 종류에 따라 각각 다른 값을 갖는다.
④ 공기와 혼합된 가연성 가스의 체적 농도로 나타낸다.

해설 폭발범위 안전대책
㉠ 폭발범위는 하한계 상한계로 구성되어 있다.
㉡ 하한계가 낮을수록 상한계가 높을수록 위험하다.
㉢ 압력이 높아지면 상한계는 올라가고 하한계는 일정하다.
㉣ 온도가 높아지면 상한계는 올라가고 하한계는 내려간다.

50 다음 중 제시한 두 종류 가스가 혼합될 때 폭발 위험이 가장 높은 것은?

① 염소, CO_2 ② 염소, 아세틸렌
③ 질소, CO_2 ④ 질소, 암모니아

해설 CO_2 = 불연성가스, 염소 = 가연성가스, 암모니아 = 가연성가스, 질소 = 불연성가스, 아세틸렌 = 조연성가스, 염소와 아세틸렌 두 종류가 혼합 시 폭발위험이 높다.

51 다음 중 특수화학설비를 설치할 때 내부의 이상상태를 조기에 파악하기 위하여 필요한 계측장치로 가장 거리가 먼 것은?

① 압력계 ② 유량계 ③ 온도계 ④ 습도계

해설 화학공장에서 계측장치는 성공적인 공정운전을 좌우하는 중요한 요소로, 운전상 효율성을 증대시키기 위해 도입한다. 계측장치는 공정상 제어해야 할 변수들에 대하여 감지, 측정, 제어의 요소로 구성되며, 주로 온도, 압력, 액위, 유량 등의 변수를 다룬다.

정답 47.① 48.② 49.② 50.② 51.④

52 메탄, 에탄, 프로판의 폭발하한계가 각각 5vol%, 3vol%, 2.5vol%일 때, 다음 중 폭발하한계가 가장 낮은 것은? (단, Le Chatelier의 법칙을 이용한다.)

① 메탄 20vol%, 에탄 30vol%, 2프로판 50vol%의 혼합가스
② 메탄 30vol%, 에탄 30vol%, 프로판 40vol%의 혼합가스
③ 메탄 40vol%, 에탄 30vol%, 프로판 30vol%의 혼합가스
④ 메탄 50vol%, 에탄 30vol%, 프로판 20vol%의 혼합가스

해설 ㉠ 실험에 의해 혼합된 물질의 개별적인 연소범위를 알고 있을 때 르샤틀리에(Le Chatelier)식을 사용

$$\frac{100}{L} = \frac{V_1}{L_1} + \frac{V_2}{L_2} + \frac{V_3}{L_3} + \cdots + \frac{V_i}{L_i}$$

여기서, L : 혼합가스의 연소하한계
L_1, L_2, L_i : 각 가스의 연소하한계
V_1, V_2, V_i : 각 가스의 체적(%)

㉡ $$L = \frac{100}{\frac{V_1}{L_1} + \frac{V_2}{L_2} + \frac{V_3}{L_3}}$$

① $$L = \frac{100}{\frac{20}{5} + \frac{30}{3} + \frac{50}{2.5}} = 2.94[\text{vol\%}]$$

② $$L = \frac{100}{\frac{30}{5} + \frac{30}{3} + \frac{40}{2.5}} = 3.13[\text{vol\%}]$$

③ $$L = \frac{100}{\frac{40}{5} + \frac{30}{3} + \frac{30}{2.5}} = 3.33[\text{vol\%}]$$

④ $$L = \frac{100}{\frac{50}{5} + \frac{30}{3} + \frac{20}{2.5}} = 3.57[\text{vol\%}]$$

53 압력용기, 배관, 덕트 및 봄베 등의 밀폐장치가 과잉압력 또는 진공에 의해 파손될 위험이 있을 경우 이를 방지하기 위한 안전장치로서, 특히 화학변화에 의한 에너지방출과 같이 짧은 시간 내의 급격한 압력변화에 적합한 것은?

① 파열판 ② 체크밸브
③ 대기밸브 ④ 벤트스택

해설 파열판(Rupture Disk)
밀폐된 압력용기나 화학설비 등이 설정압력 이상으로 급격하게 압력이 상승하면 파단되면서 압력을 토출하는 장치로 짧은 시간 내에 급격하게 압력에 변하는 경우에 적합

54 다음 중 압축기와 송풍기의 관로에 심한 공기의 맥동과 진동을 발생하면서 불안정한 운전이 되는 서징(Surging) 현상의 방지법으로 옳지 않은 것은?

① 풍량을 감소시킨다.
② 배관의 경사를 완만하게 한다.
③ 교축밸브를 기계에서 멀리 설치한다.
④ 토출가스를 흡입측에 바이패스시키거나, 방출밸브에 의해 대기로 방출시킨다.

해설 ㉮ 서징(Surging) : 펌프를 운전할 때 송출압력과 송출유량이 주기적으로 변동하여 펌프입구 및 출구에 설치된 진공계, 압력계의 지침이 흔들리는 현상
㉯ 방지대책
㉠ 베인을 컨트롤하여 풍량을 감소시킨다.
㉡ 배관의 경사를 완만하게 한다.
㉢ 교축밸브를 기계에 근접 설치한다.
㉣ 토출가스를 흡입측에 바이패스시키거나, 방출밸브에 의해 대기로 방출시킨다.
㉤ 회전수를 적당히 변화시킨다.

정답 52.① 53.① 54.③

55 물이 관속에 흐를 때 유동하는 물속의 어느 부분의 정압이 그때의 물의 증기압보다 낮을 경우 물이 증발하여 부분적으로 증기가 발생되어 배관의 부식을 초례하는 경우가 있다. 이러한 현상을 무엇이라 하는가?

① 서징(surging)
② 공동현상(cavitation)
③ 비말동반(entrainment)
④ 수격작용(water hammering)

해설 ㉠ 서징 : 펌프를 운전할 때 송출압력과 송출유량이 주기적으로 변동하여 펌프입구 및 출구에 설치된 진공계, 압력계의 지침이 흔들리는 현상
㉡ 공동현상 : 물이 관 속을 흐를 때 유동하는 물 속의 어느 부분의 정압이 그때의 물의 증기압보다 낮을 경우 물이 증발하여 부분적으로 증기가 발생되어 배관의 부식을 초래
㉢ 비말동반 : 액체가 비말 모양의 미소한 액체 방울이 되어 증기나 가스와 함께 운반되는 현상
㉣ 수격작용 : 관로 안의 물의 운동상태를 급격히 변화시킴으로써 일어나는 압력파 현상

56 다음 중 펌프의 공동현상(Cavitation)을 방지하기 위한 방법으로 가장 적절한 것은?

① 펌프의 설치 위치를 높게 한다.
② 펌프의 회전속도를 빠르게 한다.
③ 펌프의 유효 흡입양정을 작게 한다.
④ 흡입측에서 펌프의 토출량을 줄인다.

해설 ㉮ 공동현상(Cavitation) : 물이 관 속을 흐를 때 유동하는 물속의 어느 부분의 정압이 그때의 물의 증기압보다 낮을 경우, 물이 증발하여 부분적으로 증기가 발생되어 배관의 부식을 초래한다.
㉯ 방지대책
㉠ 펌프의 설치 위치를 낮게 한다.
㉡ 펌프의 회전속도를 작게 한다.
㉢ 펌프의 유효 흡입양정을 작게 한다.
㉣ 흡입측에서 펌프의 토출량을 감소시키는 일은 절대로 피한다.
㉤ 흡입관은 되도록 짧게 하여 손실수두를 작게 한다.

57 다음 중 자연발화의 방지법으로 적절하지 않은 것은?

① 통풍을 잘 시킬 것
② 습도가 낮은 곳을 피할 것
③ 저장실의 온도 상승을 피할 것
④ 공기가 접촉되지 않도록 불활성액체 중에 저장할 것

해설 ㉮ 자연발화가 쉽게 일어나는 조건
㉠ 발열량이 클 것
㉡ 주위의 온도가 높을 것
㉢ 표면적이 넓을 것
㉣ 열전도율이 낮을 것
㉤ 수분이 적당량 존재할 것
㉯ 자연발화의 방지법
㉠ 통풍을 잘 시킬 것
㉡ 습기가 높은 것을 피할 것
㉢ 연소성 가스의 발생에 주의할 것
㉣ 저장실의 온도 상승을 피할 것

58 다음 중 자연발화의 방지법과 관계가 없는 것은?

① 점화원을 제거한다.
② 저장소 등의 주위 온도를 낮게 한다.
③ 습기가 많은 곳에는 저장하지 않는다.
④ 통풍이나 저장법을 고려하여 열의 축적을 방지한다.

정답 55.② 56.③ 57.② 58.①

해설 ㉮ 자연발화란 공기 중에 놓여 있는 물질이 상온에서 저절로 발열하여 발화·연소되는 현상이다. 산화·분해 또는 흡착 등에 의한 반응열이 축적하여 일어남
㉯ 자연발화가 쉽게 일어나는 조건은 발열량이 크고, 주위의 온도가 높을수록, 연전도율이 작고, 표면적이 넓고, 수분이 적당량 존재할수록 자연발화가 쉽게 일어남
㉰ 자연발화 방지법은 다음과 같음
㉠ 습도가 높은 곳을 피할 것(건조하게 유지)
㉡ 저장실의 온도를 낮출 것
㉢ 통풍이 잘되게 할 것
㉣ 퇴적 및 수납시 열이 쌓이지 않게 할 것
㉤ 연소성 가스의 발생에 주의할 것

59 아세틸렌가스가 다음과 같은 반응식에 의하여 연소할 때 연소열은 약 몇 kcal/mol인가? (단, 다음의 열역학 표를 참조하여 계산한다.)

$$C_2H_2 + O_2 \rightarrow 2CO_2 + H_2O$$

ΔH(kcal/mol)	분자식
54.194	C_2H_2
-94.052	CO_2
-57.798	$H_2O(g)$

① −300.1 ② −200.1
③ 200.1 ④ 300.1

해설 물질이 연소할 때 단위 당량에서 발생하는 열량을 그 물질의 연소열이라고 한다(연소열=반응열=생성열). 그 단위는 kcal/mol, kcal/kg 또는 cal/g 등으로 표시된다.

60 다음 중 대기압상의 공기·아세틸렌 혼합가스의 최소발화에너지(MIE)에 관한 설명으로 옳은 것은?

① 압력이 클수록 MIE는 증가한다.
② 불활성 물질의 증가는 MIE를 감소시킨다.
③ 대기압상의 공기·아세틸렌 혼합가스의 경우는 약 9%에서 최대값을 나타낸다.
④ 일반적으로 화학양론농도보다도 조금 높은 농도일 때에 최소값이 된다.

해설 ㉠ 압력이나 온도의 증가에 따라 감소하며, 공기 중에서보다 산소 중에서 더 감소한다.
㉡ 분진의 MIE는 일반적으로 인화성가스보다 큰 에너지 준위를 가진다.
㉢ 질소 농도 증가는 MIE를 증가시킨다.

제4과목 연구실 기계·물리 안전관리

61 다음 중 회전하는 물체의 길이, 굴기, 속도 등의 불규칙 부위와 돌기 회전부위에 의해 장갑 또는 작업복 등이 말려들 위험이 있는 위험점은?

① 협착점 ② 회전 말림점
③ 접선 물림점 ④ 물림점

해설 회전하는 물체의 길이, 굴기, 속도 등의 불규칙 부위와 돌기 회전부위에 의해 장갑 또는 작업복 등이 말려들 위험이 있는 위험점이며, 예로 회전하는 축, 커플링, 회전하는 드릴 등이 있다.

62 차량계 하역운반기계 등은 별도의 안전조치 없이 운전자의 운전위치 이탈로 인한 사고가 발생할 수 있다. 다음 중 운전자가 운전석 이탈 시 해야 하는 안전조치와 거리가 먼 것은?

① 포크, 버킷, 디퍼 등의 장치를 가장 낮은 위치 또는 지면에 내려 둘 것
② 원동기를 정지시키고 제동장치를 확실히 거는 등 갑작스러운 주행 등을 방지하기 위한 조치를 할 것

정답 59.① 60.④ 61.② 62.④

③ 운전석을 이탈할 때는 시동키를 운전대에서 분리시켜 별도로 보관할 것
④ 잠금장치가 있는 운전석의 출입문을 닫고 자리를 이탈할 것

해설 잠금장치가 있는 운전석에서 운전자가 이탈하고자 할 때는 다른 사람이 운전하지 못하도록 잠금장치를 잠그고 자리를 이탈하여야 한다.

63 다음 중 풀 프루프(Fool proof)의 예시와 거리가 먼 것은?

① 승강기에서 중량제한이 초과되면 움직이지 않는다.
② 석유난로가 일정한 각도 이상으로 기울어지면 불이 자동으로 꺼지도록 소화기능을 내장한다.
③ 작업자의 손이 프레스의 금형 사이에 들어가면 슬라이드 하강이 정지한다.
④ 기계의 회전부분에 울이나 덮개를 부착한다.

해설 풀 프루프는 작업자가 기계를 잘못 취급하여 불안전한 행동이나 실수를 하여도 기계의 안전기능이 작동되어 재해를 방지할 수 있는 기능을 가진 구조를 말한다. 석유난로가 일정한 각도 이상으로 기울어지면 불이 자동으로 꺼지도록 소화기능을 내장한 것은 페일 세이프의 예시이다.

64 이상온도, 이상기압, 과부하 등 기계의 부하가 안전한계치를 초과하는 경우, 이를 감지하고 자동으로 안전한 상태가 되도록 조정하거나 기계의 작동을 중지시키는 기계의 방호방치는?

① 격리형 방호장치
② 감지형 방호장치
③ 접근 반응형 방호장치
④ 위치 제한형 방호장치

해설 ㉠ 격리형 방호장치 : 작업자 사이에 접촉되어 일어날 수 있는 재해를 방지하기 위해 파단벽이나 망을 설치하는 방호장치
㉡ 접근 반응형 방호장치 : 작업자의 신체부위가 위험한계 또는 그 인접한 거리 내로 들어오면, 이를 감지하여 그 즉시 기계의 동작을 정지시키고 그 경보등을 발하는 방호장치
㉢ 위치 제한형 방호장치 : 작업자의 신체부위가 위험한계 밖에 있도록 기계의 조작장치를 위험한 작업점에서 안전거리 이상 떨어지게 하거나, 조작장치를 양손으로 동시에 조작하게 함으로써 위험한계에 접근하는 것을 제한하는 방호장치

65 다음 중 망치의 방호장치와 안전대책으로 적당하지 않은 것은?

① 공작물을 확실히 고정하고 손잡이가 헐겁거나 파손되지 않을 것
② 맞는 공구의 표면적보다 1인치(약 2.54cm)가 작은 직경의 망치 선택
③ 손목으로 똑바로 하고 손잡이를 둘러싼 채로 망치를 쥐고 사용
④ 못을 박을 때는 못 끝쪽을 잡고 처음에는 천천히 가격하면서 손잡이가 미끄러지지 않도록 유의하여 사용

해설 망치는 맞는 공구의 표면적보다 1인치(약 2.54cm) 정도가 큰 직경의 망치를 선택하여 사용해야 한다.

66 다음 중 밀링작업의 안전수칙으로 적당하지 않은 것은?

① 제품을 따내는 데에는 손끝을 대서는 안 된다.
② 칩을 제거할 때는 커터의 운전을 정지하고 브러시를 사용한다.

정답 63.② 64.② 65.② 66.③

③ 급속 이송은 백래시 제거장치가 동작할 때 실시한다.
④ 강력 절삭을 할 때는 공작물을 바이스에 깊게 물린다.

해설 급속 이송은 백래시 제거장치가 동작하지 않음을 확인한 후 실시하여야 한다.

67 다음 중 연삭숫돌의 파괴원인과 가장 거리가 먼 것은?

① 플랜지가 현저히 작을 때
② 내·외면의 플랜지 지름이 동일할 때
③ 숫돌의 측면을 사용할 때
④ 회전력이 결합력보다 클 때

해설 그 외에도 숫돌의 회전속도가 적정속도를 초과할 때, 숫돌 반경 방향의 온도변화가 심할 때, 숫돌의 치수가 부적당할 때, 작업에 부적당한 숫돌을 사용할 때, 숫돌의 불균형이나 베어링 마모에 의한 진동이 있을 때, 외부의 충격을 받았을 때 등이 있다.

68 다음 중 프레스 정지 시의 안전수칙과 거리가 먼 것은?

① 안전블록을 바로 고여준다.
② 정전되면 즉시 전원을 차단한다.
③ 플라이휠의 회전을 멈추기 위해 손으로 누르지 않는다.
④ 클러치를 연결시킨 상태에서 기계를 정지시키지 않는다.

해설 안전블록을 바로 고여주는 것은 프레스의 정비, 보수 시의 안전수칙에 해당한다.

69 다음 중 롤러기 작업과 관련한 방호조치와 안전대책으로 거리가 먼 것은?

① 신체 일부가 말려 들어가는 것을 방지하기 위한 접촉예방장치인 울 설치
② 급정지장치 중 손으로 조작하는 급정지장치는 롤러기의 전면 및 측면에 각각 1개씩 설치
③ 급정지장치 중 손으로 조작하는 급정지장치를 롤러기의 전면 및 후면에 각각 1개씩 설치
④ 급정지장치 중 손으로 조작하는 급정지장치를 각각 1개씩 설치할 때, 그 길이는 롤러의 길이 이상

해설 급정지장치 중 손으로 조작하는 급정지장치를 롤러기의 전면 및 후면에 각각 1개씩 수평으로 설치하며, 그 길이는 롤러의 길이 이상이다.

70 다음 중 천장 크레인의 방호장치와 거리가 먼 것은?

① 권과방지장치
② 낙하방지장치
③ 과부하방지장치
④ 비상정지장치

해설 크레인의 방호장치는 권과방지장치, 과부하방지장치, 비상정지장치, 충돌방지장치, 제동장치 등이 있다.

71 다음 중 양중기 달기 체인의 사용금지 조건에 해당하는 것은?

① 달기 체인의 길이가 달기 체인이 제조된 때의 길이의 5%를 초과한 것
② 링의 단면 지름이 달기 체인이 제조된 때의 해당 링의 지름의 5%를 초과하여 감소한 것

정답 67.② 68.① 69.② 70.② 71.①

③ 균열이 있으나 심하게 변형되지 않은 것

④ 달기 체인의 단면적이 제조된 때의 단면적에 비하여 5%를 초과한 것

해설 달기 체인의 길이가 달기 체인이 제조된 때의 길이의 5%를 초과한 것과 링의 단면 지름이 달기 체인이 제조된 때의 해당 링의 지름의 10%를 초과하여 감소한 것, 그리고 균열이 있고 심하게 변형된 것은 사용해서는 안 된다.

72 안전계수가 5인 고리걸이용 와이어로프의 절단하중이 5ton일 때, 이 로프의 최대하중은 얼마인가?

① 500kgf ② 700kgf
③ 800kgf ④ 1,000kgf

해설 안전계수 = 절단하중/최대사용하중
최대사용하중 = 절단하중/안전계수 = 5,000/5 = 1,000kgf

73 다음 중 박테리아 제거나 형광 생성에 널리 이용되는 UV 장비의 방호조치 및 안전대책과 거리가 먼 것은?

① 연구실 출입문에 UV 사용표지를 부착하고 장비 기능 중에는 안전교육을 이수한 자에 한하여 출입을 허가한다.

② 장비 사용 중에는 개인보호구인 면장갑과 보호의를 착용하고 손목과 손이 드러나도록 해야 한다.

③ UV 램프 작동 중 오존이 발생할 수 있으므로 배기장치를 가동하여야 한다.

④ UV 청소 시 전구 전원차단 및 취급 시 주의사항에 따라야 한다.

해설 장비 사용 중에는 개인보호구인 보호안경과 보호의를 착용하고, 보호의의 손목과 손이 드러나지 않도록 하며, UV 차단이 가능한 보호면도 착용해야 한다.

74 다음 중 사업장에 설치된 날로부터 3년 이내에 최초 안전검사를 받아야 하는 기계가 아닌 것은?

① 크레인장소 ② 리프트
③ 공기압축기 ④ 곤돌라

해설 공기압축기는 안전검사 대상 유해위험기계기구에 속하지 않는다.

75 다음 중 비파괴검사 방법 중 하나인 자기탐상(자분)시험은 피검사물을 자화시켜 누설자속을 이용하여 자분의 결함을 측정하는데, 이때의 단점에 해당하지 않는 것은?

① 비자성체에는 적용되지 않는다.

② 검사종료 후 탈지처리가 필요하다.

③ 육안으로 검지할 수 없는 결함 측정에 적합하다.

④ 전원이 필요하다.

해설 육안으로 검지할 수 없는 결함 측정에 적합하다는 것은 자기탐상시험의 장점이다.

76 다음 중 소음 방지대책으로 가장 거리가 먼 것은?

① 보호구 착용

② 소음의 통제

③ 기계의 배치 변경

④ 흡음재 사용

해설 보호구 착용은 소극적 대책으로, 소음 방지대책은 이 외에도 소음의 적응, 소음기 사용, 음원기계의 밀폐 등이 있다.

정답 72.④ 73.② 74.③ 75.③ 76.①

77 다음 중 진동작업에 따른 진동이 주는 영향과 거리가 먼 것은?

① 생리적 기능에 미치는 영향
② 작업능률에 미치는 영향
③ 개인 명예에 미치는 영향
④ 정신적, 일상생활에 미치는 영향

해설 개인 명예에 미치는 영향은 거리가 멀다.

78 다음 중 소음성 난청에 가장 큰 영향을 미치는 주파수는?

① 2,000헤르츠 ② 3,000헤르츠
③ 4,000헤르츠 ④ 6,000헤르츠

해설 소음성 난청을 가장 큰 영향을 미치는 주파수는 4,000헤르츠이다.

79 다음 중 방사선 안전관리와 관련이 적은 것은?

① 반드시 방사성동위원소 사용시설로 허가된 곳에서만 사용
② 실험 전후에 방사선계측기를 이용, 실험실 방사선오염 유무 확인
③ 실험을 시작하기 전에 작업절차를 검토, 최대한 간결한 작업절차서 작성
④ 방사선 물질을 이용한 모의실험을 통해 실험 절차 숙달 및 피폭시간 단축

해설 비방사선 물질을 이용한 모의실험을 통해 실험 절차 숙달 및 피폭시간을 단축한다.

80 다음 중 전리방사선(이온화방사선) 투과력이 작은 것부터 나열한 순서로 옳은 것은?

① 알파선 – 베타선 – 감마선 – X선 – 중성자선
② 알파선 – 베타선 – X선 – 감마선 – 중성자선
③ 알파선 – X선 – 베타선 – 감마선 – 중성자선
④ 알파선 – X선 – 감마선 – 베타선 – 중성자선

해설 전리방사선(이온화방사선)은 알파선–베타선–X선–감마선–중성자선 순으로 투과력이 크다.

제5과목 연구실 생물 안전관리

81 다음 중 유전자재조합실험지침에서 생물 안전에 관한 설명으로 옳지 않은 것은?

① '생물안전'이란 잠재적으로 인체 및 환경위해 가능성이 있는 생물체 또는 생물재해로부터 실험자 및 국민의 건강을 보호하기 위한 지식과 기술, 그리고 장비 및 시설을 적절히 사용하도록 하는 조치를 말한다.
② '연구시설'이란 전실을 포함한 실험구역으로서 안전관리의 단위가 되는 구역 또는 건물을 말하며, 신고 또는 허가 신청 시의 신청단위이다.
③ '실험구역'이란 출입을 관리하기 위한 전실에 의해 다른 구역으로부터 격리된 실험실, 복도 등으로 구성되는 구역을 말한다.
④ '대량배양실험'이란 유전자재조합실험 중 100리터 이상의 배양용량 규모로 실시하는 실험을 말한다.

정답 77.③ 78.③ 79.④ 80.② 81.④

해설 '대량배양실험'이란 유전자재조합실험 중 10리터 이상의 배양용량 규모로 실시하는 실험을 말한다.

82 다음 중 생물 위험군 분류에서 고려하는 요소가 아닌 것은?

① 병원성
② 치료가능성
③ 소독방법
④ 숙주범위

해설 미생물은 사람에 대한 위해도에 따라 병원성, 감염량, 예방가능성, 치료가능성, 숙주범위, 전파방식을 고려해 4가지 위험군(Risk group)으로 분류한다. 소독방법은 위해성평가에서 소독가능한 방법의 확인이 필요하다.

83 다음 중 생물학적 위해성평가에 대한 설명으로 옳지 않은 것은?

① 잠재적인 인체감염 위험이 있는 병원체를 취급하는 의과학분야 실험실에서 실험과 관련된 병원체 등 위험요소(Hazard)를 바탕으로 실험의 위해(Risk)가 어느 정도인지를 추정하고 평가하는 과정을 말한다.
② 생물학적 위해성평가는 감염병 예방법 및 유전자변형생물체의 국가간 이동 등에 관한 법률, 연구실안전환경조성에 관한 법률에서 정하고 있다.
③ 유전자재조합실험지침에서의 위해성평가, 사업장 위험성평가에 관한 지침에서의 위험성평가, 연구실안전환경조성에 관한 법률에서의 사전위해심사의 3가지가 연구실 안전에서 적용될 수 있다.
④ 병원체를 취급하는 실험실에서 비의도적 병원체 유출, 부주의한 실험 행위 및 잘못된 실험습관 등에 의한 병원체 감염사고는 실험자 종사자 개인뿐만 아니라 지역사회의 감염질환 발생 및 유행이라는 생물학적 위해를 초래할 수 있으므로, 연구책임자와 시험연구자 개개인은 취급하는 병원체 및 실험내용 요소를 바탕으로 위해성평가를 실시하여 예상되는 위해를 제거하거나 최소화할 수 있는 생물안전을 확보해야 한다.

해설 생물학적 위해성평가는 감염병 예방법 및 유전자변형생물체의 국가간 이동 등에 관한 법률에서 정하고 있다.

84 다음 중 생물안전시설 관련자 교육에 대한 내용으로 옳지 않은 것은?

① 생물안전 3등급 이상 시설의 생물안전책임자는 신규 20시간 이상 전문기관 교육 후 매년 4시간 교육을 이수하여야 한다.
② 고위험병원체 시설의 운영책임자는 매년 2시간 이상의 생물안전 교육을 이수하여야 한다.
③ LMO 연구시설의 운영책임자와 연구자는 매년 2시간 이상의 생물안전 교육을 이수하여야 한다.
④ 고위험병원체 2등급 시설의 전담관리자는 8시간 신규교육 후 매년 4시간 이상의 보수교육을 받아야 한다.

해설 고위험병원체 시설 운영책임자는 3등급 시설은 20시간, 2등급 시설은 8시간 신규교육 후 매년 4시간 이상의 생물안전 교육을 이수하여야 한다.

정답 82.③ 83.② 84.②

85 다음 중 기관생물안전위원회에 대한 설명으로 옳은 것은?

① 유전자변형생물체의 국가간 이동 등에 관한 법률 통합고시 제9-9조, 제9-10조에 따라 생물안전 1등급 이상 연구시설을 설치·운영하는 기관은 기관생물안전위원회를 반드시 구성하여야 한다.

② 고위험병원체의 검사, 보존, 관리 및 이동과 관련된 안전관리에 대한 사항은 기관생물안전위원회에서 심의되어야 한다.

③ 유전자변형생물체를 다룬 모든 실험실은 폐쇄 시 폐기물 처리에 대한 내용을 포함한 폐쇄 계획서 및 결과서 등을 기관생물안전위원회에 심의를 받아야 한다.

④ 기관생물안전위원회는 독립적인 위치에서 위해·위험요소 등을 평가하기 위해 타 위원회와는 교류하지 않도록 주의해야 한다.

해설 ㉠ 유전자변형생물체의 국가간 이동 등에 관한 법률 통합고시 제9-9조, 제9-10조에 따라 생물안전 2등급 이상 연구시설을 설치 운영하는 기관은 기관생물안전위원회를 반드시 구성하여야 한다(1등급 시설은 권장사항).
㉡ 유전자변형생물체를 다룬 2등급 이상 생물 실험실은 폐쇄 시 폐기물 처리에 대한 내용을 포함한 폐쇄 계획서 및 결과서 등을 기관생물안전위원회에 심의를 받아야 한다.
㉢ 기관생물안전위원회는 독립적인 위치에서 위해·위험요소 등을 평가하여야 하는 정보 교류를 위해 실험동물위원회, 생물윤리위원회와 활발한 교류를 해야 한다.

86 다음 중 기관생물안전위원회의 역할이 아닌 것은?

① 유전자재조합실험의 위해성평가 심사 및 승인에 관한 사항

② 생물안전교육 훈련 및 건강관리에 관한 사항

③ 생물실험 도중 사용한 화학물질의 폭발사고에 대한 사고 조사

④ 생물안전관리규정의 제 개정에 관한 사항

해설 화학물질 사고는 감염물질의 사고가 아니므로 연구실안전위원회에서 사고 조사를 한다.

87 유전자변형생물체의 개발실험 중 국가 승인대상 범주가 아닌 것은?

① 종명까지 명시되어 있지 아니하고 인체병원성 여부가 밝혀지지 아니한 미생물을 이용하는 경우

② 척추동물에 대하여 몸무게 1kg당 50% 치사독소량이 100ng 미만인 단백성 독소를 생산할 능력을 가지는 유전자를 이용하는 경우

③ 자연적으로 발생하지 아니하는 방식으로 미생물에 약제내성유전자를 의도적으로 전달하는 경우

④ 상용·시판되는 유전자변형 동·식물 세포주를 이용하는 LMO 수입 및 개발실험

해설 상용·시판되는 유전자변형 동·식물 세포주를 이용하는 LMO 수입 및 개발실험은 질병관리청의 승인 대상이 아니다.

정답 85.② 86.③ 87.④

88 다음 중 생물안전 관련 주요 법률에 대한 설명으로 옳지 않은 것은?

① 생물연구시설에 대해 지정하고 있는 법률은 유전자변형생물체의 국가간 이동 등에 관한 법률에 정하고 있는 시설을 신고 또는 허가를 받은 경우 모든 법률에서 인정하고 있다.

② 생물작용제 및 독소의 수입 시 사전허가를 받아야 하며, 인수 전에도 사전신고를 받아야 한다.

③ 대외무역법에 따른 병원체는 수입 시는 통제하지 않고, 수출 시에만 산업통상자원부 전략물자 관리원에서 사전허가가 필요하다.

④ 야생생물을 실험 연구에 이용하려면 야생생물 보호 및 관리에 관한 법률과 실험동물에 관한 법률, 동물보호법 등에 관해 관리받을 수 있다.

해설 생물연구시설에 대해 지정하고 있는 법률은 유전자변형생물체의 국가간 이동 등에 관한 법률에 의한 유전자변형생물체 관리를 위한 시설과, 감염병예방법에 따른 고위험병원체를 사용하는 시설에 신고 또는 허가를 각각 받아야 한다.

89 다음 중 LMO 용도별 분류의 정의로 옳지 않은 것은?

① 시험 연구용 LMO는 연구시설에서 시험·연구용으로 사용되는 유전자변형생물체를 말한다.

② 산업용 LMO는 섬유·기계·화학·전자·에너지·자원 등의 산업분야에 이용되는 유전자변형생물체를 말한다.

③ 동물용 의약품 LMO는 동물용 의약품으로 사용되는 유전자변형생물체(농림축산식품부장관 소관 의약품)를 말한다.

④ 보건의료용 LMO는 국민의 건강을 보호·증진하기 위한 용도로 사용되는 유전자변형생물체로, 식품·의료기기용이 포함된다.

해설 보건의료용 LMO는 국민의 건강을 보호·증진하기 위한 용도로 사용되는 유전자변형생물체로 식품·의료기기용은 제외된다.

90 다음 중 유전자변형생물체의 개발·실험에 대한 설명으로 옳지 않은 것은?

① 종명까지 명시되어 있지 아니하고 인체위해성 여부가 밝혀지지 아니한 미생물을 이용하여 개발·실험하는 경우 질병관리청에 개발·실험에 대한 국가 승인을 받고 실험해야 한다.

② 척추동물에 대하여 질병관리청장이 고시하는 기준 이상의 단백성 독소를 생산할 능력을 가진 유전자를 이용하여 개발·실험하는 경우 질병관리청에 국가 승인을 받고 실험해야 한다.

③ 자연적으로 발생하지 아니하는 방식으로 생물체에 약제내성 유전자를 의도적으로 전달하도록 하는 경우에는 전부 질병관리청에 국가승인을 받고 실험해야 한다.

④ 포장시험 등 환경방출과 관련한 실험을 하는 경우에는 관계 중앙행정기관에 국가승인을 받고 실험해야 한다.

해설 자연적으로 발생하지 아니하는 방식으로 생물체에 약제내성 유전자를 의도적으로 전달하도록 하는 경우, 질병관리청장이 안전하다고 인정하여 고시하는 경우는 제외할 수 있다.

정답 88.① 89.④ 90.③

실전모의고사

91 다음 중 고위험병원체 기록 관리 사항으로 옳지 않은 것은?

① 질병관리청장에게 고위험병원체의 분리신고, 이동신고, 반입허가 및 인수신고를 완료하여 새로이 고위험병원체를 취득한 즉시 기록 관리한다.
② 해당 고위험병원체의 배양, 실험 사용, 증식, 오염이나 파손으로 인한 일부폐기 등 사용에 따른 변동 사항이 발생한 즉시 기록을 보관할 필요는 없다.
③ 보존하던 고위험병원체의 전부 폐기 또는 타 기관으로 전부를 이동하여 해당 고위험병원체를 더 이상 보존하지 않는 경우 기록하지 않아도 된다.
④ 고위험병원체 실무관리자가 작성 날인하고 관리책임자가 확인한 후 전부 시건장치가 있는 서류함에 5년간 보관한다.

해설 보존하던 고위험병원체의 전부 폐기 또는 타 기관으로 전부를 이동하여 해당 고위험병원체를 더 이상 보존하지 않는 경우에도 기록 관리하여야 한다(고위험병원체 취급시설 및 안전관리에 관한 고시 제4조 제3항).

92 다음 중 폐기물관리법에 따른 의료폐기물에 관한 설명으로 옳지 않은 것은?

① 크게 사업장폐기물과 생활폐기물로 나뉜다.
② 연구용 폐기물은 생활폐기물에 포함된다.
③ 지정폐기물은 의료폐기물과 부식성폐기물, 폐유기용제, 폐유 등이 포함된다.
④ 의료폐기물은 격리의료폐기물과 위해의료폐기물, 일반의료폐기물로 분류된다.

해설 연구용 폐기물은 사업장폐기물에 포함된다.

93 다음 중 소독제 선택 시 고려해야 할 소독 효과에 영향을 미칠 수 있는 요인으로 옳지 않은 것은?

① 일반적으로 소독제의 농도가 높을수록 소독제의 효과도 좋아지므로, 가능한 높은 농도를 사용하는 것이 효과적이다.
② 미생물 오염의 종류와 농도
③ 혈액, 단백질, 토양 등의 유기물 오염물질은 소독제 및 멸균제가 미생물과 접촉하는 것을 방해한다.
④ 소독제의 효과가 나타나기 위해서는 일정 시간동안 소독제와 접촉하고 있어야 한다.

해설 일반적으로 소독제의 농도가 높을수록 소독제의 효과도 높아지지만, 기구의 손상을 초래할 가능성도 높아진다. 소독하고자 하는 물체에 부식, 착생(색), 기능의 이상을 주지 않으면서 살균에 적절한 농도를 유지할 수 있어야 한다.

94 다음 중 실험구역 내에서 감염성 물질 등이 유출된 경우의 조처로 옳지 않은 것은?

① 사고 발생 직후 종이타월이나 소독제가 포함된 흡수물질 등으로 유출물을 조심스럽게 천천히 덮어 에어로졸 발생 및 유출 부위가 확산되는 것을 방지한다.
② 공기 중의 감염성물질 흡입을 막기 위해 재빨리 사고 장소로부터 벗어나서 집으로 간다.
③ 사고 사실을 유출지역 사람들에게 알려 사고구역 접근을 제한하고, 문을 닫아 밖으로의 유출을 막으며, 실험실책임자에게 보고한 후 지시에 따른다.
④ 오염된 장갑이나 실험복 등은 적절하게 폐기하고, 손 등의 노출된 신체부위는 소독한다.

정답 91.③ 92.② 93.① 94.②

해설 집으로 가지 않고, 사고 사실을 유출지역 사람들에게 알려 사고구역 접근을 제한한다. 그리고 문을 닫아 밖으로의 유출을 막으며, 실험실책임자에게 보고한 후 지시에 따른다.

95 다음 중 생물안전사고 발생 시 사고 대응 방법으로 옳지 않은 것은?

① 사고자 또는 최초 목격자는 즉시 주위사람에게 알리고 인명 피해가 우려되는 경우 대피하도록 한다.

② 연구시설 설치·운영책임자는 사고자 또는 목격자에게 보고 받은 후 즉시 기관생물안전관리책임자에게 보고하고, 생물안전관리책임자와 함께 사고 처리 및 재발 방지 계획을 세운다.

③ 연구시설 설치·운영책임자는 사고를 조사하고 기록하여야 하며, 해당 정부 부처에 직접 보고해서 사고 후 조처에 대해 지시를 받아야 한다.

④ 생물안전관리책임자 및 기관생물안전위원회는 사고 접수 후 현장 출동 시 적절한 개인보호구를 착용한 후 사고 현장 접근을 통제하는 등 사고 수습을 지원한다.

해설 생물안전관리책임자 및 기관생물안전위원회는 사고를 조사하고 기록하여 해당 정부 부처에 보고한다.

96 다음 중 생물물질을 사용하는 연구시설에 대한 설명으로 옳지 않은 것은?

① 생물연구시설의 안전관리 등급은 1~4등급으로 나뉘어 있다.

② 생물안전 3등급 이상의 시설은 각 해당 국가기관에 허가를 받고 사용해야 한다.

③ 생물안전 1등급 이상의 시설은 생물안전관리자 지정이 필수이다.

④ 생물안전 2등급 이상의 시설은 생물안전위원회 설치 및 운영이 필수이다.

해설 생물안전 3등급 이상의 시설은 생물안전관리자 지정이 필수이고, 생물안전 1등급 이상의 시설은 생물안전관리책임자 임명이 필수이다.

97 위해 2등급 유전자변형 식물을 이용한 실험을 하려고 한다. 다음 중 옳지 않은 것은?

① 온실바닥은 불투성 바닥(콘크리트 등)을 사용해야 한다.

② 표준 온실유리나 플라스틱 재질 이용

③ 30mesh 크기 이상의 방충망 사용

④ 방충망 및 창이 허용되지 않는다.

해설 3·4등급 위해 식물을 이용한 실험에 방충망 및 창이 허용되지 않는다.

98 다음 중 유전자변형생물체를 다루는 일반 연구시설의 기준에 대한 설명으로 옳지 않은 것은?

① 모든 시설에 주사바늘 등 날카로운 도구에 대한 관리방안 마련은 필수 사항이다.

② 생물안전위원회 구성은 1등급 시설은 권장사항이나, 2등급 이상 시설은 필수로 구성해야 한다.

③ 생물안전관리책임자는 생물안전위원회를 운영하기 위해 2등급 이상은 필수로 임명해야 한다.

④ 생물안전교육은 전 등급에서 매년 2시간 이상 실시해야 한다.

정답 95.③ 96.③ 97.④ 98.③

해설 생물안전관리책임자는 1등급 이상은 필수로 임명해야 한다.

99 감염성이 있는 생물 물질을 사용할 때는 생물안전작업대를 사용해야 한다. 실험 종료 후 안전을 위한 조치 중 옳지 않은 것은?

① 잠재적으로 오염 또는 감염가능성이 있는 물품의 외부 표면은 소독 후에 생물안전작업대 외부로 빼낸다.
② 유리부분을 포함해서 앞면부와 생물안전작업대 내부 표면을 취급 병원성 미생물에 적합한 소독제로 소독한다.
③ 생물안전작업대 사용 완료 후에는 소독제로 내부 소독 후 즉시 Blower motor를 끄고 퇴실한다.
④ 조명등을 끈 후 UV 램프를 작동시키고, 다음 사용자를 위해 UV 램프 작동시간을 볼 수 있도록 한다.

해설 생물안전작업대 사용 완료 후에는 Blower motor를 10분 이상 추가 작동시킨 후 끈다.

100 멸균법 중 고압증기멸균기를 이용하는 습열멸균법은 실험실 등에서 널리 사용되는 멸균법이다. 다은 중 안전한 사용을 위한 멸균 지표인자 사용방법으로 옳지 않은 것은?

① 멸균 지표인자로는 화학적 지표인자, 테이프 지표인자, 생물학적 지표인자 등이 있으며, 실제로 병원성 미생물의 사멸 여부를 확인할 수 있다.
② 화학적 색깔변화지표인자는 고압증기멸균기가 작동하기 시작하여, 121℃(250℉)의 적정온도에서 수 분간 노출이 되면 색깔이 변하는 것으로 확인한다.
③ 테이프 지표인자는 열 감지능이 있는 화학적 지표인자가 종이테이프에 부착되어 있으며, 일반적으로 연구자들이 가장 많이 사용한다.
④ 생물학적 지표인자는 생물학적 지표인 살아있는 포자를 이용한다.

해설 화학적 지표인자나 테이프 지표인자는 온도 변화에 반응하는 것으로, 실제로 병원성 미생물들이 사멸된 것을 증명하지는 못한다.

제6과목 연구실 전기·소방 안전관리

101 다음 중 심실세동 전류와 같은 전류는?

① 최소감지전류 ② 치사전류
③ 고통한계전류 ④ 마비한계전류

해설 심장박동 불규칙으로 삼장마비를 일으켜 수분 내 사망할 수 있는 전류치(치사전류)

102 다음 중 전격의 위험을 결정하는 주된 인자로 가장 거리가 먼 것은?

① 통전전류 ② 통전시간
③ 통전경로 ④ 통전전압

해설 통전전류크기 〉 통전시간 〉 통전경로 〉 전원의 종류 (직류보다 교류가 더 위험)

103 다음 중 작업 시 발생한 감전사고 통계에서 가장 빈도가 높은 것은?

정답 99.③ 100.① 101.② 102.④

① 전기공사나 전기설비 보수작업
② 전기기기 운전이나 점검 작업
③ 이동용 전기기기 점검 및 조작 작업
④ 가전기기 운전 및 보수작업

해설 전기공사나 전기설비 보수작업 중 감전사고가 약 30% 차지하며, 가장 많이 발생하고 있다.

104 다음 중 고통한계전류에 대한 설명으로 옳은 것은?

① 전격을 일으킨 전류가 교류인지 직류인지 구별할 수 없는 전류
② 충전부로부터 인체가 자력으로 이탈할 수 있는 전류
③ 신경이 마비되고 신체를 움직일 수 없는 상태
④ 심장의 맥동에 영향을 주는 상태로 통전전류는 10~15mA 전류

해설 고통한계전류는 이탈가능전류, 가수전류라고도 하며, 운동의 자유를 잃지 않고 고통을 참을 수 있는 한계전류치이다.

105 다음 중 비접지 시스템에 대한 언급으로 맞는 것은?

① 변압기의 2차측 중성점이나 2차의 1선을 접지하지 않는 회로를 말한다.
② 감전을 예방하기 위한 기기접지 시스템의 일종으로 가장 효과적인 방법이다.
③ 우리나라 220V 전원공급 시스템에 주로 적용하는 방식이다.
④ 22,900V 전원공급 시스템에 적용하는 방식이다.

해설 변압기의 2차측 중성점이나 2차의 1선을 접지하지 않는 회로를 말한다.

106 다음 중 감전사고가 발생했을 때 피해자를 구출하는 방법으로 옳지 않은 것은?

① 피해자가 계속하여 전기설비에 접촉되어 있다면 우선 그 설비의 전원을 신속히 차단한다.
② 순간적으로 감전 상황을 판단하고 피해자의 몸과 충전부가 접촉되어 있는지를 확인한다.
③ 충전부에 감전되어 있으면 몸이나 손을 잡고 피해자를 곧바로 이탈시킨다.
④ 절연고무장갑, 고무장화 등을 착용한 후에 구출한다.

해설 보호구 착용 없이 피해자 몸을 함부로 만지면 감전될 우려가 높으므로, 절연봉이나 고무장갑, 헝겊·옷가지 등을 이용하여 분리시킨다.

107 다음 중 정전작업 시 조치사항으로 부적합한 것은?

① 개로된 전로의 충전 여부를 검전기구에 의하여 확인한다.
② 개폐기에 잠금장치를 하고 통전금지에 관한 표지판은 제거한다.
③ 예비 동력원의 역송전에 의한 감전의 위험을 방지하기 위한 단락접지기구를 사용하여 단락접지를 한다.
④ 잔류전하를 확실히 방전한다.

해설 개폐기에 잠금장치(Lock-out)를 설치하고, 통전금지에 관한 표지판(Tag-out)을 설치하여야 한다.

정답 103.① 104.② 105.① 106.③ 107.②

108 다음 중 최소발화에너지(E[J])를 구하는 식으로 옳은 것은? (단, I는 전류[A], R은 저항[Ω], V는 전압[V], C는 콘덴서 용량[F], T는 시간[초]이라고 한다.)

① $E = I^2RT$
② $E = 0.24I^2RT$
③ $E = \frac{1}{2}CV^2$
④ $E = \frac{1}{2}\sqrt{CV}$

해설 최소발화에너지
㉠ 발생열량 $E = I^2RT(J) = 0.24I^2RT$
㉡ 최소발화에너지 $E = \frac{1}{2}CV^2$
여기서, E : 정전기 에너지(J)
C : 도체의 정전용량(F)
V : 대전 전위(V)

109 다음 중 인체저항에 대한 설명으로 옳지 않은 것은?

① 인체저항은 접촉면적에 따라 변한다.
② 피부저항은 물에 젖어 있는 경우 건조 시의 약 1/12로 저하한다.
③ 인체저항은 한 개의 단일 저항체로 보아 최악의 상태를 적용한다.
④ 인체에 전압이 인가되면 체내로 전류가 흐르게 되어 전격의 정도를 결정한다.

해설 피부저항은 물에 젖어 있는 경우 건조 시의 약 1/25로 저하된다.

110 다음 중 누전차단기의 접속 시 유의사항으로 옳지 않은 것은?

① 정격부하전류가 50A 이상인 전기기계·기구에 접속되는 경우 정격감도전류 200mA 이하, 작동시간은 0.1초 이내로 할 수 있다.
② 전기기계·기구에 접속되는 경우 정격감도전류가 50mA 이하이고, 작동시간 0.03초 이내이어야 한다.
③ 지락보호 전용 누전차단기는 과전류를 차단하는 퓨즈 또는 차단기 등과 조합하여 접속한다.
④ 평상시 누설전류가 미소한 소용량의 부하의 전로인 경우 분기회로에 일괄하여 누전차단기를 접속할 수 있다.

해설 전기기계·기구에 접속되는 누전차단기는 인체 감전 방지용이므로 30mA, 0.03초를 선정한다.

111 다음 중 전기화재 발생원인의 3요건으로 거리가 먼 것은?

① 발화원 ② 내화물
③ 착화물 ④ 출화의 경과

해설 전기화재 발생 원인 : 발화원, 착화물, 출화의 경과
발화원 : 개폐기, 변압기, 전동기, 커패시터 전기배선 등

112 다음 중 정전기 발생에 영향을 주는 요인이 아닌 것은?

① 분리속도 ② 물체의 질량
③ 접촉면적 및 압력 ④ 물체의 표면상태

해설 정전기 발생에 영향을 주는 요인 : 물체의 특성, 물체의 표면상태, 물체의 이력, 접촉면적 및 압력, 분리속도

정답 108.③ 109.② 110.② 111.② 112.②

113 전기설비의 방폭 개념이 아닌 것은?

① 점화원의 방폭적 격리
② 전기설비의 안전도 증강
③ 점화능력의 본질적 억제
④ 전기설비 주위 공기의 절연능력 향상

해설 전기설비의 방폭화 방법은 점화원의 방폭적 격리(내압, 압력, 유입 방폭구조), 전기설비의 안전도 증강(안전증 방폭구조), 점화능력의 본질적 억제(본질안전 방폭구조)로 구분한다.

114 다음 중 전폐형의 구조로 되어 있으며, 외부의 폭발성 가스가 내부로 침입해서 폭발하였을 때 고열 가스나 화염이 협격을 통하여 서서히 방출시킴으로써 냉각되는 방폭구조는?

① 내압 방폭구조　② 유입 방폭구조
③ 압력 방폭구조　④ 안전증 방폭구조

해설 내압 방폭구조 : 최대안전틈새(MESG) 또는 화염일주한계 이하가 되도록 하여 불꽃이 외부로 전파되지 않도록 한 구조로서, 안전간극 즉 용기의 틈새의 냉각효과를 통하여 외부의 폭발성 가스 등에 착화되지 않도록 하는 구조

115 다음 중 소화약제에 의한 소화기의 종류와 방출에 필요한 가압방법의 분류가 잘못 연결된 것은?

① 이산화탄소 소화기 : 축압식
② 물 소화기 : 펌프에 의한 가압식
③ 산·알칼리 소화기 : 화학반응에 의한 가압식
④ 할로겐화물 소화기 : 화학반응에 의한 가압식

해설 할로겐화물 소화기 : 축압식, 가스가압식

116 다음 중 전기화재 예방을 위해서 전기기기 및 장치에 주의해야 하는 사항이 아닌 것은?

① 발열부 주위에 인화성 물질의 축적
② 발열부 주위에 가연성 방치 금지
③ 전열기는 열판의 밑부분에 차열판이 있는 것 사용
④ 전기기기 및 장치 등의 세심한 관리

해설 전기기기 및 장치에 전기화재를 예방하기 위한 사항으로는 발연부 주위에 가연성 물질 방치 금지, 전열기 열판의 밑부분은 차열판이 있는 것을 사용, 전기기기 및 장치 등의 세심한 관리가 필요하다.

117 다음 중 연구실 전기설비 운영 및 관리 기준으로 틀린 것은?

① 콘센트의 접촉부는 플러그가 견고하게 삽입되고 유지되어야 한다.
② 전기스위치 부근에 인화성 및 가연성 용매 등을 놓아둔다.
③ 전원에 연결된 회로배선은 임의로 변경하지 않는다.
④ 젖은 손이나 물건으로 전기기기, 회로에 접촉하면 안된다.

해설 전기스위치 부근에 인화성 및 가연성 용매 등을 보관·사용할 경우, 화재사고의 위험이 있으므로 인화성 및 가연성 캐비닛에 안전하게 보관해야 한다.

정답 113.④ 114.① 115.④ 116.① 117.②

118 다음 중 연구실에 설치하는 스위치 및 콘센트에 대한 설명으로 틀린 것은?

① 연구실 작업대의 스위치 및 콘센트는 작업 표면 위에 설치한다.
② 연구실 작업대 밑에 위치한 경우 액체가 튀었을 때 위험하지 않도록 충분한 거리를 두어야 한다.
③ 콘센트는 비접지형을 사용한다.
④ 멀티콘센트는 과부하 차단기가 설치된 것으로 사용한다.

해설 비접지형 콘센트를 사용할 경우, 누설 전류가 사람을 통해서 흐를 수 있기 때문에 감전 위험이 있다.

119 다음 중 연구실 소방설비 설치기준으로 틀린 것은?

① 화재 또는 사고 발생 시 피난 및 소화활동에 필요한 소화설비, 경보설비, 피난설비 등의 소방시설을 설치하고 유지·관리하여야 한다.
② 연구실이 설치된 건물의 규모 및 용도에 따라 소화기구, 옥내소화전, 스프링클러 등의 소화설비를 설치하여야 한다.
③ 자동화재탐지 설비는 정전이 되었을 때, 비상전원 등으로 정상 작동을 하도록 조치해야 한다.
④ 연구실 내 용품들은 스프링클러 헤드에서 적어도 20cm 이상 떨어진 곳에 위치하도록 한다.

해설 연구실 내 용품들은 스프링클러 헤드에서 적어도 60cm 이상 떨어진 곳에 위치하도록 한다.

120 다음 중 유도표지의 설치기준에 대한 설명으로 옳지 않은 것은?

① 계단에 설치하는 것을 제외하고 각 층 복도의 각 부분에서 유도표지까지의 보행거리는 15m 이하로 하였다.
② 구부러진 모퉁이의 벽에 설치하였다.
③ 바닥으로부터 1.5m에 설치하였다.
④ 주위에 광고물, 게시물 등을 함께 설치하였다.

해설 유도표지 주위에는 광고물, 게시물 등을 설치하지 않아야 한다.

제7과목 연구활동종사자 보건·위생관리 및 인간공학적 안전관리

121 다음 중 고용노동부가 정한 화학물질 및 물리적 인자의 노출기준은?

① TWA, C, BEI
② TWA, STEL, BEI
③ TWA, STEL, C
④ BEI, STEL, C

해설 화학물질 및 물리적 인자의 노출기준(우리나라)
㉠ 시간가중평균노출기준(TWA)
㉡ 단시간노출기준(STEL)
㉢ 최고노출기준(C)

정답 118.③ 119.④ 120.④ 121.③

122 다음 중 인간공학적 유해인자에 대한 설명으로 틀린 것은?

① 건강상 영향을 예방하기 위해서는 관련요인을 제거하는 방법밖에 없다.
② 위험인자로는 힘, 자세, 반복적 움직임, 진동, 한랭, 휴식시간 등이 있다.
③ 자세는 중립 위치에서 벗어날수록 리스크가 증가한다.
④ 건강장해로는 요통, 내상과염, 외상과염, 손목터널증후군 등이 있다.

해설 인간공학적 유해인자로 인한 건강상 영향을 예방하기 위해서는 초기에 관련 요인을 제거하기 위한 설계를 하는 것이 가장 바람직하나, 기존의 작업이 있는 경우 작업순환, 보조도구의 활용, 스트레칭 등의 도입을 통하여 유해요인을 최소화하는 방법을 취할 수도 있다.

123 다음 중 입자상 물질이 호흡기계에 침착·제거되는 주요 기전에 대한 설명으로 틀린 것은?

① 호흡기계에 먼지가 침착되는 기전은 충돌, 침강, 확산, 차단이다.
② 입자상 물질이 호흡기계에 침착 시 가장 크게 영향을 미치는 요소는 입자의 지름이다.
③ 입자상 물질이 호흡기계에 제거되는 기전은 점액섬모운동, 대식세포에 의한 정화 등이다.
④ 먼지의 크기가 작은 미세먼지 등은 폐포에 침착되기도 한다.

해설 입자상 물질이 호흡기계에 침착 시 가장 크게 영향을 미치는 요소는 입자의 크기이다.

124 작업장 및 설비, 기구 등은 인체의 특성을 고려하여 설계해야 한다. 이때 고려해야 할 순서로 옳은 것은?

① 조절식 설계 → 극단치 설계 → 평균치 설계
② 조절식 설계 → 평균치 설계 → 극단치 설계
③ 평균치 설계 → 극단치 설계 → 조절식 설계
④ 평균치 설계 → 조절식 설계 → 극단치 설계

해설 제일 먼저 고려할 개념은 조절식 설계, 이 개념을 적용하기 어려울 경우에는 극단치를 이용한 설계를 한다. 조절식, 극단치 설계의 적용하기 어려울 경우에는 평균치를 이용한 설계를 고려한다.

125 다음 중 근골격계 부담작업으로 인한 건강장해 예방을 위한 조치 항목으로 옳지 않은 것은?

① 근골격계질환 예방관리 프로그램을 작성·시행할 경우에는 노사협의를 거쳐야 한다.
② 근골격계질환 예방관리 프로그램에는 유해요인조사, 작업환경개선, 교육·훈련 및 평가 등이 포함되어 있다.
③ 10kg 이하의 중량물을 들어 올리는 작업은 중량과 무게중심에 대해 안내표시를 하지 않아도 된다.
④ 근골격계 부담작업에 해당하는 새로운 작업·설비 등을 도입한 경우, 지체 없이 유해요인조사를 실시하여야 한다.

해설 5kg 이상의 중량물을 들어 올리는 작업은 중량과 무게중심에 대해 안내표시를 하여야 한다.

정답 122.① 123.② 124.① 125.③

126 다음 중 작업환경측정 시 고려할 사항이 아닌 것은?

① 작업환경 측정결과 필요에 따라 시설 및 설비의 설치, 또는 개선 등 적절한 조치를 하여야 한다.
② 모든 측정은 지역시료 채취방법으로 실시하는 것을 원칙으로 한다.
③ 작업환경측정 전에는 유해인자 특성 등을 파악하기 위해 예비조사를 실시한다.
④ 유해인자로부터 근로자의 건강을 보호하고 쾌적한 작업환경을 조성하기 위하여 실시한다.

해설 모든 측정은 개인시료 채취방법으로 실시하는 것을 원칙으로 하고, 개인시료 채취방법이 곤란한 경우에는 지역시료 채취방법으로 실시할 수 있다.

127 다음 중 물질안전보건자료 작성의 원칙이 아닌 것은?

① 누구나 알아보기 쉽게 한글로 작성
② 부득이하게 작성불가 시 '자료없음', '해당없음' 이라고 기재
③ 최초작성기관, 작성시기, 참고문헌의 출처 기재
④ 화학물질명 등 고유명사도 국내 사용자를 위해 한글로 표기

해설 화학물질명, 외국기관명 등 고유명사는 영어 표기가 가능하다.

128 다음 중 중대연구실사고에 대한 설명으로 옳지 않은 것은?

① 3개월 이상의 요양을 요하는 부상자가 동시에 2명 이상 발생한 사고가 해당된다.
② 사고가 발생한 경우 3개월 이내에 연구실 사고 조사표를 작성하여 보고한다.
③ 천재지변 등 부득이한 사유가 발생한 경우에는 그 사유가 없어진 때에 보고해야 한다.
④ 사고 발생 현황 등을 게시판 등에 공표해야한다.

해설 연구주체의 장은 법 제23조에 따라 연구활동종사자가 의료기관에서 3일 이상의 치료가 필요한 생명 및 신체상의 손해를 입은 연구실사고가 발생한 경우에는, 사고가 발생한 날부터 1개월 이내에 별지 제6호서식의 연구실사고 조사표를 작성하여 과학기술정보통신부장관에게 보고해야 한다.

129 다음 중 연구실 사전유해인자위험분석에 대한 설명으로 틀린 것은?

① 사전유해인자위험분석은 연구개발활동 시작 전에 실시한다.
② 연구개발활동별 유해인자 위험분석 시 연구기본정보와 유해인자 정보를 기재해야 한다.
③ 연구개발활동 안전분석은 연구·실험절차별로 구분하여 실시한다.
④ 보고서 보존기간은 연구종료일부터 1년이다.

해설 사전유해인자위험분석의 보고서 보존기간은 연구종료일부터 3년이다.

정답 126.② 127.④ 128.② 129.④

130 다음 중 건강검진의 검진대상이 잘못 연결된 것은?

① 일반건강검진 : 모든 연구활동종사자
② 배치전건강검진 : 특수건강검진 대상 업무를 수행하는 연구활동종사자
③ 수시건강검진 : 건강장해 의심 증상 연구활동종사자
④ 임시건강검진 : 단기간 작업을 수행하는 연구활동종사자

해설 임시건강검진의 검진대상
㉠ 연구실 내에서 유소견자가 발생한 경우에 실시한다.
㉡ 연구실 내 유해인자가 외부로 누출되어 유소견자가 발생했거나 다수 발생할 우려가 있는 경우에 실시한다.
㉢ 다만, 임시건강검진 대상자 중 건강검진기관의 의사로부터 임시건강검진의 의사로부터 임시건강검진이 필요하지 않다는 소견을 받은 연구활동종사자는 받지 않을 수 있다.

131 다음 중 개인보호구의 착의 순서로 옳은 것은?

① 실험장갑 → 긴 소매 실험복 → 고글/보안면 → 호흡보호구(필요시)
② 실험장갑 → 긴 소매 실험복 → 호흡보호구(필요시) → 고글/보안면
③ 긴 소매 실험복 → 고글/보안면 → 호흡보호구(필요시) → 실험장갑
④ 긴 소매 실험복 → 호흡보호구(필요시) → 고글/보안면 → 실험장갑

해설 개인보호구의 착의 순서 : 긴 소매 실험복 → 호흡보호구(필요시) → 고글/보안면 → 실험장갑

132 다음 중 방진마스크에 대한 설명으로 옳은 것은?

① 흡기저항 상승률이 높은 것이 좋다.
② 형태에 따라 전면형 마스크와 후면형 마스크가 있다.
③ 필터의 여과효율이 낮고 흡입저항이 클수록 좋다.
④ 비휘발성 입자에 대한 보호가 가능하고 가스 및 증기의 보호는 안 된다.

해설 ㉠ 흡기저항 상승률이 낮은 것이 좋다.
㉡ 형태에 따라 전면형 마스크와 반면형 마스크가 있다.
㉢ 필터의 여과효율이 높고 흡입저항이 작을수록 좋다.

133 다음 중 차음보호구인 귀마개(Ear Plug)에 대한 설명과 가장 거리가 먼 것은?

① 차음효과는 일반적으로 귀덮개보다 우수하다.
② 외청도에 이상이 없는 경우에 사용이 가능하다.
③ 더러운 손으로 만짐으로써 외청도를 오염시킬 수 있다.
④ 귀덮개와 비교하면 제대로 착용하는 데 시간은 걸리나, 부피가 작아서 휴대하기 편리하다.

해설 차음효과는 일반적으로 귀덮개가 더 높다.

정답 130.④ 131.④ 132.④ 133.①

134 다음 중 독성물질 취급 연구실 등에 설치되어 있는 샤워설비의 설치 및 운영기준으로 틀린 것은?

① 접근 시 방해가 되므로 세안장치와 함께 설치하면 안 된다.
② 사용자가 쉽게 접근하여 작동시킬 수 있도록 작동밸브 높이는 170cm 이내로 설치하여야 한다.
③ 샤워설비의 헤드 높이는 210~240cm에 설치, 세척용수를 전면에 골고루 분사할 수 있어야 한다.
④ 각 층마다 설치하여야 하며, 비상시 접근하는 데 방해가 되는 장애물이 있어서는 안 된다.

해설 세안장치나 세면설비를 함께 설치한 경우에 세안장치나 세면설비는 방해물로 보지 않는다.

135 다음 중 덕트 설치의 주요사항으로 옳은 것은?

① 구부러지기 전 또는 후에는 청소구를 만든다.
② 공기 흐름은 상향구배를 원칙으로 한다.
③ 덕트는 가능한 한 길게 배치하도록 한다.
④ 밴드의 수는 가능한 한 많게 하도록 한다.

해설 ㉠ 공기 흐름은 하향구배를 원칙으로 한다.
㉡ 덕트는 가능한 한 짧게 설치한다.
㉢ 밴드의 수는 가능한 한 적게 하도록 한다.

136 다음 중 국소배기시설의 일반적 배열순서로 가장 적절한 것은?

① 후드 → 덕트 → 송풍기 → 공기정화장치 → 배기구
② 후드 → 송풍기 → 공기정화장치 → 덕트 → 배기구
③ 후드 → 덕트 → 공기정화장치 → 송풍기 → 배기구
④ 후드 → 공기정화장치 → 덕트 → 송풍기 → 배기구

해설 국소배기장치의 배열순서
후드 → 덕트 → 공기정화장치 → 송풍기 → 배기구

137 다음 중 국소배기시설의 필요환기량을 감소시키기 위한 방법과 가장 거리가 먼 것은?

① 가급적 공정의 포위를 최소화한다.
② 후드 개구면에서 기류가 균일하게 분포되도록 설계한다.
③ 포집형이나 레시버형 후드를 사용할 때에는 가급적 후드를 배출 오염원에 가깝게 설치한다.
④ 공정에서 발생 또는 배출되는 오염물질의 절대량을 감소시킨다.

해설 가급적 차폐막이나 커튼 등을 사용하여 공정을 많이 포위한다.

정답 134.① 135.① 136.③ 137.①

138 다음 중 송풍기의 효율이 큰 순서대로 나열된 것은?

① 평판송풍기 > 다익송풍기 > 터보송풍기
② 다익송풍기 > 평판송풍기 > 터보송풍기
③ 터보송풍기 > 다익송풍기 > 평판송풍기
④ 터보송풍기 > 평판송풍기 > 다익송풍기

해설 송풍기의 효율 : 터보송풍기 > 평판송풍기 > 다익송풍기

139 다음 중 유해물질별 송풍관의 적정 반송속도로 옳지 않은 것은?

① 가스상 물질 - 10m/sec
② 무거운 물질 - 25m/sec
③ 일반 공업 물질 - 20m/sec
④ 가벼운 건조 물질 - 30m/sec

해설 유해물질별 반송속도

유해물질 발행형태	반송속도(m/sec)
증기·가스·연기	5.0 ~ 10.0
흄	10.0 ~ 12.5
미세하고 가벼운 분진	12.5 ~ 15.0
건조한 분진이나 분말	15.0 ~ 20.0
일반 산업분진	17.5 ~ 20.0
무거운 분진	20.0 ~ 22.5
무겁고 습한 분진	22.5 이상

140 다음 중 국소배기장치 배기구를 설치할 때 고려할 사항으로 맞는 것은?

① 건물 옥상으로부터 배기구 높이는 3m 이상으로 한다.
② 배기속도는 반송속도보다 느리게 한다.
③ 신선한 공기 유입구는 배기구와 가깝게 둔다.
④ 배기구는 건물 창과 같은 높이로 하는 것이 좋다.

해설 배기구 설치 시 주의사항

㉠ 옥외에 설치하는 배기구의 높이는 지붕으로부터 1.5m 이상이거나, 건물 높이의 0.3~1.0배 정도의 높이로 설치한다.
㉡ 배출된 공기가 주변 지역에 영향을 미치지 않도록 상부 방향으로 10m/sec 이상 높은 속도로 배출하여 대기 중에 잘 확산되도록 한다.
㉢ 배출된 유해물질이 당해 작업장으로 재유입되거나 인근의 다른 작업장으로 확산되어 영향을 미치지 않는 구조로 해야 한다.
㉣ 공기 유입구와 배기구는 서로 일정 거리만큼 떨어지게 설치해야 한다.
㉤ 빗물의 유입을 방지하기 위한 빗물 유입방지 조치를 해야 한다.

정답 138.④ 139.④ 140.①

제2회 실/전/모/의/고/사

제1과목 연구실 안전 관련 법령

01 연구실안전보건법의 용어 정의 중 보기에서 설명하는 용어는?

> 〈보기〉
> 연구실사고를 예방하기 위하여 잠재적 위험성의 발견과 그 개선대책의 수립을 목적으로 실시하는 조사·평가

① 유해인자 ② 중대연구실사고
③ 정밀안전진단 ④ 연구실사고

해설 ㉠ 유해인자 : 화학적·물리적·생물학적 위험요인 등 연구실사고를 발생시키거나 연구활동종사자의 건강을 저해할 가능성이 있는 인자
㉡ 중대연구실사고 : 연구실사고 중 손해 또는 훼손의 정도가 심한 사고로서 사망사고 등 과학기술정보통신부령으로 정하는 사고
㉢ 연구실사고 : 연구실에서 연구활동과 관련하여 연구활동종사자가 부상·질병·신체장해·사망 등 생명 및 신체상의 손해를 입거나 연구실의 시설·장비 등이 훼손되는 것

02 연구실안전법령상 '국가의 책무' 중 실태조사 시기는?

① 6개월 ② 1년 ③ 2년 ④ 3년

해설 과학기술정보통신부장관은 2년마다 연구실 안전환경 및 안전관리 현황 등에 대한 실태조사를 실시한다.

03 다음 중 연구실안전법에 따라 '연구실 안전환경 조성 기본계획'에 포함되지 않는 것은?

① 연구실 안전관리 연구 실적
② 연구실 유형별 안전관리 표준화 모델 개발
③ 연구실 안전관리의 정보화 추진
④ 연구활동종사자의 안전 및 건강 증진

해설 기본계획에 포함 사항
㉠ 연구실 안전환경 조성을 위한 발전목표 및 정책의 기본방향
㉡ 연구실 안전관리 기술 고도화 및 연구실사고 예방을 위한 연구개발
㉢ 연구실 유형별 안전관리 표준화 모델 개발
㉣ 연구실 안전교육 교재의 개발·보급 및 안전교육 실시
㉤ 연구실 안전관리의 정보화 추진
㉥ 안전관리 우수연구실 인증제 운영
㉦ 연구실의 안전환경 조성 및 개선을 위한 사업 추진
㉧ 연구안전 지원체계 구축·개선
㉨ 연구활동종사자의 안전 및 건강 증진
㉩ 그 밖에 연구실사고 예방 및 안전환경 조성에 관한 중요사항

04 연구실안전법 시행규칙에서 연구실책임자는 연구활동에 적합한 보호구를 비치하여야 한다. 다음 중 분야별 연구활동과 보호구가 틀린 것은?

① 독성가스, 발암성 물질, 생식독성 물질 취급 : 내화학성 장갑
② 방사성 물질 취급 : 호흡보호구
③ 고온의 액체, 장비, 화기 취급 : 내열장갑
④ 감염성이 있는 혈액 : 방진마스크

정답 01.③ 02.③ 03.① 04.②

해설 보호구의 비치(방사선 물질 취급) : 방사선보호복, 보안경 또는 고글, 보호장갑

05 다음 중 연구실안전관리법령에서 연구실안전환경관리자의 업무가 틀린 것은?

① 연구실 안전교육계획 수립 및 실시
② 안전점검·정밀안전진단 실시계획의 수립 및 실시
③ 안전환경 조성 기본계획 수립 및 실시
④ 연구실 안전환경 및 안전관리 현황에 관한 통계의 유지·관리

해설 연구실안전환경관리자의 업무
㉠ 안전점검·정밀안전진단 실시계획의 수립 및 실시
㉡ 연구실 안전교육계획 수립 및 실시
㉢ 연구실사고 발생의 원인조사 및 재발 방지를 위한 기술적 지도·조언
㉣ 연구실 안전환경 및 안전관리 현황에 관한 통계의 유지·관리
㉤ 안전관리규정을 위반한 연구활동종사자에 대한 조치의 건의

06 다음 중 연구실안전법령상 안전관리규정을 성실하게 준수하지 않은 경우 1차 위반의 과태료 부과기준은?

① 200만원 ② 250만원
③ 300만원 ④ 400만원

해설 안전관리규정을 성실하게 준수하지 않은 경우

과태료 금액(만원)		
1차 위반	2차 위반	3차 이상 위반
250	300	400

07 다음 중 연구실안전법령상에서 정기적으로 정밀안전진단을 실시하는 시기는?

① 2년마다 1회 이상
② 3년마다 1회 이상
③ 4년마다 1회 이상
④ 5년마다 2회 이상

해설 유해인자를 취급하는 등 위험한 작업을 수행 연구실은 2년마다 1회 이상(정기적) 실시하여야 한다.
㉠ 유해화학물질을 취급하는 연구
㉡ 유해인자를 취급하는 연구실
㉢ 독성가스를 취급하는 연구실

08 연구실안전관리법령에서 연구실 안전점검 또는 정밀안전점검 대행기관에 소속된 기술인력은 권역별연구안전지원센터에서 실시하는 교육을 받아야 한다. 다음 중 바르게 연결된 것은?

① 신규교육 : 기술인력이 등록된 날부터 3개월 이내에 받아야 하는 교육
② 신규교육 : 기술인력이 등록된 날부터 6개월 이내에 받아야 하는 교육
③ 보수교육 : 기술인력이 신규교육을 이수한 날을 기준으로 3년마다 받아야 하는 교육
④ 보수교육 : 매 2년이 되는 날을 기준으로 전후 3개월 이내

해설 연구실 안전점검 또는 정밀안전점검 대행기관에 소속된 기술인력이 받아야 하는 교육
㉠ 신규교육 : 기술인력이 등록된 날부터 6개월 이내에 받아야 하는 교육
㉡ 보수교육 : 기술인력이 제1호에 따른 신규교육을 이수한 날을 기준으로 2년마다 받아야 하는 교육. 이 경우 매 2년이 되는 날을 기준으로 전후 6개월 이내에 보수교육을 받도록 해야 한다.

정답 05.③ 06.② 07.① 08.②

09 연구활동종사자의 정기교육·훈련 중 정기 정밀안전진단 실시 대상 연구실의 연구활동종사자가 받아야 하는 교육시간으로 옳은 것은?

① 반기별 3시간 이상
② 연간 3시간 이상
③ 반기별 6시간 이상
④ 연간 6시간 이상

해설 연구활동종사자의 교육·훈련시간 및 시기(정기교육·훈련)

교육대상	교육시간
㉠ 저위험연구실의 연구활동종사자	연간 3시간 이상
㉡ 정기 정밀안전진단 실시 대상 연구실의 연구활동종사자	반기별 6시간 이상
㉢ ㉠, ㉡에서 규정한 연구실이 아닌 연구실의 연구활동종사자	반기별 3시간 이상

10 다음 중 연구실안전관리법령에서 연구활동종사자에 대하여 연구실사고 예방 및 대응에 필요한 교육·훈련을 실시하지 않은 경우 1차 위반의 과태료 부과기준은?

① 300만원 ② 500만원
③ 600만원 ④ 800만원

해설 연구활동종사자에 대하여 연구실사고 예방 및 대응에 필요한 교육·훈련을 실시하지 않은 경우

과태료 금액(만원)		
1차 위반	2차 위반	3차 이상 위반
500	600	800

11 다음 중 연구실안전관리법령에서 안전관리 우수연구실 인증의 유효기간은?

① 6개월 ② 1년 ③ 2년 ④ 3년

해설 안전관리 우수연구실 인증의 유효기간은 인증을 받은 날부터 2년이다.

12 다음 중 연구실안전관리법령에서 사고조사반 구성에 포함되지 않는 것은?

① 연구실 안전과 관련한 업무를 수행하는 관계 공무원
② 연구실책임자
③ 연구실 안전 분야 전문가
④ 그 밖에 연구실사고 조사에 필요한 경험과 학식이 풍부한 전문가

해설 사고조사반 구성
㉠ 연구실 안전과 관련한 업무를 수행하는 관계 공무원
㉡ 연구실 안전 분야 전문가
㉢ 그 밖에 연구실사고 조사에 필요한 경험과 학식이 풍부한 전문가

13 다음 중 연구실안전관리법령에서 연구실 안전환경 조성을 위한 지원대상 범위로 올바르게 묶은 것은?

〈보기〉
㉠ 연구실 안전 교육·훈련의 강사료
㉡ 연구실 안전 교육자료 연구, 발간, 보급 및 교육
㉢ 연구실 안전 네트워크 구축·운영
㉣ 연구실 안전의식 제고를 위한 홍보 등 안전문화 확산

① ㉠ ㉡ ㉢
② ㉠ ㉢ ㉣
③ ㉡ ㉢ ㉣
④ ㉠ ㉡ ㉢ ㉣

정답 09.③ 10.② 11.③ 12.② 13.③

해설 연구실 안전환경 조성을 위한 지원대상 범위

㉠ 연구실 안전관리 정책·제도개선, 안전관리 기준 등에 대한 연구, 개발 및 보급
㉡ 연구실 안전 교육자료 연구, 발간, 보급 및 교육
㉢ 연구실 안전 네트워크 구축·운영
㉣ 연구실 안전점검·정밀안전진단 실시 또는 관련 기술·기준의 개발 및 고도화
㉤ 연구실 안전의식 제고를 위한 홍보 등 안전문화 확산
㉥ 연구실사고의 조사, 원인 분석, 안전대책 수립 및 사례 전파
㉦ 그 밖에 연구실의 안전환경 조성 및 기반 구축을 위한 사업

14 다음 중 연구실안전관리법에서 권역별연구안전지원센터의 업무 범위에 포함되지 않는 것은?

① 연구실사고 발생 시 사고 현황 파악 및 수습 지원 등 신속한 사고 대응에 관한 업무
② 연구실 안전교육 강사 운영에 관한 업무
③ 연구실 안전관리 기술, 기준, 정책 및 제도 개발·개선에 관한 업무
④ 정부와 대학·연구기관등 상호 간 연구실 안전환경 관련 협력에 관한 업무

해설 권역별연구안전지원센터의 업무 범위

㉠ 연구실사고 발생 시 사고 현황 파악 및 수습 지원 등 신속한 사고 대응에 관한 업무
㉡ 연구실 위험요인 관리실태 점검·분석 및 개선에 관한 업무
㉢ 업무 수행에 필요한 전문인력 양성 및 대학·연구기관등에 대한 안전관리 기술 지원에 관한 업무
㉣ 연구실 안전관리 기술, 기준, 정책 및 제도 개발·개선에 관한 업무
㉤ 연구실 안전의식 제고를 위한 연구실 안전문화 확산에 관한 업무
㉥ 정부와 대학·연구기관등 상호 간 연구실 안전환경 관련 협력에 관한 업무
㉦ 연구실 안전교육 교재 및 프로그램 개발·운영에 관한 업무
㉧ 그 밖에 과학기술정보통신부장관이 정하는 연구실 안전환경 조성에 관한 업무

15 다음 중 연구실안전관리법에서 연구실안전관리사의 결격사유에 해당되지 않는 것은?

① 미성년자, 피성년후견인 또는 피한정후견인
② 연구실안전관리사 자격이 취소된 후 2년이 지나지 아니한 사람
③ 파산선고를 받고 복권되지 아니한 사람
④ 금고 이상의 형의 집행유예를 선고받고 그 유예기간 중에 있는 사람

해설 연구실안전관리사의 결격사유

㉠ 미성년자, 피성년후견인 또는 피한정후견인
㉡ 파산선고를 받고 복권되지 아니한 사람
㉢ 금고 이상의 실형을 선고받고 그 집행이 끝나거나(집행이 끝난 것으로 보는 경우를 포함한다) 집행을 받지 아니하기로 확정된 날부터 2년이 지나지 아니한 사람
㉣ 금고 이상의 형의 집행유예를 선고받고 그 유예기간 중에 있는 사람
㉤ 연구실안전관리사 자격이 취소된 후 3년이 지나지 아니한 사람

16 다음 중 연구실안전관리법령에서 대학·연구기관등이 설치한 각 연구실의 연구활동종사자를 합한 인원이 몇 명인 경우에 법의 전부를 적용받지 않는가?

① 5명 미만 ② 10명 미만
③ 15명 미만 ④ 20명 미만

해설 법의 전부를 적용받지 않는 연구실 : 대학·연구기관등이 설치한 각 연구실의 연구활동종사자를 합한 인원이 10명 미만인 경우에는 각 연구실에 대하여 법의 전부를 적용하지 않는다.

정답 14.② 15.② 16.②

실전모의고사

17 다음 중 연구실안전관리법령에서 연구실안전환경관리자를 지정하거나 변경한 경우 몇 일 이내에 과학기술부통신부장관에게 내용을 제출해야 하는가?

① 7일 ② 10일 ③ 14일 ④ 28일

해설 연구실안전환경관리자를 지정하거나 변경한 경우, 내용 제출 기한 : 연구실안전환경관리자를 지정하거나 변경한 경우에는 그 날부터 14일 이내에 과학기술정보통신부장관에게 그 내용 제출

18 연구실안전관리법령에서 연구실 안전점검 대행기관의 등록요건 중 일반안전, 기계, 전기 및 화공분야의 장비요건에 해당되지 않는 것은?

① 정전기 전하량 측정기
② 절연저항측정기
③ 산소농도측정기
④ 접지저항측정기

해설 일반안전, 기계, 전기 및 화공분야의 장비 요건 : 정전기 전하량 측정기, 접지저항측정기, 절연저항측정기

19 다음 중 연구실안전보건법상 아래의 보기에서 설명하는 벌칙에 해당하는 것은?

〈보기〉
제14조 및 제15조에 따른 안전점검 또는 정밀안전진단을 실시하지 아니하거나 성실하게 실시하지 아니함으로써 연구실에 중대한 손괴를 일으켜 공중의 위험을 발생하게 한 자

① 3년 이하의 징역 또는 3천만원 이하의 벌금
② 5년 이하의 징역 또는 3천만원 이하의 벌금
③ 5년 이하의 징역 또는 5천만원 이하의 벌금
④ 7년 이하의 징역 또는 5천만원 이하의 벌금

해설 연구실안전법의 벌칙
㉠ 5년 이하의 징역 또는 5천만원 이하의 벌금.
- 제14조 및 제15조에 따른 안전점검 또는 정밀안전진단을 실시하지 아니하거나 성실하게 실시하지 아니함으로써 연구실에 중대한 손괴를 일으켜 공중의 위험을 발생하게 한 자
- 제25조제1항에 따른 조치를 이행하지 아니하여 공중의 위험을 발생하게 한 자
㉡ 사람을 사상에 이르게 한 자는 3년 이상 10년 이하의 징역

20 다음 중 연구실 사고조사반 구성 및 운영규정에서 사고조사반의 인력풀과 사고조사반 구성 인원을 올바르게 묶은 것은?

① 10명 내외 – 5명 내외
② 15명 내외 – 5명 내외
③ 20명 내외 – 5명 내외
④ 20명 내외 – 10명 내외

해설 ㉠ 사고조사반 구성 : 사고조사반 인력풀을 15명 내외로 구성하고, 조사반원의 임기는 2년으로 하되 연임할 수 있음
㉡ 안전사고의 조사 : 과학기술정보통신부장관은 사고 경위 및 원인에 대한 조사가 필요하다고 인정되는 안전사고 발생 시 사고원인, 규모 및 발생지역 등 그 특성을 고려하여 지명 또는 위촉된 조사반원 중 5명 내외로 당해 사고를 조사하기 위한 사고조사반 구성

정답 17.③ 18.③ 19.③ 20.②

제2과목 연구실 안전관리 이론 및 체계

21 다음 중 연구주체의 장의 책무로 볼 수 없는 것은?

① 안전관리규정 작성·게시 및 준수
② 연구실안전환경관리자 지정
③ 연구활동종사자를 피보험자·수익자로 하는 보험 가입
④ 연구실 안전환경 조성 기본계획 수립

해설 ㉠ 연구실의 안전환경 확보의 책임을 진다.
㉡ 안전관리규정을 작성·게시하고 준수하도록 조치한다. ㉢ 매년 1회 이상 정기점검을 실시하여야 한다.
㉣ 연구실의 재해예방과 안전성 확보 등을 위하여 정밀안전진단을 실시한다.
㉤ 연구실안전환경관리자를 지정하여야 한다.
㉥ 각 연구실에 연구실책임자를 지정하여야 한다.
㉦ 매년 소관 연구실의 안전 및 유지관리에 필요한 비용을 확보한다.
㉧ 매년 연구활동종사자를 피보험자·수익자로 하는 보험에 가입한다.
㉨ 연구실에 사고가 발생한 경우에는 미래창조과학부 장관에게 보고 및 공표한다.
㉩ 연구실의 안전관리에 관한 정보를 연구활동종사자에게 제공한다.
㉪ 정기적으로 건강검진을 실시한다.
㉫ 연구실의 사용제한·금지 또는 철거 등 안전상의 조치를 한다.
• 연구실 안전환경 조성 기본계획 수립은 정부의 책무이다.

22 다음 중 연구실책임자의 책무로 볼 수 없는 것은?

① 연구실 안전점검·정밀안전진단의 실시계획 수립 및 실시
② 연구실안전관리담당자 지정
③ 연구실의 유해인자에 관한 교육 실시
④ 사전유해인자위험분석 실시

해설 ㉠ 연구실 안전교육 및 안전에 관한 책임
㉡ 연구실안전관리담당자 지정
㉢ 연구실의 유해인자에 관한 교육 실시
㉣ 사전유해인자위험분석 실시
• 연구실 안전점검·정밀안전진단의 실시계획 수립 및 실시는 연구실안전환경관리자의 책무이다.

23 다음 중 하인리히(H.W. Heinrich)의 도미노 이론(사고연쇄성)으로 가장 거리가 먼 것은?

① 제1단계 : 사회적 환경과 유전적 요소
② 제2단계 : 개인적 결함
③ 제3단계 : 불안전한 행동과 불안전한 상태
④ 제4단계 : 재해 및 재산손해

해설 ㉠ 제1단계 : 사회적 환경과 유전적 요소
㉡ 제2단계 : 개인적 결함
㉢ 제3단계 : 불안전한 행동과 불안전한 상태
㉣ 제4단계 : 사고
㉤ 제5단계 : 재해

24 다음 중 연구실안전정보시스템에 포함해야 하는 정보로 볼 수 없는 것은?

① 연구실 현황 ② 위험 사업장 현황
③ 안전 교육 ④ 건강검진

해설 ㉠ 대학·연구기관등의 현황
㉡ 분야별 연구실사고 발생 현황, 연구실사고 원인 및 피해 현황 등 연구실사고에 관한 통계
㉢ 기본계획 및 연구실 안전 정책에 관한 사항
㉣ 연구실 내 유해인자에 관한 정보
㉤ 안전점검지침 및 정밀안전진단지침
㉥ 안전점검 및 정밀안전진단 대행기관의 등록 현황
㉦ 안전관리 우수연구실 인증 현황
㉧ 권역별연구안전지원센터의 지정 현황

정답 21.① 22.① 23.④ 24.②

ⓩ 연구실안전환경관리자 지정 내용 등 법 및 이 영에 따른 제출·보고 사항
ⓒ 그 밖에 연구실 안전환경 조성에 필요한 사항
• 사업장 현황은 「산업안전보건법」 적용대상 현황 정보이다.

25 다음 중 안전관리 우수연구실 인증심사 분야로 보기 어려운 것은?

① 연구실 안전환경 시스템 분야
② 연구실 시설안전 분야
③ 연구실 안전환경 활동 수준 분야
④ 연구실 안전관리 관계자 안전의식 분야

해설 연구실 시설안전 분야는 인증심사 분야에 해당하지 않는다.

26 연구실 안전·유지관리비 내역 중 '안전관련 자료의 확보·전파 비용 및 교육·훈련비'로 거리가 먼 것은?

① 연구실안전환경관리자 및 연구실안전관리 담당자에 대한 교육비
② 관리감독자에 대한 안전교육 비용
③ 연구실 안전수칙·교육교재·안전관련 도서·학술지
④ 연구실 안전 관련 행사비 및 포상비

해설 ㉠ 연구실안전환경관리자 및 연구실안전관리담당자에 대한 교육 비용
㉡ 연구활동종사자에 대한 안전교육 비용
㉢ 연구실 안전수칙·교육교재·안전관련 도서·학술지 등 연구실 안전관리에 필요한 자료 등의 구입·제작 비용
㉣ 연구실 안전 관련 행사비 및 포상비
• 「산업안전보건법」에 따른 관리감독자가 아닌, 연구활동종사자에 대한 안전교육 비용이다.

27 다음 중 정밀안전진단 실시대상 연구실에 해당하지 않는 것은?

① 「화학물질관리법」에 따른 유해화학물질을 취급하는 연구실
② 「위험물안전관리법」에 따른 위험물을 저장·취급하는 연구실
③ 「산업안전보건법」에 따른 유해인자를 취급하는 연구실
④ 「고압가스안전관리법 시행규칙」의 독성가스를 취급하는 연구실

해설 ㉠ 「화학물질관리법」에 따른 유해화학물질을 취급하는 연구실
㉡ 「산업안전보건법」에 따른 유해인자를 취급하는 연구실
㉢ 「고압가스안전관리법 시행규칙」의 독성가스를 취급하는 연구실
• 「위험물안전관리법」에 따른 위험물을 저장·취급하는 연구실 모두를 정밀안전진단 대상으로 볼 수 없다.

28 다음 중 연구실사고 조사 결과에 따라 연구활동종사자의 안전을 위한 긴급한 조치사항으로 거리가 먼 것은?

① 유해인자의 제거　② 연구실의 사용금지
③ 연구실의 철거　④ 특별안전교육

해설 연구실안전점검 및 정밀안전진단의 실시 결과 또는 연구실사고 조사 결과에 따라 연구활동종사자 또는 공중의 안전을 위하여 긴급한 조치가 필요하다고 판단되는 경우에는 다음 하나 이상의 조치를 취하여야 한다.
㉠ 정밀안전진단 실시
㉡ 유해인자의 제거
㉢ 연구실 일부의 사용제한
㉣ 연구실의 사용금지
㉤ 연구실의 철거

정답 25.② 26.② 27.② 28.④

29 다음 중 분진에 관련된 업무를 하는 경우 유해성 주지사항으로 거리가 먼 것은?

① 분진의 유해성과 노출경로
② 분진의 발산방지와 작업장의 환기방법
③ 작업장 및 개인 위생관리
④ 건강검진 절차 및 방법

해설 ㉠ 분진의 유해성과 노출경로
㉡ 분진의 발산방지와 작업장의 환기방법
㉢ 작업장 및 개인 위생관리
㉣ 호흡용 보호구의 사용방법
㉤ 분진에 관련된 질병 예방방법

30 다음 중 감염병 예방 조치사항으로 볼 수 없는 것은?

① 예방을 위한 계획의 수립
② 보호구 지급, 예방접종
③ 사고 발생 시 원인조사와 대책 수립
④ 올바른 작업자세 및 작업도구, 작업시설의 올바른 사용방법

해설 ㉠ 감염병 예방을 위한 계획의 수립
㉡ 보호구 지급, 예방접종 등 감염병 예방을 위한 조치
㉢ 감염병 발생 시 원인조사와 대책 수립
㉣ 감염병 발생 근로자에 대한 적절한 처치
• 올바른 작업자세 및 작업도구, 작업시설의 올바른 사용방법은 근골격계 부담작업의 유해성 주지사항이다.

31 다음 중 연구실의 사전유해인자위험분석 적용대상으로 거리가 먼 것은?

①「화학물질관리법」 제2조제7호에 따른 유해화학물질
②「산업안전보건법」 제39조에 따른 유해인자
③「고압가스안전관리법 시행규칙」 제2조제1항제2호에 따른 독성가스
④「산업안전보건법」 제36조를 적용받는 연구실

해설 「산업안전보건법」 제36조(위험성평가의 실시)를 적용받는 연구실로서 연구활동별로 위험성평가를 실시한 연구실의 경우에는 「연구실안전법」 제19조에 따른 사전유해인자위험분석의 실시를 적용하지 않는다.

32 산업안전보건법에 따른 위험성평가 실시규정을 작성·관리해야 할 항목으로 볼 수 없는 것은?

① 평가의 목적 및 방법
② 평가담당자 및 책임자의 역할
③ 안전보건진단 시기
④ 주지방법 및 유의사항

해설 ㉠ 평가의 목적 및 방법
㉡ 평가담당자 및 책임자의 역할
㉢ 평가시기 및 절차
㉣ 주지방법 및 유의사항
㉤ 결과의 기록·보존
• 안전보건진단이란 산업재해를 예방하기 위하여 잠재적 위험성을 발견하고, 그 개선대책을 수립할 목적으로 조사·평가하는 것을 말한다.

33 다음 중 안전교육의 4단계별 순서를 올바르게 나열한 것은?

① 제시 → 적용 → 준비 → 확인
② 적용 → 준비 → 확인 → 제시
③ 도입 → 제시 → 적용 → 확인
④ 확인 → 준비 → 제시 → 적용

정답 29.④ 30.④ 31.④ 32.③ 33.③

해설 ㉠ 제1단계 : 도입(준비) - 학습할 준비를 시킨다(동기유발).
㉡ 제2단계 : 제시(설명) - 작업을 설명한다.
㉢ 제3단계 : 적용(응용) - 작업을 시켜본다.
㉣ 제4단계 : 확인(총괄, 평가) - 가르친 뒤 살펴본다.

34 다음 중 피로의 회복대책에 가장 효과적인 방법은?

① 가벼운 운동
② 충분한 영양(음식) 섭취
③ 휴식과 수면
④ 대화 등을 통한 기분 전환

해설 피로회복에 가장 좋은 대책은 휴식과 수면이다.
㉠ 휴식과 수면
㉡ 충분한 영양 섭취
㉢ 산책 및 가벼운 운동
㉣ 음악감상 및 오락
㉤ 목욕, 마사지 물리적 요법
• 피로회복에 가장 좋은 대책은 휴식과 수면이다.

35 다음 중 Off.J.T(Off Job Training) 교육 방법의 장점으로 옳은 것은?

① 개개인에게 적절한 지도훈련이 가능하다.
② 훈련에 필요한 업무의 계속성이 끊어지지 않는다.
③ 다수의 대상자를 일괄적, 조직적으로 교육할 수 있다.
④ 효과가 곧 업무에 나타나며, 훈련의 좋고 나쁨에 따라 개선이 용이하다.

해설 다수의 대상자를 일괄적, 조직적으로 교육할 수 있는 것은 Off.J.T(Off Job Training)의 특징이다.
• Off.J.T(Off Job Training)의 특징
㉠ 다수의 근로자에게 조직적 훈련 시행 가능
㉡ 훈련에만 전념하게 된다.
㉢ 전문가를 강사로 초빙하는 것이 가능하다.
㉣ 특별한 설비나 기구를 이용하는 것이 가능하다.
㉤ 각 직장의 근로자가 많은 지식이나 경험을 교류할 수 있다.
㉥ 교육 훈련 목표에 대하여 집단적 노력이 흐트러질 수도 있다.
• OJT(On the Job Training)의 특징
㉠ 개개인에게 적절한 지도훈련이 가능하다.
㉡ 직장의 실정에 맞는 실제적 훈련이 가능하다.
㉢ 즉시 업무에 연결되는 몸과 관계가 있다.
㉣ 훈련에 필요한 계속성이 끊어지지 않는다.
㉤ 효과가 곧 업무에 나타나며 결과에 따른 개선이 쉽다.
㉥ 훈련 효과를 보고 상호 신뢰 이해도가 높아지는 것이 가능하다.

36 다음 중 연구실안전법에서 정한 연구활동종사자의 정기교육훈련 내용이 아닌 것은?

① 안전표지에 관한 사항
② 연구실 유해인자에 관한 사항
③ 안전한 연구개발활동에 관한 사항
④ 물질안전보건자료에 관한 사항

해설 ㉠ 연구실 안전환경 조성 법령에 관한 사항
㉡ 연구실 유해인자에 관한 사항
㉢ 안전한 연구개발활동에 관한 사항
㉣ 물질안전보건자료에 관한 사항
㉤ 사전유해인자위험분석에 관한 사항
• 안전표지에 관한 사항은 신규교육훈련 내용에 해당한다.

37 다음 중 중대연구실사고로 볼 수 없는 것은?

① 사망 또는 후유장해 1급부터 9급까지에 해당하는 부상자가 1명 이상 발생한 사고
② 3개월 이상의 요양을 요하는 부상자가 동시에 2명 이상 발생한 사고

정답 34.③ 35.③ 36.① 37.④

③ 3일 이상의 입원이 필요한 부상을 입은 사람이 동시에 5명 이상 발생한 사고
④ 2일 이상의 입원이 필요한 질병에 걸린 사람이 동시에 10명 이상 발생한 사고

해설 중대연구실사고는 3일 이상의 입원이 필요한 질병에 걸린 사람이 동시에 5명 이상 발생한 사고이다.

38 다음 중 연구실 사고조사반이 작성해야 할 보고서의 주요 내용으로 보기 어려운 것은 ?

① 당해 사고조사반 구성
② 사고개요
③ 조사내용 및 결과
④ 피해액 및 복구에 소요되는 비용

해설 ㉠ 조사 일시
㉡ 당해 사고조사반 구성
㉢ 사고개요
㉣ 조사내용 및 결과(사고현장 사진 포함)
㉤ 문제점
㉥ 복구 시 반영 필요사항 등 개선대책
㉦ 결론 및 건의사항
• 피해액 및 복구에 소요되는 비용 산출은 사고조사반이 작성해야 할 내용에 해당하지 않는다.

39 다음 중 연구실 보험 및 사고보상 기준으로 적절하지 않은 것은?

① 연구실책임자는 연구자의 사고보장을 위해 매년 보험에 가입해야 한다.
② 연구활동종사자의 보험가입에 필요한 비용을 매년 계상해야 한다.
③ 보험가입 대상은 대학·연구기관에서 과학기술분야 연구활동에 종사하는 자다.
④ 연구실사고로 생명·신체상의 손해를 입었을 때 보상받을 수 있다.

해설 연구자의 사고보장을 위해 매년 보험에 가입하여야 하는 주체는 연구주체의 장이다.

40 다음 중 연구주체의 장이 제출하여야 하는 연구실사고 보상 자료로 거리가 먼 것은?

① 보험회사에 가입된 대학·연구기관 등 또는 연구실의 현황
② 보험에 가입된 연구활동종사사의 수, 보험가입금액
③ 보상받은 연구활동종사자의 수, 보상금액 및 사고 내용
④ 보험료 산출 근거

해설 ㉠ 보험회사에 가입된 대학·연구기관 등 또는 연구실의 현황
㉡ 보험에 가입된 연구활동종사자의 수, 보험가입 금액, 보험기간 및 보상금액
㉢ 보상받은 대학·연구기관 등 또는 연구실의 현황, 보상받은 연구활동종사자의 수, 보상금액 및 연구실사고 내용
• 보험료 산출 근거는 제출대상 자료에 해당하지 않는다.

제3과목 | 연구실 화학(가스) 안전관리

41 다음 중 유독위험성과 물질과의 관계가 잘못된 것은?

① 자극성 – 암모니아, 아황산가스, 불화수소
② 질식성 – 일산화탄소, 황화수소
③ 발암성 – 콜타르, 피치
④ 중독성 – 포스겐

정답 38.④ 39.① 40.④ 41.④

실전모의고사

해설 ㉮ 질식성

㉠ 질소　㉡ 탄산가스　㉢ 메탄　㉣ 에탄　㉤ 프로판　㉥ 일산화탄소　㉦ 시안화합물(혈액과 상호작용)

㉯ 자극성

㉠ 암모니아　㉡ 아황산가스　㉢ 포름알데히드　㉣ 초산메틸　㉤ 셀렌화합물　㉥ 스틸렌　㉦ 염소　㉧ 포스겐　㉨ 이산화질소　㉩ 오존　㉪ 취소　㉫ 불소　㉬ 황산디메틸 등

㉰ 발암성

㉠ 타르　㉡ 비소 등

42 다음 중 공업용 용기의 몸체 도색으로 가스명과 도색명의 연결이 옳은 것은?

① 산소-청색　② 질소-백색
③ 수소-주황색　④ 아세틸렌-회색

해설 가스별 도색명

가스 종류	공업용	의료용
액화석유가스	회색	회색
아세틸렌	황색	회색
암모니아	백색	회색
액화염소	갈색	회색
질소	회색	흑색
산소	녹색	청색
수소	주황색	회색
아산화질소	회색	청색
헬륨	회색	갈색
에틸렌	회색	자색
사이클로프로판	회색	주황색
기타 가스	회색	회색

43 산업안전보건법령상 물질안전보건자료 작성 시 포함되어 있는 주요 작성항목이 아닌 것은? (단, 기타 참고사항 및 작성자가 필요에 의해 추가하는 세부 항목은 고려하지 않는다.)

① 법적 규제 현황
② 폐기 시 주의사항
③ 주요 구입 및 폐기처
④ 화학제품과 회사에 관한 정보

해설 물질안전보건자료 작성 시 포함되어 있는 주요 작성항목

㉠ 화학제품과 회사에 관한 정보
㉡ 유해성·위험성
㉢ 구성성분의 명칭 및 함유량
㉣ 응급조치 요령
㉤ 폭발·화재, 누출사고 시 대처방법
㉥ 취급 및 저장 방법
㉦ 노출방지 및 개인보호구
㉧ 물리화학적 특성
㉨ 안정성 및 반응성
㉩ 독성에 관한 정보
㉪ 환경에 미치는 영향
㉫ 폐기 시 주의사항
㉬ 운송에 필요한 정보
㉭ 법적 규제 현황

44 다음 중 혼합 또는 접촉 시 발화 또는 폭발의 위험이 가장 적은 것은?

① 니트로셀룰로오스와 알코올
② 나트륨과 알코올
③ 염소산칼륨과 유황
④ 황화인과 무기과산화물

정답 42.③ 43.③ 44.②

해설

구 분	제1류	제2류	제3류	제4류	제5류	제6류
제1류		×	×	×	×	○
제2류	×		×	○	○	×
제3류	×	×		○	×	×
제4류	×	○	○		○	×
제5류	×	○	×	○		×
제6류	○	×	×	×	×	

㉠ 니트로셀룰로오스(제5류)와 알코올(제4류) ⇒ 불가능
㉡ 나트륨(제3류)과 알코올(제4류) ⇒ 가능
㉢ 염소산칼륨(제1류)과 유황(제2류) ⇒ 불가능
㉣ 황화인(제2류)과 무기과산화물(제1류) ⇒ 불가능

45 다음 중 가연성 가스이며 독성 가스에 해당하는 것은?

① 수소 ② 프로판
③ 산소 ④ 일산화탄소

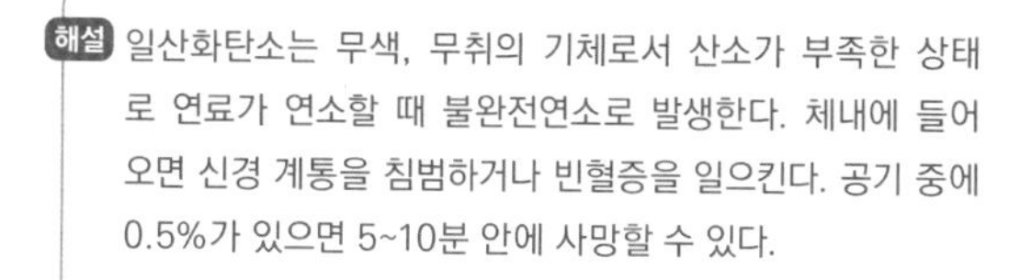
해설 일산화탄소는 무색, 무취의 기체로서 산소가 부족한 상태로 연료가 연소할 때 불완전연소로 발생한다. 체내에 들어오면 신경 계통을 침범하거나 빈혈증을 일으킨다. 공기 중에 0.5%가 있으면 5~10분 안에 사망할 수 있다.

46 다음 중 분진의 폭발위험성을 증대시키는 조건에 해당하는 것은?

① 분진의 발열량이 작을수록
② 분위기 중 산소 농도가 작을수록
③ 분진 내의 수분 농도가 작을수록
④ 표면적이 입자체적에 비교하여 작을수록

해설 ㉠ 발열량이 클수록, 휘발성분의 함유량이 많을수록, 휘발분이 11% 이상
㉡ 입도와 분포 : 표면적이 입자체적에 비해 커질수록, 평균 입자경이 작고, 밀도가 작을수록 폭발위험성이 크다.
㉢ 입자의 형성과 표면상태 : 입자표면이 공기에 대하여 활성이 있으면, 폭로시간이 길어질수록 폭발성이 낮아진다.
㉣ 수분은 부유성을 억제하고, 폭발성을 둔감하게 한다.
㉤ 분진의 양론조성농도보다 약간 높을 때, 유기성 분진이 최소폭발농도가 낮다.
㉥ 분진의 초기온도가 높을수록 폭발위험성이 크다.

47 가연성 가스 및 증기의 위험도에 따른 방폭전기기기의 분류로 폭발등급을 사용하는데, 이러한 폭발등급을 결정하는 것은?

① 발화도 ② 화염일주한계
③ 폭발한계 ④ 최소발화에너지

해설 ㉠ 안전간극(Safe gap) = MESG(최대안전틈새) = 화염일주한계
㉡ 폭발성 분위기가 형성된 표준용기의 틈새를 통해 폭발화염이 내부에서 외부로 전파되지 않는 최대틈새로 가스의 종류에 따라 다르며, 폭발성 가스분류와 내압방폭구조의 분류와 관련이 있다.

48 반응폭발에 영향을 미치는 요인 중 그 영향이 가장 적은 것은?

① 교반상태 ② 냉각시스템
③ 반응속도 ④ 반응생성물의 조성

해설 ㉮ 반응폭발에 영향을 미치는 요인
㉠ 교반상태
㉡ 냉각시스템
㉢ 온도
㉣ 압력
㉯ 분진의 폭발성에 영향을 주는 요인
㉠ 분진 입도 및 입도 분포
㉡ 입자의 형상과 표면상태
㉢ 분진의 부유성
㉣ 분진의 화학적 성질과 조성

정답 45.④ 46.③ 47.② 48.④

㉰ 분진폭발의 발생 영향인자(유사문제에 다른 답)
㉠ 폭발범위(한계)
㉡ 입도(입경)
㉢ 산소농도
㉣ 가연성 기체의 농도
㉤ 발화도

49 다음 중 용기의 한 개구부로 불활성가스를 주입하고 다른 개구부로부터 대기 또는 스크러버로 혼합가스를 용기에서 축출하는 퍼지방법은?

① 진공퍼지　　② 압력퍼지
③ 스위프퍼지　　④ 사이폰퍼지

해설 ㉮ 퍼지(Purge) : 연소되지 않은 가스가 공간에 차 있으면 점화 시 폭발우려가 있으므로 배출하기 위해 환기시키는 것
㉯ 스위프퍼지 방법
㉠ 용기의 한 개구부로부터 불활성가스를 가하고, 다른 개구부로 혼합가스를 배출시킨다.
㉡ 배출 유량은 유입 유량과 같은 양을 유지해야 한다.

50 다음 중 연소 및 폭발에 관한 용어의 설명으로 틀린 것은?

① 폭굉 : 폭발충격파가 미반응 매질 속으로 음속보다 큰 속도로 이동하는 폭발
② 연소점 : 액체 위에 증기가 일단 점화된 후 연소를 계속할 수 있는 최고 온도
③ 발화온도 : 가연성 혼합물이 주위로부터 충분한 에너지를 받아 스스로 점화할 수 있는 최저 온도
④ 인화점 : 액체의 경우 액체 표면에서 발생한 증기 농도가 공기 중에서 연소 하한농도가 될 수 있는 가장 낮은 액체 온도

해설 ㉠ 폭굉 : 화염의 전파속도가 가속되어 음속을 초과하는 경우 충격파가 발생하며, 초압의 40배 이상이나 되어 피해를 주는 범위가 넓다(속도 1,000 ~3,500m/s). 이러한 현상을 폭굉이라 하며 화염속도가 음속 이하인 경우와 구별
㉡ 연소점 : 인화점을 넘어서 가열을 더 계속하면 불꽃을 가까이 댔을 때 계속해서 연소하는 온도
㉢ 발화온도 : 가연성물질을 공기 또는 산소 중에서 가열했을 때, 스스로 발화하는 온도
㉣ 인화점 : 인화되는 최저 온도

51 다음의 물질을 폭발범위가 넓은 것부터 좁은 순서로 바르게 배열한 것은?

H_2, C_3H_8, CH_4, CO

① $CO > H_2 > C_3H_8 > CH_4$
② $H_2 > CO > CH_4 > C_3H_8$
③ $C_3H_8 > CO > CH_4 > H_2$
④ $CH_4 > H_2 > CO > C_3H_8$

해설 가연성 액체의 증기 또는 가연성가스가 공기 또는 산소와 적당한 비율로 혼합되어있을 때, 점화하면 폭발을 일으킨다. 폭발을 일으키는 적당한 혼합비율의 범위를 폭발범위 또는 연소범위라고 하며, 혼합가스에 대한 용량 %로 표시한다. 폭발범위 최저의 농도를 폭발하한계, 최고 농도를 폭발상한계라고 한다. 폭발범위의 특징은 다음과 같다.
㉠ 폭발범위는 하한계와 상한계로 구성
㉡ 하한계가 낮을수록 상한계가 높을수록 위험
㉢ 압력이 높아지면 상한계는 올라가고 하한계는 일정
㉣ 온도가 높아지면 상한계는 올라가고 하한계는 내려감.
㉤ 주요가스의 폭발범위

가연성 가스	하한계(%)	상한계(%)
아세틸렌	2.5	81
산화에틸렌	3	80
수소	4	75
이황화탄소	1.2	44
프로판	2.1	9.5
메탄	5	15
부탄	1.8	8.4
일산화탄소	12.5	74

정답 49.③ 50.② 51.②

52 분진폭발의 발생순서로 옳은 것은?

① 비산 → 분산 → 퇴적분진 → 발화원 → 2차폭발 → 전면폭발
② 비산 → 퇴적분진 → 분산 → 발화원 → 2차폭발 → 전면폭발
③ 퇴적분진 → 발화원 → 분산 → 비산 → 전면폭발 → 2차폭발
④ 퇴적분진 → 비산 → 분산 → 발화원 → 전면폭발 → 2차폭발

해설 ㉮ 분진폭발은 쉽게 연소하지 않는 금속, 플라스틱, 곡물 등의 가연성고체가 퇴적분진 형태로 공기 중에서 비산·분산 시 발화원의 존재에 의해 순간적 연소면적의 확대로 인하여 연쇄폭발하는 것을 말함.

㉯ 분진폭발의 특성
㉠ 연소속도와 폭발압력은 일반적인 가스폭발과 비교하여 작지만, 연소지속시간은 길고,발생에너지가 크기 때문에 파괴력이 큼.
㉡ 분진이 연소하면서 비산하기 때문에 작업자 등이 화상을 입기 쉬움.
㉢ 2차, 3차 폭발 발생
㉣ 가스연소와 비교하여 불완전 연소를 일으키기 쉬워 다량의 CO에 의해 가스중독/질식 발생

53 폭발하한계에 관한 설명으로 옳지 않은 것은?

① 폭발하한계에서 화염의 온도는 최저치로 된다.
② 폭발하한계에 있어서 산소는 연소하는데 과잉으로 존재한다.
③ 화염이 하향전파인 경우 일반적으로 온도가 상승함에 따라서 폭발하한계는 높아진다.
④ 폭발하한계는 혼합가스의 단위체적당의 발열량이 일정한 한계치에 도달하는 데 필요한 가연성 가스의 농도이다.

해설 ㉮ 가연성 가스와 공기(또는 산소)의 혼합물에서 가연성 가스의 농도가 낮을 때나 높을 때 화염의 전파가 일어나지 않는 농도가 있음. 낮은 경우 폭발하한계, 높은 경우 폭발상한계라 함.

㉯ 폭발한계에 영향을 주는 요소
㉠ 일반적으로 폭발범위는 온도상승에 의하여 넓어짐.
㉡ 압력이 상승되면 연소하한계는 약간 낮아지나 연소상한계는 크게 증가
㉢ 산소중에서 연소하한계는 공기중에서와 같고 연소상한계는 산소량이 증가할수록 크게 증가

54 프로판(C_3H_8)의 연소에 필요한 최소산소농도의 값은? (단, 프로판의 폭발하한은 Jones식에 의해 추산한다.)

① 8.1%v/v ② 11.1%v/v
③ 15.1%v/v ④ 20.1%v/v

해설 ㉠ 화학양론농도

$$C_{st} = \frac{100}{1 + 4.773\left(n + \frac{m - f - 2\lambda}{4}\right)}$$

$$= \frac{100}{1 + 4.773\left(3 + \frac{8}{4}\right)} = 4.02(\%)$$

여기서, n : 탄소
m : 수소
f : 할로겐원소
λ : 산소원자 수

㉡ 폭발하한계(Jones식)
폭발하한계 = $0.55 \times C_{st}$
$= 0.55 \times 4.02 = 2.2(\%)$

㉢ 최소산소농도
(최소산소농도)MOC농도

$$= \text{폭발하한계} \times \frac{\text{산소의 몰수}}{\text{연료의 몰수}}$$

$$\text{프로판의 최소산소농도} = 2.2 \times \frac{5}{1}$$
$= 11$ Vol(%)

정답 52.④ 53.③ 54.②

실전모의고사

55 다음 중 불활성 가스 첨가에 의한 폭발방지대책의 설명으로 가장 적절하지 않은 것은?

① 가연성 혼합가스에 불활성 가스를 첨가하면 가연성 가스의 농도가 폭발하한계 이하로 되어 폭발이 일어나지 않는다.
② 가연성 혼합가스에 불활성 가스를 첨가하면 산소농도가 폭발한계 산소농도 이하로 되어 폭발을 예방할 수 있다.
③ 폭발한계 산소농도는 폭발성을 유지하기 위한 최소의 산소농도로서 일반적으로 3성분 중의 산소농도로 나타낸다.
④ 불활성 가스 첨가의 효과는 물질에 따라 차이가 발생하는데 이는 비열의 차이 때문이다.

해설 불활성 가스를 첨가했을 때 산소농도를 감소시켜 폭발을 방지한다.

56 반응기를 조작 방법에 따라 분류할 때 반응기의 한쪽에서는 원료를 계속적으로 유입하는 동시에 다른쪽에서는 반응생성 물질을 유출시키는 형식의 반응기를 무엇이라 하는가?

① 관형 반응기
② 연속식 반응기
③ 회분식 반응기
④ 교반조형 반응기

해설 반응기 : 석유화학공업이나 메탄올, 암모니아의 합성화학 공업 등의 촉매화학반응용에 사용되는 것을 말한다.
㉮ 조작방법에 의한 분류
㉠ 균일상 반응기
㉡ 반회분식 반응기
㉢ 연속식 반응기
㉯ 구조방식에 의한 분류
㉠ 관형반응기
㉡ 탑형반응기
㉢ 교반조형반응기
㉣ 유동층형반응기
㉰ 회분조작 : 원료를 한번 넣고 계속 반응하는 방식
㉱ 연속조 : 계속해서 원료를 넣고 제품을 꺼내는 방식
㉲ 반회분조작 : 반응이 진행됨에 따라 다른 원료를 첨가하는 방식

57 다음 중 열교환기의 보수에 있어서 일상점검 항목으로 볼 수 없는 것은?

① 보온재 및 보냉재의 파손 상황
② 부식의 형태 및 정도
③ 도장의 노후 상황
④ 플랜지(Flange)부 등의 외부 누출 여부

해설 일상점검 항목
㉠ 보온재 및 보냉재의 파손 상황
㉡ 도장의 노후 상황
㉢ 플랜지부 등의 외부 누출 여부
㉣ 기초에 파손 여부
㉤ 기초 볼트의 헐거움 여부

58 각 물질의 폭발상한계와 하한계가 다음 [표]와 같을 때, 다음 중 위험도가 가장 큰 물질은?

구 분	프로판	부탄	메탄	아세톤
폭발상한계	9.5	8.4	15.0	13
폭발하한계	2.5	1.8	5.0	2.6

① 프로판　② 부탄
③ 메탄　④ 아세톤

정답 55.① 56.② 57.② 58.④

해설 위험도

㉠ 폭발하한계 값과 폭발상한계 값의 차이를 폭발하한계 값으로 나눈 것
㉡ 기체의 폭발 위험수준을 나타낸다.
㉢ 일반적으로 위험도 값이 큰 가스는 폭발상한계 값과 폭발하한계 값의 차이가 크며, 위험도가 클수록 공기 중에서 폭발위험이 크다.

① 프로판 위험도 $= \frac{U-L}{L} = \frac{9.5-2.1}{2.1} = 3.52$

② 부탄위험도 $= \frac{U-L}{L} = \frac{8.4-1.8}{1.8} = 3.67$

③ 메탄 위험도 $= \frac{U-L}{L} = \frac{15-5}{5} = 2$

④ 아세톤 위험도 $= \frac{U-L}{L} = \frac{13-2.6}{2.6} = 4$

여기서, H : 위험도
L : 폭발하한계값(%)
U : 폭발상한계값(%)

59 다음 중 고체연소의 종류에 해당하지 않는 것은?

① 표면연소 ② 증발연소
③ 분해연소 ④ 혼합연소

해설 ㉮ 기체의 연소 : 확산연소(수소, 아세틸렌, 메탄 등)
㉯ 액체의 연소 : 증발연소(알코올, 등유, 경유 등)
㉰ 고체의 연소
㉠ 분해연소 : 종이, 목재, 석탄 등
㉡ 자기연소 : 질산에스테르류, 니트로화합물, 셀룰로이드류 등
㉢ 증발연소 : 황, 나프탈렌, 파라핀 등
㉣ 표면연소 : 목탄, 코크스, 알루미늄분말 등

60 다음 중 가스연소의 지배적인 특성으로 가장 적합한 것은?

① 증발연소 ② 표면연소
③ 액면연소 ④ 확산연소

해설 ㉠ 증발연소(액면연소) : 액체연료(휘발유, 등유, 알코올 등)가 기화하여 증기가 되어 연소
㉡ 표면연소 : 고체연료(목탄, 코크스, 석탄 등)가 고온이 되면 고체표면이 빨갛게 빛을 내면서 연소
㉢ 확산연소 : 기체연료(프로판 가스, LPG 등)가 공기의 확산에 의하여 반응하는 연소

제4과목 연구실 기계·물리 안전관리

61 기계의 위험점 분류 중에서 접선 물림점 형성에 해당되지 않는 것은?

① V–벨트와 풀리
② 랙과 피니언
③ 롤러와 롤러의 물림
④ 체인벨트

해설 접선 물림점은 회전하는 부분의 접선방향으로 물려 들어갈 위험이 있는 위험점이며, 롤러와 롤러의 물림은 물림점으로 혼동하기 쉽다.

62 기계의 안전조건 중 외관상 안전화에 거리가 먼 것은?

① 기계 외형 부분 및 회전체 돌기 부분에 가드 설치
② 원동기 및 동력전도장치를 구획된 장소에 격리
③ 기계 장비 및 부수되는 배관에 안전색채 사용
④ 기계의 안전기능을 기계에 내장

정답 59.④ 60.④ 61.③ 62.④

해설 기계의 안전기능을 기계에 내장하는 것은 외관상 안전화는 거리가 멀다. 또한 안전색채 조절도 매우 중요하다.

시동스위치	녹색	고열을 내는 기계	청녹색,회청색
급정지스위치	적색	증기배관	암적색
기름배관	암황적색	대형기계	밝은연녹색
물배관	청색	가스배관	황색
공기배관	백색		

63 기능적 안전화 중 적극적 대책과 거리가 먼 것은?

① 이상 시 기계를 급정지
② 페일 세이프(Fail safe)화
③ 별도의 완전한 회로에 의해 정상기능을 찾을 수 있도록 함
④ 회로를 개선하여 오동작 방지

해설 기능적 안전화는 소극적 대책과 적극적 대책으로 구분한다. 소극적 대책은 이상 시 기계를 급정지하는 것과 방호장치 작동이 있다.

64 다음 중 기계 설계 시 사용되는 안전율(안전계수)을 나타내는 식으로 틀린 것은?

① 최대하중(파괴하중)/최대사용하중
② 허용하중/기초강도
③ 파단하중/안전하중
④ 극한강도/최대설계응력

해설 안전율(안전계수) = 기초강도/허용응력
= 극한강도/허용응력
= 최대응력/허용응력
= 절단하중(파괴하중)/최대사용하중
= 극한강도/최대설계응력
= 파단하중/안전하중
= 인장강도/허용하중

65 다음 중 자동화설비를 사용하고자 할 때 기능의 안전화를 위하여 검토할 사항과 가장 거리가 먼 것은?

① 밸브계통의 고장 시 오동작
② 사용압력 변동 시의 오동작
③ 부품변형에 의한 오동작
④ 전압강하 및 정전에 따른 오동작

해설 기능의 안전화를 위하여 검토할 사항
㉠ 밸브계통의 고장
㉡ 사용압력 변동
㉢ 전압강하 및 정전 등에 의한 오동작
㉣ 단락 또는 스위치 고장 시의 오동작

66 다음 중 스패너의 방호조치와 안전대책으로 적당하지 않은 것은?

① 스패너가 미끄러지지 않도록 올바르게 조를 정확히 물고 조임
② 스패너를 조정 조를 뒤로 향하게 하고 스패너를 돌려서 압력이 영구턱과 반대가 되게 사용
③ 스패너를 사용한 볼트 조임 시 볼트 크기에 맞게 조절한 후 작업
④ 맞게 사용하기 위해 홈에 쐐기를 넣지 않고 작업

해설 스패너를 조정 조를 앞으로 하고 스패너를 돌려서 압력이 영구턱과 반대가 되게 사용해야 한다.

정답 63.① 64.② 65.③ 66.② 67.①

67 다음 중 드릴날을 회전시켜 구멍을 뚫는 가공 기계인 드릴링 머신을 사용하는 작업 시 공작물을 고정하는 방법으로 가정 적절하지 않은 것은?

① 대량생산과 정밀도를 요구할 때는 플라이어로 고정한다.
② 공작물이 크고 복잡할 때는 볼트와 고정구로 고정한다.
③ 작은 공작물은 바이스로 고정한다.
④ 작고 길쭉한 공작물은 바이스로 고정한다.

해설 대량생산과 정밀도를 요구하는 공작물은 바이스로 고정하는게 옳다.

68 다음 중 CNC 밀링머신의 유해 위험요인과 거리가 먼 것은?

① 안전문을 연 상태에서 작업을 진행한다.
② 치수 확인, 청소 시 기계를 정지시키고 한다.
③ 작업 전 절삭공구 상태를 확인한다.
④ 작업 중 자리를 이탈할 때는 전원을 차단하고 안전표지판을 게시한다.

해설 CNC 밀링머신의 안전문을 연 상태에서 작업 시 공작물을 확인하는 과정에서 공작물에 부딪히거나 튕겨져 나와 다칠 위험이 있다.

69 다음 중 연삭숫돌의 파괴원인과 가장 거리가 먼 것은?

① 플랜지가 현저히 작을 때
② 내·외면의 플랜지 지름이 동일할 때
③ 숫돌의 측면을 사용할 때
④ 회전력이 결합력보다 클 때

해설 그 외 연삭숫돌의 파괴원인
㉠ 숫돌의 회전속도가 적정속도를 초과할 때
㉡ 숫돌 반경 방향의 온도변화가 심할 때
㉢ 숫돌의 치수가 부적당할 때
㉣ 작업에 부적당한 숫돌을 사용할 때
㉤ 숫돌의 불균형이나 베어링 마모에 의한 진동이 있을 때
㉥ 외부의 충격을 받았을 때 등

70 산업안전보건법상 프레스 등을 사용하여 작업할 때에는 작업시작 전 점검을 실시하여야 한다. 다음 중 작업시작 점검사항이 아닌 것은?

① 크랭크축, 플라이휠, 슬라이드, 연결봉 및 연결나사의 돌림 여부
② 하역장치 및 유압장치 기능
③ 슬라이드 또는 칼날에 의한 위험방지기구의 기능
④ 방호장치의 기능

해설 프레스 등을 사용하여 작업을 할 때의 작업시작 전 점검사항은 그 외에도 클러치 및 브레이크의 기능, 1행정 1정지기구, 급정지장치 및 비상정지장치의 기능, 프레스의 금형 및 고정볼트 상태 등이 있다.

71 다음 중 원심기의 방호장치로 가장 적합한 것은?

① 반발방지장치 ② 덮개
③ 과부하방지장치 ④ 가드

해설 원심기의 방호장치로 덮개가 가장 적합하다.

정답 68.① 69.② 70.② 71.②

72 다음 중 산업용 로봇과 관련한 방호조치 및 방호장치와 관련이 없는 것은?

① 높이 1.8m 이상의 방책
② 안전매트
③ 광전자식 센서(감응식)
④ 수인식

해설 수인식 방호장치는 프레스 방호장치이다.

73 다음 중 산업안전보건법상 공기압축기의 작업 시작 전 점검사항이 아닌 것은?

① 드레인밸브의 조작 및 배수
② 회전부의 덮개 또는 울
③ 공기저장 압력용기의 외관상태
④ 릴리프밸브의 기능

해설 이 외에도 언로드밸브의 기능과 그 밖의 연결부위 이상 유무 등이 있다

74 다음 중 안전검사 대상에 속하지 않는 것은?

① 사출성형기 ② 롤러기
③ 원심기 ④ 분쇄기

해설 분쇄기는 안전검사 대상 유해위험기계기구에 속하지 않는다.

75 재료에 대한 시험 중 비파괴시험이 아닌 것은?

① 피로검사
② 초음파탐상검사
③ 방사선투과시험
④ 육안검사

해설 피로검사는 파괴시험의 하나이다. 비파괴사험은 그 외에 침투검사, 와류탐상검사, 음향검사, 자분탐상검사 등이 있다.

76 진동작업 중 국소진동 대책과 관련이 적은 것은?

① 전동공구의 무게를 10kg 이상 초과하지 않도록 관리
② 수용자의 격리
③ 적절한 휴식
④ 방진 수공구 사용

해설 수용자의 격리는 전신진동의 안전대책에 속한다.

77 다음 중 가장 적극적인 소음 방지대책은?

① 적절한 배치 ② 소음원의 격리
③ 소음원의 통제 ④ 소음원의 제거

해설 가장 적극적인 소음방지대책은 소음원 자체를 제거하는 것이다.

78 다음 중 레이저 사용에 따른 안전대책과 거리가 먼 것은?

① 레이저를 사용하는 출입구에 레이저 사용 관련 안전표지판을 게시한다.
② 레이저 장비가 가동, 작동 중에 적절한 안전조치 없이 자리를 이탈해서는 안 된다.
③ 레이저 장비 담당자에 한하여 정기점검을 실시하면 된다.
④ 레이저 장비를 사용, 취급할 수 있는 자를 배치하고 교육을 실시하여야 한다.

정답 72.④ 73.④ 74.④ 75.① 76.② 77.④ 78.③

해설 레이저 장비 담당자는 물론 연구실관리책임자는 적절한 성능 유지를 위해 정기점검 등을 실시하여야 한다.

79 다음 중 방사선 안전관리수칙과 거리가 먼 것은?

① 반드시 방사성동위원소 사용시설로 허가된 곳에서만 사용한다.
② 방사선조사기 등 설비의 이상이나 고장, 오염 등의 사고 시 방사선위험구역을 설정하고 자체 처리한다.
③ 방사선관리구역(10μSv/hr)을 설정하여 작업장 출입을 관리하여야 한다.
④ 방사선관리구역에서는 방사선물질을 이용한 모의실험을 통해 실험 절차 숙달 및 피폭시간을 단축한다.

해설 방사선조사기 등 설비의 이상이나 고장, 오염 등의 사고 시 즉시 안전관리자에게 연락하고 지시에 따라야 하며, 가능하다면 오염이나 사고의 확대방지를 위한 조치를 취해야 한다.

80 다음 중 방사선 종사자 3대 준수사항 중 외부피폭 방호원칙이 아닌 것은?

① 희석 ② 차폐
③ 거리 ④ 시간

해설 희석은 방사선 종사자 3대 준수사항 중 내부피폭 방호원칙인 격리, 희석, 차단 중 하나이다.

제5과목 연구실 생물 안전관리

81 다음 중 생물안전에 대해 설명이 잘못된 것은?

① 실험실에서 잠재적으로 인체위해 가능성이 있는 생물체 또는 생물재해로부터 실험자 및 국민의 건강을 보호하기 위한 지식과 기술, 그리고 장비 및 시설을 적절히 사용하도록 하는 포괄적 조치를 말한다.
② 운영적 요소, 물리적 요소로 구성되며, 이러한 요소로부터 위해요소를 분석하여 안전 조처 후 실험할 수 있도록 한다.
③ 실험자의 행위에 대한 안전조치 등을 마련하는 운영적 요소가 있다.
④ 물리적 요소는 안전을 위해 설치되는 시설만 포함한다.

해설 물리적 요소는 안전을 위해 설치되는 시설, 설비까지 포함한다.

82 다음 중 생물물질을 이용한 실험의 위해성평가 요소로 옳지 않은 것은?

① 숙주 및 공여체의 독소생산성 및 알레르기 유발성
② 병원체의 배양 농도는 중요하나 배양 양은 중요하지 않다.
③ 실험과정 중 발생 가능한 감염경로 및 감염량
④ 인정 숙주 벡터계의 사용 여부

해설 배양 규모 및 농도 모두 위해성평가에 중요 요소이다. 특히 10리터 이상 배양 시 대량배양으로 시설기준 및 운영기준이 바뀔 수 있다.

정답 79.② 80.① 81.④ 82.②

83 다음 중 생물안전책임자의 역할으로 옳지 않은 것은?

① 생물안전에 관한 국내외 정보수집 및 제공에 관한 사항
② 기관 내 생물안전 준수사항 이행 감독 실무에 관한 사항
③ 기관 내 생물안전 교육 훈련 이행에 관한 사항
④ 실험실 생물안전사고 발생 시 사고 처리 및 보험에 관한 사항

해설 생물안전 책임자는 실험실 생물안전사고 조사 및 보고에 관한 사항을 담당한다. 사고 처리나 보험을 지원할 수 있으나 법정 필수 역할은 아니다.

84 다음 중 생물보안 위해로 올바르지 않은 것은?

① 감염성 병원체와 독소를 생물테러 등 악의적인 목적으로 사용
② 독소의 분실 및 도난
③ 의도적으로 동료를 감염성 병원체나 독소에 노출시킴
④ 감염성 병원체 취급 시 연구자의 부주의로 인한 감염

해설 생물보안은 밀폐 원리, 기술 및 병원체와 독소에 대한 비의도적 노출, 또는 이것들의 우연한 유출을 막기 위해 이행해야 하는 조치인 생물안전과는 다르다.

85 다음 중 생물위해를 심의 평가하는 기관생물안전위원회에 대한 설명으로 옳지 않은 것은?

① 제2위험군 이상의 생물체를 숙주-벡터계 또는 DNA 공여체로 이용하는 실험
② 대량배양을 포함하는 실험
③ 단백성 독소는 살아있는 생물체가 아니므로 기관생물안전위원회 심의 대상이 아니다.
④ 국민보건상 국가관리가 필요한 병원성미생물의 유전자를 직접 이용하거나, 해당 병원성미생물의 유전자를 합성하여 이용하는 경우의 기관심의

해설 척추동물에 대하여 몸무게 1kg당 50% 치사독소량(LD_{50})이 0.1㎍ 이상 100㎍ 이하인 단백성 독소를 생산할 수 있는 유전자를 이용하는 실험은 기관승인대상이다.

86 다음 중 기관생물안전위원회의 구성에 대한 설명으로 옳지 않은 것은?

① 기관생물안전위원회 구성은 위원장을 포함하여 최소 5인 이상으로 구성해야 한다.
② 기관생물안전위원회 구성은 외부위원 1인 이상 포함되어야 한다.
③ 기관생물안전위원회 구성은 생물안전관리책임자를 포함하여야 한다.
④ 기관생물안전위원회 구성은 시설운영책임자가 포함되어야 한다.

해설 시설운영책임자는 기관생물안전위원회의 필수 구성요소가 아니다.

정답 83.④ 84.④ 85.③ 86.④

87 유전자변형생물체의 개발실험 중 국가 승인 면제 대상에 대한 설명으로 옳은 것은?

① 자연적으로 발생하지 아니하는 방식으로 미생물에 약제내성유전자를 의도적으로 전달하는 경우이나, 인정 숙주 벡터계를 이용하여 개발한 유전자변형미생물은 국가승인 면제이다.

② 국가승인 면제 대상의 유전자변행생물체의 경우 수입 시에 수입허가나 신고를 별도로 받을 필요가 없다.

③ 상용·시판되는 유전자변형 동·식물 세포주를 이용하는 경우에도 LMO 수입 및 개발 실험은 질병관리청의 승인을 받아야 한다.

④ 척추동물에 대하여 몸무게 1kg당 50% 치사독소량이 0.1㎍ 이상 100㎍ 이하인 단백성 독소를 생산할 능력을 가지는 유전자를 이용하는 경우 기관승인만 받으면 된다.

해설 ㉠ 자연적으로 발생하지 아니하는 방식으로 미생물에 약제내성유전자를 의도적으로 전달하는 경우이나, 아래의 항생제와 인정 숙주 벡터계를 이용하여 개발한 유전자변형미생물은 국가승인 면제이다.

- 다음의 경우 승인 제외 : Ampicillin, Chloramphenicol, Hygromycin, Kanamycin, Streptomycin, Tetracycline, Puromycin, Zeocin 내성유전자로 인정 숙주-벡터계를 이용하여 개발한 유전자변형미생물

㉡ 국가승인 면제 대상의 유전자변행생물체의 경우 수입 시에 수입허가는 면제이나, 과학기술정보통신부에 수입신고 대상이다.

㉢ 상용·시판되는 유전자변형 동·식물 세포주를 이용하는 경우에도 LMO 수입 및 개발실험은 질병관리청의 승인 면제 대상이다.

㉣ 척추동물에 대하여 몸무게 1kg당 50% 치사독소량이 100ng 미만인 단백성 독소를 생산할 능력을 가지는 유전자를 이용하는 경우 국가승인 대상이다.

88 다음 중 시험·연구용 유전자변형생물체의 안전관리 사항으로 바르지 않은 것은?

① 유전자변형생물체를 개발하거나 실험하기 위해서는 법으로 정해진 안전관리등급별 시설기준을 갖추고, 관련 중앙행정기관의 장에게 연구시설을 신고하거나 허가를 받아야 한다.

② 시험·연구용 유전자변형생물체를 취급하는 생물안전 1·2등급 연구시설은 과학기술정보통신부장관에게 신고를 해야 한다.

③ 시험·연구용으로 사용하기 위해서 국외 연구자로부터 무상으로 증여받는 유전자변형생물체는 수입 신고 제외대상에 해당된다.

④ 인체 위해성이 높은 시험 연구용 유전자변형생물체는 질병청장의 수입 승인을 받아야 한다.

해설 국외 연구자로부터 무상으로 증여를 받아 국내로 들여오는 시험·연구용 유전자변형생물체도 수입 신고를 해야 한다.

89 다음 중 고위험병원체의 안전관리에 관한 설명으로 옳은 것은?

① 고위험병원체를 검사, 보존, 관리 및 이동하려는 자는 그 검사, 보존, 관리 및 이동에 필요한 고위험병원체 취급시설을 설치·운영한다.

② 고위험병원체를 이용하려는 자가 LMO 시설로 신고 또는 허가받은 시설을 보유할 경우 별도의 신고 또는 허가가 필요하지 않다.

③ 고위험병원체는 3등급 시설에서만 사용이 가능하다.

④ 고위험병원체 시설을 보유하지 않은 경우 고위험병원체를 분양받을 수 없다.

정답 87.④ 88.③ 89.①

해설 ㉠ LMO 시설과는 별도로 질병관리청장에 고위험병원체의 위해 등급에 따라 1·2등급은 신고, 3·4등급은 허가를 받아야 한다.
㉡ 고위험병원체는 2등급 병원체도 있으므로 1·2등급 시설도 신고가 가능하다.
㉢ 2021년 10월 19일 개정된 제23조제1항에 따른 고위험병원체 취급시설을 설치·운영하거나 고위험병원체 취급시설을 설치·운영하고 있는 자와 고위험병원체 취급시설을 사용하는 계약을 체결할 것이 신설되어, 시설을 보유하지 않더라도 사용 계약을 체결한 경우 고위험병원체를 분양받을 수 있다.

90 고위험병원체 안전관리 사항 중 국가 안전점검사항으로 옳지 않은 것은?

① 고위험병원체 취급기관은 병원체 취급시설 및 보존장소 등에 출입하여 실시하는 안전점검은 사고 등 특별한 상황 발생 시에만 응할 수 있다.
② 고위험병원체 취득으로 신규 취급기관이 신고된 경우 안전점검을 받아야 한다.
③ 고위험병원체에 의한 실험실 획득 감염이 발생한 경우
④ 국가적으로 생물안전과 생물보안 강화 필요 사항이 발생한 경우

해설 고위험병원체 취급기관은 법 제23조제2항에 따라 병원체 취급시설 및 보존장소 등에 출입하여 실시하는 안전점검에 정당한 사유가 없는 한 이에 응하여야 한다.

91 다음 중 의료폐기물에 대한 설명으로 옳지 않은 것은?

① 의료폐기물은 크게 격리, 위해 및 일반 의료폐기물 3가지로 구분한다.
② 격리의료폐기물 : 「감염병의 예방 및 관리에 관한 법률」 제2조제1항에 따른 감염병으로부터 타인을 보호하기 위하여 격리된 사람에 대한 의료행위에서 발생한 일체의 폐기물을 말한다.
③ 조직물류폐기물 : 인체 또는 동물의 조직·장기·기관·신체의 일부, 동물의 사체, 혈액·고름 및 혈액생성물(혈청, 혈장, 혈액제제) 등으로 격리의료폐기물이다.
④ 병리계폐기물 : 시험·검사 등에 사용된 배양액, 배양용기, 보관균주, 폐시험관, 슬라이드, 커버글라스, 폐배지, 폐장갑 등으로 위해의료폐기물이다.

해설 조직물류폐기물 : 인체 또는 동물의 조직·장기·기관·신체의 일부, 동물의 사체, 혈액·고름 및 혈액생성물(혈청, 혈장, 혈액제제) 등으로 위해의료폐기물이다.

92 다음 중 생물연구용 의료폐기물 처리에 대한 설명으로 옳지 않은 것은?

① 의료폐기물은 발생한 때부터 정해진 한 종류의 전용용기에 넣어 보관한다.
② 사용 중인 모든 전용용기에 반드시 뚜껑을 장착하여 항상 닫아주며, 주기적으로 소독하여 사용한다.
③ 의료폐기물은 보관기관을 초과하여 보관하지 않는다.
④ 감염위험이 있는 폐기물은 고압멸균 등 적절한 방법으로 불활화시킨 후 배출한다.

해설 의료폐기물은 발생한 때부터 종류별로 구분하여 전용용기에 넣어 보관한다.

정답 90.① 91.③ 92.①

93 다음 중 시험 연구기관 내에서 발생하는 생물체 관련 폐기물을 처리하는 방법으로 옳지 않은 것은?

① 시험 연구기관 내에서 발생하는 생물체 관련 폐기물은 폐기물관리법에서 정한 의료폐기물의 기준 및 방법을 기본으로 특성에 맞게 분류 폐기한다.

② 생물연구시설에서 사용 물질이 유전자변형생물체인 경우 유전자변형생물체의 국가간 이동 등에 관한 법률에 따라 에어로졸 형성을 제한하기 위한 덮개 설치를 해야 하며, 활성 제거에 대한 조항이 추가된다.

③ 의료폐기물이란 보건·의료기관, 동물병원, 시험·검사기관 등에서 배출되는 폐기물 중 인체에 감염 등 위해를 줄 우려가 있는 폐기물과 인체 조직 등 적출물, 실험동물의 사체 등, 보건·환경보호상 특별한 관리가 필요하다고 인정되는 폐기물로서 대통령령으로 정하는 폐기물을 말한다.

④ 실험실에서 발생하는 폐기물은 지정폐기물에 해당하며, 그 중 감염성물질과 접촉·혼합되는 폐기물 등 실험에 사용되는 폐기물은 부식성 폐기물로 구분할 수 있다.

해설 실험실에서 발생하는 폐기물은 지정폐기물에 해당하며, 그 중 감염성물질과 접촉·혼합되는 폐기물 등 실험에 사용되는 폐기물은 의료폐기물로 구분할 수 있다.

94 다음 중 소독제에 대한 설명으로 옳지 않은 것은?

① 세균 아포가 가장 강력한 내성을 보인다.

② 결핵균이나 세균의 아포는 높은 수준의 소독제에 장시간 노출되어야 사멸이 가능하다.

③ 코로나19 바이러스, HIV, MERS 같은 지질 바이러스 등은 높은 수준의 소독제에 장시간 노출해야 소독이 가능하다.

④ 영양형 세균, 진균 등은 낮은 수준의 소독제에도 쉽게 사멸된다.

해설 영양형 세균, 진균, 지질 바이러스 등은 낮은 수준의 소독제에도 쉽게 사멸된다.

95 다음 중 멸균에 관한 설명으로 옳지 않은 것은?

① 과산화수소 가스플라즈마 멸균법의 경우, 환경 및 인체 위험성이 낮으나, 잔류 독성 문제가 있어 많이 사용되지 않는다.

② 멸균은 모든 형태의 생물, 특히 미생물을 파괴, 제거하는 물리화학적 행위를 말한다.

③ 유기물의 양, 표면 윤곽, 물의 경도 등은 멸균 효과에 영향을 미치는 요소이다.

④ 멸균 시 멸균제 침투 가능 및 미생물 저항성 있는 소재를 사용하여 멸균 물품을 포장한다.

해설 과산화수소 가스플라즈마 멸균법의 경우, 환경 및 인체 위험성이 높다.

정답 93.④ 94.③ 95.①

96 다음 중 실험구역 내에서 감염성 물질 등이 유출된 경우의 조처로 옳지 않은 것은?

① 사고 발생 직후 종이타월이나 소독제가 포함된 흡수물질 등으로 유출물을 조심스럽게 천천히 덮어 에어로졸 발생 및 유출 부위가 확산되는 것을 방지한다.

② 사고현장을 처리하는 자는 에어로졸이 발생하여 확산될 수 있으므로, 가라앉을 때까지 그대로 20~30분 정도 방치한 후 일회용 보호구(장갑, 가운, 안면보호구)를 착용하고 사고구역으로 들어간다.

③ 핀셋을 사용하여 깨진 유리조각, 주사기 바늘 등을 집고, 손상성 의료폐기물 전용 용기에 넣는다.

④ 유출물 처리가 끝난 후 작업에 사용했던 모든 기구를 의료폐기물 전용용기에 넣은 다음 즉시 폐기하고, 개인보호구는 일반폐기물로 폐기한다.

해설 유출물 처리가 끝난 후 작업에 사용했던 모든 기구를 의료폐기물 전용용기에 넣은 다음, 착용한 보호구도 의료폐기물 전용용기에 담아 멸균 처리한다.

97 생물안전사고 중에 비율이 높은 주사바늘 찔림 사고는 감염물질 사고 시 획득 감염으로 이어지는 중대사고가 될 수 있다. 이에 주사바늘 등의 날카로운 물질을 다루는 안전한 방법으로 옳지 않은 것은?

① 사용한 주사기의 뚜껑은 다시 닫지 않으며 주사바늘은 구부리지 않는다.

② 주사바늘이 붙어 있는 주사기를 사용할 때는 뚜껑을 다시 닫지 않고 바로 지정된 폐기 용기에 버리도록 한다.

③ 동료가 다치지 않도록 바늘 끝이 사용자의 몸쪽을 향하게 하여 사용한다.

④ 폐기 용기는 날카로운 물질이 사용되는 모든 곳에 비치하도록 한다.

해설 주사바늘 끝이 사용자의 몸쪽을 향하지 않게 한다.

98 유전자변형 동물을 이용한 실험을 진행하려고 한다. 다음 중 옳지 않은 것은?

① 유전자변형동물이 태어난 지 48시간 내에 식별가능토록 표시

② 배양물 조직 체액 등 오염 폐기물 또는 잠재적 감염성 물질은 반드시 뚜껑이 있는 밀폐 용기에 보관

③ 일회용 또는 일체형 주사기 사용(사용 후 전용 분리 용기에 넣어 멸균 후 폐기), 생물학적 활성을 제거하여 폐기

④ 동물사육실과 동물실험 공간(외과, 해부 실험 수행 등)의 분리

해설 유전자변형동물이 태어난지 72시간 내에 식별가능토록 표시한다.

99 생물실험 중 액체질소 탱크를 열기 위해 개인보호구를 착용하였다. 다음 중 옳지 않은 것은?

① 액화질소나 드라이아이스 등의 극저온물질을 다룰 때 냉동화상이나 동상을 방지하기 위해 초저온 보호장갑을 사용한다.

② 초저온 보호장갑은 물이 스며들지 않게 방수처리가 되어 있어야 한다.

③ 초저온 보호장갑 절연성이 있어야 한다.

④ 초저온 보호장갑은 벗고 끼기 좋게 헐렁하고 손목까지 오는 것으로 고른다.

정답 96.④ 97.③ 98.① 99.④

해설 장갑은 물이 스며들지 않게 방수처리가 되어있어야 하고, 헐렁하고 절연성이 있어야 하며, 손뿐만 아니라 팔도 보호할 수 있을 정도의 긴 장갑을 착용한다.

100 생물실험에 많이 사용하는 장비로 원심분리기에 대해 감염성물질을 사용할 경우 안전한 사용 방법으로 옳지 않은 것은?

① 반드시 버켓에 뚜껑이 있는 장비를 사용하며, 사용한 후에는 로터, 버켓 및 원심분리기 내부를 알코올 솜 등을 사용하여 오염을 제거하는 등 청소한다.
② 감염성물질을 원심분리하는 동안 에어로졸 발생이 우려될 경우 생물안전작업대 안에서 실시하여야 한다.
③ 원심분리가 끝난 후에는 생물안전작업대를 최소 10분간 가동시키며, 완료 후 생물안전작업대 내부를 소독하여야 한다.
④ 버켓에 시료를 넣을 때와 꺼낼 때에는 오염을 방지하기 위해 생물안전작업대 밖에서 수행한다.

해설 버켓에 시료를 넣을 때와 꺼낼 때에는 반드시 생물안전작업대 안에서 수행한다.

제6과목 연구실 전기·소방 안전관리

101 상용주파수 60Hz 교류에서 성인 남자의 경우 고통한계전류(mA)로 가장 알맞은 것은?

① 15~20mA ② 10~15mA
③ 7~8mA ④ 1mA

해설 고통한계전류 : 7~8mA

102 다음 중 전격의 위험을 가장 잘 설명하고 있는 것은?

① 통전전류가 크고, 주파수가 높고, 장시간 흐를수록 위험하다.
② 통전전압이 높고, 주파수가 높고, 인체저항이 낮을수록 위험하다.
③ 통전전류가 크고, 장시간 흐르고 인체의 주요한 부분을 흐를수록 위험하다.
④ 통전전압이 높고 인체저항이 높고, 인체의 주요한 부분을 흐를수록 위험하다.

해설 통전전류가 크고, 장시간 흐르고, 인체의 주요한 부분(심장, 뇌 등)을 흐르는 경우 치명적이다.

103 2차적 감전의 위험요소를 설명한 것 중 틀린 것은?

① 인체에 전류를 흘렸을 때 보통 전압이 45V이고 저항이 1500Ω 이하일 때, 안전전류는 30mA이며, 인체에 흐르는 전류의 양에 따라 위험성이 결정된다.
② 전압이 동일한 경우에는 교류(50~60Hz)가 직류보다 더 위험하다.
③ 마비한계전류치에 이르면 신체 각부의 근육이 수축현상을 일으켜 스스로 헤어날 수 없다. 가능하다면 오른손으로 작업하는 것이 효과적이다.
④ 교류일 때는 주파수와 파형에 따라서 위험성이 다르며, 100~150Hz가 가장 위험하다.

해설 교류일 때는 주파수와 파형에 따라서 위험성이 다르며, 50~60Hz가 가장 위험하다.

정답 100.④ 101.③ 102.③ 103.④

104 다음 중 전력기기에 대한 언급으로 설명이 옳지 않은 것은?

① 컨버터란 신호 또는 에너지의 모양을 바꾸는 장비를 통칭한다.
② 직류를 교류로 변환하는 장비는 인버터이다.
③ 교류를 직류로 바꾸는 것은 정류기(Rectifier)이다.
④ UPS는 배터리의 다른 명칭이다.

해설 UPS(Uninterruptible power supply)는 무정전 전원공급설비(정류기, 인버터, 배터리로 구성)이다.

105 역률 개선용 커패시터(콘덴서)에 접속되어 있는 전로에서 정전작업을 실시할 경우 다른 정전작업과는 달리 특별히 주의를 하여야 할 조치사항은 다음 중 어떤 것인가?

① 개폐기 통전금지
② 활선 근접 작업에 대한 방호
③ 전력 커패시터(콘덴서)의 잔류전하 방전
④ 안전표지의 부착

해설 커패시터(콘덴서)에 접속되어 있는 전로에서 정전작업을 실시할 경우 우선 검전을 하여야 하며, 반드시 전력용 커패시터는 잔류전하를 방전하고 단락접지를 하여야 한다.

106 다음 중 연소에 관한 설명으로 틀린 것은?

① 인화점이 상온보다 낮은 가연성 액체는 상온에서 인화의 위험이 있다.
② 가연성 액체를 발화점 이상으로 공기 중에서 가열하면 별도의 점화원이 없어도 발화할 수 있다.
③ 가연성 액체는 가열되어 완전 열분해되지 않으면 착화원이 있어도 연소하지 않는다.
④ 열전도도가 클수록 연소하기 어렵다.

해설 가연성 액체는 착화원이 존재하면 연소할 위험이 있다.

107 인체의 피부 전기저항은 여러 가지의 제반조건에 의해서 변화를 일으키는데, 다음 중 제반조건으로 가장 가까운 것은?

① 피부의 청결
② 피부의 노화
③ 인가전압의 크기
④ 통전경로

해설 인체의 피부저항은 인가전압(Applied voltage) 접촉면의 습도, 접촉면적, 접촉압력 등에 의해서 변화한다. 특히, 인가전압과 습도에 의해서 크게 좌우된다.

108 전기설비의 절연열화가 진행되어 누설전류가 증가하면서 발생되는 결과와 거리가 먼 것은?

① 감전사고
② 누전화재
③ 정전용량 증가
④ 아크, 지락에 의한 기기의 손상

해설 누설전류가 증가하면 감전사고 및 누전에 의한 화재, 아크에 의한 전기기계·기구의 손상이 발생한다.

109 전기설비화재의 출화 경과별 원인 중 빈도 순서가 맞는 것은?

① 과부화 〉 누전 〉 단락
② 누전 〉 과부화 〉 단락
③ 단락 〉 과부화 〉 누전
④ 과열 〉 과부화 〉 단락

정답 104.④ 105.③ 106.③ 107.③ 108.③ 109.③

해설 단락 〉 과부하 〉 누전순

출화의 경과	발화원(기기·설비)
㉠ 단락 ㉡ 과부하 ㉢ 누전(지락) ㉣ 접촉부의 과열	㉠ 이동형 절연기 ㉡ 전등, 기계 등의 배선 ㉢ 전기 기기 ㉣ 전기장치

110 다음 중 정전기 발생에 영향을 주는 요인에 대한 설명으로 옳지 않은 것은?

① 접촉면적이 크고 접촉압력이 높을수록 발생량이 많아진다.
② 물체 표면이 수분이나 기름으로 오염되면 발생량이 많아진다.
③ 물체의 분리속도가 빠를수록 완화시간이 길어져서 발생량은 많아진다.
④ 정전기의 발생은 처음 접촉, 분리할 때 최대가 되고 접촉, 분리가 반복됨에 따라 발생량이 감소한다.

해설 분리속도가 빠를수록 많이 발생하나, 완화시간과는 관계가 없다.

111 다음 중 정전기재해의 방지대책에 대한 관리시스템이 아닌 것은?

① 발생 전하량 예측
② 정전기 축적 정전용량 증대
③ 대전 물체의 전하 축적 메커니즘 규명
④ 위험성 방전을 발생하는 물리적 조건 파악

해설 정전기는 먼저 발생억제 조치, 축적방지 조치, 그리고 방전방지 조치를 해야 한다. 축적이 되어 정전용량이 증대되는 것은 부적절한 대응조치이다.

112 가연성 가스 또는 인화성 액체의 용기류가 부식, 열화 등으로 파손되거나 오조작, 강제환기장치의 고장 등에 의하여 가스 또는 액체가 누출할 염려가 있는 경우에는 폭발위험장소 분류에서 어느 것에 해당하는가?

① 0종 장소 ② 1종 장소
③ 2종 장소 ④ 비폭발위험지역

해설 오조작으로 가스나 증기가 누출되거나, 이상반응으로 고온고압이 되어 장치가 파손되어 가스나 액체가 분출되는 경우 등이다.

113 다음 중 냉각소화에 해당하는 것은?

① 튀김 기름이 인화되었을 때 싱싱한 야채를 넣어 소화한다.
② 가연성 기체의 분출 화재시 주 밸브를 닫아서 연료 공급을 차단한다.
③ 금속화재의 경우, 불활성 물질로 가연물을 덮어 미연소 부분과 분리한다.
④ 촛불을 입으로 불어서 끈다.

해설 ① 냉각소화 ② 제거소화 ③ 질식소화 ④ 제거소화

114 연구실 전기화재의 방지대책이 아닌 것은?

① 전기기구는 사용 여부와 관계없이 항상 전원이 켜 있는 상태로 유지한다.
② 개폐기에는 과전류 차단장치를 설치한다.
③ 누전에 의한 화재를 예방하기 위하여 누전차단기를 설치한다.
④ 전기기구 구입 시 [KS] 표시가 있는지 확인한다.

정답 110.③ 111.② 112.③ 113.① 114.①

해설 전기기구는 사용여부와 관계없이 항상 전원이 켜 있는 상태로 유지할 경우 전기화재가 발생할 우려가 있다.

115 다음 중 방폭전기기기 선정 시 고려할 사항으로 거리가 먼 것은?

① 위험장소의 종류, 폭발성 가스의 폭발등급에 적합한 방폭구조를 선정한다.
② 동일장소에 2종 이상의 폭발성 가스가 존재하는 경우에는 경제성을 고려하여 평균 위험도에 맞추어 방폭구조를 선정한다.
③ 환경조건에 부합하는 재질, 구조를 갖는 것을 선정한다.
④ 보수작업 시의 정전범위 등을 검토하고 기기의 수명, 운전비, 보수비 등 경제성을 고려하여 방폭구조를 선정한다.

해설 사용장소에 가스 등의 2종류 이상 존재할 수 있는 경우에는 가장 위험도가 높은 물질의 위험특성과 적절히 대응하는 방폭전기기기를 선정하여야 한다.

116 누전차단기의 설치 장소로 알맞지 않은 곳은?

① 주위 온도는 -10~40℃ 범위 내에 설치
② 표고 1,000m 이상의 장소에 설치
③ 상대습도가 45~80% 사이의 장소에 설치
④ 전원전압이 정격전압의 80~110% 사이에 사용

해설 표고 2,000m 이하의 장소에 설치해야 한다.

117 다음 중 연구실 전기설비 설치 및 관리 기준으로 맞지 않는 것은?

① 옥내에 설치하는 배전반 및 분전반은 불연성 물질을 코팅한 것이거나, 동등 이상의 난연성이 있도록 설치하여야 한다.
② 노출된 충전부가 있는 배전반 및 분전반은 취급자 이외의 사람이 쉽게 출입할 수 없도록 설치하여야 한다.
③ 옥내에 설치하는 저압용의 업무용 전기기계기구는 그 충전부분이 노출되지 않도록 설치하여야 한다.
④ 전기기기 및 배선 등의 모든 충전부는 노출시켜야 한다.

해설 전기기기 및 배선 등의 모든 충전부를 노출시킬 경우, 감전사고의 위험이 있다.

118 다음 중 유도등에 관한 설명으로 틀린 것은?

① 피난구유도등의 조명도는 피난구로부터 30m의 거리에서 문자 및 색채를 쉽게 식별할 수 있는 것으로 하여야 한다.
② 통로유도등의 바탕은 녹색, 문자색은 백색이다.
③ 복도통로유도등은 바닥으로부터 높이가 1m 이하의 위치에 설치하여야 한다.
④ 피난구유도등의 종류에는 소형, 중형, 대형이 있다.

해설 통로유도등은 백색바탕에 녹색으로 피난방향을 표시한 등으로 하여야 한다. 다만, 계단에 설치하는 것에 있어서는 피난의 방향을 표시하지 아니할 수 있다.

정답 115.② 116.② 117.④ 118.②

119 다음 중 소화기 내용연수에 대한 설명으로 맞는 것은?

① 소화기의 내용연수를 5년으로 하고, 내용연수가 지난 제품은 교체 또는 성능확인(분말소화기의 경우 1회에 한하여 3년 연장 가능)을 받도록 규정

② 소화기의 내용연수를 10년으로 하고, 내용연수가 지난 제품은 교체 또는 성능확인(분말소화기의 경우 1회에 한하여 3년 연장 가능)을 받도록 규정

③ 소화기의 내용연수를 15년으로 하고, 내용연수가 지난 제품은 교체 또는 성능확인(분말소화기의 경우 1회에 한하여 3년 연장 가능)을 받도록 규정

④ 소화기의 내용연수를 20년으로 하고, 내용연수가 지난 제품은 교체 또는 성능확인(분말소화기의 경우 1회에 한하여 3년 연장 가능)을 받도록 규정

해설 소화기의 내용연수는 10년으로 하고, 내용연수가 지난 제품은 교체 또는 성능확인을 받도록 규정하고 있다.

120 다음 중 연구실 소방설비 운영 및 관리 기준으로 맞지 않는 것은?

① 소방시설 등은 정기적으로 자체점검을 하거나, 관리업자 또는 기술자격자로 하여금 점검하게 하여야 한다.

② 유도등은 상시 점등상태를 유지하여야 하며, 정전 시에는 상용전원에서 비상전원으로 자동 전환될 수 있도록 하고, 작동유무는 주기적으로 점검하여야 한다.

③ 모든 소화기들에 대해서는 정기적으로 충전상태, 손상 여부, 압력저하, 설치불량 등을 점검하여야 한다.

④ 옥내소화전의 소방호스는 꼬이지 않도록 관리하고, 소화전함 내부는 습기가 차거나 호스 내에 물이 들어 있도록 관리하여야 한다.

해설 옥내소화전의 소방호스는 꼬이지 않도록 관리하고, 소화전함 내부는 습기가 차거나 호스 내에 물이 들어 있지 않도록 관리하여야 한다.

제7과목 연구활동종사자 보건·위생관리 및 인간공학적 안전관리

121 다음 중 허용농도(TLV) 적용상 주의할 사항으로 틀린 것은?

① 대기오염평가 및 관리에 적용될 수 없다.

② 기존의 질병이나 육체적 조건을 판단하기 위한 척도로 사용될 수 없다.

③ 사업장의 유해조건을 평가하고 개선하는 지침으로 사용될 수 없다.

④ 안전농도와 위험농도를 정확히 구분하는 경계선이 아니다.

해설 TLV 적용 시 주의사항

㉠ 대기오염평가 및 관리에 적용될 수 없다.
㉡ 안전과 위험을 정확히 구분하는 경계선이 아니다.
㉢ 서로 다른 독성 강도를 비교할 수 있는 지표가 아니다.
㉣ 기존의 질병이나 육체적 조건을 판단하기 위한 척도로 사용할 수 없다.
㉤ 작업조건이 미국과 다른 나라에서 그대로 적용해서는 안 된다.
㉥ 반드시 경험 있는 산업위생전문가의 도움을 받아야 한다.

정답 119.② 120.④ 121.③

122 다음 중 보건적 유해인자의 개선대책에 관한 설명으로 틀린 것은?

① 근로자 노출 수준 평가결과에 따라 적절한 개선대책을 수립·추진해야 한다.
② 개선대책의 최우선은 개인보호구의 사용이다.
③ 노출 수준 및 기술·경제적 실현 가능성 등을 고려하여 선택하여야 한다.
④ 공학적대책으로 국소배기장치를 설치할 수 있다.

해설 개선대책의 우선순위
본질적대책 → 공학적대책 → 관리적대책 → 개인보호구의 사용

123 다음 중 누적된 스트레스를 개인차원에서 관리하는 방법에 대한 설명으로 틀린 것은?

① 신체검사를 통하여 스트레스성 질환을 평가한다.
② 자신의 한계와 문제의 징후를 인식하여 해결방안을 도출한다.
③ 명상, 요가, 선(禪) 등의 긴장 이완훈련을 통하여 생리적 휴식상태를 점검한다.
④ 규칙적인 운동을 피하고, 직무 외적인 취미, 휴식, 즐거운 활동 등에 참여하여 대처능력을 함양한다.

해설 규칙적인 운동으로 스트레스를 줄이고, 직무 외적인 취미, 휴식, 즐거운 활동 등에 참여하여 대처능력을 함양한다.

124 공기 중 박테리아, 곰팡이 등을 채취하고자 할 때 사용해야 할 채취기구는?

① 흡착관과 여과지
② 실리카겔과 임핀저
③ 충돌기와 여과지
④ 고체흡착관과 사이클론

해설 생물학적 유해인자 측정방법
㉠ 필터에 여과시키는 방법
㉡ 배지에 공기를 충돌시키는 방법

125 다음 중 근골격계 유해요인조사에 대한 설명으로 틀린 것은?

① 근골격계 유해요인 조사내용은 작업설비, 작업량, 작업속도 등이 포함되어 있다.
② 유해요인조사는 관리자의 의견을 바탕으로 실시한다.
③ 근골격계 부담작업에 근로자를 종사하도록 하는 경우에는 3년마다 실시해야 한다.
④ 근골격계 부담작업이 있는 공정 및 부서의 유해요인을 제거하거나 감소시키기 위해 실시한다.

해설 작업 근로자와 관리자 등의 의견을 바탕으로 평가한다.

126 다음 중 인간공학에서 고려해야 할 인간의 특성과 가장 거리가 먼 것은?

① 감각과 지각
② 운동과 근력
③ 감정과 생산능력
④ 기술, 집단에 대한 적응능력

정답 122.② 123.④ 124.③ 125.② 126.③

해설 인간공학에서 고려해야 할 인간의 특성

㉠ 인간의 습성
㉡ 기술·집단에 대한 적응능력
㉢ 신체의 크기와 작업환경
㉣ 감각과 지각
㉤ 운동력과 근력
㉥ 민족

127 다음 중 '인체독성물질'인 화학물질에 대한 경고 표지로 옳은 것은?

해설 화학물질의 경고 표지의 의미

① 호흡기 과민성, 발암성, 생식세포 변이원성, 생식독성, 특정표적장기 독성, 흡입 유해성
② 인체독성
③ 부식성물질
④ 산화성

128 다음 중 화학물질의 관리에 대한 설명으로 틀린 것은?

① 화학물질은 성상별로 분류 후 명칭에 따른 알파벳순으로 보관한다.
② 개봉한 시약의 경우 유통기한이 남아있으면 보관한다.
③ 화학약품을 혼합하여 저장하면 위험하므로 혼합하여 보관하지 않는다.
④ 유해·위험성이 있는 화학물질의 경우 적절한 시약장 내에 보관해야 한다.

해설 개봉 후 3년 이상 경과한 시약의 경우 폐액으로 분류, 처리한다.

129 다음 중 건강검진결과 업무수행적합성 여부에서 '한시적으로 현재업무 불가' 판정일 경우 사후관리 방법으로 옳은 것은?

① 건강상담 ② 작업전환
③ 근로제한 및 금지 ④ 근무 중 치료

해설 건강검진 결과 사후 관리 판정

㉠ 현재 조건하에서 현재업무 가능 → 필요 없음
㉡ 일정조건하에서 현재업무 가능 → 건강상담, 보호구 착용, 추적검사, 근무 중 치료, 근로시간 단축
㉢ 한시적으로 현재업무 불가 → 근로제한 및 금지
㉣ 영구적으로 현재업무 불가 → 작업전환

130 휴먼에러 중 의도된 행동에 의한 것으로 볼 수 없는 것은?

① 기계나 설비의 결함
② 개인보호구 미착용
③ 안전관리 규정이 잘 갖추어지지 않음
④ 부주의에 의한 실수

해설 휴먼에러의 발생요인

㉠ 인간요인 : 실수(부주의에 의한 실수), 망각(기억실패에 의한 망각), 무의식 등
㉡ 설비요인 : 기계 설비의 결함
㉢ 작업요인 : 작업환경 불량
㉣ 관리요인 : 안전관리 규정이 잘 갖추어지지 않음

정답 127.② 128.② 129.③ 130.②

131 다음 중 개인보호구에 대한 설명과 가장 거리가 먼 것은?

① 사용자는 손질방법 및 착용방법을 숙지해야 한다.
② 착용을 하더라도 보호구에 결함이 있으면 유해물질에 노출하게 된다.
③ 규격에 적합한 것을 사용해야 한다.
④ 보호구 착용으로 유해물질로부터의 모든 신체적 장해를 막을 수 있다.

해설 개인보호구는 유해물질을 줄이거나 완전히 제거하지 못하는 경우에 착용하므로, 유해물질이 체내에 침입하는 것을 막는 수단에 지나지 않는다.

132 다음 중 유해물질 취급 연구실 등에 설치되어 있는 세안장치의 설치 및 운영기준으로 틀린 것은?

① 한 건물에 하나씩만 설치되어 있으면 된다.
② 설치 높이는 85~115cm 사이가 적합하다.
③ 연구활동종사자에게 잘 보이는 곳에 세안장치 안내표지판을 설치하여야 한다.
④ 연구실 내의 모든 인원이 쉽게 접근하고 사용할 수 있도록 준비되어 있어야한다.

해설 강산이나 강염기를 취급하는 곳에는 바로 옆에, 그 외의 경우에는 10초 이내에 도달할 수 있는 위치에 설치하며, 비상시 접근하는 데 방해물이 있어서는 안 된다.

133 다음 중 안전보건표지 부착 기준에 대한 설명으로 틀린 것은?

① 각종 위험기구에 별도로 부착
② 각 실험기구 보관함에 보관 물질 특성에 따라 안전표지 부착
③ 각 연구실 출입문 안에 부착
④ 각 실험장비의 특성에 따라 안전표지 부착

해설 안전표지는 일반적으로 출입문 밖에 부착하여 연구실 내로 들어오는 출입자에게 경고의 의미를 부여하여야 한다.

134 다음 중 인화성물질 및 폭발 우려가 있는 물질을 취급하는 연구실에서 착용해야 할 보호구가 아닌 것은?

① 방진마스크 ② 보안경 및 고글
③ 일회용 장갑 ④ 방염복

해설 인화성물질 및 폭발 가능성이 있는 물질 취급 시 보호구 : 방진마스크, 보안경 또는 고글, 보안면, 내화학성 장갑, 방염복

135 다음 중 전체환기를 적용할 수 있는 상황과 가장 거리가 먼 것은?

① 유해물질의 독성이 높은 경우
② 작업장 특성상 국소배기장치의 설치가 불가능한 경우
③ 동일 사업장에 다수의 오염발생원이 분산되어 있는 경우
④ 오염발생원이 근로자가 작업하는 장소로부터 멀리 떨어져 있는 경우

해설 전체환기 적용 시 조건
㉠ 유해물질의 독성이 비교적 낮은 경우
㉡ 동일한 작업장에 다수의 오염원이 분산되어 있는 경우
㉢ 소량의 유해물질이 시간에 따라 균일하게 발생될 경우
㉣ 유해물질의 발생량이 적은 경우
㉤ 유해물질이 증기나 가스일 경우
㉥ 배출원이 이동성인 경우

정답 131.④ 132.① 133.③ 134.③ 135.①

ⓢ 가연성 가스의 농축으로 폭발의 위험이 있는 경우
ⓞ 오염원이 작업자가 작업하는 장소로부터 멀리 떨어져 있는 경우
ⓩ 국소배기장치로 불가능할 경우

136 다음 중 국소환기장치 설계에서 제어속도에 대한 설명으로 옳은 것은?

① 작업장 내의 평균유속을 말한다.
② 발산되는 유해물질을 후드로 흡인하는 데 필요한 기류속도이다.
③ 덕트 내의 기류속도를 말한다.
④ 일명 반송속도라고도 한다.

해설 제어속도(Capture velocity, 제어풍속 또는 포집기류)
후드 전면 또는 후드 개구면에서 유해물질이 함유된 공기를 후드로 흡인하기 위하여 필요한 최소한의 속도를 말한다. 다만, 포위식 및 부스식 후드에서는 후드의 개구면에서 흡입되는 기류의 풍속을 말하며, 외부식 및 레시버식 후드에서는 후드의 개구면으로부터 가장 먼 거리의 유해물질 발생원, 또는 작업위치에서 후드 쪽으로 흡인되는 기류의 속도를 말한다.

137 다음 중 후드에서 플랜지 효과로 옳은 것은?

① 반송속도를 증가시킬 수 있다.
② 공기 흐름을 부드럽게 할 수 있다.
③ 소요풍량을 증가시킬 수 있다.
④ 제어거리를 더 늘릴 수 있다.

해설 플랜지(Flange, 갓)
㉠ 후드의 개구부에 붙어 후드 뒤쪽에서 들어오는 공기의 흐름을 차단하여 제어효율을 증가시키기 위해 부착하는 판이다.
㉡ 플랜지가 부착되지 않은 후드에 비해 제어거리가 길어진다.
㉢ 적은 환기량으로 오염된 공기를 동일하게 제거할 수 있다.
㉣ 장치 가동비용이 절감될 수 있다.

138 다음 중 실험실 흄 후드의 설치 및 운영기준으로 옳지 않은 것은?

① 흄 후드는 출입구, 이동통로 등과 1.5m 이격 설치해야 한다.
② 가스상 물질의 최소 면속도는 0.4m/sec 이상, 입자상물질은 0.7m/sec 이상을 유지해야 한다.
③ 후드 새시(Sash, 내리닫이 창)는 실험 조작이 가능한 최소 범위만 열려 있어야 하며, 미사용 시 창을 완전히 닫아야 한다.
④ 흄 후드에 독성이 강한 화학물질을 보관한다.

해설 흄 후드 설치 및 운영기준
㉠ 흄 후드는 출입구, 이동통로 등과 1.5m 이격시켜 설치해야 한다.
㉡ 실험은 가능한 후드 안쪽에서 이루어져야 한다.
㉢ 가스상 물질의 최소 면속도는 0.4m/sec 이상, 입자상물질은 0.7m/sec 이상을 유지해야 한다.
㉣ 후드 내부는 깨끗하게 관리하고, 후드 안의 물건은 입구에서 최소 15cm 이상 떨어져 있어야 한다.
㉤ 후드 안에 머리를 넣지 않아야 하며, 필요시 추가적인 개인보호장비를 착용한다.
㉥ 후드 새시(Sash, 내리닫이 창)는 실험 조작이 가능한 최소 범위만 열려 있어야 하며, 미사용 시 창을 완전히 닫아야 한다.
ⓢ 흄 후드에서의 스프레이 작업은 화재 및 폭발 위험이 있으므로 금지한다.
ⓞ 흄 후드를 화학물질의 저장 및 폐기 장소로 사용해서는 안 된다.

정답 136.② 137.④ 138.④

139 다음 중 외부식 장방형 후드의 필요환기량(m^3/min)을 구하는 식으로 적절한 것은? (단, 플랜지가 부착되었고, A(m^2)는 개구면적, X(m)는 개구부와 오염원 사이의 거리, V(m/sec)는 제어속도이다.)

① $Q=60\times V\times(5X^2+A)$

② $Q=60\times V\times A$

③ $Q=60\times0.75\times V\times(10X^2+A)$

④ $Q=60\times V\times(10X^2+A)$

해설 외부식 플랜지 부착 장방형 후드 필요환기량

$Q(m^3/min) = 60\times0.75\times V\times(10X^2+A)$

여기서, V : 제어속도(m/sec),

X : 제어거리(m),

A : 후드개구면적(m^2)

140 다음 중 사이클론 집진장치의 블로다운(Blow-down)에 대한 설명으로 옳은 것은?

① 유효 원심력을 감소시켜 선회기류의 흐트러짐을 방지한다.

② 관 내 분진부착으로 인한 장치의 폐쇄현상을 방지한다.

③ 부분적 난류 증가로 집진된 입자가 재비산된다.

④ 처리배기량의 50% 정도가 재유입되는 현상이다.

해설 원심력집진장치의 특징

㉠ 분진이 포함된 공기를 입구로 유입시켜 선회류를 형성시키면 공기 내의 분진은 원심력을 얻어 선회률를 벗어나 본체 내벽에 충돌해 아래의 분진 퇴적함으로 떨어지고, 처리된 공기는 중심부에서 상부로 이동하여 출구로 배출됨. 일명, 사이클론이라고 함.

㉡ 비교적 적은 비용으로 집진이 가능

㉢ 입자의 크기가 크고 모양이 구체에 가까울수록 집진효율이 증가한다.

㉣ 블로다운(Blow-down) : 사이클론의 집진효율을 향상시키기 위한 하나의 방법으로서, 더스트 박스 또는 호퍼부에서 처리가스의 5~10%를 흡인하여 선회기류의 교란을 방지하는 운전방식이다.

㉤ 블로다운 효과 : 사이클론 내 난류현상을 억제시킴으로써 집진된 먼지의 비산을 방지, 집진효율 증대, 장치 내부의 먼지 퇴적을 억제(가교현상)하여 장치의 폐쇄현상을 방지.

정답 139.③ 140.②

2022년 제1회 연구실안전관리사 제1차 시험

2022.07.30. 시행

제1과목 연구실 안전 관련 법령

01 「연구실 안전환경 조성에 관한 법률 시행규칙」에 따른 연구실안전관리위원회에 대한 설명으로 옳지 않은 것은?

① 위원장 1명을 포함한 10명 이내의 위원으로 구성한다.
② 위원회의 위원장은 위원 중에서 호선한다.
③ 위원회의 위원장은 연구활동종사자에게 위원회에서 의결된 내용 등 회의 결과를 게시 또는 그 밖의 적절한 방법으로 신속하게 알려야 한다.
④ 「연구실 안전환경 조성에 관한 법률」에서 규정한 사항 외에 위원회 운영에 필요한 사항은 위원회의 의결을 거쳐 위원장이 정한다.

해설 **연구실안전관리위원회의 구성 및 운영**
연구실안전관리위원회는 위원장 1명을 포함한 15명 이내의 위원으로 구성한다.

참고 연구실안전법 시행규칙 제5조
연구실안전관리사 학습가이드 30쪽

참고 [연구실안전관리사 학습가이드] 파일(pdf)은 연구실안전관리사 자격시험 홈페이지(safelab.kpc.or.kr)의 [시험자료실]에서 다운로드할 수 있습니다.

02 (   ) 안에 들어갈 말로 옳은 것은?

〈보기〉
「연구실 안전환경 조성에 관한 법률 시행규칙」에 따르면, 연구활동종사자가 보고대상에 해당하는 연구실사고가 발생한 경우에는 사고가 발생한 날부터 (   ) 이내에 연구실사고 조사표를 작성하여 과학기술정보통신부장관에게 보고해야 한다.

① 1주 ② 2주
③ 1개월 ④ 2개월

해설 **중대연구실사고 등의 보고 및 공표**
연구활동종사자가 의료기관에서 3일 이상의 치료가 필요한 생명 및 신체상의 손해를 입은 연구실사고가 발생한 경우에는 사고가 발생한 날부터 1개월 이내에 연구실사고 조사표를 작성하여 과학기술정보통신부장관에게 보고해야 한다.

참고 연구실안전법 시행규칙 제14조
연구실안전관리사 학습가이드 33쪽

03 「연구실 안전환경 조성에 관한 법률 시행령」에 따른 연구실안전심의위원회의 운영에 대한 설명으로 옳지 않은 것은?

① 위원장이 부득이한 사유로 직무를 수행할 수 없을 때에는 위원장이 미리 지명한 위원이 그 직무를 대행한다.
② 정기회의는 연 4회 이상 해야 한다.

정답 01.① 02.③ 03.②

③ 임시회의는 위원장이 필요하다고 인정할 때 또는 재적위원 3분의 1 이상이 요구할 때 가능하다.

④ 회의는 재적위원 과반수의 출석으로 개의하고, 출석위원 과반수의 찬성으로 의결한다.

해설 **연구실안전심의위원회의 회의의 구분**

㉠ 정기회의 : 연 2회

㉡ 임시회의 : 위원장이 필요하다고 인정할 때 또는 재적위원 1/3 이상이 요구할 때

참고 연구실안전법 시행령 제5조
연구실안전관리사 학습가이드 36쪽

04 「연구실 안전환경 조성에 관한 법률 시행령」에 따른 연구실 안전점검지침 및 정밀안전진단지침 작성 시 포함해야 하는 사항이 아닌 것은?

① 안전점검·정밀안전진단의 점검시설 및 안전성 확보방안에 관한 사항

② 안전점검·정밀안전진단을 실시하는 자의 유의사항

③ 안전점검·정밀안전진단의 실시에 필요한 장비에 관한 사항

④ 안전점검·정밀안전진단 결과의 자체평가 및 사후조치에 관한 사항

해설 **안전점검지침 및 정밀안전진단지침의 작성**

②, ③, ④ 이외에 다음의 사항을 포함해야 한다.

㉠ 안전점검·정밀안전진단 실시 계획의 수립 및 시행에 관한 사항

㉡ 안전점검·정밀안전진단의 점검대상 및 항목별 점검방법에 관한 사항

㉢ 그 밖에 연구실의 기능 및 안전을 유지·관리하기 위하여 과학기술정보통신부장관이 필요하다고 인정하는 사항

참고 연구실안전법 시행령 제5조
연구실안전관리사 학습가이드 36쪽

05 「연구실 안전환경 조성에 관한 법률 시행규칙」에 따르면, 「산업안전보건법 시행규칙」 제146조에 따른 임시 작업과 단기간 작업을 수행하는 연구활동종사자에 대해서는 특수건강검진을 실시하지 않을 수 있다. 이에 해당하는 연구활동종사자는?

① 발암성 물질을 취급하는 연구활동종사자

② 생식세포 변이원성 물질을 취급하는 연구활동종사자

③ 생식독성 물질을 취급하는 연구활동종사자

④ 알레르기 유발물질을 취급하는 연구활동종사자

해설 **특수건강검진의 실시**

산업안전보건법 시행규칙 제146조에 따른 임시 작업과 단기간 작업을 수행하는 연구활동종사자(발암성 물질, 생식세포 변이원성 물질, 생식독성 물질을 취급하는 연구활동종사자는 제외한다)에 대해서는 특수건강검진을 실시하지 않을 수 있다.

참고 연구실안전법 시행규칙 제11조
연구실안전관리사 학습가이드 32쪽

06 「연구실 안전환경 조성에 관한 법률 시행규칙」에 따른 안전관리 우수연구실 인증을 받으려는 연구주체의 장이 과학기술정보통신부장관에게 제출해야 하는 서류가 아닌 것은?

① 연구실 안전 관련 예산 및 집행 현황

② 연구과제 수행 현황

③ 연구실 배치도

④ 연구실 안전환경 관리 체계

정답 04.① 05.④ 06.①

해설 **안전관리 우수연구실 인증신청**

②, ③, ④ 이외에 다음의 서류를 제출해야 한다.

㉠ 기초연구법에 따라 인정받은 기업부설연구소 또는 연구개발전담부서의 경우에는 인정서 사본
㉡ 연구활동종사자 현황
㉢ 연구장비, 안전설비 및 위험물질 보유 현황
㉣ 연구실 안전환경 관계자의 안전의식 확인을 위해 필요한 서류(과학기술정보통신부장관이 해당 서류를 정하여 고시한 경우만 해당)

참고 연구실안전법 시행규칙 제18조
연구실안전관리사 학습가이드 34쪽

07 「연구실 안전환경 조성에 관한 법률 시행령」에 따른 안전점검의 종류가 아닌 것은?

① 일상점검　② 수시점검
③ 정기점검　④ 특별안전점검

해설 **안전점검의 종류 및 실시시기**

㉮ 일상점검 : 연구활동에 사용되는 기계·기구·전기·약품·병원체 등의 보관상태 및 보호장비의 관리실태 등을 직접 눈으로 확인하는 점검으로서 연구활동 시작 전에 매일 1회 실시. 다만, 저위험연구실의 경우에는 매주 1회 이상 실시해야 한다.
㉯ 정기점검 : 연구활동에 사용되는 기계·기구·전기·약품·병원체 등의 보관상태 및 보호장비의 관리실태 등을 안전점검기기를 이용하여 실시하는 세부적인 점검으로서 매년 1회 이상 실시. 다만, 다음의 어느 하나에 해당하는 연구실의 경우에는 정기점검을 면제한다.
　㉠ 저위험연구실
　㉡ 안전관리 우수연구실 인증을 받은 연구실. 이 경우 정기점검 면제기한은 인증 유효기간의 만료일이 속하는 연도의 12월 31일까지로 한다.
㉰ 특별안전점검 : 폭발사고·화재사고 등 연구활동종사자의 안전에 치명적인 위험을 야기할 가능성이 있을 것으로 예상되는 경우에 실시하는 점검으로서 연구주체의 장이 필요하다고 인정하는 경우에 실시

참고 연구실안전법 시행령 제10조
연구실안전관리사 학습가이드 432쪽

08 「연구실 안전환경 조성에 관한 법률 시행령」에 따른 연구실책임자의 지정에 관한 설명으로 옳지 않은 것은?

① 대학·연구기관 등에서 연구책임자 또는 조교수 이상의 직을 재직하는 사람이어야 한다.
② 해당 연구실의 연구활동과 연구활동종사자를 직접 지도·관리·감독하는 사람이어야 한다.
③ 해당 연구실의 사용 및 안전에 관한 권한과 책임을 가진 사람이어야 한다.
④ 연구실안전관리사 자격을 취득하거나 안전관리기술에 관한 국가기술자격을 취득한 사람이어야 한다.

해설 **연구실책임자의 지정**

연구주체의 장은 ①, ②, ③의 요건을 모두 갖춘 사람 1명을 연구실책임자로 지정해야 한다.

참고 연구실안전법 시행령 제7조
연구실안전관리사 학습가이드 23쪽

정답 07.② 08.④

09 「연구실 안전환경 조성에 관한 법률 시행규칙」에 따른 연구실안전관리위원회의 위원이 될 수 있는 대상이 아닌 것은?

① 연구실책임자
② 연구활동종사자
③ 연구실 안전 관련 예산 편성 부서의 장
④ 연구주체의 장

해설 연구실안전관리위원회의 구성 및 운영
①, ②, ③ 이외에 다음의 사람이 될 수 있다.
• 연구실안전환경관리자가 소속된 부서의 장

참고 연구실안전법 시행규칙 제5조
연구실안전관리사 학습가이드 30쪽

10 「연구실 안전환경 조성에 관한 법률 시행규칙」에 따른 중대연구실사고의 보고 및 공표에 대한 설명으로 옳지 않은 것은?

① 중대연구실사고가 발생한 경우에는 사고 발생 개요 및 피해 상황을 보고해야 한다.
② 중대연구실사고가 발생한 경우에는 사고 조치 내용, 사고 확산 가능성 및 향후 조치·대응 계획을 보고해야 한다.
③ 중대연구실사고가 발생한 경우에는 해당 내용을 과학기술정보통신부장관에게 전화, 팩스, 전자우편이나 그 밖의 적절한 방법으로 보고해야 한다.
④ 연구활동종사자는 연구실사고의 발생 현황을 연구실의 인터넷 홈페이지나 게시판 등에 공표해야 한다.

해설 중대연구실사고 등의 보고 및 공표
④ 연구주체의 장은 보고한 연구실사고의 발생 현황을 대학·연구기관 등 또는 연구실의 인터넷 홈페이지나 게시판 등에 공표해야 한다.

참고 연구실안전법 시행규칙 제14조
연구실안전관리사 학습가이드 33쪽

11 (　　) 안에 들어갈 말로 옳은 것은?

〈보기〉
「연구실 안전환경 조성에 관한 법률 시행규칙」에 따르면, 연구실에 신규로 채용된 근로자에 대한 교육시기 및 최소 교육기간은 (　　)이다.

① 채용 후 6개월 이내 4시간 이상
② 채용 후 6개월 이내 8시간 이상
③ 채용 후 1년 이내 4시간 이상
④ 채용 후 1년 이내 8시간 이상

해설 연구활동종사자 등에 대한 교육·훈련 시간
㉮ 신규교육·훈련

교육대상		교육시간(시기)
근로자	㉠ 정기 정밀안전진단 실시 대상 연구실에 신규로 채용된 연구활동종사자	8시간 이상 (채용 후 6개월 이내)
	㉡ ㉠의 연구실이 아닌 연구실에 신규로 채용된 연구활동종사자	4시간 이상 (채용 후 6개월 이내)
근로자가 아닌 사람	㉢ 대학생, 대학원생 등 연구활동에 참여하는 연구활동종사자	2시간 이상 (연구활동 참여 후 3개월 이내)

㉯ 정기교육·훈련

교육대상	교육시간(시기)
㉠ 저위험연구실의 연구활동종사자	연간 3시간 이상
㉡ 정기 정밀안전진단 실시 대상 연구실의 연구활동종사자	반기별 6시간 이상
㉢ ㉠, ㉡에서 규정한 연구실이 아닌 연구실의 연구활동종사자	반기별 3시간 이상

정답 09.④ 10.④ 11.②

㉰ 특별안전교육·훈련

교육대상	교육시간(시기)
연구실사고가 발생했거나 발생할 우려가 있다고 연구주체의 장이 인정하는 연구실의 연구활동종사자	2시간 이상

참고 연구실안전법 시행규칙 별표 3
연구실안전관리사 학습가이드 146쪽

12 「연구실 안전환경 조성에 관한 법률 시행령」에 따른 사전유해인자위험분석 절차 중 마지막 순서로 옳은 것은?

① 해당 연구실의 유해인자별 위험분석
② 비상조치계획 수립
③ 연구실안전계획 수립
④ 해당 연구실의 안전 현황 분석

해설 **사전유해인자위험분석의 실시 순서**
④ → ① → ③ → ②

참고 연구실안전법 시행령 제15조
연구실안전관리사 학습가이드 131~132쪽

13 「연구실 안전환경 조성에 관한 법령」에 따른 연구실 사고조사반의 구성 및 운영에 관한 설명으로 옳지 않은 것은?

① 사고조사반을 구성할 때에는 연구실 안전사고조사의 객관성을 확보하기 위하여 연구실 안전과 관련한 업무를 수행하는 관계 공무원이 포함되어야 한다.
② 사고조사반의 활동과 관련하여 규정한 사항 외에 사고조사만의 구성 및 운영에 필요한 사항은 사고조사반의 책임자가 정한다.
③ 조사반원은 사고조사 과정에서 업무상 알게 된 정보를 외부에 제공하고자 하는 경우 사전에 과학기술정보통신부장관과 협의하여야 한다.
④ 과학기술정보통신부장관은 조사가 필요하다고 인정되는 안전사고 발생 시 지명 또는 위촉된 조사반원 중 5명 내외로 사고조사반을 구성한다.

해설 **사고조사반의 구성 및 운영**
㉠ 다음의 사람으로 구성되는 사고조사반을 운영할 수 있다.
- 연구실 안전과 관련한 업무를 수행하는 관계 공무원
- 연구실 안전 분야 전문가
- 그 밖에 연구실사고 조사에 필요한 경험과 학식이 풍부한 전문가

㉡ 사고조사반의 책임자는 제1항 각 호의 사람 중에서 과학기술정보통신부장관이 지명하거나 위촉한다.
㉢ 사고조사반의 책임자는 연구실사고 조사가 끝났을 때에는 지체 없이 연구실사고 조사보고서를 작성하여 과학기술정보통신부장관에게 제출해야 한다.
㉣ 과학기술정보통신부장관은 연구실사고 조사에 참여한 사람에게 예산의 범위에서 그 조사에 필요한 여비 및 수당을 지급할 수 있다.
㉤ ㉠항부터 ㉣항까지에서 규정한 사항 외에 사고조사반의 구성 및 운영에 필요한 사항은 과학기술정보통신부장관이 정한다.

참고 연구실안전법 시행령 제18조
연구실안전관리사 학습가이드 164쪽

정답 12.② 13.②

14 「고압가스 안전관리법」에 따른 안전관리자에 관한 설명으로 옳지 않은 것은?

① 특정고압가스 사용신고자는 사업 개시 전이나 특정고압가스의 사용 전에 안전관리자를 선임하여야 한다.
② 안전관리자를 선임한 자는 안전관리자를 선임 또는 해임하거나 안전관리자가 퇴직한 경우에는 지체 없이 신고하여야 한다.
③ 안전관리자를 선임한 자는 안전관리자를 해임하거나 안전관리자가 퇴직한 경우에는 해임 또는 퇴직한 날부터 60일 이내에 다른 안전관리자를 선임하여야 한다.
④ 안전관리자가 여행·질병으로 일시적으로 그 직무를 수행할 수 없는 경우에는 대리자를 지정하여 일시적으로 안전관리자의 직무를 대행하게 하여야 한다.

해설 **안전관리자의 선임**

③ 안전관리자를 선임한 자는 안전관리자를 선임 또는 해임하거나 안전관리자가 퇴직한 경우에는 해임 또는 퇴직한 날부터 30일 이내에 다른 안전관리자를 선임하여야 한다. 다만, 그 기간 내에 선임할 수 없으면 허가관청·신고관청·등록관청 또는 사용신고관청의 승인을 받아 그 기간을 연장할 수 있다.

참고 고압가스 안전관리법 제15조
연구실안전관리사 학습가이드 61, 64쪽

15 「연구실 안전환경 조성에 관한 법률」에 따른 사전유해인자위험분석에 대한 설명으로 옳지 않은 것은?

① 연구실책임자는 사전유해인자위험분석 결과를 연구활동 시작 전에 연구실안전환경관리자에게 보고하여야 한다.
② 연구주체의 장은 사고발생 시 유해인자 위치가 표시된 배치도를 사고대응기관에 즉시 제공하여야 한다.
③ 연구활동과 관련하여 주요 변경사항이 발생하거나 연구실책임자가 필요하다고 인정하는 경우에는 사전유해인자위험분석을 추가적으로 실시해야 한다.
④ 연구실책임자는 사전유해인자위험분석 보고서를 연구실 출입문 등 해당 연구실의 연구활동종사자가 쉽게 볼 수 있는 장소에 게시할 수 있다.

해설 **사전유해인자위험분석의 실시**

㉠ 연구실책임자는 대통령령으로 정하는 절차 및 방법에 따라 사전유해인자위험분석(연구활동 시작 전에 유해인자를 미리 분석하는 것을 말한다)을 실시하여야 한다.
㉡ 연구실책임자는 ㉠항에 따른 사전유해인자위험분석 결과를 연구주체의 장에게 보고하여야 한다.

참고 연구실안전법 제19조
연구실안전관리사 학습가이드 131~132쪽

16 「연구실 안전환경 조성에 관한 법률」에 따른 일반건강검진의 검사 항목이 아닌 것은?

① 신장, 체중, 시력 및 청력 측정
② 심전도 검사
③ 혈압, 혈액 및 소변 검사
④ 흉부방사선 촬영

해설 **일반건강검진의 검사 항목**

①, ③, ④ 이외에 다음의 검사 항목이 있다.
- 문진과 진찰

참고 연구실안전법 시행규칙 제11조
연구실안전관리사 학습가이드 436쪽

정답 14.③ 15.① 16.②

17 「연구실 안전환경 조성에 관한 법률 시행령」에 따른 연구실안전환경관리자의 업무가 아닌 것은?

① 안전점검·정밀안전진단 실시 계획의 수립 및 실시
② 연구실 안전교육계획 수립 및 실시
③ 연구실 안전환경 및 안전관리 현황에 관한 통계의 유지·관리
④ 연구실 안전관리 및 연구실사고 예방 업무 수행

해설 **연구실안전환경관리자의 업무**

①, ②, ③ 이외에 다음의 업무가 있다.

㉠ 연구실사고 발생의 원인조사 및 재발 방지를 위한 기술적 지도·조언
㉡ 법 또는 법에 따른 명령이나 안전관리규정을 위반한 연구활동종사자에 대한 조치의 건의
㉢ 그 밖에 안전관리규정이나 다른 법령에 따른 연구시설의 안전성 확보에 관한 사항.

참고 연구실안전법 시행령 제8조
연구실안전관리사 학습가이드 24쪽

18 「연구실 안전환경 조성에 관한 법령」에 따른 정밀안전진단에 관한 설명으로 옳지 않은 것은?

① 연구주체의 장은 중대연구실사고가 발생한 경우 정밀안전진단을 실시하여야 한다.
② 연구주체의 장은 유해인자를 취급하는 등 위험한 작업을 수행하는 연구실에 대하여 정기적으로 정밀안전진단을 실시하여야 한다.
③ 연구주체의 장은 정밀안전진단을 실시하는 경우 과학기술정보통신부장관에 등록된 대행기관으로 하여금 이를 대행하게 할 수 있다.
④ 정기적으로 정밀안전진단을 실시해야 하는 연구실은 3년마다 1회 이상 정밀안전진단을 실시해야 한다.

해설 **정밀안전진단의 실시**

④ 정기적으로 정밀안전진단을 실시해야 하는 연구실은 2년마다 1회 이상 정기적으로 정밀안전진단을 실시해야 한다.

참고 연구실안전법 시행령 제11조
연구실안전관리사 학습가이드 24쪽

19 「연구실 안전환경 조성에 관한 법령」에 따른 중대연구실사고가 아닌 것은?

① 사망자가 1명 이상 발생한 사고
② 후유장애 1급부터 9급까지에 해당하는 부상자가 2명 이상 발생한 사고
③ 3개월 이상의 요양이 필요한 부상자가 동시에 2명 이상 발생한 사고
④ 3일 이상의 입원이 필요한 부상을 입거나 질병에 걸린 사람이 동시에 5명 이상 발생한 사고

해설 **중대연구실사고의 정의**

①, ③, ④ 이외에 다음의 사고도 포함된다.

㉠ 사망자 또는 과학기술정보통신부장관이 정하여 고시하는 후유장애 1급부터 9급까지에 해당하는 부상자가 1명 이상 발생한 사고
㉡ 연구실의 중대한 결함으로 인한 사고
※ 문제의 보기 ②도 1명 이상 발생한 사고에 포함되므로 모두 정답 처리함.

참고 연구실안전법 시행규칙 제2조
연구실안전관리사 학습가이드 152쪽

정답 17.④ 18.④ 19.모두 정답

최신기출문제

20 「연구실 안전환경 조성에 관한 법률」에 따른 용어 정의로 옳지 않은 것은?

① 안전점검은 연구실사고를 예방하기 위하여 잠재적 위험성의 발견과 그 개선대책의 수립을 목적으로 실시하는 조사·평가를 말한다.

② 연구실은 대학·연구기관 등이 연구활동을 위하여 시설·장비·연구재료 등을 갖추어 설치한 실험실·실습실·실험준비실을 말한다.

③ 연구활동은 과학기술분야의 지식을 축적하거나 새로운 적용방법을 찾아내기 위하여 축적된 지식을 활용하는 체계적이고 창조적인 활동(실험·실습 등을 포함)을 말한다.

④ 유해인자는 화학적·물리적·생물학적 위험요인 등 연구실사고를 발생시키거나 연구활동종사자의 건강을 저해할 가능성이 있는 인자를 말한다.

해설 **연구실안전법에서 사용하는 용어의 정의**

① 안전점검이란 연구실 안전관리에 관한 경험과 기술을 갖춘 자가 육안 또는 점검기구 등을 활용하여 연구실에 내재된 유해인자를 조사하는 행위를 말한다.

※ 문제의 보기 ①은 '정밀안전진단'에 대한 정의이다.

참고 연구실안전법 제2조
연구실안전관리사 학습가이드 12쪽

제2과목 연구실 안전관리이론 및 체계

21 호킨스(Hawkins)가 제안한 SHELL 모델의 구성요소에 관한 설명으로 옳은 것은?

① 하드웨어(Hardware) : 의도하는 결과를 얻기 위한 무형적인 요소를 말한다. 특히 화학, 생물학, 의학분야에서 시스템 내의 작업지시, 정보교환 등과 관계된다.

② 소프트웨어(Software) : 기계, 설비, 장치, 도구 등 유형적인 요소를 말한다. 특히 기계, 전기분야에서는 연구 결과에 크게 영향을 미칠 수 있다.

③ 환경(Environment) : 의도하지 않은 결과를 얻기 위한 무형적인 요소를 말한다. 특히 공학분야에서 시스템 내의 작업지시, 정보교환 등과 관계된다.

④ 인간(Liveware) : 연구활동종사자 본인은 물론, 소속된 집단의 주변 구성원들의 인적요인, 나아가 인간관계 등 상호작용까지도 포함된다.

해설 **연구활동의 대상과 범위**

① 하드웨어(Hardware) : 기계, 설비, 장치, 도구 등 유형적인 요소

② 소프트웨어(Software) : 컴퓨터의 소프트웨어는 물론, 시스템 내의 작업지시, 정보교환 등 구성요소 간 영향을 주고받는 모든 무형적인 요소

③ 환경(Environment) : 의도하는 결과를 얻기 위한 환경적 요소. 특히 화학이나 생물학, 의학 분야에서는 어떤 상황에 놓이느냐에 따라 연구 결과를 얻을 수 있기도 하고 결과가 달라질 수도 있으므로 중요한 요소이다.

④ 인간(Liveware) : 연구활동종사자 본인은 물론, 소속된 집단의 주변 구성원들의 인적 요인, 나아가 인간관계를 포함하는 상호작용까지도 포함됨.

정답 20.① 21.④

참고 연구실안전관리사 학습가이드 86쪽

22 매슬로우(Maslow)의 인간 욕구 5단계 중 3단계는?

① 존경 욕구
② 안전의 욕구
③ 자아실현의 욕구
④ 사랑, 사회 소속감 추구 욕구

해설 매슬로우(Maslow)의 인간 욕구 5단계

㉠ 1단계 – 생리적 욕구 : 먹을 것, 마실 것, 쉴 곳, 성적 만족, 다른 신체적인 욕구
㉡ 2단계 – 안전의 욕구 : 안전과 육체적 및 감정적인 해로움으로부터의 보호 욕구
㉢ 3단계 – 사랑, 사회 소속감 추구 욕구 : 애정, 소속감, 받아들여짐, 우정
㉣ 4단계 – 존경 욕구 : 내적인 자존 요인과 외부적인 존경요인
㉤ 5단계 – 자아실현의 욕구 : 성장, 잠재력 달성, 자기충족성, 자신이 되고자 하는 욕구

참고 연구실안전관리사 학습가이드 89쪽

23 뇌파의 형태에 따른 인간의 의식수준 5단계 모형에 대한 설명으로 옳은 것은?

① 0 단계는 과도 긴장 시나 감정 흥분 시의 의식 수준으로 대뇌의 활동력은 높지만, 주의가 눈앞의 한 곳에 집중되고 냉정함이 결여되어 판단은 둔화한다.
② I 단계는 적극적인 활동 시의 명쾌한 의식으로 대뇌가 활발히 움직이므로 주위의 범위도 넓고, 과오를 일으키는 일도 거의 없다.
③ II 단계는 의식이 가장 안정된 상태이나 작업을 수행하기에는 미처 준비되지 못한 상태로, 숙면을 취하고 깨어난 상태를 가리킨다.
④ III 단계는 과로했을 때나 야간작업을 했을 때 볼 수 있는 의식 수준으로, 부주의 상태가 강해서 인적 오류(Human Error)가 빈발한다.

해설 뇌파의 형태에 따른 인간의 의식수준 5단계 모형

㉠ 0 단계 : 의식을 잃은 상태이므로 작업수행과는 관계가 없다.
㉡ I 단계 : 과로했을 때나 야간작업을 했을 때 볼 수 있는 의식수준으로 부주의 상태가 강해서 휴먼에러가 빈발한다. 이 단계는 휴식 시나 단순 반복 작업을 장시간 지속할 때도 여기에 해당한다.
㉢ II 단계 : 의식이 가장 안정된 상태이나, 작업을 수행하기에는 미처 준비되지 못한 상태이다. 숙면을 취하고 깨어난 상태를 가리킨다.
㉣ III 단계 : 적극적인 활동 시의 명쾌한 의식으로 대뇌가 활발히 움직이므로 주위의 범위도 넓고, 과오를 일으키는 일도 거의 없다.
㉤ IV 단계 : 과도 긴장 시나 감정 흥분 시의 의식 수준으로 대뇌의 활동력은 높지만 주의가 눈앞의 한 곳에 집중되고 냉정함이 결여되어 판단은 둔화한다.

※ 휴먼에러의 가능성은 IV단계일 때 최대이고 다음으로 I 단계, II단계의 순이며, III단계에서 과오 가능성이 최소가 된다.

참고 연구실안전관리사 학습가이드 94쪽

정답 22.④ 23.③

24 「고압가스 안전관리법」에 따른 안전관리자에 관한 설명으로 옳지 않은 것은?

〈보기〉
「연구실 안전환경 조성에 관한 법률 시행규칙」에 따르면, 연구주체의 장은 연구과제 수행을 위한 연구비를 책정할 때 그 연구과제 인건비 총액의 ( ) 퍼센트 이상에 해당하는 금액을 안전 관련 예산으로 배정해야 한다.

① 1 ② 2 ③ 3 ④ 4

해설 안전 관련 예산의 배정
연구주체의 장은 연구과제 수행을 위한 연구비를 책정할 때 그 연구과제 인건비 총액의 1% 이상에 해당하는 금액을 안전 관련 예산으로 배정해야 한다.

참고 연구실안전법 시행규칙 제13조
연구실안전관리사 학습가이드 33쪽

25 「연구실 안전환경 조성에 관한 법률 시행령」에 따른 연구실안전정보시스템을 구축할 때 포함해야 하는 정보가 아닌 것은?

① 기본계획 및 연구실 안전 정책에 관한 사항
② 연구실 내 유해인자에 관한 정보
③ 연구실 내 보유 연구장비 현황
④ 대학 및 연구기관 등의 현황

해설 연구실안전정보시스템 구축 시 포함 정보
①, ②, ④ 이외에 다음의 정보를 포함해야 한다.
㉠ 분야별 연구실사고 발생 현황, 연구실사고 원인 및 피해 현황 등 연구실사고에 관한 통계
㉡ 안전점검지침 및 정밀안전진단지침
㉢ 안전점검 및 정밀안전진단 대행기관의 등록 현황
㉣ 안전관리 우수연구실 인증 현황
㉤ 권역별연구안전지원센터의 지정 현황
㉥ 연구실안전환경관리자 지정 내용 등 법 및 이 영에 따른 제출·보고 사항
㉦ 그 밖에 연구실 안전환경 조성에 필요한 사항

참고 연구실안전법 시행령 제6조
연구실안전관리사 학습가이드 23쪽

26 「연구실 안전환경 및 정밀안전진단에 관한 지침」에 따른 노출도평가 결과보고서의 서류 보존·관리기간은?

① 1년 ② 2년 ③ 3년 ④ 5년

해설 서류의 보존
㉠ 일상점검표 : 1년
㉡ 정기점검, 특별안전점검, 정밀안전진단 결과보고서, 노출도평가 결과보고서 : 3년

참고 연구실 안전환경 및 정밀안전진단에 관한 지침 제17조
연구실안전관리사 학습가이드 40쪽

27 「연구실 안전환경 조성에 관한 법률」에 따른 안전관리 우수연구실 인증 취소 사유로 옳지 않은 것은?

① 거짓이나 그 밖의 부정한 방법으로 인증을 받은 경우
② 정당한 사유 없이 6개월 이상 연구활동을 수행하지 않은 경우
③ 인증서를 반납하는 경우
④ 인증 기준에 적합하지 아니하게 된 경우

해설 안전관리 우수연구실 인증의 취소 사유
② 정당한 사유 없이 1년 이상 연구활동을 수행하지 않은 경우

참고 연구실안전법 제28조
연구실안전관리사 학습가이드 18쪽

정답 24.① 25.③ 26.③ 27.②

28 「안전관리 우수연구실 인증제 운영에 관한 규정」에 따른 연구실 안전환경시스템 분야의 세부항목으로 옳지 않은 것은?

① 조직 및 업무분장
② 교육 및 훈련, 자격 등
③ 연구실 환경·보건 관리
④ 의사소통 및 정보제공

해설 **안전관리 우수연구실 인증심사 중 연구실 안전환경시스템 분야의 세부항목**
①, ②, ④ 이외에 다음의 항목이 있다.
㉠ 운영법규 등 검토
㉡ 목표 및 추진계획
㉢ 사전유해인자위험분석
㉣ 문서화 및 문서관리
㉤ 비상시 대비·대응 관리체계
㉥ 성과측정 및 모니터링
㉦ 시정조치 및 예방조치
㉧ 내부심사
㉨ 연구주체의 장의 검토 여부.

참고 안전관리 우수연구실 인증제 운영에 관한 규정 별표 1

29 (　　) 안에 들어갈 말로 옳은 것은?

〈보기〉
(　　)은 연구활동을 주요 단계로 구분하여 단계별 유해인자의 제거, 최소화 및 사고를 예방하기 위한 대책을 마련하는 기법을 말한다.

① 비상조치계획
② 결함수 분석
③ 연구개발활동안전분석
④ 연구실 안전현황 분석

해설 **연구개발활동안전분석의 정의**
연구개발활동안전분석(R&DSA;Research&Development Safety Analysis)에 대한 설명이다.

참고 연구실 사전유해인자위험분석 실시에 관한 지침 제2조
연구실안전관리사 학습가이드 42쪽

30 〈보기〉에서 지름길 반응 또는 생략행위에 해당하는 사례를 모두 고른 것은?

〈보기〉
ㄱ. 고압가스 등의 위험물에 접근을 제한하기 위해 통로에 노란색 선을 표시하였으나, 이를 무시하고 빠른 길을 가려고 이동 중 위험물을 건드려 발생한 사고
ㄴ. 골무를 손에 끼고 뾰족한 기구를 압입하여 작업을 할 경우, 골무가 멀리 있거나 찾을 수 없어서 근처의 손수건으로 대체하여 작업하다가 손을 다치는 사고
ㄷ. 개인보호구를 작용하지 않은 상태에서 뜨겁게 달아오른 시편을 잡아 화상을 당한 사고
ㄹ. 습관적으로 스마트폰을 보는 연구활동종사자가 실험 도중에 스마트폰을 계속 확인하여 오염원에 접촉된 사고

① ㄱ, ㄴ　　② ㄱ, ㄹ
③ ㄴ, ㄷ　　④ ㄷ, ㄹ

해설 **지름길 반응과 생략행위**
㉠ 지름길 반응행동이란 정해진 길이 있는데도 불구하고 되도록 가까운 길을 걸어서 빨리 목적지에 도달하려고 하는 행동이다.
㉡ 규정된 길로 걸으면 돌아가는 것으로 인식되고 헛수고이기에 안전사고가 발생하지 않는 선에서 연구활동종사자가 스스로가 허용하여 규정된 통로를 미준수하거나, 실험 절차, 안전수칙 등을 생략하는 행위라 할 수 있다.

정답 28.③ 29.③ 30.①

최신기출문제

㉢ 지름길 반응과 생략행위는 '귀찮다'라는 생각에서 정해진 규칙과 절차를 준수하지 않는 행위이기에, 규칙을 준수하고자 하는 준법정신과 도덕성의 회복이 우선적으로 필요하다.
㉣ 연구실의 준법 분위기와 안전 문화를 조성함에는 연구실책임자의 관심과 솔선수범에서 비롯되므로, 연구실책임자의 리더십이 매우 중요하다.

참고 연구실안전관리사 학습가이드 119쪽

31 「위험성평가(Risk Assessment)에 대한 설명으로 옳지 않은 것은?

① 위험성이란 유해·위험요인이 부상 또는 질병으로 이어질 수 있는 가능성과 중대성을 조합한 것이다.
② 유해위험요인 파악 방법에는 순회점검에 의한 방법, 안전보건 자료에 의한 방법, 안전보건 체크리스트에 의한 방법 등이 있다.
③ 위험성 추정은 위험성의 크기가 허용 가능한 범위인지 여부를 판단하는 것을 말한다.
④ 위험성 감소대책 수립 시 작업절차서 정비와 같은 관리적 대책보다는 환기장치 설치 등과 같은 공학적 대책을 우선적으로 고려하여야 한다.

해설 **위험성평가에 관한 지침에서 사용하는 용어의 정의**
㉠ 위험성평가 : 유해·위험요인을 파악하고 해당 유해·위험요인에 의한 부상 또는 질병의 발생 가능성(빈도)과 중대성(강도)을 추정·결정하고 감소대책을 수립하여 실행하는 일련의 과정
㉡ 유해·위험요인 : 유해·위험을 일으킬 잠재적 가능성이 있는 것의 고유한 특징이나 속성
㉢ 위험성 : 유해·위험요인이 부상 또는 질병으로 이어질 수 있는 가능성(빈도)과 중대성(강도)을 조합한 것
㉣ 위험성 추정 : 유해·위험요인별로 부상 또는 질병으로 이어질 수 있는 가능성과 중대성의 크기를 각각 추정하여 위험성의 크기를 산출하는 것
㉤ 위험성 결정 : 유해·위험요인별로 추정한 위험성의 크기가 허용 가능한 범위인지 여부를 판단하는 것
㉥ 위험성 감소대책 수립 및 실행 : 위험성 결정 결과 허용 불가능한 위험성을 합리적으로 실천 가능한 범위에서 가능한 한 낮은 수준으로 감소시키기 위한 대책을 수립하고 실행하는 것

참고 사업장 위험성평가에 관한 지침 제3조
연구실안전관리사 학습가이드 123~124쪽

32 FTA(Fault Tree Analysisn)에 대한 설명으로 옳은 것은?

① 1962년 미국 벨전화연구소의 H.A.Waston에 의해 군용으로 고안되어 개발된 귀납적 분석 방법이다.
② 상향식(Bottom-up) 방법으로 고장 발생의 인과관계를 AND Gate나 OR Gate를 사용하여 논리표(Logic Diagra)의 형으로 나타내는 시스템 안전 해석 방법이다.
③ 시스템에 있어서 휴먼에러를 정량적으로 평가하기 위해서 개발한 예측 기법이다.
④ 정상사상(Top Event)의 선정 시 가능한 다수의 하위 레벨 사상을 포함하고, 설계상·기술상 대처 가능한 사상이 되도록 고려해야 한다.

해설 **결함수 분석(FTA ; Fault Tree Analysis)**
① 1962년 미국 벨전화연구소의 H.A.Waston에 의해 군용으로 고안되어 개발된 연역적 분석 방법이다.

정답 31.③ 32.④

② 하향식(Top-down) 방법으로 고장 발생의 인과 관계를 AND Gate나 OR Gate를 사용하여 논리표(Logic Diagra)의 형으로 나타내는 시스템 안전 해석 방법이다.
③ AND, OR 게이트, 이벤트, 부호 등의 그래픽 기호를 사용하여 설비나 공정의 위험성을 트리 구조로 표현한 정량적 분석 방법이다.
※ 문제의 보기 ③은 THERP(Techmique for Human Error Rate Prediction)에 대한 설명이다.

참고 연구실안전관리사 학습가이드 124, 127쪽

33 〈보기〉는 연구실사고 재발방지대책 수립 시 안전확보 방법이다. 우선순위가 높은 것부터 순서대로 나열한 것은?

〈보기〉
ㄱ. 사고확대 방지
ㄴ. 위험제거
ㄷ. 위험회피
ㄹ. 자기방호

① ㄴ – ㄷ – ㄹ – ㄱ
② ㄴ – ㄹ – ㄷ – ㄱ
③ ㄷ – ㄴ – ㄹ – ㄱ
④ ㄷ – ㄹ – ㄴ – ㄱ

해설 **재발방지대책 수립 시 안전확보를 위한 우선순위**
위험제거 → 위험회피 → 자기방호 → 사고확대 방지

참고 연구실안전관리사 학습가이드 166쪽

34 ( ) 안에 들어갈 말로 옳은 것은?

〈보기〉
안전교육의 방법 중 ( )은 사고력을 포함한 종합능력을 육성하는 교육을 말한다.

① 문제해결교육 ② 지식교육
③ 기술교육 ④ 태도교육

해설 **안전교육의 종류**
① 문제해결교육 : 사고력을 포함한 종합능력을 육성하는 교육
② 지식교육 : 재해발생의 원리 이해, 법규·규정·기준·수칙의 습득, 잠재 위험요소의 이해
③ 기술교육 : 작업방법, 취급 및 조작행위의 숙달
④ 태도교육 : 표준작업방법의 이행, 안전수칙 및 규칙의 실행, 동기부여

참고 연구실안전관리사 학습가이드 142쪽

35 〈보기〉의 설명에 해당하는 교육 기법은?

〈보기〉
• 장점
– 흥미를 일으킨다.
– 요점 파악이 쉽고 습득이 빠르다.
• 단점
– 교육장소 섭외나 선정이 어렵다.
– 학습과 작업을 구별하기 곤란할 수 있다.
– 교육 중 작업자 실수나 사고의 위험성이 있다.

① 실습 ② 시청각교육
③ 토의법 ④ 프로젝트법

정답 33.① 34.① 35.①

해설 교육 기법의 장단점

교육기법	장점	단점
강의	• 시간의 계획과 통제가 용이 • 많은 것을 동시에 하기가 쉬움.	• 하향식 • 권위주의적
실습	• 흥미를 일으킴. • 요점 파악이 쉽고 습득이 빠름.	• 장소선정이 어려움. • 학습과 업무수행과의 구별이 어려움. • 실수나 과오의 위험이 있음.
시청각 교육	• 흥미가 있고 학습 동기가 유발됨. • 학습의 속도가 빠름. • 인상적으로 잘 기억할 수 있음.	• 작성에 잔일과 경비가 듦. • 이동에 불편함. • 적절한 교재의 확보가 어려움.
토의법	• 민주적, 협력적 • 적극적인 사고가 유발됨. • 주제 테마에 의해 동기가 유발됨. • 지식 경험을 자유롭게 교환할 수 있음.	• 참가자의 질에 좌우됨. • 지도자로서 적재 경험자를 구하기 어려움. • 많은 사람을 동시에 상대할 수 있음.
사례연구	• 학습 동기를 유발할 수 있음. • 현실적인 문제의 학습이 가능 • 생각하는 학습 교류가 가능	• 적절한 사례의 확보가 곤란함. • 원칙 및 규칙의 체계적 습득이 힘듦.

참고 연구실안전관리사 학습가이드 143쪽

36 (   ) 안에 들어갈 말로 옳은 것은?

〈보기〉

지식교육의 진행 과정은 '도입 → 제시 → (   ) → 확인' 순으로 이루어진다.

① 청취 ② 이해

③ 적용 ④ 평가

해설 교육 진행 시의 4단계 과정

도입 → 제시(설명) → 적용(응용) → 확인(총괄)

참고 연구실안전관리사 학습가이드 144쪽

37 안전교육 효과의 평가에 대한 설명으로 옳지 않은 것은?

① 교육을 실시했다고 해서 반드시 교육효과가 나타나는 것은 아니다.

② 태도교육의 효과는 시험이나 실습을 통해 확인할 수 있다.

③ 안전심리학적 측면에서 가장 중요한 것은 안전동기부여(Safety Motivation)이다.

④ 장기간에 걸쳐 행동이나 태도의 변화가 일어나는지를 모니터링할 필요가 있다.

해설 안전교육 효과의 평가

② 지식이나 기능은 시험이나 실습을 통해 확인할 수 있지만, 태도교육은 시험이나 실습을 통해 확인할 수 없다.

참고 연구실안전관리사 학습가이드 144쪽

38 리즌(Reason)의 스위스 치즈 모델(Swiss Cheese Model)에 따른 실패요인 또는 사고를 차단하지 못한 요인이 아닌 것은?

① 조직의 문제

② 감독의 문제

③ 사고대응의 문제

④ 불완전 행위

정답 36.③ 37.② 38.③

해설 **리즌(Reason)의 스위스 치즈 모델에 따른 실패요인 또는 사고를 차단하지 못한 요인**

①, ②, ④ 이외에 다음의 요인이 있다

• **불안전행위의 유발조건**

위 4개 실패요인은 스위스 치즈 모델에서 회전하는 치즈 낱장의 구멍으로 상징되는데, 평소에는 구멍들이 겹쳐지지 않기 때문에 사고가 발생하지 않지만, 공교롭게도 우연한 기회에 구멍들이 하나의 방향으로 정렬하게 되면 사고가 발생한다.

참고 연구실안전관리사 학습가이드 96~97쪽

39 3E 원칙 중 기술적(Engineering) 대책이 아닌 것은?

① 안전설계　② 작업환경 개선
③ 설비 개선　④ 적합한 기준 설정

해설 **3E 원칙**

구분	내용
Engineering (기술적 대책)	안전설계, 작업환경 개선, 설비 개선 등
Enforcement (관리적 대책)	적합한 기준 설정, 각종 규정 및 수칙 준수 등
Education (교육적 대책)	작업방법 교육 실시, 안전의식 또는 기능의 결여 및 부정적인 태도 시정 등

참고 연구실안전관리사 학습가이드 170쪽

40 다음 중 불안전한 행동에 관한 설명으로 옳지 않은 것은?

① 불안전한 상태에 의한 사고 비율이 불안전한 행동에 의한 사고 비율보다 낮다.
② 태도의 불량 및 의욕 부진, 인적 특성에 의한 불안전한 행동은 잠재적인 위험 요인이므로 이성적 교육 후에 해결되어야 한다.
③ 기능 미숙에 의한 불안전한 행동은 교육이나 훈련에 의해 이성적으로 개선될 수 있다.
④ 지식 부족에 의한 불안전한 행동은 교육에 의해 이성적으로 개선될 수 있다.

해설 **안전교육 효과의 평가**

② 기능의 미숙 및 지식의 부족은 교육에 의해 이성적으로 개선될 수 있으나, 태도의 불량 및 의욕 부진, 인적 특성은 잠재적인 것으로 이성적 교육에 앞서 해결되어야 한다.

참고 연구실안전관리사 학습가이드 167쪽

제 3과목 연구실 화학·가스 안전관리

41 ( ) 안에 들어갈 말로 옳은 것은?

〈보기〉
( )은/는 액화가스의 형태로 저장하며, 가연성, 독성 및 부식성의 성질을 모두 가지고 있다.

① 아르곤(Ar)　② 암모니아(NH_3)
③ 염소(Cl_2)　④ 수소(H_2)

해설 **가스의 분류**

① 아르곤 : 비활성가스
② 암모니아 : 가연성·독성·부식성가스
③ 염소 : 산화성·독성가스
④ 수소 : 가연성가스

참고 연구실안전관리사 학습가이드 175쪽

정답 39.④ 40.② 41.②

42 다음 중 고압가스가 아닌 것은?

① 15℃에서 게이지 압력이 0.2MPa인 아세틸렌
② 25℃에서 게이지 압력이 0.8MPa인 기체질소
③ 35℃에서 게이지 압력이 0.3MPa인 액화프로판
④ −40℃에서 게이지 압력이 0.9MPa인 기체산소

해설 **고압가스의 종류 및 범위**

㉠ 압축가스 : 상용의 온도 또는 35℃에서 게이지 압력이 1MPa 이상
㉡ 아세틸렌 가스 : 15℃에서 게이지 압력이 0Pa 초과
㉢ 액화가스 : 상용의 온도 또는 35℃에서 게이지 압력이 0.2MPa 이상
㉣ 액화시안화수소, 액화브롬화메탄, 액화산화에틸렌 : 35℃에서 게이지 압력이 0Pa 초과

② 25℃(298K)에서 게이지압 0.8MPa(절대압력 0.9MPa)인 기체질소를 35℃로 온도를 올리는 경우의 압력은 다음 식을 이용하여 계산할 수 있다.

$$\frac{308K(35℃)}{298K(25℃)} = \frac{P(\text{절대압})}{0.9MPa(\text{절대압})}$$

P(절대압)=0.93MPa, P(게이지압)=0.83MPa

※ 즉, 압축가스는 35℃에서 게이지 압력이 1MPa 이상이어야 하는데, 기체질소는 이보다 작아 고압가스에 해당되지 않는다.

참고 고압가스 안전관리법 시행령 제2조
연구실안전관리사 학습가이드 187쪽

43 화학물질의 증기압에 관한 설명으로 옳지 않은 것은?

① 부피가 고정된 용기에 액상의 가스(예: LPG)를 넣어 일정온도에서 밀폐시키면 액체의 일부는 기화하고, 용기 내의 증기압은 상승한다.
② 증기압은 밀폐된 용기 내에서 액체가 기체로 되는 양과 기체가 액체로 되는 양이 같게 되어 액체와 기체가 평형을 이루었을 때의 기체가 나타내는 압력을 말한다.
③ 증기압은 액체의 종류에 따라 다르며, 같은 물질일 경우 온도에 상관없이 용기에 들어있는 액체의 증기압은 일정하다.
④ 물의 끓는점은 대기압하에서 100℃이며, 이때의 증기압은 대기압과 동일하다.

해설 **증기압**

③ 증기압은 액체의 종류와 온도에 따라 다르며, 같은 가스일 경우 온도가 일정하면 용기에 들어있는 가스의 양에 관계없이 압력은 일정하다.

참고 연구실안전관리사 학습가이드 180쪽

44 어떤 화학물질의 경고표지가 훼손되어 일부 정보만 확인할 수 있다. 다음 〈자료〉를 이해한 내용으로 옳은 것은?

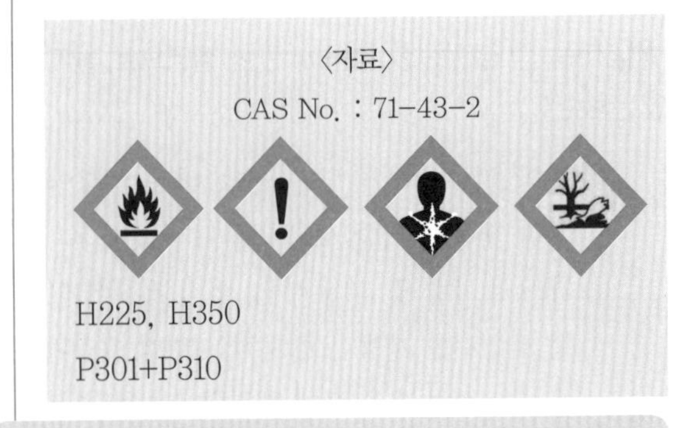

정답 42.② 43.③ 44.③

① 화학물질의 명칭을 확인할 수 있는 정보가 없다.
② 다른 물질의 연소를 더 잘 일으키거나 촉진할 수 있다.
③ 물리적 위험성과 건강유해성 정보를 확인할 수 있다.
④ 예방조치에 관한 5개 이상의 정보를 확인할 수 있다.

해설 **경고표지**

① 화학물질의 명칭을 확인할 수 있는 정보가 있다(Cas No. 71-43-2 : 벤젠).
② 다른 물질의 연소를 일으키거나 촉진할 수 있는 물질(산화성)은 없다.
③ 물리적 위험성과 건강유해성 정보를 확인할 수 있다(H225 : 고인화성 액체 및 증기, H350 : 발암성).
※ 왼쪽부터 경고 정보는 아래와 같다.
㉠ 인화성, 물반응성, 자기반응성 물질 경고
㉡ 급성독성, 피부자극성, 심한눈자극성, 피부과민성 경고
㉢ 발암성, 변이원성, 생식독성, 전신독성, 호흡기과민성 물질 경고
㉣ 수생환경유해성
④ 예방조치에 관한 1가지 정보를 확인할 수 있다(P301 : 삼켰다면 + P310 : 즉시 의료기관(의사)의 진찰을 받으시오.).

참고 연구실안전관리사 학습가이드 177, 429쪽

45 폐기물 안전관리에 대한 설명으로 옳은 것은?

① 화학폐기물은 화학실험 후 발생한 액체, 고체, 슬러지 상태의 화학물질로 더 이상 연구 및 실험 활동에 필요하지 않게 된 화학물질이다.
② 부식성 폐기물은 폐산의 경우 pH3 이상인 것, 폐알칼리의 경우 pH11 이하인 것을 말한다.
③ 실험실 폐기물은 모두 지정폐기물에 해당한다.
④ 화학폐기물은 화학물질 본래의 인화성, 부식성, 독성 등의 특성을 유지하거나 합성 등으로 새로운 화학물질이 생성되지 않는다.

해설 **폐기물 안전관리**

② 부식성 폐기물은 폐산의 경우 pH2 이하인 것, 폐알칼리의 경우 pH12.5 이상인 것을 말한다.
③ 지정폐기물은 사업장폐기물 중 폐유·폐산 등 주변 환경을 오염시킬 수 있거나, 의료폐기물 등 인체에 위해를 줄 수 있는 해로운 물질로서 대통령령으로 정하는 폐기물을 말하며, 실험실 폐기물 중 해당 조건에 맞는 폐기물만 지정폐기물에 해당한다.
④ 화학폐기물은 화학물질 본래의 인화성, 부식성, 독성 등의 특성을 유지하거나 합성 등으로 새로운 화학물질이 생성되어 유해·위험성이 실험 전보다 더 커질 수 있으므로 발생된 폐기물은 그 성질 및 상태에 따라서 분리 및 수집해야 한다.

참고 폐기물관리법 제2조, 시행령 별표 1
연구실안전관리사 학습가이드 198쪽

정답 45.①

46 다음 중 폐기물의 유해특성에 대한 설명으로 옳은 것은?

① 인화성은 그 자체로 반드시 연소성이 없지만, 산소를 생성시켜 다른 물질을 연소시키는 물질의 특성을 말한다.

② 폭발성은 공기에 접촉하여 짧은 시간에 자연적으로 발화를 돕는 특성을 말한다.

③ 가연성은 쉽게 연소하거나 또는 발화하거나 발화를 돕는 특성을 말한다.

④ 산화성은 열적인 면에서 불안정하여 산소가 공급되지 않아도 강렬하게 발열·분해하는 특성을 말한다.

해설 **폐기물의 유해특성**

① 인화성 : 운반 중 쉽게 연소가 일어나거나, 마찰 등이나 일정온도 이하에서도 화재가 유발되거나 인화성 증기를 발생하는 성질

② 폭발성 : 자체적으로 가스를 생성하는 화학반응을 일으키며, 반응 시 온도, 압력 및 반응속도가 주위에 피해를 유발할 수 있는 성질

④ 산화성 : 그 자체로는 연소하지 않더라도 일반적으로 산소를 발생시켜 다른 물질을 연소시키는 물질의 특성

※ 자기반응성 : 열적인 면에서 불안정하여 산소가 공급되지 않아도 강렬하게 발열·분해하는 특성

참고 폐기물 유해특성의 성질 및 해당 기준 별표 1

47 다음 중 가스 누출 시 상호반응성이 가장 높은 조합은?

① C_2H_2, NH_3　② H_2, CO
③ H_2S, Cl_2　④ CH_4, H_2

해설 **가스의 상호반응성**

가연성가스와 산화성가스로 구성되어 있을 경우 상호반응성이 가장 높은데, 염소(Cl_2)는 산화성가스이면서 독성가스이다.

㉠ 가연성가스 : 아세틸렌(C_2H_2), 암모니아(NH_3), 수소(H_2), 일산화탄소(CO), 황화수소(H_2S), 메탄(CH_4)

㉡ 산화성·독성가스 : 염소(Cl_2)

참고 고압가스 안전관리법 시행규칙 제2조

48 지정폐기물 수집 및 보관에 관한 설명으로 옳은 것은?

① 지정폐기물의 보관창고에는 보관 중인 지정 폐기물의 종류, 보관가능 용량, 취급 시 주의사항 등을 하얀색 바탕에 검은색 선 및 검은색 글자의 표지로 설치한다.

② 흩날릴 우려가 있는 폐석면은 폴리에틸렌, 그 밖에 이와 유사한 재질의 포대로 포장하여 보관한다.

③ 액상의 화학폐기물은 휘발되지 않도록 수집용기를 밀폐하여 보관하며, 수집용기의 최대 90%까지 수집하여 보관한다.

④ 폴리클로리네이티드비페닐 함유폐기물을 보관하려는 배출자 및 처리업자는 시·도지사나 지방환경관서의 장의 승인을 받아 1년 단위로 보관기간을 연장할 수 있다.

해설 **지정폐기물 수집과 보관**

① 지정폐기물의 보관창고에는 보관 중인 지정 폐기물의 종류, 보관가능 용량, 취급 시 주의사항 등을 노란색 바탕에 검은색 선 및 검은색 글자의 표지로 설치한다.

정답 46.③ 47.③ 48.④

② 흩날릴 우려가 있는 폐석면은 습도 조절 등의 조치 후 고밀도 내수성재질의 포대로 2중포장하거나 견고한 용기에 밀봉하여 흩날리지 않도록 보관하여야 하고, 고형화되어 있어 흩날릴 우려가 없는 폐석면은 폴리에틸렌, 그 밖에 이와 유사한 재질의 포대로 포장하여 보관한다.

③ 액상의 화학폐기물은 휘발되지 않도록 수집용기를 밀폐하여 보관하며, 수집용기의 최대 70%까지 수집하여 보관한다.

참고 폐기물관리법 시행규칙 별표 5
연구실안전관리사 학습가이드 202쪽

49 물질안전보건자료(Material Safety Date Sheets)의 구성항목이 아닌 것은?

① 화학제품과 회사에 관한 정보
② 제조일자 및 유효기간
③ 운송에 필요한 정보
④ 법적규제 현황

해설 **물질안전보건자료(MSDS)의 항목**

①, ③, ④ 이외에 다음의 항목이 있다.
㉠ 유해성·위험성
㉡ 구성성분의 명칭 및 함유량
㉢ 응급조치요령
㉣ 폭발·화재 시 대처방법
㉤ 누출사고 시 대처방법
㉥ 취급 및 저장방법
㉦ 노출방지 및 개인보호구
㉧ 물리·화학적 특성
㉨ 안전성 및 반응성
㉩ 독성에 관한 정보
㉪ 환경에 미치는 영향
㉫ 폐기 시 주의사항
㉬ 그 밖의 참고 사항

참고 연구실안전관리사 학습가이드 176쪽

50 폐기물 처리에 관한 설명으로 옳지 않은 것은?

① 염산과 포름산은 폐기 시 구분하여 별도의 용기에 수거한다.
② 크레졸은 내부식성이 있는 용기에 수거해야 한다.
③ 적린은 자연발화의 위험성이 크므로 폐기 시 주의한다.
④ 사용한 아세트산은 폐기 시 가연성이 있으므로 주의하여 처리한다.

해설 **폐기물 처리 시 주의사항**

③ 황린은 자연발화의 위험성이 크므로 폐기 시 주의한다.

51 가연성가스 누출 시 가스누출경보기가 작동하는 경보농도 기준으로 옳은 것은?

① 폭발 하한계(Lower Explosion Limit)의 1/4 이하
② LC50(50% Lethal Concentration) 기준 농도의 1/4 이하
③ TLV-TWA(Threshold Limit Value-Time Weighted Average, 8시간) 기준 농도의 1/4 이하
④ IDLH(Immediately Dangerous to Life or Health) 기준 농도의 1/4 이하

해설 **가스누출경보기의 경보농도 기준**

㉠ 가연성가스 폭발 하한계의 1/4 이하
㉡ 독성가스는 TLV-TWA(Threshold limit valu-time weighted average, 8시간 시간가중노출기준) 기준농도 이하

참고 연구실안전관리사 학습가이드 210쪽

정답 49.② 50.③ 51.①

52 가스 폭발 위험에 관한 설명으로 옳지 않은 것은?

① 폭발범위의 상한값과 하한값의 차이가 클수록 폭발위험은 커진다.
② 폭발범위의 하한값이 낮을수록 폭발위험은 커진다.
③ 온도와 압력이 높아질수록 폭발범위가 넓어진다.
④ 산소 중에서의 폭발범위보다 공기 중에서의 폭발범위가 넓다.

해설 가스 폭발범위의 특징

④ 공기 중에서의 폭발범위보다 산소 중에서의 폭발범위가 넓다.

참고 연구실안전관리사 학습가이드 234쪽

53 ( ) 안에 들어갈 말로 옳은 것은?

〈보기〉
( ) 방폭구조란, 가스 누출로 인한 화재·폭발을 방지하기 위하여 용기 내부에 보호가스(신선한 공기 또는 불활성가스)를 압입하여 내부압력을 유지함으로써 가연성가스가 용기 내부로 유입되지 않도록 한 전기기기를 말한다.

① 내압 ② 압력
③ 유입 ④ 본질안전

해설 방폭구조의 종류

㉠ 내압방폭구조 : 용기 내부에서 가연성가스의 폭발이 발생할 경우 그 용기가 폭발압력에 견디고, 접합면, 개구부 등을 통해 외부의 가연성가스에 인화되지 않도록 한 구조
㉡ 유입방폭구조 : 용기 내부에 절연유를 주입하여 불꽃·아아크 또는 고온발생부분이 기름 속에 잠기게 함으로써 기름면 위에 존재하는 가연성가스에 인화되지 않도록 한 구조
㉢ 안전증방폭구조 : 정상운전 중에 가연성가스의 점화원이 될 전기불꽃·아아크 또는 고온 부분 등의 발생을 방지하기 위해 기계적·전기적 구조상 또는 온도상승에 대해 특히 안전도를 증가시킨 구조
㉣ 본질안전방폭구조 : 정상 시 및 사고(단선, 단락, 지락 등) 시에 발생하는 전기불꽃·아크 또는 고온부로 인하여 가연성가스가 점화되지 않는 것이 점화시험, 그 밖의 방법에 의해 확인된 구조
㉤ 특수방폭구조 : 가연성가스에 점화를 방지할 수 있다는 것이 시험, 그 밖의 방법으로 확인된 구조

참고 연구실안전관리사 학습가이드 237쪽

54 화재·폭발 방지 및 피해저감 조치로 옳지 않은 것은?

① 정전기가 점화원으로 되는 것을 방지하기 위해 상대습도를 30% 이하로 유지한다.
② 불꽃 등 연구실 내 점화원을 제거 또는 억제한다.
③ 공기 또는 산소의 혼입을 차단한다.
④ 가연성가스, 증기 및 분진이 폭발범위 내로 축적되지 않도록 환기시킨다.

해설 폭발 방지 및 안전장치

① 정전기가 점화원으로 되는 것을 방지하기 위해 상대습도를 70% 이하로 유지한다.

참고 연구실안전관리사 학습가이드 229쪽

정답 52.④ 53.② 54.①

55 폭발위험장소 종류 구분 및 방폭형 전기기계·기구의 선정에 대한 설명으로 옳지 않은 것은?

① 0종장소란, 상용의 상태에서 가연성가스의 농도가 연속해서 폭발하한계 이상으로 되는 장소를 의미한다.

② 2종장소란, 밀폐된 용기 또는 설비 안에 밀봉된 가연성가스가 그 용기 또는 설비의 사고로 인하여 파손되거나 오조작의 경우에만 누출할 위험이 있는 장소를 의미한다.

③ 방폭설비의 온도등급은 인화점으로 선정한다.

④ 수소, 아세틸렌의 경우 내압방폭구조의 폭발등급은 IIC 등급을 적용한다.

해설 **가스시설 전기방폭 기준**

③ 방폭전기기기의 온도등급은 가연성가스의 발화도에 따라 허용되는 최고표면온도로 선정한다.

㉮ 1종장소 : 상용상태에서 가연성가스가 체류해 위험하게 될 우려가 있는 장소, 정비보수 또는 누출 등으로 인하여 종종 가연성가스가 체류하여 위험하게 될 우려가 있는 장소

㉯ 내압방폭구조의 폭발등급에 따른 가스 종류
- ㉠ IIA 등급 : 암모니아, 일산화탄소, 프로판 등
- ㉡ IIB 등급 : 에틸렌, 부타디엔 등
- ㉢ IIC 등급 : 수소, 아세틸렌 등

참고 연구실안전관리사 학습가이드 237쪽

56 (　　) 안에 들어갈 숫자로 옳은 것은?

〈보기〉

메탄 70vol.%, 프로판 20vol.%, 부탄 10vol.%인 혼합가스의 공기 중 폭발하한계 값은 약 (　　) vol.%이다. (단, 각 성분의 하한계 값은 메탄 5vol.%, 프로판 2.1vol.%, 부탄 1.8vol.%임)

① 1.44　　② 2.44

③ 3.44　　④ 4.44

해설 **폭발하한계(르샤틀리에 공식 이용)**

$$\frac{100}{L} = \frac{V_1}{L_1} + \frac{V_2}{L_2} + \frac{V_3}{L_3} \cdots + \frac{V_n}{L_n}$$

$$L = \frac{100}{\frac{V_1}{L_1} + \frac{V_2}{L_2} + \frac{V_3}{L_3} \cdots + \frac{V_n}{L_n}}$$

여기서, L : 혼합가스의 폭발하한계

$L_1 \cdots L_n$: 각 성분 가스의 폭발하한계

$V_1 \cdots V_n$: 각 성분 가스의 부피(%)

$$L = \frac{100}{\frac{70}{5} + \frac{20}{2.1} + \frac{10}{1.8}} = \frac{100}{29.079}$$

$= 3.439$

참고 연구실안전관리사 학습가이드 187쪽

57 고압가스용 실린더캐비닛의 구조 및 성능에 대한 설명으로 옳지 않은 것은?

① 고압가스용 실린더캐비닛의 내부압력이 외부압력보다 항상 높게 유지될 수 있는 구조로 할 것

② 고압가스용 실린더캐비닛의 내부 중 고압가스가 통하는 부분은 안전율 4 이상으로 설계할 것

③ 질소나 공기 등 기체로 상용압력의 1.1배 이상의 압력으로 내압시험을 실시하여 이상팽창과 균열이 없을 것

④ 고압가스용 실린더캐비닛에 사용하는 가스는 상호반응에 의한 재해가 발생할 우려가 없을 것

정답 55.③ 56.③ 57.①, ③

해설 **고압가스용 실린더캐비닛 제조의 시설 기준**

① 고압가스용 실린더캐비닛의 내부압력이 외부압력보다 항상 낮게 유지될 수 있는 구조로 할 것(음압)

※ 문제의 보기 ③은 성능시험과 관련된 부분으로 구조 및 성능에 대한 내용이 아니므로 복수 정답 처리함.

참고 KGS Code AA913 3.4(구조 및 치수)
연구실안전관리사 학습가이드 190쪽

58 독성가스 누출 시 위험제어 방안으로 옳지 않은 것은?

① 가스 용기는 안전한 이송이 가능하다면, 통풍이 양호한 장소로 이송해 격리한다.
② 배출가스는 적절한 처리장치 또는 강제통풍시스템으로 유도하여 안전하게 희석, 배출한다.
③ 독성가스 용기에 접근할 때에는 내화학복, 자급식 공기호흡기(SCBA)를 착용하여야 한다.
④ 누설을 초기에 감지하기 위한 독성가스감지기를 설치하며, 감지기 설정값은 「고압가스안전관리법」에 따른 독성가스 기준인 5,000ppm이다.

해설 **고압가스용 실린더캐비닛 제조의 시설 기준**

④ 누설을 초기에 감지하기 위한 독성가스감지기를 설치하며, 감지기 설정값은 대상 독성가스의 TLV – TWA (Threshold Limit Value – Time weighted Average, 8시간 시간가중노출기준) 기준농도 이하에서 경보가 울리도록 설정하여야 한다.

참고 연구실안전관리사 학습가이드 210쪽

59 다음 중 허용농도(TLV–TWA)가 가장 낮은 가스는?

① 황화수소　② 암모니아
③ 일산화탄소　④ 포스겐

해설 **허용농도(TLV–TWA)**

① 황화수소(H_2S) : 10ppm
② 암모니아(NH_3) : 25ppm
③ 일산화탄소(CO) : 50ppm
④ 포스겐($COCl_2$) : 0.1ppm

참고 화학물질안전원 화학물질종합정보시스템

60 「고압가스안전관리법」에 따른 특정고압가스 사용신고 대상을 〈보기〉에서 모두 고른 것은?

〈보기〉

ㄱ. 액화산소(O_2) 저장설비로서, 저장능력이 250kg인 경우
ㄴ. 수소(H_2) 저장설비로서, 저장능력이 $100m^3$인 경우
ㄷ. 액화암모니아(NH_3) 저장설비로서, 저장능력이 10L인 경우
ㄹ. 불화수소(HF) 저장설비로서, 저장능력이 47L인 경우

① ㄱ, ㄴ　② ㄱ, ㄹ
③ ㄴ, ㄷ　④ ㄷ, ㄹ

해설 **특정고압가스 사용신고 대상**

㉠ 저장능력 500kg 이상인 액화가스 저장설비를 갖추고 특정고압가스를 사용하려는 자
㉡ 저장능력 $50m^3$ 이상인 압축가스 저장설비를 갖추고 특정고압가스를 사용하려는 자
㉢ 배관으로 특정고압가스(천연가스는 제외)를 공급받아 사용하려는 자

정답 58.④ 59.④ 60.③

㉣ 압축모노실란·압축디보레인·액화알진·포스핀·셀렌화수소·게르만·디실란·오불화비소·오불화인·삼불화인·삼불화질소·삼불화붕소·사불화유황·사불화규소·액화염소 또는 액화암모니아를 사용하려는 자. 다만, 시험용(해당 고압가스를 직접 시험하는 경우만 해당)으로 사용하려 하거나 시장·군수 또는 구청장이 지정하는 지역에서 사료용으로 볏짚 등을 발효하기 위하여 액화암모니아를 사용하려는 경우는 제외한다.

㉤ 자동차 연료용으로 특정고압가스를 공급받아 사용하려는 자

참고 고압가스 안전관리법 시행규칙 제46조

제 4과목 연구실 기계·물리 안전관리

61 기기를 이용한 실험 중 사고가 발생한 경우, 사고복구 단계에서 해당 연구실(연구실책임자, 연구활동종사자)과 안전담당 부서(연구실안전환경관리자)가 공통으로 조치해야 하는 사항으로 옳은 것은?

① 사고 원인 조사를 위한 현장은 보존하되, 2차 사고가 발생하지 않도록 조치하는 범위 내에서 사고 현장 주변 정리 정돈
② 피해복구 및 재발 방지 대책 마련·시행
③ 부상자 가족에게 사고 내용 전달 및 대응
④ 사고 기계에 대한 결함 여부 조사 및 안전 조치

해설 **사고복구 단계에서의 직무별 조치사항**

①, ③은 해당 연구실의 조치사항이고, ④는 안전담당 부서의 조치사항이며, ②는 해당 연구실 및 안전담당 부서의 공통 조치사항이다.

※ 이외 안전담당 부서의 조치사항으로 '사고 내용을 과학기술정보통신부 보고'가 있다.

참고 연구실 안전교육 표준교재 – 기계 안전 25쪽

62 연구실 기계 설비의 정리정돈 요령에 대한 설명으로 옳지 않은 것은?

① 수공구, 계측기, 재료나 도구류 등을 날 끝에 가깝고 불안전하게 놓아두는 것은 위험하다.
② 치공구나 계측기, 재료 등을 넣어두는 서랍장이나 작업대 등을 구동부 근처에 두어 작업을 용이하게 한다.
③ 원자재와 가공물을 종류별로 구분하고 놓거나, 쌓을 장소를 지정하여 출입하기가 쉽게 한다.
④ 연구활동종사자 주위나 작업대는 청소상태가 불량하기 쉬우며, 청결한 연구실로 만들지 않으면 예상치 못한 사고가 발생할 수 있다.

해설 **연구실 기계 설비의 정리정돈**

② 치공구나 계측기, 재료 등을 넣어두는 서랍장이나 작업대 등을 구동부 근처에 두면 구동부와의 접촉 등 위험요인이 발생할 수 있으므로 구동부에서 안전한 거리의 위치에 두어야 한다.

참고 연구실 안전교육 표준교재 – 기계 안전 22쪽

63 (　　) 안에 들어갈 말로 옳은 것은?

〈보기〉
(　　) 방호장치는 연구활동종사자의 신체부위가 위험한계 또는 그 인접한 거리 내로 들어오면 이를 감지하여 그 즉시 기계의 동작을 정지시키고 경보 등을 발하는 방호장치이다.

① 위치제한형　② 접근거부형
③ 접근반응형　④ 격리형

정답 61.② 62.② 63.③

해설 방호장치의 종류 및 방호 방법

문제의 보기는 '접근반응형'에 대한 설명이며, 이외 다음의 방호장치가 있다.

㉠ 위치제한형 : 작업자의 신체부위가 위험한계 밖에 있도록 기계의 조작장치를 위험한 작업점에서 안전거리 이상 떨어지게 하거나 조작장치를 양손으로 동시 조작하게 함으로써 위험한계에 접근하는 것을 제한하는 방호장치

㉡ 접근거부형 : 작업자의 신체부위가 위험한계 내로 접근하였을 때 기계적인 작용에 의하여 접근하지 못하도록 저지하는 방호장치

㉢ 격리형 : 작업자의 신체부위가 위험한계 또는 그 인접한 거리 내로 들어오지 못하도록 격리하는 방호장치

㉣ 포집형 : 연삭기 덮개나 반발예방장치 등과 같이 위험장소에 설치하여 위험원이 비산하거나 튀는 것을 포집하여 작업자로부터 위험원을 차단하는 방호장치

㉤ 감지형 : 이상온도, 이상기압, 과부하 등 기계의 부하가 안전한계치를 초과하는 경우 이를 감지하고 자동으로 안전상태가 되도록 조정하거나 기계의 작동을 중지시키는 방호장치

참고 연구실안전관리사 학습가이드 253쪽

64 허용응력을 결정할 때 상황에 따라 고려해야 하는 기초강도로 옳지 않은 것은?

① 상온에서 연성재료가 정하중을 받을 경우 : 극한강도 또는 항복점

② 상온에서 취성재료가 정하중을 받을 경우 : 인장강도

③ 고온에서 정하중을 받을 경우 : 크리프 강도

④ 반복응력을 받을 경우 : 피로한도

해설 허용응력 결정 시 고려해야 하는 기초강도

② 상온에서 취성재료가 정하중을 받는 경우 : 극한강도

65 연구실 실험·분석·안전 장비의 종류 중 안전장비이면서 실험장비인 것은?

① 초저온용기　② 펌프/진공펌프

③ 오븐　④ 흄후드

해설 연구실 실험·분석·안전 장비의 종류

①, ②, ③은 실험장비에만 해당하며, 이외 장비의 종류에는 다음이 있다.

㉠ 안전장비 : 고압멸균기, 흄후드, 생물작업대 등

㉡ 실험분석장비 : 가스크로마토그래피, 만능재료시험기(UTM) 등

㉢ 광학기기 : 레이저, UV장비 등

참고 연구실안전관리사 학습가이드 260쪽

66 페일세이프(Fail Safe) 방식 중 페일오퍼네이셔널(Fail Operational)에 관한 설명으로 옳은 것은?

① 일반적 기계의 방식으로 구성요소의 고장 시 기계장치는 정지 상태가 된다.

② 병렬 요소를 구성한 것으로 구성요소의 고장이 있어도 다음 정기 점검 시까지는 운전이 가능하다.

③ 구성요소의 고장 시 기계장치는 경보를 내며 단시간에 역전된다.

④ 인간이 기계 등의 취급을 잘못해도 그것이 바로 사고나 재해와 연결되는 일이 없는 방식이다.

정답 64.② 65.④ 66.②

해설 **페일세이프(Fail Safe)의 기능적 분류**

① 페일패시브(Fail Passive)
② 페일오퍼레이셔널(Fail Operational)
③ 페일액티브(Fail Active)
④ 페일세이프(Fail Safe)

참고 연구실안전관리사 학습가이드 267쪽

67 다음 중 가공기계의 가드에 쓰이는 풀프루프(Fool Proof) 방식 및 기능에 대한 설명으로 옳지 않은 것은?

① 고정가드 : 가드의 개구부(Opening)를 통해서 가공물, 공구 등은 들어가나 신체부위는 위험영역에 닿지 않는다.
② 조정가드 : 가공물이나 공구에 맞추어 가드의 위치를 조정할 수 있다.
③ 타이밍가드 : 신체부위가 위험영역에 들어가기 전에 경고가 울린다.
④ 인터록가드 : 기계가 작동 중에는 가드가 열리지 않고, 가드가 열려 있으면 기계가 작동되지 않는다.

해설 **가공기계에 쓰이는 풀푸르프(Fool Proof)**

풀프루프는 인간이 기계 등을 잘못 취급해도 사고나 재해와 연결되지 않도록 하는 안전조치로 인간실수(Human error)를 방지하기 위한 것인데, 타이밍가드는 인간이 잘못을 하기 전에 동작하도록 한 것이다.

참고 연구실안전관리사 학습가이드 266쪽

68 (　　) 안에 들어갈 말로 옳은 것은?

〈보기〉
(　　)은 숫돌결합도가 강할 때 무뎌진 입자가 탈락하지 않아 연삭성능이 저하되는 현상이다.

① 자생현상
② 글레이징(Glazing)현상
③ 세딩(Shedding)현상
④ 눈메꿈현상

해설 **연삭숫돌의 주요 현상**

문제의 보기는 '글레이징(Glazing)현상'에 대한 설명이며, 이외 다음과 같은 연삭숫돌의 현상이 있다.

㉠ 자생현상 : 휠 입자의 둔해진 날이 새로운 예리한 날로 바뀌어져 가는 현상
㉡ 눈메꿈현상(로딩) : 숫돌의 기공이 너무 작거나 연질의 공작물 연삭 시 숫돌 기공에 칩이 박혀 열, 용착, 흠의 발생으로 절삭성이 나빠지는 현상
㉢ 드레싱현상 : 눈메꿈, 무딤, 입자 탈락으로 인해 절삭성이 나빠진 숫돌 면에 날카로운 입자를 발생시켜 주는 작업

69 위험기계·기구와 방호장치의 연결이 옳은 것은?

	위험기계·기구	방호장치
①	연삭기	과부하방지장치
②	띠톱	권과방지장치
③	목재가공용 대패	날 접촉예방장치
④	선반	리미트스위치

해설 **위험기계·기구의 방호장치**

① 연삭기 : 방호덮개
② 띠톱(밴드쏘) : 방호덮개
④ 선반 : 실드(보호가드), 칩비산방지장치, 칩브레이커

참고 연구실 안전교육 표준교재 – 기계 안전 58, 67, 73쪽

정답 67.③ 68.② 69.③

70 UV 장비에 관한 설명으로 옳지 않은 것은?

① UV 장비는 박테리아 제거나 형광 생성에 널리 이용되고 있다.

② UV 램프 작동 중에 오존이 발생할 수 있으므로 배기장치를 가동한다(0.12ppm 이상의 오존은 인체에 유해).

③ 연구실 문에 UV 사용표지를 부착하고, UV 램프 청소 시에는 램프 전원을 차단한다.

④ 짧은 파장의 UV에 장시간 노출되더라도 눈이 상할 위험이 없으나, 파장에 따라 100nm 이상의 광원은 심각한 손상위험이 있다.

해설 **UV 장비의 주요 유해·위험요인**

④ 짧은 파장의 UV에 장시간, 반복 노출되면 눈을 상하게 하거나 피부 화상의 위험이 있으며, 파장에 따라 200nm 이상의 광원은 인체에 심각한 손상 위험이 있다.

참고 연구실 안전교육 표준교재 – 기계 안전 120쪽

71 (　　) 안에 들어갈 말로 옳은 것은?

〈보기〉

(　　)는 고온 증기 등에 의한 화상, 독성 흄에 노출 등의 주요 위험요소를 가진 연구 기기·장비를 말한다.

① 가스크로마그래피(Gas Chromatography)

② 오토클레이브(Autoclave)

③ 무균실험대

④ 원심분리기

해설 **연구기기·장비의 주요 위험요소 사례**

문제의 보기는 오토클레이브(Autoclave, 고압멸균기)의 주요 위험요소이며, 이외 다음의 위험요소 사례가 있다.

㉠ 가스크로마토그래피(Gas Chromatography) : 감전, 오븐에서 고온 발생, 분진·흄, 가스에 의한 폭발 위험 등

㉡ 무균실험대 : 내부 살균용 자외선(UV)에 의한 눈, 피부 화상 위험, 무균실험대 내부의 실험 기구 등 살균을 위한 알코올 램프 등 화기에 의한 화재 위험, 인체감염균, 바이러스, 유해화학물질 등 유해위험물질 취급에 따른 누출·감염 등

㉢ 원심분리기 : 회전축의 변형에 의한 무게균형 파괴, 덮개 또는 잠금 장치 사이에 끼임, 회전체 충돌·접촉에 의한 부상 등

㉣ 조직절편기 : 나이프/블레이드 설치 또는 조작 중 베임, 시료의 파편이 튈 위험, 동결 시료를 다루는 중 저온에 의한 동상 위험 등

참고 연구실안전관리사 학습가이드 261쪽

72 (　　) 안에 들어갈 말로 옳은 것은?

(　　) 등급은 레이저 안전등급 분류(IEC 60825-1)에서 노출한계가 500mW(315nm 이상의 파장에서 0.25초 이상 노출)이며, 직접 노출 또는 거울 등에 의한 정반사 레이저빔에 노출되면 안구 손상 위험이 있어 보안경 착용이 필수인 등급을 말한다.

① 1M　　② 2M

③ 3B　　④ 3R

정답 70.④ 71.② 72.③

해설 **레이저 안전등급 분류(IEC 60825-1)**

등급	노출한계	설명
1	-	위험 수준이 매우 낮고 인체에 무해
1M		렌즈가 있는 광학기기를 통한 레이저빔 관측 시 안구 손상 위험 가능성 있음
2	최대 1mW(0.25초 이상 노출)	눈을 깜박(0.25초)여서 위험으로부터 보호 가능
2M		렌즈가 있는 광학기기를 통한 레이저빔 관측 시 안구 손상 위험 가능성 있음
3R	최대 5mW(가시광선 영역에서 0.35초 이상 노출)	레이저빔이 눈에 노출 시 안구 손상 위험
3B	500mW(315nm 이상의 파장에서 0.25초 이상 노출)	직접 노출 또는 거울 등에 의한 정반사 레이저빔에 노출되어도 안구 손상 위험
4	>500mW	직·간접에 의한 레이저빔에 노출에 안구 손상 및 피부화상 위험

※ • 3R등급 : 보안경 착용 권고
• 3B, 4등급 : 보안경 착용 필수

참고 연구실안전관리사 학습가이드 262쪽

73 다음 중 분쇄기에 관한 주요 유해·위험요인이 아닌 것은?

① 분쇄기에 원료 투입, 내부 보수, 점검 및 이물질 제거 작업 중 회전날에 끼일 위험
② 전원 차단 후 수리 등 작업 시 다른 연구활동종사자의 전원 투입에 의해 끼일 위험
③ 모터, 제어반 등 전기 기계 기구의 충전부 접촉 또는 누전에 의한 감전 위험
④ 분쇄 작업 시 발생되는 분진, 소음 등에 의해 사고성 질환 발생 위험

해설 **분쇄기의 주요 유해·위험요인**

①, ②, ③ 이외에 다음의 유해·위험요인이 있다.
㉠ 분쇄 작업 시 발생되는 분진, 소음 등에 의한 직업성 질환 발생 위험
㉡ 원표 투입, 점검 작업 시 투입부 및 점검부 발판에서 떨어질 위험

참고 연구실 안전교육 표준교재 – 기계 안전 88쪽

74 펌프 및 진공펌프 사용 시 주요 유해·위험 요인 및 안전대책에 대한 설명으로 옳지 않은 것은?

① 장시간 가동 시 가열로 인한 화재 위험이 있다.
② 펌프의 움직이는 부분(벨트 및 축 연결 부위 등)은 덮개를 설치한다.
③ 압력이 형성되지 않을 때는 모터 회전 방향을 반대로 한다.
④ 이물질이 들어가지 않도록 전단에 스트레이너를 설치하는 등의 조치를 실시한다.

해설 **펌프 및 진공펌프의 안전대책**

① , ②, ④ 이외에 다음과 같은 안전대책이 있다.
㉠ 압력이 형성되지 않을 때는 회전체의 종류에 따라 이물질이 들어갔는지 살펴보거나 모터 회전 방향을 확인한다.
㉡ 사용 전 시운전을 실시하여 기기의 정상 작동을 확인한다.
㉢ 초기 작동 시 열어 공기를 충분히 빼고 작동하고, 규칙적인 소리가 나는지 확인한다.

참고 연구실 안전교육 표준교재 – 기계 안전 109쪽

정답 73.④ 74.③

75 안전율을 결정하는 인자에 관한 설명으로 옳지 않은 것은?

① 하중집중 정확도의 대소 : 관성력, 잔류응력 등이 존재하는 경우에는 안전율을 작게 하여 부정확함을 보완하여야 한다.
② 사용상의 예측할 수 없는 변화의 가능성 대소 : 사용수명 중에 생길 수 있는 특정 부분의 마모, 온도변화의 가능성이 있을 경우에는 안전율을 크게 한다.
③ 불연속부분의 존재 : 불연속부분이 있는 경우에는 응력집중이 생기므로 안전율을 크게 한다.
④ 응력계산의 정확도 대소 : 형상이 복잡한 경우 및 응력의 적용 상태가 복잡한 경우에는 정확한 응력을 계산하기 곤란하므로 안전율을 크게 한다.

해설 **안전율의 결정인자**
① 관성력, 잔류응력 등이 존재하는 경우에는 안전율을 크게 하여 부정확함을 보완하여야 한다.

참고 연구실안전관리사 학습가이드 268쪽

76 (　　) 안에 들어갈 말로 옳은 것은?

〈보기〉
(　　)는 재료 변형 시에 외부응력이나 내부의 변형과정에서 방출되는 낮은 응력파를 감지하여 공학적으로 이용하는 기술이다.

① 음향탐상검사　② 초음파탐상검사
③ 자분탐상검사　④ 와류탐상검사

해설 **비파괴검사의 종류**
문제의 보기는 '음향탐상검사'에 대한 설명이며, 이외에 다음의 비파괴검사방법이 있다.
② 초음파탐상검사 : 사람이 귀로 들을 수 없는 파장의 짧은 음파를 검사물의 내부에 입사시켜 내부의 결함을 검출하는 방법
③ 자분탐상검사 : 강자성체에 대해 표면이나 표면하부에 발생하는 결함 또는 물성의 변화 등에 의한 국부적인 현상은 누설자속법을 이용하여 검사하는 방법
④ 와류탐상검사 : 코일을 이용하여 도체에 시간적으로 변화하는 자계(교류 등)를 걸어 도체에 발생한 와전류가 결함 등에 의해 변화하는 것을 이용하여 결함을 검출하는 방법

77 다음 중 압력용기의 안전관리 대책으로 옳지 않은 것은?

① 압력용기에 안전밸브 또는 파열판을 설치한다.
② 압력용기 및 안전밸브는 안전인증품을 사용한다.
③ 안전밸브 전·후단에 차단 밸브를 설치한다.
④ 안전밸브는 용기 본체 또는 그 본체의 배관에 밸브축을 수직으로 설치한다.

해설 **펌프 및 진공펌프의 안전대책**
①, ②, ④ 이외에 다음의 안전대책이 있다.
㉠ 안전밸브 전·후단에 차단 밸브를 설치하면 안전밸브의 작동을 방해하므로 차단밸브 설치를 금지한다.
㉡ 압력용기 내부의 압력을 알 수 있도록 압력계를 설치한다.
㉢ 안전 밸브의 작동 설정 압력은 압력 용기의 설계 압력보다 낮도록 설정한다.

참고 연구실 안전교육 표준교재 – 기계 안전 115쪽

정답 75.① 76.① 77.③

78 방진마스크의 구비요건에 대한 설명으로 옳지 않은 것은?

① 안면에 밀착하는 부분은 피부에 장해를 주지 않아야 한다.
② 여과재는 여과성능이 우수하고 인체에 장해를 주지 않아야 한다.
③ 방진마스크에 사용하는 금속부품은 부식되지 않아야 한다.
④ 경량성을 확보하기 위해 알루미늄, 마그네슘, 티타늄 또는 이의 합금 재질로 구비하여야 한다.

해설 **방진마스크 구비요건**
④ 경량성을 확보하기 위해 플라스틱 재질로 구비하여야 한다.

79 방사선 종사자 3대 준수사항 중 피폭방호원칙이 아닌 것은?

① 거리　② 희석
③ 차폐　④ 시간

해설 **방사선 종사자 3대 준수사항**
① 거리 : 가능한 한 선원으로부터 먼 거리를 유지할 것
③ 차폐 : 선원과 작업자 사이에 차폐물을 이용할 것
④ 시간 : 필요 이상으로 선원이나 조사장치 근처에 오래 머무르지 말 것

참고 방사선 피폭 및 방어, 질병관리청 누리집

80 〈보기〉는 소음의 크기를 측정하기 위한 음압수준에 관한 식이다. (　　) 안에 들어갈 숫자로 옳은 것은?

〈보기〉

음압수준[dB] $= (㉠) \log_{(㉡)} (\frac{P}{P_0})$

여기서, P : 측정하고자 하는 음압[N/m^2]
P_0 : 기준음압으로 2×10^{-5}[N/m^2]

	㉠	㉡
①	10	10
②	20	10
③	10	20
④	20	20

해설 **음압수준(SPL; Sound Pressure Level)**
소리의 전파에 따라 매질상에서 미세하게 변하는 압력의 크기를 데시벨(dB) 단위로 표현한 것

음압수준[dB] $= 20\log_{10} (\frac{P}{P_0})$

제 5과목 연구실 생물 안전관리

81 「유전자변형생물체의 국가간 이동 등에 관한 통합고시」에 따른 생물안전관리책임자가 기관장을 보좌해야 하는 사항이 아닌 것은?

① 기관 내 생물안전 교육·훈련 이행에 관한 사항
② 고위험병원체 전담관리자 지정에 관한 사항
③ 실험실 생물안전 사고 조사 및 보고에 관한 사항
④ 생물안전에 관한 국내·외 정보수집 및 제공에 관한 사항

정답 78.④ 79.② 80.② 81.②

해설 **생물안전관리책임자가 기관장을 보좌해야 하는 사항**

①, ③, ④ 이외에 다음의 사항이 있다.

㉠ 기관생물안전위원회 운영에 관한 사항

㉡ 기관 내 생물안전 준수사항 이행 감독에 관한 사항

㉢ 기관 생물안전관리자 지정에 관한 사항

㉣ 기타 기관 내 생물안전 확보에 관한 사항

※ 문제의 보기 ②는 기관장의 권한이다.

참고 유전자변형생물체의 국가간 이동 등에 관한 통합고시 (이하 유전자변형생물체법 통합고시) 제9-9조
연구실안전관리사 학습가이드 300쪽

82 (　　) 안에 들어갈 말로 옳은 것은?

〈보기〉

(　　)는 유전자재조합실험에서 유전자재조합분자 또는 유전물질(합성된 핵산 포함)이 도입되는 세포를 말한다.

① 벡터　　② 숙주
③ 공여체　　④ 숙주-벡터계

해설 **유전자재조합실험지침에서 사용하는 용어의 정의**

㉠ 생물안전 : 잠재적으로 인체 및 환경 위해 가능성이 있는 생물체 또는 생물재해로부터 실험자 및 국민의 건강을 보호하기 위한 지식과 기술, 그리고 장비 및 시설을 적절히 사용하도록 하는 조치

㉡ 유전자재조합분자 : 핵산(합성된 핵산 포함)을 인위적으로 결합하여 구성된 분자로 살아있는 세포 내에서 복제가 가능한 것

㉢ 유전자재조합실험 : 유전자재조합분자 또는 유전물질(합성된 핵산 포함)을 세포에 도입하여 복제하거나 도입된 세포를 이용하는 실험

㉣ 숙주 : 유전자재조합실험에서 유전자재조합분자 또는 유전물질(합성된 핵산 포함)이 도입되는 세포

㉤ 벡터 : 유전자재조합실험에서 숙주에 유전자재조합분자 또는 유전물질(합성된 핵산 포함)을 운반하는 수단(핵산 등)

㉥ 공여체 : 벡터에 삽입하거나 또는 직접 주입하고자 하는 유전자재조합분자 또는 유전물질(합성된 핵산 포함)이 유래된 생물체

㉦ 숙주-벡터계 : 숙주와 벡터의 조합을 말한다.

㉧ 대량배양실험 : 유전자재조합실험 중 10L 이상의 배양용량 규모로 실시하는 실험

㉨ 동물을 이용하는 실험 : 유전자변형동물을 개발하거나 이를 이용하는 실험 및 기타 유전자재조합분자 또는 유전자변형생물체를 동물에 도입하는 실험

㉩ 식물을 이용하는 실험 : 유전자변형식물을 개발하거나 이를 이용하는 실험 및 기타 유전자재조합분자 또는 유전자변형생물체를 식물에 도입하는 실험

㉪ 실험실 : 유전자재조합실험을 실시하는 방

㉫ 실험구역 : 출입을 관리하기 위한 전실에 의해 다른 구역으로부터 격리된 실험실, 복도 등으로 구성되는 구역

㉬ 연구시설 : 전실을 포함한 실험구역으로서 안전관리의 단위가 되는 구역 또는 건물을 말하며, 신고 또는 허가 신청 시의 신청단위임.

㉭ 생물안전작업대 : 실험 중 발생하는 오염 에어로졸 등이 외부로 누출되지 않도록 별표 1 또는 이와 동등 이상의 구조 및 규격을 갖춘 장비

참고 유전자재조합실험지침 제2조

83 (　　) 안에 들어갈 말로 옳은 것은?

〈보기〉

「유전자변형생물체의 국가간 이동 등에 관한 통합고시」에 따라 기관의 장은 생물안전관리책임자 및 생물안전관리자에게 연 (㉠) 이상 생물안전관리에 관한 교육·훈련을 받도록 하여야 하며, 연구시설 사용자에게 연 (㉡) 이상 생물안전 교육을 받도록 하여야 한다.

정답 82.② 83.②

① 2시간 1시간
② 4시간 2시간
③ 8시간 2시간
④ 8시간 4시간

해설 **생물안전관리에 관한 교육 시간**

㉠ 기관의 장은 생물안전관리책임자 및 생물안전관리자에게 연 4시간 이상 생물안전관리에 관한 교육·훈련을 받도록 하여야 하며, 연구시설 사용자에게 연 2시간 이상 생물안전교육을 받도록 하여야 한다.
㉡ 단, 신규 생물안전관리책임자 및 관리자 교육은 1·2등급은 8시간 이상, 3등급은 20시간 이상이다.

참고 유전자변형생물체법 통합고시 제9-9조

84 「유전자재조합실험지침」에 따른 생물체의 위험군 분류 시 주요 고려사항을 〈보기〉에서 모두 고른 것은?

〈보기〉
ㄱ. 해당 생물체의 병원성
ㄴ. 해당 생물체의 전파방식 및 숙주범위
ㄷ. 해당 생물체로 인한 질병에 대한 효과적인 예방 및 치료 조치
ㄹ. 해당 생물체의 유전자 길이

① ㄱ, ㄴ, ㄷ
② ㄱ, ㄴ, ㄹ
③ ㄱ, ㄷ, ㄹ
④ ㄴ, ㄷ, ㄹ

해설 **생물체의 위험군 분류 시 고려사항**

ㄱ, ㄴ, ㄷ 이외에 다음의 고려사항이 있다.
• 인체에 대한 감염량 등 기타 요인
※ 생물체의 위험군 분류
㉠ 제1위험군 : 건강한 성인에게는 질병을 일으키지 않는 것으로 알려진 생물체
㉡ 제2위험군 : 사람에게 감염되었을 경우 증세가 심각하지 않고, 예방 또는 치료가 비교적 용이한 질병을 일으킬 수 있는 생물체
㉢ 제3위험군 : 사람에게 감염되었을 경우 증세가 심각하거나 치명적일 수도 있으나, 예방 또는 치료가 가능한 질병을 일으킬 수 있는 생물체
㉣ 제4위험군 : 사람에게 감염되었을 경우 증세가 매우 심각하거나 치명적이며, 예방 또는 치료가 어려운 질병을 일으킬 수 있는 생물체

참고 유전자재조합실험지침 제5조

85 「유전자변형생물체의 국가간 이동 등에 관한 법률 시행령」에 따른 국가사전승인 대상 연구에 해당하는 유전자변형생물체 개발·실험이 아닌 것은?

① 종명이 명시되지 아니하고 인체위해성 여부가 밝혀지지 아니한 미생물을 이용하여 개발·실험하는 경우
② 포장시험 등 환경방출과 관련한 실험을 하는 경우
③ 척추동물에 대하여 몸무게 1kg당 50% 치사독소량(LD50)이 0.1μg 이상 100μg 이하인 단백성 독소를 생산할 수 있는 유전자를 이용하는 실험을 하는 경우
④ 국민보건상 국가관리가 필요하다고 보건복지부장관이 고시하는 병원미생물을 이용하여 개발·실험하는 경우

정답 84.① 85.③

해설 **유전자변형생물체의 개발·실험**

①, ②, ④ 이외에 다음의 개발·실험하는 경우가 있다.

㉠ 척추동물에 대하여 몸무게 1kg당 50% 치사독소량이 100ng 미만인 단백성 독소를 생산할 능력을 가진 유전자를 이용하여 개발·실험하는 경우

※ 국가승인은 100ng 미만, 기관승인은 100ug 이하이다.

㉡ 자연적으로 발생하지 아니하는 방식으로 생물체에 약제내성 유전자를 의도적으로 전달하는 방식을 이용하여 개발·실험하는 경우. 다만, 보건복지부 장관이 안전하다고 인정하여 고시하는 경우는 제외한다.

㉢ 그 밖에 국가책임기관의 장이 바이오안전성위원회의 심의를 거쳐 위해가능성이 크다고 인정하여 고시한 유전자변형생물체를 개발·실험하는 경우

참고 유전자변형생물체법 시행령 제23조의6
유전자변형생물체법 통합고시 제9-11조

86 ( ) 안에 들어갈 말로 옳은 것은?

〈보기〉

「유전자변형생물체의 국가간 이동 등에 관한 법률 시행령」에 따르면, 생물안전 1, 2등급 연구시설을 설치·운영하고자 하는 자는 관계 중앙행정기관의 장에게 (㉠)를 해야/받아야 하고, 인체위해성 관련 생물안전 3, 4등급 연구시설을 설치·운영하고자 하는 자는 보건복지부장관에게 (㉡)를 해야/받아야 한다.

	㉠	㉡
①	신고	신고
②	신고	허가
③	허가	신고
④	허가	허가

해설 **연구시설의 설치·운영허가 및 신고**

㉠ 연구시설의 안전관리등급의 분류와 허가 또는 신고의 대상은 아래와 같다.

등급	1등급	2등급	3등급	4등급
허가/신고 여부	신고	신고	허가	허가

㉡ 생물안전 1·2등급 연구시설을 설치·운영하고자 하는 자는 관계 중앙행정기관의 장에게 신고를 해야 한다. 대학, 연구기관, 기업연구소, 병원 연구소 등은 과학기술정보통신부에 신고한다.

㉢ 인체위해성 관련 3·4등급 연구시설 대하여는 보건복지부장관에게 허가를 받아야 한다.

㉣ 환경위해 관련 3·4등급 연구시설은 과학기술정보통신부 장관의 허가를 받아야 한다.

참고 유전자변형생물체법 시행령 제23조
연구실안전관리사 학습가이드 331쪽

87 동물교상(물림)에 의한 응급처치 시 고초균(Bacillus subtilis)에 효력이 있는 항생제를 투여해야 하는 상황은?

① 원숭이에 물린 경우
② 개에 물린 경우
③ 고양이에 물린 경우
④ 래트(Rat)에 물린 경우

해설 **실험동물에 물렸을 경우의 응급처치**

㉠ 래트(Rat)에 물린 경우에는 Rat bite fever 등을 조기에 예방하기 위해 고초균(Bacillus subtilis)에 효력이 있는 항생제를 투여한다.

㉡ 실험동물에게 물리면 우선 상처부위를 압박하여 약간의 피를 짜낸 다음 70% 알코올 및 기타 소독제(povidone-iodine 등)을 이용하여 소독한다.

㉢ 개에 물린 경우에는 70% 알코올 또는 기타 소독제를 이용하여 소독한 후, 동물의 광견병 예방 접종 여부를 확인한다.

정답 86.② 87.④

㉣ 광견병 예방접종 여부가 불확실한 개의 경우에는 시설관리자에게 광견병 항독소를 일단 투여한 후, 개를 15일간 관찰하여 광견병 증상을 나타내는 경우 개는 안락사시키며 사육관리자 등 관련 출입인원에 대해 광견병 백신을 추가로 투여한다.

참고 연구실안전관리사 학습가이드 350쪽

88 감염된 실험동물 또는 유전자변형생물체를 보유한 실험동물의 탈출발지 장치에 대한 설명 및 탈출방지 대책으로 옳지 않은 것은?

① 동물실험시설에서는 실험동물이 사육실 밖으로 탈출할 수 없도록 모든 사육실 출입구에 실험동물 탈출방지턱을 설치해야 한다.

② 각 동물실험구역과 일반구역 사이의 출입문에 탈출방지턱 또는 기밀문을 설치하여 탈출한 동물이 시설 외부로 유출되지 않도록 한다.

③ 실험동물사육구역, 처치구역 등에 개폐가 가능한 창문을 설치 시 실험동물이 밖으로 탈출할 수 없도록 방충망을 설치해야 한다.

④ 탈출한 실험동물을 발견했을 때에는 즉시 안락사 처리 후 고온고압증기멸균한다. (단, 사육 동물 및 연구 특성에 따라 적용 조건이 다를 수 있음)

해설 **실험동물 탈출방지 장치**

①, ②, ④ 이외에 다음의 사항이 있다.

- 시설관리자는 실험동물이 탈출한 호실과 해당 실험과제, 사용 병원체, 유전자재조합생물체 적용 여부 등을 확인하여야 한다.

참고 연구실안전관리사 학습가이드 355쪽

89 (　　) 안에 들어갈 말로 옳은 것은?

〈보기〉

「유전자변형생물체의 국가간 이동 등에 관한 법률 시행령」에 따르면, LMO 연구시설 안전관리등급 분류에서 (　　)은 사람에게 발병하더라도 치료가 용이한 질병을 일으킬 수 있는 유전자변형생물체와 환경에 방출되더라도 위해가 경미하고 치유가 용이한 유전자변형생물체를 개발하거나 이를 이용하는 실험을 실시하는 시설을 말한다.

① 1등급　② 2등급
③ 3등급　④ 4등급

해설 **LMO 연구시설의 안전관리등급**

등급	대상	허가/ 신고 여부
1등급	건강한 성인에게는 질병을 일으키지 아니하는 것으로 알려진 유전자변형생물체와 환경에 대한 위해를 일으키지 아니하는 것으로 알려진 유전자변형생물체를 개발하거나 이를 이용하는 실험을 실시하는 시설	신고
2등급	사람에게 발병하더라도 치료가 용이한 질병을 일으킬 수 있는 유전자변형생물체와 환경에 방출되더라도 위해가 경미하고 치유가 용이한 유전자변형생물체를 개발하거나 이를 이용하는 실험을 실시하는 시설	신고
3등급	사람에게 발병하였을 경우 증세가 심각할 수 있으나 치료가 가능한 유전자변형생물체와 환경에 방출되었을 경우 위해가 상당할 수 있으나 치유가 가능한 유전자변형생물체를 개발하거나 이를 이용하는 실험을 실시하는 시설	허가
4등급	사람에게 발병하였을 경우 증세가 치명적이며 치료가 어려운 유전자변형생물체와 환경에 방출되었을 경우 위해가 막대하고 치유가 곤란한 유전자변형생물체를 개발하거나 이를 이용하는 실험을 실시하는 시설	허가

참고 유전자변형생물체법 시행령 별표 1
연구실안전관리사 학습가이드 329쪽

정답 88.③ 89.②

최신기출문제

90 70% 알코올 소독제로 생물학적 활성 제거가 가능한 대상이 아닌 것은?

① 영양세균　　② 결핵균
③ 아포　　④ 바이러스

해설 알코올 소독제의 특성

㉠ 영양형 세균, 진균, 지질 함유 바이러스에 작용하지만, 포자, 아포에는 효과가 없다. 비지질성 바이러스에 대한 작용 수준은 다양하다.
㉡ 약 70%(v/v) 농도의 수용액으로 사용할 때 가장 효과가 좋다. 이보다 더 크거나 낮은 농도에서는 살균제로써 효과가 없을 수 있다.
㉢ 알코올 수성 용액은 해당 표면에 잔류물을 남기지 않는다는 장점이 있다.

참고 연구실안전관리사 학습가이드 346쪽

91 「유전자변형생물체의 국가간 이동 등에 관한 통합고시」에 따른 LMO 연구시설 중 일반 연구시설 출입문 앞에 부착해야 하는 생물안전표지의 필수 표시 항목이 아닌 것은?

① 유전자변형생물체명
② 시험·연구종사자 수
③ 연구시설 안전관리등급
④ 시설관리자의 이름과 연락처

해설 연구시설의 안전관리등급

운영기준	준수사항	안전관리등급			
		1	2	3	4
실험구역 출입	실험실 출입문은 항상 닫아 두며 승인받은 자만 출입	○	◎	◎	◎
	출입대장 비치 및 기록	-	○	◎	◎
	전용 실험복 등 개인보호구 비치 및 사용	○	○	◎	◎
	출입문 앞에 생물안전표지(유전자변형생물체명, 안전관리등급, 시설관리자의 이름과 연락처 등)를 부착	◎	◎	◎	◎

(◎ : 필수, ○ : 권장)

참고 유전자변형생물체법 통합고시 별표 9-1

92 감염성물질 관련 사고 및 신체손상에 관한 응급조치로 옳은 것은?

① 실험구역 내에서 감염성물질 등이 유출된 경우에는 소독제를 유출부위에 붓고 즉시 닦아내어 감염확산을 막는다.
② 원심분리기가 작동 중인 상황에서 튜브의 파손이 발생되거나 의심되는 경우, 모터를 끄고 즉시 원심분리기 내부에 소독제를 처리하여 감염확산을 막는다.
③ 감염성 물질 등이 눈에 들어간 경우, 즉시 세안기나 눈 세척제를 사용하여 15분 이상 눈을 세척하고, 비비거나 압박하지 않도록 주의한다.
④ 주사기에 찔렸을 경우, 찔린 부위의 보호구를 착용한 채 15분 이상 충분히 흐르는 물 또는 생리식염수에 세척 후 보호구를 벗는다.

해설 사고 유형에 따른 대응 조치

① 유출된 모든 구역의 미생물을 비활성화시킬 수 있는 소독제를 처리하고 20분 이상 그대로 둔다.
② 원심분리기가 작동 중인 상황에서 튜브의 파손이 발생하거나 파손이 의심되는 경우, 모터를 끄고 기계를 닫아 침전되기를 기다린 후(예 : 30분 동안) 적절한 방법으로 처리한다.
④ 주사기에 찔렸을 경우, 신속히 찔린 부위의 보호구를 벗고 15분 이상 충분히 흐르는 물 또는 생리식염수에 세척 후 보호구를 벗는다.

참고 연구실안전관리사 학습가이드 358, 360쪽

정답 90.③ 91.② 92.③

93 연구실 내 감염성 물질 취급 시 에어로졸 발생을 최소화하는 방법이 아닌 것은?

① 생물안전작업대 내에서 초음파 파쇄기 사용
② 에어로졸이 발생하기 쉬운 기기를 사용할 시 플라스틱 용기 사용
③ 버킷에 뚜껑(혹은 캡)이 있는 원심분리기 사용
④ 고압증기멸균기 사용

해설 **에어로졸 발생 최소화**
고압증기멸균기를 이용한 습열멸균법은 121℃에서 15분간 처리하는 방식으로, 에어로졸 발생을 최소화하는 방법과는 상관이 없다.

참고 연구실안전관리사 학습가이드 351쪽

94 다음 중 생물분야 연구실사고의 효율적 대응을 위해서 비상 계획을 수립할 때 가장 우선적으로 수립되어야 할 사항은?

① 해당 시설에서 발생 가능한 비상상황에 대한 시나리오 마련
② 비상대응 계획 시 대응에 참여하는 인원들의 역할과 책임 부여
③ 비상대응을 위한 의료기관 지정(병원, 격리시설 등)
④ 비상지휘체계 및 보고체계 마련

해설 **비상 계획 수립**
㉠ 연구실사고의 효율적 대응을 위해 우선적으로 수립되어야할 사항은 해당 시설에서 발생 가능한 비상상황에 대해 대응 시나리오를 마련하는 것이다.
㉡ 감염사고, 엎지름, 화재, 정전 등 생물 분야 연구실 운영 시 발생할 수 있는 사고의 유형을 규정하고, 사고 발생 시 대응절차를 세부적으로 수립하여야 한다.

참고 연구실안전관리사 학습가이드 361쪽

95 감염성물질 유출처리키트(Spill Kit)의 구성품이 아닌 것은?

① 긴급의약품
② 개인보호구
③ 유출확산 방지도구
④ 청소도구

해설 **유출처리키트(Spill Kit)**
㉠ 유출처리키트란 연구실 내 용기 파손, 연구활동종사자의 부주의 등으로 발생할 수 있는 감염물질 유출사고에 신속히 대처할 수 있도록 처리물품 및 약제 등을 함께 마련해 놓은 키트를 말한다.
㉡ 처리대상 물질, 용도, 처리 규모에 따라서 생물학적 유출처리키트(biological spill kit), 화학물질 유출처리키트(chemical spill kit), 범용 유출처리키트(universal spill kit) 등이 있다.
㉢ 유출처리키트의 구성품은 개인보호구, 유출확산 방지도구, 청소도구 등으로 이루어져 있다.

참고 연구실안전관리사 학습가이드 354쪽

정답 93.④ 94.① 95.①

96 (　　) 안에 들어갈 말로 옳은 것은?

〈보기〉

「폐기물관리법 시행령」에 따르면, 의료폐기물 중에서 주사바늘, 봉합바늘, 수술용 칼날, 한방침, 치과용침, 파손된 유리재질의 시험기구는 (㉠)이라 하며, 폐백신, 폐항암제, 폐화학치료제는 (㉡)이라 한다.

	㉠	㉡
①	손상성폐기물	조직물류폐기물
②	병리계폐기물	생물·화학폐기물
③	손상성폐기물	생물·화학폐기물
④	병리계폐기물	일반의료폐기물

해설 **의료폐기물의 종류**

㉮ 격리의료폐기물 : 감염병으로부터 타인을 보호하기 위하여 격리된 사람에 대한 의료행위에서 발생한 일체의 폐기물

㉯ 위해의료폐기물

㉠ 조직물류폐기물 : 인체 또는 동물의 조직·장기·기관·신체의 일부, 동물의 사체, 혈액·고름 및 혈액생성물(혈청, 혈장, 혈액제제)

㉡ 병리계폐기물 : 시험·검사 등에 사용된 배양액, 배양용기, 보관균주, 폐시험관, 슬라이드, 커버글라스, 폐배지, 폐장갑

㉢ 손상성폐기물 : 주사바늘, 봉합바늘, 수술용 칼날, 한방침, 치과용침, 파손된 유리재질의 시험기구

㉣ 생물·화학폐기물 : 폐백신, 폐항암제, 폐화학치료제

㉤ 혈액오염폐기물 : 폐혈액백, 혈액투석 시 사용된 폐기물, 그 밖에 혈액이 유출될 정도로 포함되어 있어 특별한 관리가 필요한 폐기물

㉰ 일반의료폐기물 : 혈액·체액·분비물·배설물이 함유되어 있는 탈지면, 붕대, 거즈, 일회용 기저귀, 생리대, 일회용 주사기, 수액세트

참고 폐기물관리법 시행령 별표 2

97 「유전자변형생물체의 국가간 이동 등에 관한 통합고시」에 따른 유전자변형생물체 연구시설 변경 신고 사항이 아닌 것은?

① 기관의 대표자 및 생물안전관리책임자 변경
② 연구시설의 설치·운영 책임자 변경
③ 연구시설 내 사용 동물 종 변경
④ 연구시설의 내역 및 규모 변경

해설 **연구시설 변경신고 사항**

①, ②, ④ 이외에 다음의 신고 사항이 있다.

㉠ 시설내역(일반, 대량배양, 동물, 식물, 곤충, 어류, 격리포장) 변경
㉡ 안전관리등급 변경
㉢ 유전자변형생물체의 명칭 변경

참고 유전자변형생물체법 통합고시 제9-4조
유전자변형생물체법 시행규칙 별지 28호서식

98 물리적 밀폐 확보에 관한 설명으로 옳지 않은 것은?

① 밀폐는 미생물 및 감염성 물질 등을 취급·보존하는 실험 환경에서 이들을 안전하게 관리하는 방법을 확립하는 데 있어 기본적인 개념이다.
② 밀폐의 목적은 시험 연구종사자, 행정직원, 지원직원(시설관리 용역 등) 등 기타 관계자 그리고 실험실과 외부 환경 등이 잠재적 위해 인자 등에 노출되는 것을 줄이거나 차단하기 위함이다.
③ 밀폐의 3가지 핵심 요소는 안전시설, 안전장비, 연구실 준수사항·안전관련 기술이다.

정답 96.③ 97.③ 98.④

④ 감염성 에어로졸의 노출에 의한 감염 위험성이 클 경우에는 미생물이 외부환경으로 방출되는 것을 방지하기 위해서 일차적 밀폐를 사용할 수 없고, 이차적 밀폐가 요구된다.

해설 **물리적 밀폐의 확보**

①, ②, ③ 이외에 다음의 사항이 있다.

㉠ 밀폐는 통상적으로 생물학적 밀폐와 물리적 밀폐로 구분하며, 물리적 밀폐는 다시 1차밀폐와 2차밀폐로 구분한다.

㉡ 생물안전연구시설의 밀폐 수준은 취급하는 미생물의 전파 위험도에 따라 달라진다.

㉢ 감염성 에어로졸의 노출에 의한 감염 위험성이 클 경우에는 미생물이 외부환경으로 방출되는 것을 방지하기 위해 높은 수준의 1차밀폐(primary containment)와 더불어 여러 단계의 2차밀폐(secondary containment)가 요구된다.

참고 연구실안전관리사 학습가이드 326쪽

99 「폐기물관리법 시행규칙」에 따른 의료폐기물 전용용기 및 포장의 바깥쪽에 표시해야 하는 취급 시 주의사항 항목이 아닌 것은?

① 배출자

② 종류 및 성질과 상태

③ 사용개시 연월일

④ 부피

해설 **의료폐기물 전용용기 및 포장의 바깥쪽에 표시할 취급 시 주의사항**

이 폐기물은 감염의 위험성이 있으므로 주의하여 취급하시기 바랍니다.			
배출자		종류 및 성질과 상태	
사용개시 연월일		수거자	

(사용개시 연월일 : 의료폐기물을 전용용기에 최초로 넣은 날)

참고 폐기물관리법 시행규칙 별표 5
연구실안전관리사 학습가이드 338쪽

100 〈보기〉에서 「폐기물관리법 시행규칙」에 따른 의료폐기물의 처리에 관한 기준 및 방법으로 옳은 것을 모두 고른 것은?

〈보기〉

ㄱ. 한 번 사용한 전용용기는 소독 또는 멸균 후 다시 사용할 수 있다.

ㄴ. 손상성폐기물 처리 시 합성수지류 상자형 용기를 사용한다.

ㄷ. 합성수지류 상자형 의료폐기물 전용용기에는 다른 종류의 의료폐기물을 혼합하여 보관할 수 없다.

ㄹ. 봉투형 용기에 담은 의료폐기물의 처리를 위탁하는 경우에는 상자형 용기에 다시 담아 위탁하여야 한다.

① ㄱ, ㄴ　　② ㄱ, ㄷ

③ ㄴ, ㄹ　　④ ㄷ, ㄹ

해설 **의료폐기물의 처리에 관한 기준 및 방법**

㉠ 한 번 사용한 전용용기는 다시 사용하여서는 아니 된다.

㉢ 합성수지류 용기는 액상(병리계, 생물·화학, 혈액오염)의 경우 혼합보관이 가능하나, 보관기간 및 방법이 상이하므로 합성수지류 용기에 보관하는 격리, 조직물류, 손상성, 액상폐기물은 서로 간 또는 다른 폐기물과의 혼합을 금지한다. 단, 수술실과 같이 조직물류, 손상성류(수술용 칼, 주사바늘 등), 일반의료(탈지면, 거즈 등) 등이 함께 발생할 경우는 혼합보관을 허용한다.

정답 99.④ 100.③

최신기출문제

참고 폐기물관리법 시행규칙 별표 5
연구실안전관리사 학습가이드 338쪽

제 5과목 연구실 전기 · 소방 안전관리

101 누전차단기를 설치하는 목적으로 옳은 것은?

① 전기기계·기구를 보호하기 위해서 설치한다.
② 인체의 감전을 예방하기 위해서 설치한다.
③ 전기회로를 분리하기 위해서 설치한다.
④ 스위치 작동을 점검하기 위해서 설치한다.

해설 누전차단기에 의한 감전방지
사업주는 전기 기계·기구에 대하여 누전에 의한 감전 위험을 방지하기 위하여 감전방지용 누전차단기를 설치해야 한다.

참고 산업안전보건기준에 관한 규칙 제304조

102 다음 중 공기 중에서 폭발범위의 상한계와 하한계의 차이가 가장 큰 가스는?

① 메탄(CH_4) ② 일산화탄소(CO)
③ 아세틸렌(C_2H_2) ④ 암모니아(NH_3)

해설 폭발범위와 위험도

가스 종류	폭발 하한계	폭발 상한계	상한계-하한계	위험도
메탄	5	15	10	2.0
일산화탄소	12.5	74	61.5	4.9
아세틸렌	2.5	81	78.5	31.4
암모니아	15	28	13	0.8

※ 위험도(H)는 폭발상한계(H)와 폭발하한계(L)의 차를 폭발하한계(L)로 나눈 값이다.

$$위험도 = \frac{폭발상한계 - 폭발하한계}{폭발하한계}$$

103 「위험물안전관리법 시행규칙」에 따른 제4류 위험물과 혼재가 가능한 위험물이 아닌 것은? (단, 각 위험물의 수량은 지정수량의 2배수임)

① 제2류 위험물 ② 제3류 위험물
③ 제5류 위험물 ④ 제6류 위험물

해설 유별을 달리하는 위험물의 혼재 기준
제4류 위험물과 혼재 가능한 위험물은 제2류, 제3류, 제5류 위험물이다.

	제1류	제2류	제3류	제4류	제5류	제6류
제1류		×	×	×	×	○
제2류	×		×	○	○	×
제3류	×	×		○	×	×
제4류	×	○	○		○	×
제5류	×	○	×	○		×
제6류	○	×	×	×	×	

참고 위험물안전관리법 시행규칙 별표 19
연구실안전관리사 학습가이드 377쪽

104 <그림>의 상황에서 발생할 수 있는 위험으로 옳은 것은?

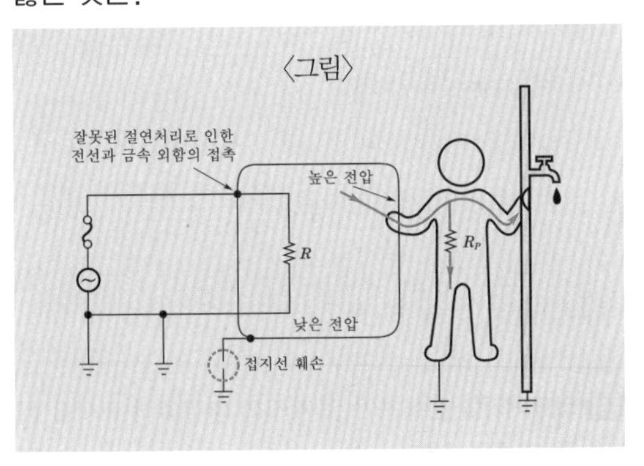

① 접촉자의 심실세동 발생
② 주변 인화물질의 화재 발생
③ 사용기기의 열화
④ 사용기기의 절연파괴

정답 101.② 102.③ 103.④ 104.①

해설 접지선 훼손에 따른 감전

접지선의 훼손으로 인해 일부 전류는 접촉되어 있는 손과 심장을 지나 바닥으로 흘러가고 일부는 수도관을 통해 바닥으로 흘러간다. 이때 심장을 지나는 전류의 흐름을 통해 접촉자의 심실세동이 발생할 위험이 있다.

참고 연구실안전관리사 학습가이드 387쪽

105 〈그림〉에 해당하는 접지방식은?

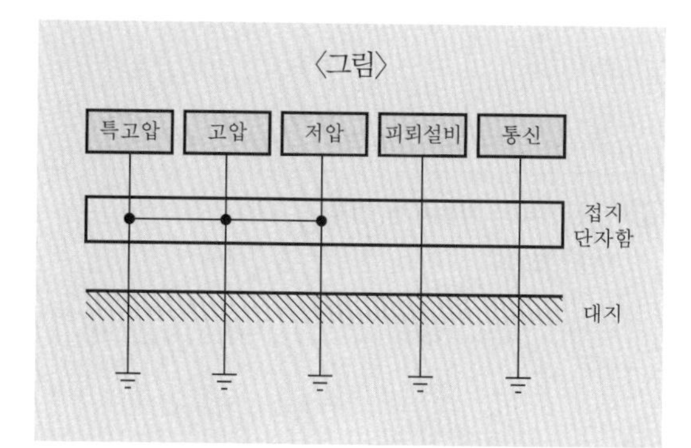

① 단독접지　　② 공통접지
③ 통합접지　　④ 보호접지

해설 접지방식

① 단독접지(개별접지) : 전기설비, 통신설비, 피뢰설비 등을 공통 또는 통합접지하지 못할 경우 접지극을 별도로 매설

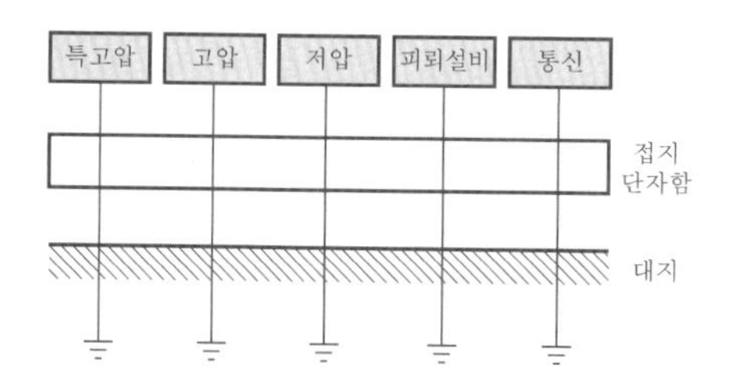

② 공통접지 : 전기설비(저압+고압+특고압)
〈문제의 그림 참고〉

③ 통합접지 : 전기설비(저압+고압+특고압) + 통신설비 + 피뢰설비

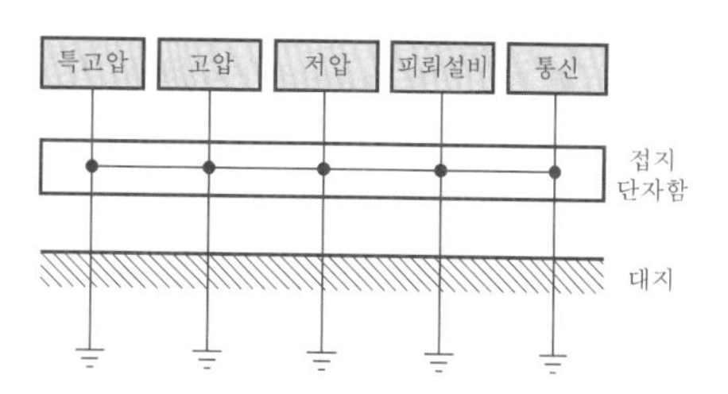

참고 연구실안전관리사 학습가이드 386쪽

106 (　　) 안에 들어갈 숫자로 옳은 것은?

〈보기〉

사용전압이 저압인 전로의 절연성능 시험에서 전로의 사용전압이 380V인 경우, 전로의 전선 상호간 및 전로와 대지 사이의 절연저항은 (　　) MΩ 이상이어야 한다. (단, 전기설비기술 기준에 준함)

① 0.2　　② 0.3
③ 0.5　　④ 1.0

해설 저압전로의 절연성능

전로의 사용전압	DC 시험전압	절연저항
SELV 및 PELV	250V	0.5MΩ
FELV, 500V 이하	500V	1.0MΩ
500V 초과	1,000V	1.0MΩ

※ 특별저압(ELV; 2차 전압이 AC 50V, DC 120V 이하)으로 SELV(비접지회로 구성) 및 PELV(접지회로 구성)은 1차와 2차가 전기적으로 절연된 회로, FELV는 1차와 2차가 전기적으로 절연되지 않은 회로

참고 전기설비기술기준 제52조
연구실안전관리사 학습가이드 380쪽

정답 105.② 106.④

107 위험물안전관리법령에서 정한 위험물에 관한 설명으로 옳지 않은 것은?

① 나트륨은 공기 중에 노출되면 화재의 위험이 있으므로 물 속에 저장하여야 한다.
② 철분, 마그네슘, 금속분의 화재 시 건조사, 팽창질석 등으로 소화한다.
③ 인화칼슘은 물과 반응하여 유독성의 포스핀(PH3) 가스가 발생하므로 물과의 접촉을 피하도록 한다.
④ 제1류 위험물은 가열, 충격, 마찰 시 산소가 발생하므로 가연물과의 접촉을 피하도록 한다.

해설 **위험물의 유별 성질**

① 나트륨, 칼륨 등의 금수성 물질은 물 속에 저장할 경우 수소기체 발생 및 발열반응을 통한 연소, 폭발 위험성이 있으므로 석유 속에 보관한다.

※ 위험물의 유별 성질
㉠ 제1류 : 산화성 고체
㉡ 제2류 : 가연성 고체
㉢ 제3류 : 자연발화성 고체물질 및 금수성 물질
㉣ 제4류 : 인화성 액체
㉤ 제5류 : 자기반응성 물질
㉥ 제6류 : 산화성 액체

참고 위험물안전관리법 시행령 별표 1

108 연구실 전기누전으로 인한 누전화재의 3요소가 아닌 것은?

① 출화점　② 접지점
③ 누전점　④ 접촉점

해설 **누전화재의 3요소**

㉠ 누전점 : 전류가 흘러들어오는 지점
㉡ 출화점 : 과열개소, 출화되기 쉬운 지점
㉢ 접지점 : 접지물로 전기가 흘러들어 오는 지점

109 (　　) 안에 들어갈 말로 옳은 것은?

〈보기〉
220V 전압에 접촉된 사람의 인체저항을 1,000Ω이라고 할 때, 인체의 통전전류는 (㉠)mA이며, 위험성 여부는 (㉡)이다. (단, 통전경로상의 기타 저항은 무시하며, 통전시간은 1초로 함)

	㉠	㉡
①	10	안전
②	45	안전
③	100	위험
④	220	위험

해설 **통전전류와 심실세동 전류**

㉠ 통전전류

$$I(mA) = \frac{V(V)}{R(\Omega)} \times 1000$$

$$= \frac{220V}{1000\Omega} \times 1000 = 220mA$$

㉡ 심실세동전류

$$I(mA) = \frac{165}{\sqrt{T}} = \frac{165}{\sqrt{1}} = 165mA$$

여기서, I : 전류, V : 전압, R : 저항, T 통전시간

㉢ 220mA > 165mA, 즉 통전전류가 심실세동전류보다 크므로 위험하다.

110 다음 중 정전기 대전에 관한 설명으로 옳지 않은 것은?

① 마찰대전은 두 물체의 마찰에 의한 접촉 위치의 이동으로 접촉과 분리의 과정을 거쳐 전하의 분리 및 재배열에 의한 정전기가 발생하는 현상이다.

정답 107.① 108.④ 109.④ 110.④

② 유동대전은 액체류가 배관 등을 흐르면서 고체와의 접촉으로 정전기가 발생하는 현상이다.
③ 충동대전은 입자와 고체와의 충돌에 의해 빠른 접촉 분리가 일어나면서 정전기가 발생하는 현상이다.
④ 박리대전은 분체류와 액체류 등이 작은 구멍으로 분출될 때 물질의 분자 충돌로 정전기가 발생하는 현상이다.

해설 정전기 대전

④ 박리대전 : 서로 밀착해 있는 물체가 분리될 때 전하분리가 일어나서 정전기가 발생하는 현상이다.
※ 문제의 보기 ④는 '분출대전'에 대한 설명이다.

111 (　　) 안에 들어갈 말로 옳은 것은?

〈보기〉
(　　)는 건출물의 실내에서 화재 발생 시 산소 공급이 원활하지 않아 불완전연소인 훈소상태가 지속될 때 외부에서 갑자기 유입된 신선한 공기로 인하여 강한 폭발로 이어지는 현상을 말한다.

① 플래시오버(Flash Over)
② 백드래프트(Back Draft)
③ 굴뚝효과
④ 스모크오버(Smoke Over)

해설 화재현상의 용어

문제의 보기는 '백드래프트'에 대한 설명이다.
㉠ 플래시오버(Flash Over) : 건축물의 실내에서 화재가 발생하였을 때 발화로부터 화재가 서서히 진행하다가 어느 정도 시간이 경과함에 따라 대류와 복사현상에 의해 일정 공간 안에 열과 가연성가스가 축적되고 발화온도에 이르게 되어 일순간에 폭발적으로 전체가 화염에 휩싸이는 화재현상
㉡ 굴뚝효과(Stack Effect) : 고층건물에서 수직공간 내부의 온도차로 인해 공기 자체의 부력이 발생하고 이로 인한 압력차가 발생하면서 공기가 수직으로 된 공간을 상승하거나 하강하게 되는 현상
㉢ 훈소(Smoldering) : 온도나 산소 부족으로 인해 가연물들이 가연성 기체에 착화되지 못하는 상태

참고 연구실안전관리사 학습가이드 371쪽

112 「산업안전보건 기준에 관한 규칙」에서 규정하는 안전전압은?

① 20V　　② 30V
③ 50V　　④ 60V

해설 안전전압

일반 작업장에 전기위험 방지 조치를 취하지 않아도 되는 전압(안전전압)은 30V 이하이다.

참고 산업안전보건 기준에 관한 규칙 제324조

113 (　　) 안에 들어갈 말로 옳은 것은?

〈보기〉
피난기구의 화재안전기준에 따르면, (　　)는 포지 등을 사용하여 자루 형태로 만든 것으로서, 화재 시 사용자가 그 내부에 들어가서 내려옴으로써 대피할 수 있는 기구를 말한다.

① 완강기　　② 구조대
③ 미끄럼대　　④ 승강식 피난기

정답 111.② 112.② 113.②

해설 **피난기구의 종류(정의)**

문제의 보기는 '구조대'에 대한 설명이다.

① 완강기 : 사용자의 몸무게에 따라 자동적으로 내려올 수 있는 기구 중 사용자가 교대하여 연속적으로 사용할 수 있는 것을 말하며, '간이완강기'는 연속적으로 사용할 수 없는 것을 말한다.

③ 미끄럼대 : 건물의 2, 3층 견고한 부분에 설치하는 피난기구로서, 금속제 또는 철근콘크리트제의 바닥판과 측판으로 구성되며, 고정식과 평상시 하단을 위로 올려놓는 반고정식이 있다.

④ 승강식 피난기 : 사용자의 몸무게에 의하여 자동으로 하강하고 내려서면 스스로 상승하여 연속적으로 사용할 수 있는 무동력 승강식피난기를 말한다.

참고 피난기구의 화재안전기준 제3조

114 (　　) 안에 들어갈 숫자로 옳은 것은?

〈보기〉

정전기에 대전된 두 물체 사이의 극간 정전용량이 10μF이고, 주변에 최소착화에너지가 0.2mJ인 폭발한계에 도달한 메탄가스가 있다면 착화한계 전압은 (　　)V이다.

① 6.325　② 5.225
③ 4.125　④ 3.135

해설 **착화한계 전압**

$$E = \frac{1}{2}CV^2$$

여기서, E : 최소착화에너지, C : 정전용량
V : 착화한계전압

$$V = \sqrt{\frac{2E}{C}} = \sqrt{\frac{2\times0.2\times10^{-3}J}{10\times10^{-6}F}}$$

$= 6.325$

115 전기에 대한 절연성이 우수하여 전기화재의 소화에 적합하며, 질식소화가 주된 소화작용인 소화약재는?

① 포　② 강화액
③ 이산화탄소　④ 할론

해설 **소화약제의 종류 및 특성**

문제는 '이산화탄소 소화약재'에 대한 설명이다.

① 포 소화약재 : 약 90% 이상의 물과 계면활성제 등의 혼합물에서 다시 공기를 혼합하여 포(거품)를 일으켜 발포

② 강화액 소화약재 : 소화 성능을 높이기 위해 물에 탄산칼륨(또는 인산암모늄) 등을 첨가하여 약 -30℃ ~ -20℃에서도 동결되지 않기 때문에 한랭지역 화재 시 사용

④ 할론(Halon) 소화약재 : 지방족 탄화수소인 메탄, 알코올 등의 분자에 포함된 수소원자의 일부 또는 전부를 할로겐 원소(F, Cl, Br, I 등)로 치환한 화합물 중 소화약제로서 사용이 가능한 것을 총칭

참고 연구실안전관리사 학습가이드 372쪽

116 「화재예방, 소방시설 설치·유지 및 안전관리에 관한 법률 시행령」에 따른 소방시설 중 소화설비가 아닌 것은?

① 자동확산 소화기
② 옥내소화전설비
③ 상수도 소화용수설비
④ 캐비닛형 자동 소화장치

해설 **소방시설 중 소화설비**

물 또는 그 밖의 소화약제를 사용하여 소화하는 기계·기구 또는 설비

㉠ 소화기구 : 소화기, 간이소화용구(에어로졸식·투척용·소공간용 등), 자동확산소화기 등

정답 114.① 115.③ 116.③

ⓛ 자동소화장치 : 주거용·상업용·캐비닛형·가스·분말·고체에어로졸 자동소화장치 등
ⓒ 옥내소화전설비 : 호스릴옥내소화전설피 포함
ⓔ 스프링클러설비 : 간이·캐비닛형·화재조기진압용 스프링클러설비 등
ⓜ 물분무등소화설비 : 물분무·미분무·포·이산화탄소·할론 소화설비 등)
ⓗ 옥외소화전설비
※ '상수도 소화용수설비'는 화재를 진압하는 데 필요한 물을 공급하거나 저장하는 '소화용수설비'에 포함된다.

참고 화재예방, 소방시설 설치·유지 및 안전관리에 관한 법률 시행령 별표 1
연구실안전관리사 학습가이드 394쪽

117 (　　) 안에 들어갈 말로 옳은 것은?

〈보기〉
소화기구 및 자동소화장치의 화재안전기준에 따르면, 주방에서 동식물유류를 취급하는 조리기구에서 일어나는 화재에 대한 소화기의 적응 화재별 표시는 (　　)로 표시한다.

① A　　② B
③ C　　④ K

해설 **화재의 분류 및 가연물의 종류**

화재의 분류	가연물의 종류
일반화재(A급 화재)	면직물, 목재 및 가공물
유류화재(B급 화재)	휘발유, 시너, 알코올
전기화재(C급 화재)	전기
금속화재(D급 화재)	칼륨, 나트륨
주방화재(K급 화재)	식용유

참고 연구실안전관리사 학습가이드 369쪽

118 〈보기〉를 통전경로별 위험도가 높은 것부터 순서대로 나열한 것은?

〈보기〉
ㄱ. 오른손 – 가슴
ㄴ. 왼손 – 가슴
ㄷ. 왼손 – 등
ㄹ. 양손 – 양발

① ㄱ – ㄴ – ㄷ – ㄹ
② ㄱ – ㄴ – ㄹ – ㄷ
③ ㄴ – ㄱ – ㄷ – ㄹ
④ ㄴ – ㄱ – ㄹ – ㄷ

해설 **인체의 통전경로 위험도**

통전경로	위험도
왼손–가슴	1.5
오른손–가슴	1.3
왼손–한발 또는 양발	1.0
양손–양발	1.0
오른손–한발 또는 양발	0.8
한손 또는 양손–앉아 있는 자리	0.7
왼손–등	0.7
왼손–오른손	0.4
오른손–등	0.3

119 자동화재탐지설비의 구성요소 중 열감지기가 아닌 것은?

① 보상식 스포트형감지기
② 이온화식 스포트형감지기
③ 정온식 스포트형감지기
④ 차동식 스포트형감지기

정답 117.④ 118.④ 119.②

최신기출문제

해설 자동화재탐지설비 중 열감지기

㉠ 차동식 스포트형감지기 : 주위 온도가 일정 상승률 이상이 되면 작동하는 감지기
㉡ 정온식 스포트형감지기 : 주위 온도가 일정한 온도 이상이 되면 작동하는 감지기
㉢ 보상식 스포트형감지기 : 차동식과 정온식을 겸한 감지기로서, 둘 중 하나라도 이상이 되면 작동하는 감지기
※ 이온화식 스포트형감지기는 '연기감지기'에 포함된다.

120 (　　) 안에 들어갈 숫자로 옳은 것은?

〈보기〉
옥내소화전설비 화재안전기준 중 설치기준에 따르면, 옥내소화전설비의 방수구는 바닥으로부터의 높이가 (　　)m 이하가 되도록 해야 한다.

① 0.5　　② 1.0
③ 1.5　　④ 2.0

해설 옥내소화전방수구 설치기준

㉠ 특정소방대상물의 층마다 설치하되, 해당 특정소방대상물의 각 부분으로부터 하나의 옥내소화전방수구까지의 수평거리가 25m(호스릴옥내소화전설비를 포함한다) 이하가 되도록 할 것. 다만, 복층형 구조의 공동주택의 경우에는 세대의 출입구가 설치된 층에만 설치할 수 있다.
㉡ 바닥으로부터의 높이가 1.5m 이하가 되도록 할 것
㉢ 호스는 구경 40㎜(호스릴옥내소화전설비의 경우에는 25㎜) 이상의 것으로서 특정소방대상물의 각 부분에 물이 유효하게 뿌려질 수 있는 길이로 설치할 것
㉣ 호스릴옥내소화전설비의 경우 그 노즐에는 노즐을 쉽게 개폐할 수 있는 장치를 부착할 것

참고 옥내소화전설비의 화재안전기준 제7조

제7과목 연구활동종사자 보건·위생관리 및 인간공학적 안전관리

121 「화학물질의 분류·표시 및 물질안전보건자료에 관한 기준」에 따른 화학물질 경고표지의 기재항목이 아닌 것은?

① 신호어　　② 그림문자
③ 법적규제 현황　　④ 예방조치 문구

해설 경고표지의 기재항목

①, ②, ④ 이외에 다음의 기재 항목이 있다.
- 유해·위험 문구

참고 화학물질의 분류·표시 및 물질안전보건자료에 관한 기준 제6조

122 인간공학에 관한 설명으로 옳지 않은 것은?

① 인간중심의 설계 방법을 말한다.
② 작업자를 일에 맞추려는 노력을 하는 방식이다.
③ 인간의 특성과 한계를 고려한 설계를 말한다.
④ 편리성, 안전성, 효율성 등을 고려한 환경구축을 하는 방식이다.

해설 인간공학의 정의

② 인간공학은 일을 하는 사람의 능력에 업무의 요구도나 사업장의 상태와 조건을 맞추는 과학으로, 인간과 기계의 조화있는 상관관계를 만드는 것이다.

참고 연구실안전관리사 학습가이드 414쪽

정답 120.③ 121.③ 122.②

123 「산업안전보건기준에 관한 규칙」에 따른 근골격계질환 예방관리 프로그램을 수립해야 하는 경우가 아닌 것은?

① 근골격계질환을 업무상 질병으로 인정받은 근로자가 연간 10명 이상 발생한 사업장으로서, 발생 비율이 그 사업장 근로자 수의 10% 이상인 경우
② 근골격계질환 예방과 관련하여 노사 간 이견이 지속되는 사업장으로서, 고용노동부장관이 필요하다고 인정하여 근골격계질환 예방관리 프로그램을 수입하여 시행할 것을 명령한 경우
③ 근골격계질환을 업무상 질병으로 인정받은 근로자가 5명 이상 발생한 사업장으로서, 발생 비율이 그 사업장 근로자 수의 10% 이상인 경우
④ 근골격계질환 예방을 위한 근골격계부담작업 유해요인조사 결과 개선사항이 전체 공정의 10% 이상인 경우

해설 **근골격계질환 예방관리 프로그램 시행**

㉠ 근골격계질환을 업무상 질병으로 인정받은 근로자가 연간 10명 이상 발생한 사업장 또는 5명 이상 발생한 사업장으로서, 발생 비율이 그 사업장 근로자 수의 10% 이상인 경우
㉡ 근골격계질환 예방과 관련하여 노사 간 이견이 지속되는 사업장으로서 고용노동부장관이 필요하다고 인정하여 근골격계질환 예방관리 프로그램을 수립하여 시행할 것을 명령한 경우

참고 산업안전보건기준에 관한 규칙 제662조

124 직무스트레스에 의한 건강장해 예방조치 사항으로 옳지 않은 것은?

① 작업환경·작업내용·근로시간 등 직무스트레스 요인에 대하여 평가하고 근로시간 단축, 장·단기 순환작업 등의 개선대책을 마련하여 시행할 것
② 작업량·작업일정 등 작업계획 수립 시 해당 관리감독자만의 의견을 반영할 것
③ 작업과 휴식을 적적하게 배분하는 등 근로시간과 관련된 근로조건을 개선할 것
④ 뇌혈관 및 심장질환 발병위험도를 평가하여 금연, 고혈압 관리 등 건강증진 프로그램을 실행할 것

해설 **직무스트레스에 의한 건강장해 예방조치**

② 작업량·작업일정 등 작업계획 수립 시 해당 근로자의 의견을 반영할 것

※ ①, ③. ④ 이외에 다음의 예방조치 사항이 있다.

㉠ 근로시간 외의 근로자 활동에 대한 복지 차원의 지원에 최선을 다할 것
㉡ 건강진단 결과, 상담자료 등을 참고하여 적절하게 근로자를 배치하고 직무스트레스 요인, 건강문제 발생가능성 및 대비책 등에 대하여 해당 근로자에게 충분히 설명할 것

참고 산업안전보건기준에 관한 규칙 제669조

정답 123.④ 124.②

125 (　　) 안에 들어갈 말로 옳은 것은?

〈보기〉

(　　)은/는 신체적 조건이나 정신적 능력이 낮은 사용자라 하더라도 사고를 낼 확률을 낮게 설계해주는 디자인을 말한다.

① 풀프루프(Fool Proof)
② 페일세이프(Fail Safe)
③ 피드백(Feedback)
④ 록아웃(Lock Out)

해설 **휴먼에러의 예방 디자인**

문제의 보기는 '풀프루프'에 대한 설명이다.

② 페일세이프(Fail Safe) : 고장이 발생해도 안전장치의 장착, 중복 설계 등을 통해 한시적으로 운영이 계속되도록 하여 안전을 확보하는 설계

③ 피드백(Feedback) : 시스템의 작동 결과에 관한 정보를 사용자에게 알려주는 것

④ 록아웃(Lock Out) : 오류 방지를 위한 강제적 기능으로 위험한 상태로 들어가거나 사건이 일어나는 것을 방지하기 위하여 들어가는 것을 제한 또는 예방하는 개념

참고 연구실안전관리사 학습가이드 440쪽

126 「연구실 사전유해인자위험분석 실시에 관한 지침」에 따른 연구활동별 유해인자위험분석 보고서에 포함되는 화학물질의 기본정보가 아닌 것은?

① 보유수량(제조연도)
② NFPA 지수
③ 필요보호구
④ 화학물질의 유별 및 성질(1~6류)

해설 **연구활동별 유해인자위험분석 보고서**

①, ③, ④ 이외에 보고서에 포함되는 화학물질의 기본정보는 다음이 있다.

㉠ 물질명
㉡ GHS 등급(위험, 경고)
㉢ 위험분석
㉣ 필요보호구

참고 연구실 사전유해인자위험분석 실시에 관한 지침 별표 2
연구실안전관리사 학습가이드 136쪽

127 「연구실 안전점검 및 정밀안전진단에 관한 지침」에서 규정하는 연구실 일상점검표의 일반안전 점검 내용이 아닌 것은?

① 연구활동종사자 건강상태
② 연구실 정리정돈 및 청결상태
③ 연구실 내 흡연 및 음식물 섭취 여부
④ 안전수칙, 안전표지, 개인보호구, 구급약품 등 실험장비(흄후드 등) 관리 상태

해설 **연구실 일상점검표의 일반안전 점검 내용**

②, ③, ④ 이외에 다음의 점검 내용이 있다.

- 사전유해인자위험분석 보고서 게시

참고 연구실 안전점검 및 정밀안전진단에 관한 지침 별표 2

128 연구실에 부착하는 안전정보표지에 대한 설명으로 옳지 않은 것은?

① 안전정보표지를 연구실 출입문 밖에 부착하여 연구실 내로 들어오는 출입자에게 경고의 의미를 부여해야 한다.
② 각 실험장비의 특성에 따른 안전표지를 부착해야 한다.

정답 125.① 126.② 127.① 128.③

③ 연구실에서 자체적으로 반제품용기나 작은 용기에 화학물질을 소분하여 사용하는 경우에는 안전정보표지(경고표지)를 생략할 수 있다.

④ 각 실험 기구 보관함에 보관 물질 특성에 따라 안전표지를 부착해야 한다.

해설 **연구실 일상점검표의 일반안전 점검 내용**

③ 화학물질을 소분하여 사용하거나 보관할 경우, 보관용기 특성을 반드시 확인하고, 화학물질의 정보가 기입된 라벨을 반드시 부착한다.

참고 연구실안전관리사 학습가이드 457쪽

129 (　　) 안에 들어갈 말로 옳은 것은?

〈보기〉

(　　)은/는 우리나라 화학물질 노출 기준 중 '1회 15분간의 시간가중평균 노출값'을 의미한다.

① IARC　　② TLV-STEL
③ TLV-C　　④ NFPA

해설 **우리나라 화학물질 노출기준**

㉠ 시간가중평균노출기준(TWA ; Time Weighted Average) : 1일 8시간 작업을 기준으로 하여 주 40시간 동안의 평균 노출농도

㉡ 단시간노출기준(STEL ; Short Term Exposure Limit) : 1회 15분간의 시간가중평균 노출값, 노출농도가 TWA를 초과하는 STEL 이하면 1회 노출 지속시간이 15분 미만이어야 함을 의미

㉢ 최고노출기준(C ; Ceiling) : 1일 작업시간 동안 잠시라도 노출되어서는 아니 되는 기준으로 노출기준 앞에 'C'를 붙여 표기

참고 연구실안전관리사 학습가이드 429쪽

130 다음 중 연구실 화학물질 관리 방법으로 옳지 않은 것은?

① 빛에 민감한 화학약품은 갈색 병, 불투명 용기에 보관한다.

② 후드 안에 화학약품을 저장한다.

③ 공기 및 습기에 민감한 화학약품은 2중 병에 보관하고, 독성 화학약품은 캐비닛에 저장하고 캐비닛을 잠근다.

④ 화학약품을 혼합하여 저장하면 위험하므로 혼합하여 보관하지 않는다.

해설 **연구실 화학물질 관리 방법**

② 화학물질은 캐비닛이나 선반에 적절하게 저장한다. 특히, 흄 후드를 화학약품 저장 및 폐기 용도로 사용해서는 안 된다.

참고 연구실안전관리사 학습가이드 430~431쪽

131 생명이나 건강에 즉각적인 위험을 초래할 수 있는 농도(IDLH) 이상의 환경에서 사용할 수 있는 호흡보호구가 아닌 것은?

① 송기마스크　　② 호스마스크
③ 방진마스크　　④ 공기호흡구

해설 **호흡보호구의 선정 일반 원칙**

③ 방진마스크는 비휘발성 입자에 대한 보호만 가능하며, 생명이나 건강에 즉각적인 위험을 초래할 수 있는 농도(IDLH ; Immediately Dangerous to Life or Health)의 가스 및 증기로부터의 보호는 안 된다.

참고 연구실안전관리사 학습가이드 445쪽

정답 129.② 130.② 131.③

132 개인보호구 관리방법에 대한 설명으로 옳지 않은 것은?

① 개인보호구는 사용 전에 육안점검을 통해 이상 여부를 확인해야 한다.

② 개인보호구는 연구활동종사자가 쉽게 찾을 수 있는 장소에 비치해야 한다.

③ 개인보호구는 다른 사용자와 공유해서 사용해서는 안 된다.

④ 개인보호구 중 방독마스크는 보관유효기간이 없으므로 개봉하지 않는 이상 계속 보관할 수 있다.

해설 **개인보호구의 관리방법**

④ 호흡보호구의 경우, 필터의 유효기간을 확인하고 정기적인 교체가 필요하다.

※ ①, ②, ③ 이외에 다음의 관리방법이 있다.

㉠ 필터 교체일 또는 교체 예정일을 표기해야 한다(보관함 전면에 유효기간 및 수량 표기).

㉡ 개인보호구는 쉽게 파손되지 않는 자리에 배치해 두어야 한다.

㉢ 개인보호구는 연구활동종사자, 방문자들이 쉽게 찾을 수 있는 장소에 배치해야 한다.

참고 연구실안전관리사 학습가이드 451쪽

133 (   ) 안에 들어갈 말로 옳은 것은?

〈보기〉

(   )은/는 원인 차원에서의 휴먼에러 분류(Rasmussen, 1983) 중 추론 혹은 유추 과정에서 실패해 오답을 찾는 경우의 에러를 말한다.

① 실수(Slips)　② 착오(Mistake)

③ 건망증(Lapse)　④ 위반(Violation)

해설 **원인 차원에서의 휴먼에러 분류(Rasmussen)**

㉮ 비의도적 에러

㉠ 실수(Slips) : 부주의에 의한 실수나 주의력이 부족한 상태에서 발생하는 에러

㉡ 건망증(Lapse) : 단기 기억의 한계로 인해 기억을 잊어서 해야 할 일을 못해서 발생하는 에러

㉯ 의도적 에러

㉠ 착오(Mistake)

- 규칙기반착오 : 처음부터 잘못된 규칙을 기억하고 있거나, 정확한 규칙이라 해도 상황에 맞지 않게 잘못 적용하는 경우의 에러
- 지식기반착오 : 추론 혹은 유추 과정에서 실패해 오답을 찾는 경우의 에러

㉡ 위반(Violation) : 작업 수행 과정에 대한 올바른 지식을 가지고 있고, 이에 맞는 행동을 할 수 있음에도 일부러 바람직하지 않은 의도를 가지고 발생시키는 에러

참고 연구실안전관리사 학습가이드 439쪽

134 자연환기에 대한 설명으로 옳지 않은 것은?

① 효율적인 자연환기는 에너지 비용을 최소화할 수 있다.

② 외부 기상조건과 내부 작업조건에 따라 환기량이 일정하지 않다.

③ 정확한 환기량 예측자료를 구하기가 쉽다.

④ 소음 발생이 적다.

해설 **자연환기**

③ 정확한 환기량 예측자료를 구하기 어렵다.

①, ②, ④ 이외에 다음의 특징이 있다.

- 설치비 및 유지보수비가 적다.

참고 연구실안전관리사 학습가이드 463쪽

정답 132.④ 133.② 134.③

135 국소배기장치를 적용할 수 있는 상황으로 옳지 않은 것은?

① 유해물질의 발생주기가 균일하지 않은 경우

② 유해물질의 독성이 강하고, 발생량이 많은 경우

③ 유해물질의 발생원이 작업자가 근무하는 장소에서 멀리 떨어져 있는 경우

④ 유해물질의 발생원이 고정되어 있는 경우

해설 국소배기장치의 적용 조건

③ 작업자의 작업 위치가 유해물질 발생원에 가까이 근접해 있는 경우

①, ②, ④ 이외에 다음의 적용 조건이 있다.

㉠ 높은 증기압의 유기용제가 발생하는 경우

㉡ 법적 의무 설치사항인 경우

참고 연구실안전관리사 학습가이드 464쪽

136 「연구실 안전점검 및 정밀안전진단에 관한 지침」에 따른 유해인자별 취급 및 관리대장 작성 시 반드시 포함해야 할 사항이 아닌 것은?

① 물질명(장비명) ② 보관장소

③ 사용용도 ④ 취급 유의사항

해설 유해인자별 취급 및 관리대장의 포함 사항

①, ②, ④ 이외에 다음의 사항을 포함하여야 한다.

㉠ 현재 보유량

㉡ 그 밖에 연구실책임자가 필요하다고 판단한 사항

참고 연구실 안전점검 및 정밀안전진단에 관한 지침 제13조
연구실안전관리사 학습가이드 39쪽

137 환기시설 설치·운영 및 관리 중 후드 설치 시 주의사항에 대한 설명으로 옳지 않은 것은?

① 후드의 형태와 크기 등 구조는 후드에서 유입손실이 최소화되도록 해야 한다.

② 작업자의 호흡위치가 오염원과 후드 사이에 위치해야 한다.

③ 작업에 방해를 주지 않는 한 포위식 후드를 설치하는 것이 좋다.

④ 후드가 유해물질 발생원 가까이에 위치하여야 한다.

해설 후드 설치 시 주의사항

①, ③, ④ 이외에 다음의 주의사항이 있다.

㉠ 후드의 흡입방향은 가급적 비산 또는 확산된 유해물질이 작업자의 호흡 영역을 통과하지 않도록 한다.

㉡ 후드 뒷면에서 주 덕트 접속부까지의 가지 덕트 길이는 가능한 한 가지 덕트 지름의 3배 이상 되도록 해야 한다. 다만, 가지 덕트가 장방형 덕트인 경우에는 원형 덕트의 상당 지름을 이용해야 한다.

㉢ 후드가 설비에 직접 연결된 경우 후드의 성능 평가를 위한 정압 측정구를 후드와 덕트의 접합부분에서 주 덕트 방향으로 1~3 직경 정도 설치해야 한다.

참고 연구실안전관리사 학습가이드 466쪽

138 다음 중 후드의 제어속도를 결정하는 인자가 아닌 것은?

① 후드의 모양

② 덕트의 재질

③ 오염물질의 종류 및 확산상태

④ 작업장 내 기류

정답 135.③ 136.③ 137.② 138.②

해설 **후드의 제어속도 결정인자]**

①, ③, ④ 이외에 다음의 결정인자가 있다.

㉠ 유해물질의 비산 방향

㉡ 유해물질의 비산 거리

참고 연구실안전관리사 학습가이드 467쪽

139 〈보기〉를 국소배기장치의 설계 순서대로 나열한 것은?

〈보기〉

ㄱ. 반송속도를 정하고 덕트의 직경을 정한다.
ㄴ. 송풍기를 선정한다.
ㄷ. 후드를 설치하는 장소와 후드의 형태를 결정한다.
ㄹ. 제어속도를 정하고 필요 송풍량을 계산한다.
ㅁ. 덕트를 배치·설치할 장소를 정한다.
ㅂ. 공기정화장치를 선정하고 덕트의 압력손실을 계산한다.

① ㄷ → ㄱ → ㅁ → ㄹ → ㅂ → ㄴ

② ㄷ → ㄹ → ㄱ → ㅁ → ㅂ → ㄴ

③ ㄷ → ㅁ → ㄹ → ㅂ → ㄱ → ㄴ

④ ㄷ → ㄹ → ㅁ → ㄱ → ㅂ → ㄴ

해설 **국소배기장치의 설계순서**

후드 형식 선정 → 제어속도 결정 → 소요풍량 계산 → 반송속도 결정 → 덕트 내경 산출 → 후드의 크기 결정 → 덕트의 배치와 설치장소 선정 → 공기정화장치 선정 → 국소배기 계통도와 배치도 작성 → 총 압력손실량 계산 → 송풍기 선정

참고 연구실안전관리사 학습가이드 465쪽

140 환기시설 설치·운영 및 관리 중 흄후드의 설치 및 운영기준에 대한 설명으로 옳지 않은 것은?

① 후드 안에 머리를 넣지 말아야 한다.

② 콘센트나 다른 스파크가 발생할 수 있는 원천은 후드 내에 두지 않아야 한다.

③ 입자상 물질은 최소 면속도 0.4m/sec 이상, 가스상 물질은 최소 면속도 0.7m/sec 이상으로 유지한다.

④ 후드 내부를 깨끗하게 관리하고, 후드 안의 물건은 입구에서 최소 15cm 이상 떨어져 있어야 한다.

해설 **흄후드의 설치 및 운영기준**

①, ②, ④ 이외에 다음의 운영기준이 있다.

㉠ 면속도 확인 게이지가 부착되어 수시로 기능 유지 여부를 확인할 수 있어야 한다.

㉡ 필요시 추가적인 개인보호장비 착용한다.

㉢ 후드 새시(sash, 내리닫이 창)는 실험 조작이 가능한 최소 범위만 열려 있어야 한다.

㉣ 미사용 시 창을 완전히 닫아야 한다.

㉤ 흄후드에서의 스프레이 작업은 화재 및 폭발 위험이 있으므로 금지한다.

㉥ 흄후드를 화학물질의 저장 및 폐기 장소로 사용해서는 안 된다.

㉦ 가스상 물질은 최소 면속도 0.4m/sec 이상, 입자상 물질은 0.7m/sec 이상 유지한다.

참고 연구실안전관리사 학습가이드 466쪽

정답 139.② 140.③

memo

memo

memo

연구실안전관리사 1차 시험 과목별 적중예상+기출문제집

2022. 7. 15. 초 판 1쇄 발행
2023. 5. 24. 개정 1판 1쇄 발행

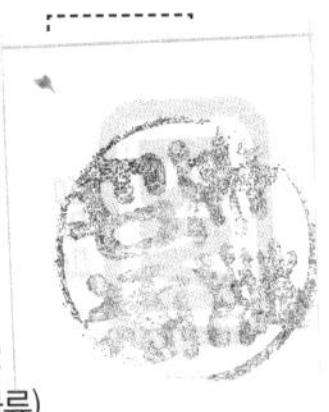

지은이 | 강병규, 이홍주, 강지영, 이덕재, 장지웅
펴낸이 | 이종춘
펴낸곳 | BM (주)도서출판 **성안당**
주소 | 04032 서울시 마포구 양화로 127 첨단빌딩 3층(출판기획 R&D
10881 경기도 파주시 문발로 112 파주 출판 문화도시(제작 및 물류)
전화 | 02) 3142-0036
031) 950-6300
팩스 | 031) 955-0510
등록 | 1973. 2. 1. 제406-2005-000046호
출판사 홈페이지 | **www.cyber.co.kr**
ISBN | 978-89-315-3475-7 (13500)
정가 | 23,000원

이 책을 만든 사람들
책임 | 최옥현
진행 | 박현수
교정 · 교열 | 스마트잇(이용현, 최성희)
전산편집 | 상:想 company
표지 디자인 | 박원석
홍보 | 김계향, 유미나, 이준영, 정단비, 김주승
국제부 | 이선민, 조혜란
마케팅 | 구본철, 차정욱, 오영일, 나진호, 강호묵
마케팅 지원 | 장상범
제작 | 김유석